Introdução à
ENGENHARIA

Grupo
Editorial
Nacional

O GEN | Grupo Editorial Nacional, a maior plataforma editorial no segmento CTP (científico, técnico e profissional), publica nas áreas de saúde, ciências exatas, jurídicas, sociais aplicadas, humanas e de concursos, além de prover serviços direcionados a educação, capacitação médica continuada e preparação para concursos. Conheça nosso catálogo, composto por mais de cinco mil obras e três mil e-books, em www.grupogen.com.br.

As editoras que integram o GEN, respeitadas no mercado editorial, construíram catálogos inigualáveis, com obras decisivas na formação acadêmica e no aperfeiçoamento de várias gerações de profissionais e de estudantes de Administração, Direito, Engenharia, Enfermagem, Fisioterapia, Medicina, Odontologia, Educação Física e muitas outras ciências, tendo se tornado sinônimo de seriedade e respeito.

Nossa missão é prover o melhor conteúdo científico e distribuí-lo de maneira flexível e conveniente, a preços justos, gerando benefícios e servindo a autores, docentes, livreiros, funcionários, colaboradores e acionistas.

Nosso comportamento ético incondicional e nossa responsabilidade social e ambiental são reforçados pela natureza educacional de nossa atividade, sem comprometer o crescimento contínuo e a rentabilidade do grupo.

Introdução à
ENGENHARIA

Mark T. Holtzapple
W. Dan Reece
Texas A&M University

Tradução

J. R. Souza, PhD
Professor Adjunto da Universidade do Estado do Rio de Janeiro

Revisão Técnica

Fernando Ribeiro da Silva, DSc
Professor do Instituto Militar de Engenharia

 **LTC**

Translation of the first edition in English of
CONCEPTS IN ENGINEERING
Original edition copyright © 2005
by The McGraw-Hill Companies, Inc.
ISBN 0-07-282199-X

Portuguese edition copyright © 2006 by
LTC – Livros Técnicos e Científicos Editora Ltda.
All rights reserved

Direitos exclusivos para a língua portuguesa
Copyright © 2006 by
LTC — Livros Técnicos e Científicos Editora Ltda.
Uma editora integrante do GEN | Grupo Editorial Nacional

Reservados todos os direitos. É proibida a duplicação ou reprodução deste volume, no todo ou em parte, sob quaisquer formas ou por quaisquer meios (eletrônico, mecânico, gravação, fotocópia, distribuição na internet ou outros), sem permissão expressa da editora.

Travessa do Ouvidor, 11
Rio de Janeiro, RJ — CEP 20040-040
Tels.: 21-3543-0770 / 11-5080-0770
Fax: 21-3543-0896
ltc@grupogen.com.br
www.ltceditora.com.br

Editoração Eletrônica: ALSAN – Serviço de Editoração

CIP-BRASIL. CATALOGAÇÃO-NA-FONTE
SINDICATO NACIONAL DOS EDITORES DE LIVROS, RJ.

H713i

Holtzapple, Mark Thomas
Introdução à engenharia / Mark T. Holtzapple, W. Dan Reece ; tradução de J. R. Souza, revisão técnica Fernando Ribeiro da Silva. - [Reimpr.]. - Rio de Janeiro : LTC, 2016.

Tradução de: Concepts in engineering
Apêndices
ISBN 978-85-216-1511-8

1. Engenharia. I. Reece, W. Dan. II. Título.

06-2290.   CDD 620
                                            CDU 62

SUMÁRIO

CAPÍTULO 9
CONVERSÃO DE UNIDADES

APÊNDICE A

APÊNDICE B

APÊNDICE C

Material
Suplementar

Este livro conta com materiais suplementares.

O acesso é gratuito, bastando que o leitor se cadastre em
http://gen-io.grupogen.com.br

GEN-IO (GEN | Informação Online) é o repositório de materiais
suplementares e de serviços relacionados com livros publicados pelo
GEN | Grupo Editorial Nacional, maior conglomerado brasileiro de editoras do ramo
científico-técnico-profissional, composto por Guanabara Koogan, Santos, Roca,
AC Farmacêutica, Forense, Método, Atlas, LTC, E.P.U. e Forense Universitária.
Os materiais suplementares ficam disponíveis para acesso durante a vigência
das edições atuais dos livros a que eles correspondem.

AO PROFESSOR

A obra *Introdução à Engenharia* apresenta os conceitos fundamentais de engenharia aos estudantes do primeiro ano dos cursos de Engenharia. O livro pode ser adotado como texto principal para um curso introdutório de 1 ou 2 créditos, com enfoque nos fundamentos de engenharia comuns a todas as especialidades. Além disso, o livro pode ser adotado como texto auxiliar em um curso de 2 ou 3 créditos que apresente conceitos básicos e outros tópicos relevantes, como computação ou gráficos de engenharia. Os objetivos específicos do livro são os seguintes:

- *Atrair os estudantes para a Engenharia.* Esperamos estimular o interesse dos estudantes de Engenharia, descrevendo a história da profissão, propondo problemas intelectualmente desafiadores e explicando o processo criativo.
- *Cultivar aptidões para a solução de problemas.* A aptidão mais importante de engenharia é a habilidade de solucionar problemas. Descrevemos diversas abordagens heurísticas à solução criativa de problemas, assim como abordagens sistemáticas para solucionar problemas de engenharia bem definidos.
- *Cultivar o profissionalismo.* Os estudantes são apresentados às várias especialidades da Engenharia, assim como aos outros membros da equipe tecnológica. Eles aprendem as características de engenheiros bem-sucedidos e criativos. Informações são fornecidas sobre as vantagens de obter diplomas de pós-graduação e se tornar um engenheiro profissional. Além disso, os estudantes são apresentados ao importante tema da ética de engenharia.
- *Prover aos estudantes informações que dificilmente encontrarão em outra parte.* O presente texto inclui informações básicas – como regras gramaticais para o Sistema SI e regras para construir gráficos – que não se encaixam adequadamente em cursos avançados.
- *Apresentar o processo de projeto.* Para ajudar os estudantes de primeiro ano a experimentar o prazer da engenharia, pensamos ser necessário que eles trabalhem em uma atividade de projeto. Para isso, apresentamos o processo de projeto.
- *Enfatizar a importância de habilidades de comunicação.* Freqüentemente, engenheiros são criticados por falta de habilidades de comunicação. Para ajudar a superar essa deficiência, apresentamos informações sobre a comunicação oral e escrita que podem ser imediatamente aplicadas pelos estudantes em suas atividades de projeto.

Por usar apenas matemática de ensino médio, *Introdução à Engenharia* pode ser lido por estudantes que não têm conhecimentos avançados de cálculos.

Introdução à Engenharia possui um texto complementar intitulado *Foundations of Engineering*, que fornece uma introdução aos seguintes tópicos da ciência de engenharia: computadores, estatística, leis de Newton, termodinâmica, processos de taxa (p. ex., transferência de calor, escoamento de fluidos, eletricidade e difusão), estática e dinâmica, e eletrônica. O texto apresenta, ainda, uma introdução à "contabilidade de engenharia", uma grade conceitual que dá suporte aos engenheiros de todas as especialidades quando devem contar ou medir as seguintes grandezas: massa, carga elétrica, momento linear, momento angular, energia, entropia e unidades monetárias.

Esperamos que você e seus alunos desfrutem este livro. Teremos prazer em receber sugestões para aprimorar o livro, que podem ser incorporadas em futuras edições.

Mark T. Holtzapple   W. Dan Reece

AO ESTUDANTE

Em uma corrida, aqueles que estão mais bem preparados têm bom desempenho, enquanto aqueles que estão fracamente preparados têm um desempenho fraco. O propósito de *Introdução à Engenharia* é assegurar que você esteja bem preparado, de modo que apresente um bom desempenho na "corrida" em que está prestes a se engajar. *Introdução à Engenharia* apresenta a você conceitos fundamentais de engenharia que são relevantes a todas as especialidades da engenharia. Os objetivos específicos do livro são os seguintes:

- *Atrair os estudantes para a Engenharia.* Nós, os dois autores, somos felizes por ter estudado engenharia e temos prazer em usá-la na solução de problemas do mundo real. Esperamos estimular seu interesse em engenharia descrevendo a história da engenharia e propondo a você problemas intelectualmente desafiadores. Além disso, queremos ajudá-lo a desenvolver sua criatividade, que é uma parte vital da engenharia.
- *Cultivar aptidões para a solução de problemas.* Os engenheiros são contratados para solucionar problemas. Para ajudá-lo a adquirir esta habilidade, descrevemos diversas abordagens à solução criativa de problemas, assim como abordagens sistemáticas para resolver problemas bem definidos de engenharia.
- *Cultivar o profissionalismo.* Para ajudá-lo a escolher sua ênfase de engenharia, descrevemos várias especialidades de engenharia e como elas se relacionam aos outros membros da equipe tecnológica, como cientistas e técnicos. Além disso, apresentamos a você a ética de engenharia e discutimos o impacto do exercício dessa profissão sobre a sociedade.
- *Apresentar o processo de projeto.* O aspecto mais criativo da engenharia é o projeto, onde criamos tecnologias que atendem às necessidades da sociedade. Para ajudá-lo nisso, apresentamos o processo de projeto.
- *Enfatizar a importância de habilidades de comunicação.* Freqüentemente, os engenheiros são criticados por falta de habilidades de comunicação. Para superar essa deficiência, apresentamos informação sobre comunicação oral e escrita que será útil para você ao longo de toda sua carreira.

Esperamos que você desfrute este livro. Teremos prazer em receber sugestões para aprimorar o livro, que podem ser incorporadas em futuras edições.

Mark T. Holtzapple   W. Dan Reece

LISTA DE REVISORES

Hector Gutierrez	Florida Institute of Technology
David R. Thompson	Oklahoma State University
Jay F. Kunze	Idaho State University
Marehalli G. Prasad	Stevens Institute of Technology
Valana L. Wells	Arizona State University
Tito Chavarria	Palo Alto College
Melvin Lewis	Fairleigh Dickinson University
Jim Thomas	Lamar University
Janet Meyer	Indiana University – Purdue University Indianapolis
Stephen Pronchick	California Maritime Academy
Masud Mansuri	California State University, Fresno
Craig A. Kluever	University of Missouri–Columbia
Kenneth W. Hunter, Sr.	Tennessee Tech University
Don E. Holzhei	Delta College
Dominic Halsmer	Oral Roberts University
Ismail I. Orabi	University of New Haven
James D. Nelson	Louisiana Tech University
Paul R. McCright	University of South Florida
Dan G. Dimitriu	San Antonio College
Gilbert E. Cruz	Las Positas College

SOBRE OS AUTORES

Mark T. Holtzapple

Mark T. Holtzapple é Professor de Engenharia Química na Texas A&M University. Em 1978, recebeu o título de BSc em Engenharia Química da Cornell University. Em 1981, recebeu o título de PhD da University of Pennsylvania. Sua pesquisa de doutorado tratou do desenvolvimento de um processo para converter álamos de crescimento rápido em etanol.

Após completar sua educação formal, Mark se alistou ao Exército dos Estados Unidos, em 1981, e ajudou a desenvolver um dispositivo portátil de refrigeração para aliviar o estresse provocado pelo calor em soldados que usam roupas protetoras contra produtos químicos.

Após completar o serviço militar, em 1986, Mark passou a integrar o Departamento de Engenharia Química da Texas A&M University. Logo ficou claro que ele tinha paixão pelo ensino: no período de 2 anos, ele ganhou praticamente todos os grandes prêmios de ensino oferecidos pela Texas A&M University, incluindo o *Tenneco Meritorious Teaching Award, General Dynamics Excellence in Teaching Award, Dow Excellence in Teaching Award*, e dois prêmios oferecidos pela Associação de Ex-Alunos da Texas A&M University. Em particular, Mark tem paixão por ensinar a alunos de primeiro ano. Ele escreveu este livro para atrair os estudantes para a Engenharia.

Além de educador, Mark é um inventor prolífico. Está desenvolvendo um sistema de condicionamento de ar, que é eficiente em termos de consumo de energia, ecologicamente correto, e que usa água em vez de fréon como fluido de operação. Ele também está desenvolvendo um motor de ciclo Brayton de alta eficiência e baixa poluição, adequado ao uso em automóveis. Além disso, está desenvolvendo tecnologias para converter biomassa de resíduos em produtos úteis, como ração animal, produtos químicos industriais, e combustível. Em reconhecimento à sua contribuição para conversão de biomassa, em 1996 ele recebeu o *Presidential Green Chemistry Challenge Award*, oferecido pelo presidente e vice-presidente dos Estados Unidos.

W. Dan Reece

O Dr. Reece é Professor no Departamento de Engenharia Nuclear e Diretor do Centro de Ciência Nuclear da Texas A&M University. Recebeu os títulos de Bacharel em Engenharia Química, Mestre em Ciências em Engenharia Nuclear, e PhD em Engenharia Mecânica, todos do Georgia Institute of Technology. Antes de assumir o presente posto na Texas A&M University, trabalhou como químico analítico, engenheiro químico e cientista no Pacific Northwest National Laboratory.

Boa parte da pesquisa do Dr. Reece é na área de monitoração de radiação, novos usos de radiação em Medicina, e efeitos da radiação na saúde. Como o Dr. Holtzapple, ele tem paixão pelo ensino, e recebeu o *Distinguished Teaching Award* da Associação de Ex-Alunos da Texas A&M University. O Dr. Reece leciona diversos cursos sobre dosimetria e física da saúde, tem um ativo escritório de consultoria, e, sempre que sua agenda permite, gosta de caminhar ao ar livre, jogar tênis e correr. Sua maior alegria vem de seus filhos, de seus alunos e de sua contribuição para avanços em medicina e segurança de trabalhadores.

CAPÍTULO 1

O Engenheiro

Praticamente todos os objetos feitos pelo homem que você vê à sua volta resultaram do esforço de engenheiros. Pense, por exemplo, sobre tudo o que foi necessário para fazer a cadeira em que você se senta. Seus componentes metálicos vieram de minérios extraídos de minas projetadas por engenheiros de minas. Os minérios foram refinados por engenheiros metalúrgicos em usinas que engenheiros civis e mecânicos ajudaram a construir. Engenheiros mecânicos projetaram os componentes da cadeira, assim como as máquinas em que foram construídos. Os polímeros e tecidos presentes na cadeira foram, provavelmente, obtidos a partir de óleo produzido por engenheiros de petróleo e refinado por engenheiros químicos. A cadeira pronta foi transportada até você em um caminhão projetado por engenheiros mecânicos, aeroespaciais e eletricistas em instalações que engenheiros industriais otimizaram para melhor utilização de espaço, capital e trabalho. As estradas nas quais o caminhão trafegou foram projetadas e construídas por engenheiros civis.

Os engenheiros desempenham, obviamente, um papel importante ao trazer objetos comuns até o mercado. Além disso, os engenheiros são participantes fundamentais em alguns dos mais excitantes feitos da humanidade. Por exemplo, o programa Apolo foi uma empreitada fabulosa que permitiu à humanidade se libertar de seu confinamento na Terra e pousar na Lua. Foi uma façanha da engenharia que empolgou os Estados Unidos e o mundo. Alguns especialistas argumentam que os astronautas jamais deveriam ter ido à Lua, simplesmente porque todos os outros feitos e conquistas perdem em comparação; no entanto, acredita-se que desafios ainda mais excitantes aguardam você e sua geração.

1.1 O QUE É UM ENGENHEIRO?

Engenheiros são indivíduos que combinam conhecimentos da ciência, da matemática e da economia para solucionar problemas técnicos com os quais a sociedade se depara. É o conhecimento prático que distingue os engenheiros dos cientistas, que também são mestres da ciência e da matemática. Essa ênfase na praticidade foi eloqüentemente relatada pelo engenheiro A. M. Wellington (1847-1895), que descreveu a engenharia como "a arte de fazer ... bem, com um dólar, aquilo que qualquer outro pode fazer com dois".

Embora os engenheiros devam ser muito conscientes dos custos ao fazer objetos comuns para o mercado consumidor, alguns projetos de engenharia não são regidos estritamente por considerações de custos. O Presidente Kennedy prometeu ao mundo que o programa Apolo colocaria um homem na Lua antes de 1970. A reputação nacional americana estava em jogo, e os Estados Unidos tentavam provar, à União Soviética, seu poder tecnológico no espaço, em vez de no campo de batalhas. Custo era um fator secundário; pousar na Lua era o objetivo principal. Assim, engenheiros podem ser vistos como pessoas que solucionam problemas e reúnem os recursos necessários para alcançar um objetivo técnico claramente definido.

Engenheiro: Origens da Palavra

A palavra *engenheiro* vem de *engenho* e *engenhoso* que, por sua vez, derivam do latim *in generare*, que significa a faculdade de saber, criatividade.

A palavra *engenheiro* data de cerca de 200 d.C., quando o autor cristão Tertuliano descreveu um ataque romano a Cartago em que foi empregado um aríete, por ele descrito como *ingenium*, uma invenção engenhosa. Mais tarde, por volta de 1200 d.C., a pessoa responsável pelo desenvolvimento de inovadores engenhos de guerra (aríetes, pontes flutuantes, torres de assalto, catapultas, etc.) era conhecida como *ingeniator*. Nos anos 1500, à medida que o significado de "engenhos" era ampliado, um engenheiro era a pessoa que construía engenhos. Hoje, um construtor de engenhos seria classificado como um engenheiro mecânico, pois um engenheiro, no sentido mais geral, é "uma pessoa que aplica conhecimentos de ciência, matemática e economia para atender às necessidades da humanidade".

1.2 O ENGENHEIRO — AQUELE QUE BUSCA SOLUÇÕES

Engenheiros são pessoas que buscam soluções de problemas. Dadas as raízes históricas da palavra engenheiro (veja o comentário anterior), podemos estendê-las e dizer que os engenheiros são *engenhosos* na solução de problemas.

Cortesia da NASA/NASA Media Services.

Cumprindo a promessa do Presidente Kennedy, os Estados Unidos pousaram na Lua em 1969.

Em certo sentido, todos os seres humanos são engenheiros. Uma criança que brinca com blocos de construção e aprende a montar uma estrutura alta faz engenharia. Uma secretária que nivela uma mesa, inserindo pedaços de papel sob a perna mais curta, engenha, apresenta uma solução para o problema.

Nos primórdios da história da humanidade, não havia escolas formais para o ensino da engenharia, que era praticada por aqueles que tinham um dom para manipular o mundo físico e alcançar um objetivo prático. Freqüentemente, o conhecimento era adquirido por meio de aprendizado com experientes praticantes de engenharia. Essa abordagem resultou em façanhas memoráveis. O Apêndice C apresenta o sumário de alguns dos feitos de engenharia mais notáveis do passado.

O ensino atual de engenharia enfatiza os conhecimentos de matemática, ciência e economia, transformando a engenharia em uma "ciência aplicada". Historicamente, isso não era assim; engenheiros eram guiados, principalmente, pela intuição e experiência adquirida por prática ou observação. Por exemplo, inúmeras grandes edificações, aquedutos, túneis, minas e pontes foram construídos antes de 1700, quando os primeiros fundamentos científicos da engenharia foram estabelecidos. Os engenheiros, com freqüência, devem solucionar problemas, mesmo sem um entendimento da teoria que os envolve. Certamente, os engenheiros se beneficiam da teoria científica, mas, algumas vezes, uma solução é exigida antes que a teoria encontre a prática. Por exemplo, os teóricos ainda buscam explicar completamente o fenômeno de supercondutividade elétrica a altas temperaturas. Enquanto isso, engenheiros estão ocupados desenvolvendo fios flexíveis com esses novos materiais, que podem vir a ser usados em futuras gerações de dispositivos elétricos.

1.3 A DEMANDA POR ENGENHEIROS

O Apêndice C descreve como as necessidades da humanidade foram, ao longo de toda a história, providas pela engenharia. Enquanto se prepara para uma carreira na engenharia, você deve estar atento aos problemas com que se deparará. Aqui, neste livro, analisamos sucintamente alguns dos desafios em seu futuro.

1.3.1 Controle e Utilização de Recursos

A história da engenharia pode ser vista como a disputa "homem *versus* natureza". A humanidade progrediu quando superou alguns dos terrores da natureza, seja redirecionando rios, pavimentando o solo, derrubando árvores e minerando a terra. Tendo em vista a grande população do mundo (cerca de 6 bilhões de pessoas), podemos celebrar a vitória.

O Trabuquete: Um Engenho de Guerra

O trabuquete aqui ilustrado é um primitivo "engenho" de guerra. Consiste em uma longa viga, livre para girar em torno de uma articulação fixa. Em uma das extremidades da viga há uma cesta ou bolsa na qual os projéteis são colocados. Na outra extremidade há um contrapeso que, quando liberado, faz com que a viga gire e lance o projétil no ar.

O trabuquete foi inventado na China há cerca de 2200 anos e chegou à região do Mediterrâneo há, aproximadamente, 1400 anos. Esse engenho podia lançar, a grandes distâncias, objetos pesando até 1 tonelada; na realidade, ele continuou sendo utilizado mesmo após a invenção do canhão, pois seu alcance superava o das primitivas peças de artilharia. Um moderno trabuquete construído na Inglaterra podia lançar um automóvel de 476 kg (sem motor) a uma distância de 80 metros, com um contrapeso de 30.000 kg. As máquinas antigas lançavam pedras, cavalos mortos e, até mesmo, cadáveres humanos, como uma forma de arma biológica.

Como freqüentemente ocorre, a prática precedeu a teoria; os trabuquetes foram construídos e empregados muito antes que sua teoria fosse entendida. Aparentemente, diversos conceitos modernos, como vetores força e trabalho (uma força exercida ao longo de uma distância) foram desenvolvidos por engenheiros na tentativa de melhorar o desempenho de trabuquetes. O trabuquete é um exemplo de como uma necessidade militar pode provocar avanços no entendimento científico, um processo que ainda ocorre.

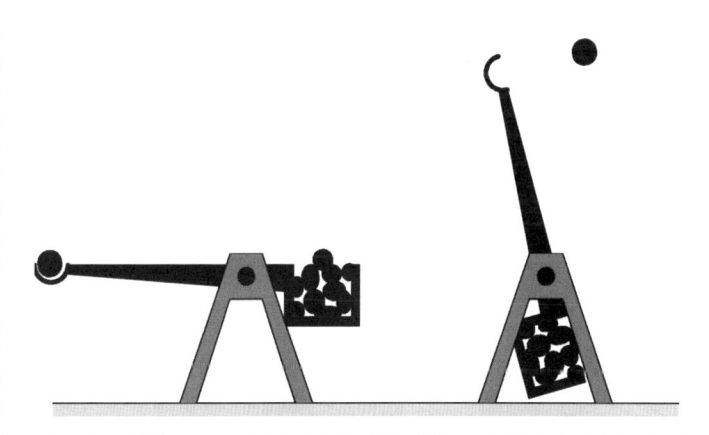

Adaptado de P.E. Chevedden, L. Eigenbrod, V. Foley e W. Soedel, "The Trebuchet", *Scientific American*, julho de 1995, pp. 66-71.

A crescente onda de ambientalismo resulta de nosso reconhecimento de que uma mudança fundamental se faz necessária. Não podemos mais ser adversários da natureza, mas devemos nos tornar seu cuidador. Tornamo-nos tão poderosos, podemos literalmente eliminar ecossistemas inteiros, seja deliberadamente (por exemplo, desmatando as florestas tropicais) ou inadvertidamente (por exemplo, liberando poluentes na água e no ar). Muitos cientistas também temem que a atividade humana possa resultar em alterações climáticas, devido à emissão de "gases do efeito estufa", como dióxido de carbono, metano, clorofluorocarbonos e óxidos de nitrogênio. A destruição da camada de ozônio, que protege plantas e animais da perigosa radiação ultravioleta, está associada a alguns gases que contêm cloro.

Embora tenhamos nos tornado extremamente poderosos, ainda dependemos da natureza para nos prover de elementos básicos à vida, como alimento e oxigênio. Mesmo esses elementos básicos não vêm facilmente. A NASA gasta milhões de dólares para desenvolver sistemas regenerativos de suporte à vida para uso na Lua ou em Marte, para permitir que as pessoas possam viver independentemente do sistema de suporte à vida da Terra. A pesquisa continua, devido à complexidade do problema.

"Desenvolvimento sustentável" é uma filosofia econômica recente que reconhece o direito que os humanos têm de viver e melhorar seu padrão de vida e, ao mesmo tempo, proteger o meio ambiente. Essa filosofia tenta reformular nossa economia para alcançar sustentabilidade. Por exemplo, basear nossas fontes de energia em fluidos fósseis não é algo sustentável. Eventualmente, as fontes serão exauridas, ou a poluição resultante do uso desses fluidos tornará o planeta inabitável. Desenvolvimento sustentável requer o uso de fontes renováveis de energia, como o sol, ventos, fluidos derivados de biomassa, ou fontes "infinitas" de energia, como fissão (reatores regeneradores) ou fusão nucleares. Conservação de recursos, reciclagem e tecnologias não-poluentes são, também, essenciais ao desenvolvimento sustentável.

Nos tempos atuais, diversos recursos são usados apenas uma vez, e, em seguida, descartados. Essa abordagem de "uso unitário" é cada vez mais inaceitável, devido à natureza finita de nossos recursos e à poluição causada pelos recursos descartados. Alternativamente, os engenheiros devem desenvolver uma metodologia cíclica, de modo que os recursos sejam reutilizados. Alguns produtos já são projetados para serem desmontados após o fim de sua vida útil. Eles são construídos de metais e polímeros que podem ser transformados em novos produtos.

Todos os processos, incluindo os processos cíclicos a serem desenvolvidos por futuros engenheiros, são alimentados por energia. Uma vez que a produção de energia gasta recursos e causa poluição, é responsabilidade dos engenheiros desenvolver processos que façam uso eficiente de energia. Muitos dos processos em uso atualmente são ineficientes quanto à utilização de energia, e podem ser melhorados por futuros engenheiros.

Sem exceção, processos produzem resíduos. No futuro, serão necessários muitos engenheiros para desenvolver processos que minimizem a produção de resíduos, produzam resíduos que possam ser convertidos em produtos úteis, ou modifiquem os resíduos de forma que possam ser armazenados com segurança.

1.3.2 Economia Global

Durante a Segunda Guerra Mundial, quando a maior parte da economia mundial era destruída, a economia dos Estados Unidos permaneceu intacta. Por algumas décadas imediatamente após a guerra, a economia americana esteve muito forte, com grandes volumes de exportação. Nações estrangeiras desejavam os produtos americanos, não apenas por serem de qualidade superior, mas porque as opções eram poucas. Na verdade, a qualidade dos produtos americanos se deteriorava devido a práticas descuidadas de fabricação, adotadas porque a indústria da época não era ameaçada por competição externa.

Hoje, a economia mundial é totalmente diferente. As economias do mundo se recuperaram dos efeitos da guerra. Diversas nações são capazes de produzir produtos com qualidade igual ou superior aos produzidos nos Estados Unidos. Após a guerra, um produto identificado como "Feito no Japão" era considerado de baixa qualidade; hoje, essa é uma indicação de que o produto foi bem feito e tem custo acessível.

Em um mercado livre, consumidores podem adquirir produtos de todas as partes do mundo. Quando escolhem produtos feitos em outros países, isso representa a perda de postos de trabalho no país de origem. Para enfrentar esse desafio, a indústria instituiu a cultura da "qualidade" em seu corpo de funcionários. Uma companhia comprometida com a qualidade deve identificar seus consumidores, pesquisar as necessidades destes e ajustar seus métodos de fabricação e gerenciamento para criar produtos que atendam as necessidades e expectativas dos consumidores.

Uma vez que a mão-de-obra é mais barata em alguns países, os produtos que demandam muita mão-de-obra não podem ser manufaturados, de forma economicamente viável, naqueles em que a mão-de-obra é cara, como nos Estados Unidos com a tecnologia atualmente lá existente. No entanto, caso os engenheiros nos Estados Unidos desenvolvam métodos de fabricação que substituam mão-de-obra por máquinas, muitos desses produtos poderão ser feitos nos países de mão-de-obra cara.

Uma forma alternativa para que os Estados Unidos possam competir com outros países é o desenvolvimento de produtos de alta tecnologia. Uma grande vantagem competitiva dos Estados Unidos é sua fortíssima base científica. Os americanos têm um empreendedorismo científico muito saudável. Ao transformar a pesquisa científica recente em produtos para o consumidor, a indústria americana manterá um perfil competitivo.

Algumas Palavras sobre Diversidade

Para descrever uma pessoa completamente, a lista de características deve incluir habilidade intelectual, personalidade, criatividade, nível educacional, hábitos, cor do cabelo, cor da pele, peso, altura, idade, força física, sexo, religião, herança étnica, orientação sexual, nacionalidade, idioma, educação familiar, e assim por diante. A lista é longa, e há tantas variações em cada característica, que podemos dizer que toda pessoa é única.

Por ser a humanidade tão diversa, você pode ter certeza de que os colegas de sua equipe tecnológica serão diferentes de você. Tal diversidade será uma fonte de força ou fraqueza, dependendo de como você responde a ela.

A diversidade é uma fonte de força quando pessoas com diferentes conhecimentos e habilidades trabalham todas juntas no problema técnico. O benefício da diversidade é reconhecido há muito; daí a expressão "duas cabeças pensam melhor que uma". Essa simples afirmação reconhece o fato de que uma pessoa, sozinha, pode não ter todas as habilidades necessárias para resolver um problema complexo, mas, coletivamente, as habilidades necessárias estão presentes. Além disso, uma equipe diversificada possui uma variedade salutar de pontos de vista. Por exemplo, embora tradicionalmente as equipes de projeto de automóveis sejam estritamente masculinas, as mulheres passaram a fazer parte delas em anos recentes. As participantes femininas introduziram novas perspectivas no projeto de automóveis, tornando-os mais seguros e mais atraentes às mulheres, que constituem cerca de 50% do mercado consumidor de carros.

A diversidade é uma fonte de fraqueza se colegas de equipe são tão diferentes que não conseguem se comunicar, ou desconfiam um do outro e não conseguem trabalhar juntos para um objetivo comum. Essa fraqueza potencial resulta de duas tendências habituais do ser humano:

tribalismo e supergeneralização. *Tribalismo* se refere ao fato de que, durante a maior parte da história humana, as pessoas viviam em tribos compostas por membros semelhantes. Quando estranhos entravam em terras da tribo, eram freqüentemente tratados com desconfiança, pois eram vistos como inimigos em potencial. *Supergeneralização* se refere ao fato de que, na tentativa de entender o mundo, os humanos fazem generalizações a partir de observações específicas — mas, algumas vezes, as generalizações vão longe demais. Por exemplo, se Laura estivesse assistindo a um jogo de basquete, ela observaria que o time é composto, principalmente, por pessoas altas. Após o jogo, se Laura encontrasse Greg, que, por acaso, tem mais de dois metros de altura, ela poderia pensar que Greg joga basquete, quando, na verdade, ele não tem o menor interesse por esse esporte. Tribalismo e supergeneralização impedem que as pessoas se tratem como indivíduos; em vez disso, atributos presumíveis de um grupo são automaticamente associados a um indivíduo. O não-reconhecimento das verdadeiras características de um colega impossibilita uma relação cooperativa.

Para adquirir força a partir da diversidade e evitar as potenciais falhas, é importante que a equipe tecnológica compartilhe um conjunto comum de valores básicos, de modo que as pessoas possam trabalhar juntas. Alguns exemplos de valores básicos são dados a seguir:

- Colegas de equipe são remunerados com base no trabalho árduo e não em motivações políticas.
- Colegas de equipe são tratados com respeito.
- Colegas de equipe são tratados como pessoas únicas em suas aptidões, talentos, habilidades e perspectivas.

A adoção desses valores básicos, e de outros mais, permitirá que a equipe funcione em harmonia e adquira força a partir da diversidade.

1.4 A EQUIPE TECNOLÓGICA

Os desafios técnicos atuais raramente são vencidos por um engenheiro solitário. O desenvolvimento tecnológico é um processo complexo que requer os esforços coordenados de uma equipe consistindo em:

- *Cientistas*, que estudam a natureza de modo que o conhecimento humano possa avançar. Embora alguns cientistas trabalhem na indústria em problemas práticos, outros têm carreiras de sucesso publicando resultados que não têm aplicação prática imediata. Formação escolar usualmente exigida: BSc, MSc, DSc.[1]
- *Engenheiros*, que aplicam seu conhecimento de ciência, matemática e economia para desenvolver dispositivos, estruturas e processos úteis. Formação escolar usualmente exigida: BSc, MSc, DSc.
- *Tecnólogos*, que aplicam ciência e matemática a problemas bem-definidos que, em geral, não requerem o conhecimento mais profundo possuído por engenheiros e cientistas. Formação escolar usualmente exigida: BSc.
- *Técnicos*, que trabalham em proximidade com engenheiros e cientistas para realizar tarefas específicas, como desenhos, procedimentos de laboratório, construção de modelos. Formação escolar usualmente exigida: curso técnico.

---

[1]BSc: Bacharelado; MSc: Mestrado; DSc: Doutorado. (N.T.)

Elijah McCoy: Engenheiro Mecânico e Inventor

Elijah McCoy nasceu por volta de 1840, na cidade de Colchester, Ontário, Canadá. Seus pais eram antigos escravos que escaparam de Kentucky através da Ferrovia Subterrânea, uma rede de indivíduos que ajudavam escravos a alcançar a liberdade.

Naquela época, as oportunidades educacionais para negros eram limitadas, de modo que, aos 15 anos, para continuar seus estudos, os pais de McCoy o enviaram à Escócia, onde ele obteve o título de "mecânico mestre e engenheiro". Ele retornou à América do Norte e se estabeleceu em Detroit, Michigan. Durante os anos 1860, era difícil os negros conseguirem trabalhos profissionais, de forma que o primeiro emprego de McCoy foi como carvoeiro/lubrificador na Estrada de Ferro Central de Michigan. Como carvoeiro, ele alimentava as locomotivas com carvão. Como lubrificador, ele lubrificava as máquinas, que tinham de ser desligadas para esse fim, causando atrasos e reduzindo a eficiência. Essa experiência inspirou sua primeira patente (Patente dos EUA n.º 129.843, concedida em 12 de julho de 1872),

para um dispositivo que lubrificava as máquinas em movimento. Esse dispositivo de lubrificação era tão competitivo, que alguns engenheiros passaram a perguntar se as máquinas eram equipadas com *o autêntico McCoy* (*the real McCoy*), uma expressão popular americana significando o *produto, a coisa autêntica ou verdadeira*. É interessante observar que essa expressão deu origem, em 1856, ao *slogan* publicitário *o autêntico MacKay*, usado para promover uma marca de uísque escocês.

Durante sua vida, McCoy desenvolveu 57 patentes. Elas foram concedidas nos Estados Unidos, Grã-Bretanha, Canadá, França, Alemanha, Áustria e Rússia. Entre elas estão uma tábua de passar roupas e um irrigador de jardins.

Em 1920, ele fundou a Companhia Manufatureira Elijah McCoy para fabricar e vender suas inúmeras invenções. Ele morreu nove anos mais tarde, em 1929. Em honra a seus feitos como inventor, em 2001 ele foi incluído na Galeria Nacional da Fama de Inventores.

Adaptado dos seguintes *websites*:

www.princeton.edu/~mcbrown/display/mccoy.html
www.mit.edu/www/inventorsI-Q/mccoy.html
www.inventorsmuseum.com/elijahmccoy.htm
www.invent.org/book/book-text/mccoy.htm
www.uselessknowledge.com/word/mccoy.shtml

- *Artesãos*, que têm habilidades manuais (soldagem, tornearia, carpintaria) para construir dispositivos especificados por cientistas, engenheiros, tecnólogos e técnicos. Formação escolar usualmente exigida: ensino médio e experiência.

Um trabalho em equipe bem-sucedido resulta em realizações maiores do que as que poderiam ser alcançadas individualmente pelos membros da equipe. Algo mágico ocorre quando uma equipe coalesce e cada membro cria a partir das idéias e entusiasmo dos colegas. Para que essa mágica possa ocorrer e o resultado ultrapasse os esforços individuais, diversas características devem estar presentes:

- Respeito mútuo pelas idéias dos companheiros de equipe.
- Habilidade dos membros da equipe para transmitir e receber idéias.
- Habilidade para deixar de lado críticas sobre uma idéia durante o processo inicial de formulação da solução de um problema.
- Habilidade para criar a partir de idéias incompletas ou fracamente formuladas.
- Aptidão para criticar adequadamente uma solução proposta e analisá-la à procura tanto de robustez como de fraqueza.
- Paciência para tentar novamente quando uma idéia falha ou a solução é incompleta.

1.5 ESPECIALIDADES DA ENGENHARIA E ÁREAS AFINS

Nesta etapa de sua carreira em engenharia, você pode ainda não ter escolhido uma especialidade. Estará seu futuro em engenharia mecânica, engenharia química, engenharia elétrica ou outros campos da engenharia? Uma vez feita sua escolha, você terá tomado uma decisão a respeito de sua *especialidade* de engenharia. Para ajudá-lo nessa decisão, descreveremos brevemente as principais especialidades da engenharia e algumas áreas afins.

A Figura 1.1 mostra quando as principais especialidades da engenharia nasceram. Possivelmente, quase todas evoluíram da engenharia civil. Note que todas as especialidades da engenharia requerem extensos conhecimentos de física, enquanto as engenharias química e de materiais requerem extensos conhecimentos de física e de química. Algumas especialidades recentes (engenharias bioquímica e biomédica) exigem vastos conhecimentos de física, química e biologia.

Josephine Garis Cochrane: Inventora da Lavadora de Pratos

Em 1839, Josephine Garis nasceu em uma família empreendedora. Seu pai, John Garis, era um engenheiro civil que supervisionava moinhos ao longo do Rio Ohio e drenava pântanos para a expansão de Chicago durante os anos 1850. Seu bisavô, John Fitch, construiu um barco a vapor, projetado por ele próprio, que serviu a Filadélfia em 1786.

Em 1858, aos 19 anos, Josephine Garis casou-se com William Cochran, um homem atraente de 27 anos que enriqueceu no negócio de bens secos. Josephine era uma mulher independente — embora tenha adotado o sobrenome do marido, ela insistiu em terminá-lo com a letra *e*.

O jovem casal *socialite* era popular e tinha muitos amigos, os quais freqüentemente entretinha com sofisticados jantares, em que era usada a fina porcelana herdada da família. Os empregados que lavavam a porcelana eram descuidados e quebravam muitos pratos. Josephine decidiu, então, lavar e secar, ela própria, os pratos. Ela logo concluiu que tal atividade gastava muito de seu precioso tempo, e resolveu projetar uma máquina que lavasse os pratos para ela. Em meia hora ela havia decidido que a máquina deveria possuir uma estrutura para acomodar os pratos, que seriam limpos por água em alta pressão.

Pouco tempo depois, em 1883, o marido de Josephine morreu. Embora tivesse sido um homem rico, ele gastou mais do que ganhou, deixando-a empobrecida. Mesmo assim, com a ajuda do mecânico George Butters, ela construiu a primeira lavadora de pratos em um galpão atrás de sua casa, um local agora identificado com um marco histórico. Alimentada por uma bomba manual, a máquina lavava os pratos usando água fervente ensaboada. Os amigos e vizinhos que vieram ver o curioso engenho ficaram encantados, e a encorajaram a prosseguir com o trabalho. No dia 28 de dezembro de 1886, a Sra. Cochrane recebeu sua primeira patente pela lavadora de pratos.

Por ser demasiado cara, Josephine decidiu vender a lavadora de pratos apenas para instituições e não para residências. A Casa Palmer, um famoso hotel de Chicago, foi seu primeiro cliente. Sua lavadora podia lavar e secar 240 pratos em 2 minutos.

Como não tinha capital, ela contratou um empreiteiro para construir as unidades. As relações eram difíceis; o empreiteiro freqüentemente ignorava suas idéias porque ela não tinha capacitação formal em mecânica, e por ser mulher. Além disso, o empreiteiro ficava com a maior parte dos lucros, embora fossem dela as idéias, patentes, talento empreendedor e as encomendas. Ela não era capaz de levantar o capital com investidores porque estes se recusavam a investir em uma companhia encabeçada por uma mulher.

Em 1893, nove de suas lavadoras Garis-Cochran limpavam e secavam pratos na Exposição Mundial de Colúmbia, uma grande feira realizada em Chicago. Os juízes concederam à sua máquina o principal prêmio, estabelecendo que era a de "melhor construção mecânica, durabilidade e adaptação à sua linha de atividade". A publicidade resultante gerou mais encomendas. Por volta de 1898, a Sra. Cochrane havia economizado dinheiro suficiente para abrir sua própria fábrica e não mais depender de empreiteiros para construir suas máquinas. George Butters se tornou o gerente e supervisionava os três empregados. Finalmente, ela pôde trabalhar com pessoas que a respeitavam e não duvidavam de suas idéias. Suas lavadoras de pratos eram aclamadas por hotéis e outras instituições porque economizavam trabalho, reduziam o número de quebras e desinfetavam os pratos. Josephine alcançou o sucesso e viveu para ver seu negócio prosperar.

Após sua morte em 1913, a companhia continuou a fabricar as lavadoras de pratos projetadas por Josephine. Em 1926, a companhia foi comprada pela Hobart, uma empresa fabricante de aparelhos bem engenhados. Hobart mudou o nome da subsidiária de lavadoras de pratos para KitchenAid, que finalmente introduziu a lavadora doméstica nos anos 1940. Posteriormente, a KitchenAid foi adquirida pela Whirlpool, grande fabricante de aparelhos domésticos.

Adaptado de: J.M. Fenster, "The Woman Who Invented the Dishwasher", *American Heritage of Invention & Technology*, vol. 15, n° 2, pp. 54-61, outono de 1999.

1.5.1 Engenharia Civil

A engenharia civil é geralmente considerada como a mais antiga especialidade — seus feitos datam de antes das pirâmides do Egito. Muitas das aptidões de engenheiros civis (por exemplo, construção de muros, pontes e estradas) são extremamente úteis em tempos de guerra, de forma que os engenheiros civis trabalhavam tanto em projetos militares quanto em projetos civis. Para distinguir os engenheiros que trabalhavam em projetos civis daqueles que trabalhavam em projetos militares, o engenheiro britânico John Smeaton criou o termo *engenheiro civil*, por volta de 1750.

Os engenheiros civis são responsáveis pela construção de projetos de larga escala, como rodovias, edifícios, aeroportos, represas, pontes, portos, canais, sistemas de abastecimento de água e sistemas de esgoto.

1.5.2 Engenharia Mecânica

A engenharia mecânica era praticada concomitantemente à engenharia civil, pois muitos dos dispositivos necessários à execução de grandes projetos de engenharia civil eram de natureza mecânica. Durante a Revolução Industrial (1750-1850), máquinas maravilhosas foram desenvolvidas: motores a vapor, motores de combustão interna, teares mecânicos, máquinas de costura, e muitas outras. Aqui vemos o nascimento da engenharia mecânica como uma especialidade distinta da engenharia civil.

Os engenheiros mecânicos constroem motores, veículos (automóveis, trens e aviões), ferramentas mecânicas (tornos e laminadores), trocadores de calor, equipamentos para processos

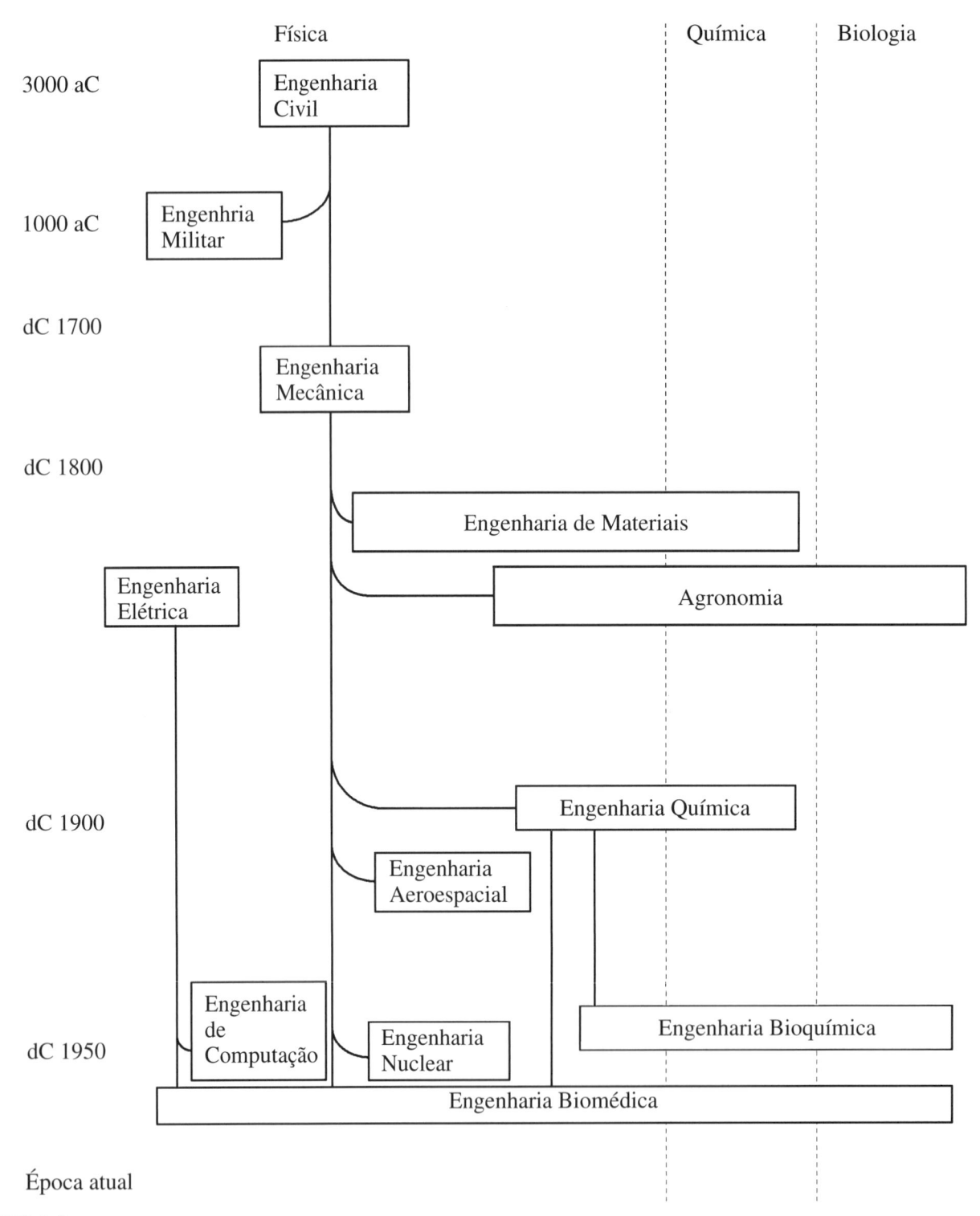

FIGURA 1.1
Nascimento das especialidades da engenharia (datas aproximadas).

industriais, usinas de energia elétrica, bens de consumo (máquinas de escrever e canetas), sistemas para aquecimento, refrigeração, condicionamento de ar e ventilação. Os engenheiros mecânicos devem ter conhecimentos sobre estruturas, transferência de calor, mecânica dos fluidos, materiais e termodinâmica, entre outros.

Egito Antigo: De Engenheiro a Deus

A civilização egípcia evoluiu a partir da Idade da Pedra Polida, por volta de 3400 a.C., com vigorosos avanços em diversas áreas da engenharia. Ainda podemos admirar as espetaculares proezas de construções da Idade das Pirâmides (3000–2500 a.C.), mas os antigos egípcios também foram pioneiros em outros campos da engenharia. Como engenheiros hidráulicos, eles manipularam o Rio Nilo para fins de agricultura e comerciais; como engenheiros químicos, eles produziram corantes, cimento, vidro, cerveja e vinho; como engenheiros de minas, eles extraíram cobre da Península do Sinai para uso em ferramentas de bronze e para a construção das pirâmides.

Um dos mais importantes personagens desse período foi Imhotep, hoje conhecido como "O Pai da Construção em Alvenaria de Pedra". Imhotep serviu ao faraó Zoser como sacerdote-chefe, mágico, médico e engenheiro mestre. A maioria dos arqueólogos credita a Imhotep o projeto e construção da primeira pirâmide, uma tumba em degraus para Zoser em Sakkara, por volta de 2980 a.C. Essa pirâmide consiste em seis estágios, cada um com cerca de 9 metros de altura, construídos de calcário local e talhados com cinzéis de cobre. Embora tenha somente 60 metros de altura (equivalente a um prédio de 18 andares), essa estrutura única serviu como protótipo para a Grande Pirâmide de Gizé, construída 70 anos mais tarde, com área equivalente a quatro quarteirões, e cuja altura original era de 144 metros.

Imhotep conquistou uma grande reputação como sábio e, séculos mais tarde, foi reconhecido como o deus egípcio da cura. Embora a civilização egípcia tenha vivenciado grandes progressos de engenharia durante a Era das Pirâmides, 2000 anos de estagnação e declínio se seguiram.

Foto © Richard Passmore/Getty Images.

Sala Hipostila do Templo de Karnak em Luxor, Egito.

Cortesia de: Seth Adelson, aluno de pós-graduação.

1.5.3 Engenharia Elétrica

Tão logo os cientistas começaram a entender a eletricidade, nasceu a profissão de engenheiro eletricista. A eletricidade serve a sociedade em duas principais funções: transmissão de potência e de informação. Os engenheiros eletricistas que se especializam na transmissão de potência projetam e constroem geradores elétricos, transformadores, motores elétricos e outros equipamentos de alta potência. Aqueles que se especializam na transmissão de informação projetam e constroem rádios, televisores, computadores, antenas, instrumentos de medidas, controladores e equipamentos de comunicação.

Os equipamentos eletrônicos podem ser **analógicos** (o que significa que tensões e correntes no dispositivo assumem valores *contínuos*) ou **digitais** (o que significa que somente valores *discretos* de tensões e correntes são admitidos pelo dispositivo). Como os equipamentos analógicos são mais susceptíveis ao ruído e interferência que os equipamentos digitais, muitos engenheiros eletricistas se especializam em circuitos digitais.

A vida moderna é, em grande parte, caracterizada por equipamentos eletrônicos. Diariamente utilizamos diferentes dispositivos eletrônicos — televisores, telefones, computadores, calculadoras, etc. No futuro, o número e a variedade desses dispositivos tendem a aumentar. O fato de que a engenharia elétrica é a maior especialidade da engenharia — congrega mais de 25% de todos os engenheiros — apenas ressalta sua importância na sociedade moderna.

1.5.4 Engenharia Química

Por volta de 1880, a indústria química estava se tornando importante na economia dos Estados Unidos. Naquela época, a indústria química contratava dois tipos de pessoal técnico: engenheiros mecânicos e químicos industriais. O engenheiro químico combinou essas duas especialidades em uma única. O primeiro curso de engenharia química foi oferecido pelo Instituto de Tecnologia de Massachusetts (MIT — *Massachusetts Institute of Technology*) em 1888.

A engenharia química é caracterizada por um conceito chamado de *operações unitárias*. Operação unitária é uma peça individual de um equipamento de processo (reator químico, trocador de calor, bomba, compressor ou coluna de destilação). Assim como os engenheiros eletricistas montam circuitos complexos a partir de componentes (resistores, capacitores, indutores, baterias), os engenheiros químicos montam usinas químicas combinando operações unitárias.

Os engenheiros químicos processam matéria-prima (petróleo, carvão, minerais, milho, árvores) e a transformam em produtos refinados (gasolina, óleo de calefação, plásticos, medicamentos, papel). A engenharia bioquímica é uma subespecialidade emergente da engenharia química. Os engenheiros bioquímicos combinam processos biológicos com a tradicional engenharia química para produzir alimentos e medicamentos, e para tratar resíduos.

1.5.5 Engenharia Industrial

No final dos anos 1800, as indústrias começaram a utilizar técnicas de "gerenciamento científico" para aumentar a eficiência. Os pioneiros nesse campo fizeram o estudo de tempos e movimentos de trabalhadores para reduzir a quantidade de trabalho exigida para a produção de um produto. Atualmente, os engenheiros industriais desenvolvem, projetam, instalam e operam sistemas integrados de pessoas, máquinas e informação para produzir bens ou serviços. Os engenheiros industriais unem engenharia e gerência.

Os engenheiros industriais são famosos por projetar e operar linhas de montagem que otimizam a combinação de pessoas e máquinas. No entanto, eles também podem otimizar horários e rotas de trens e aviões, operações hospitalares, bancos ou serviços de entrega expressa. Os engenheiros industriais que se especializam em fatores humanos projetam produtos (por exemplo, ferramentas manuais, cabines de avião) tendo em mente o usuário humano.

1.5.6 Engenharia Aeroespacial

Os engenheiros aeroespaciais projetam veículos que operam na atmosfera e no espaço. Esse é um campo diversificado e de mudança rápida, que abrange quatro principais áreas tecnológicas: aerodinâmica, estruturas e materiais, controle e mecânicas de vôo e orbital, e propulsão. Os engenheiros aeroespaciais ajudam a projetar e construir veículos aéreos de alto desempenho (por exemplo, aviões, mísseis e espaçonaves), bem como automóveis. Além disso, os engenheiros aeroespaciais se confrontam com os problemas associados aos efeitos do vento em edificações, poluição do ar e outros fenômenos atmosféricos.

1.5.7 Engenharia de Materiais

Os engenheiros de materiais se dedicam a obter os materiais exigidos pela sociedade moderna. Esses engenheiros podem ser classificados como:

* *Engenheiros geólogos*, que estudam rochas, solos e formações geológicas para encontrar minerais valiosos e reservas de petróleo.
* *Engenheiros de minas*, que extraem minerais, como carvão, ferro e estanho.
* *Engenheiros de petróleo*, que localizam, produzem e transportam óleo e gás natural.
* *Engenheiros de cerâmica*, que produzem produtos cerâmicos (isto é, de minerais não-metálicos).
* *Engenheiros de plásticos*, que produzem produtos plásticos.
* *Engenheiros metalúrgicos*, que produzem produtos metálicos a partir de minerais e criam ligas metálicas com propriedades superiores.
* *Engenheiros de ciência dos materiais*, que estudam a ciência básica por trás das propriedades dos materiais (por exemplo, a robustez, a resistência à corrosão e a condutividade).

1.5.8 Agronomia

Os engenheiros agrônomos ajudam agricultores a produzir alimentos e fibras, de forma eficiente. Essa especialidade nasceu com a colheitadeira de McCormick.[2] Desde então, os engenheiros agrônomos desenvolveram diversos outros implementos agrícolas (tratores, arados, cortadeiras, etc.) para reduzir o trabalho braçal no campo. Os modernos engenheiros agrônomos aplicam conhecimentos de mecânica, hidrologia, computadores, eletrônica, química e biologia para resolver problemas agrícolas. Esses engenheiros podem se especializar em engenharia de alimentos ou bioquímica; qualidade do meio ambiente e da água; sistemas energéticos e máquinas; processamento de alimentos, rações e fibras.

1.5.9 Engenharia Nuclear

Os engenheiros nucleares projetam sistemas que empregam energia nuclear, como usinas de energia nuclear, navios nucleares (por exemplo, submarinos e porta-aviões) e espaçonaves nucleares. Alguns engenheiros nucleares estão envolvidos com medicina nuclear; outros, com o projeto de reatores de fusão nuclear, que têm potencial para gerar energia ilimitada, com um mínimo de dano ao meio ambiente.

1.5.10 Engenharia Arquitetônica

Os engenheiros arquitetônicos combinam os conhecimentos de estruturas, materiais e acústica de um engenheiro com os conhecimentos de estética e funcionalidade de construções de um arquiteto.

1.5.11 Engenharia Biomédica

Os engenheiros biomédicos combinam especialidades tradicionais da engenharia (mecânica, elétrica, química e industrial) com medicina e fisiologia humana. Eles desenvolvem próteses (por exemplo, membros artificiais), rins artificiais, marca-passos e corações artificiais. Desenvolvimentos recentes permitirão que algumas pessoas surdas possam ouvir e que alguns cegos possam enxergar. Os engenheiros biomédicos podem trabalhar em hospitais como engenheiros clínicos; em centros médicos, como pesquisadores médicos; em indústrias médicas, projetando dispositivos clínicos; em órgãos governamentais, avaliando aparelhos médicos; também podem trabalhar como clínicos e prover atendimento de saúde.

1.5.12 Engenharia e Ciência da Computação

A engenharia e a ciência da computação evoluíram a partir da engenharia elétrica. Os cientistas da computação têm conhecimento tanto da parte de programação (*software*) quanto da parte de dispositivos (*hardware*) de computadores, mas enfatizam a parte de programação. Por outro lado, os engenheiros da computação também entendem tanto de *software* como de *hardware* de computadores, mas enfatizam a parte de *hardware*. Os cientistas e engenheiros da computação projetam e constroem computadores, desde supercomputadores até computadores de uso pessoal, conectam computadores em rede, escrevem programas para o sistema operacional que regula as funções do computador, ou desenvolvem programas aplicativos, como processadores de texto ou planilhas eletrônicas. Dada a crescente importância do papel dos computadores na sociedade moderna, a ciência e a engenharia da computação são profissões que crescem rapidamente.

1.5.13 Tecnólogos de Engenharia

Os tecnólogos de engenharia preenchem o espaço entre engenheiros e técnicos. Basicamente, esses profissionais freqüentam um curso de 4 anos e compartilham muitas das disciplinas com seus colegas engenheiros. Sua modalidade de trabalho enfatiza tanto a teoria como as aplica-

---

[2]Primeira colheitadeira mecânica, inventada por Robert McCormick e seu filho Cyrus H. McCormick, em 1831, no Estado da Virgínia, EUA. Cyrus McCormick patenteou a invenção em 1834. (N.T.)

ções práticas, enquanto as especialidades de engenharia descritas anteriormente enfatizam a teoria, com menor atenção às aplicações práticas. Os tecnólogos de engenharia podem se especializar em eletrônica geral, computação e mecânica. Com suas habilidades, tecnólogos de engenharia desempenham funções como projeto e construção de circuitos eletrônicos, reparo de circuitos defeituosos, manutenção de computadores, programação de máquinas de controle numérico.

1.5.14 Técnicos de Engenharia

Os técnicos de engenharia seguem, tipicamente, um curso de 2 anos. Sua educação enfatiza principalmente as aplicações práticas, com menor atenção à teoria. Eles se envolvem com o projeto, teste, correção de defeitos e manufatura de produtos. Suas especializações incluem: eletrônica, desenho técnico, manufatura automática, robótica e fabricação de semicondutores.

1.5.15 Artesãos

Os artesãos geralmente não recebem uma educação formal além do ensino médio. Eles, freqüentemente, aprendem seu ofício auxiliando artesãos experientes que lhes mostram os "truques da profissão". Os artesãos têm uma variedade de habilidades manuais, como tornearia, soldagem, carpintaria e operação de máquinas. Eles são, em geral, responsáveis por transformar idéias de engenharia em realidade; portanto, os engenheiros devem, muitas vezes, trabalhar em proximidade com esses profissionais. Engenheiros sábios dão grande valor às opiniões de artesãos, pois eles comumente têm muitos anos de experiência prática.

1.5.16 Estatística de Empregos em Engenharia

A Tabela 1.1 mostra o número de engenheiros empregados nos Estados Unidos. Aproximadamente 1,4% de todos os empregados são engenheiros.

TABELA 1.1
Número de engenheiros e outras profissões nos Estados Unidos

Engenheiros	Homens	Mulheres	Total
Eletricistas e eletrônicos	420.471	46.552	467.023
Civis	235.162	17.646	252.808
Mecânicos	176.092	9.780	185.872
Industriais	151.859	24.474	176.333
Aeroespaciais	131.786	11.648	143.434
Químicos	57.163	7.157	64.320
De petróleo	22.908	1.657	24.565
Metalúrgicos e de materiais	17.021	2.209	19.230
Nucleares	10.108	693	10.801
De mineração	6.063	415	6.478
Agrônomos	2.012	136	2.148
Marítimos e arquitetos navais	12.776	493	13.269
Outros	308.540	33.423	341.963
Total	1.551.961	156.283	1.708.244
Outras profissões			
Advogados	564.332	182.745	747.077
Médicos	465.468	121.247	586.715
Farmacêuticos	114.949	66.849	181.798
Arquitetos	133.212	23.662	156.874
Dentistas	135.588	19.941	155.529
Cientistas			
Químicos	102.505	38.750	141.255
Biólogos	36.207	25.930	62.137
Físicos	24.238	3.604	27.842
Total empregado	62.704.579	52.976.623	119.550.000
População dos Estados Unidos	121.172.379	127.537.494	248.709.873

Adaptado do Censo de 1999. (Os dados do Censo de 2000 não estavam disponíveis na época em que este livro foi escrito.)

1.6 FUNÇÕES DE ENGENHARIA

Independente de sua especialidade, os engenheiros podem ser classificados pelas funções que desempenham:

- Os *engenheiros pesquisadores* buscam novos conhecimentos para solucionar problemas complexos que não possuem uma solução imediata aparente. Para eles é exigido um treinamento mais longo, geralmente até o grau de mestre ou doutor.
- Os *engenheiros de desenvolvimento* aplicam conhecimentos novos e já existentes para desenvolver protótipos de novos dispositivos, estruturas e processos.
- Os *engenheiros de projeto* aplicam resultados obtidos por engenheiros pesquisadores e de desenvolvimento para produzir projetos detalhados de dispositivos, estruturas e processos que serão usados pela sociedade.
- Os *engenheiros de produção* tratam da especificação de cronogramas de produção, determinando a disponibilidade de matéria-prima e otimizando as linhas de montagem para a produção, em larga escala, dos dispositivos concebidos pelos engenheiros de projeto.
- Os *engenheiros de teste* executam testes em produtos para determinar sua confiabilidade e adequação a aplicações específicas.
- Os *engenheiros de construção* constroem grandes estruturas.
- Os *engenheiros operacionais* operam e mantêm estruturas de produção, como fábricas e instalações químicas.
- Os *engenheiros de vendas* possuem o conhecimento técnico necessário para vender produtos de tecnologia.
- Os *engenheiros gerentes* são necessários na indústria para coordenar as atividades da equipe tecnológica.
- Os *engenheiros consultores* são especialistas contratados por empresas para complementar a competência da engenharia de seu corpo de funcionários.
- Os *engenheiros professores* ensinam a outros engenheiros os fundamentos de cada especialidade da engenharia.

Para ilustrar os papéis das especialidades e funções da engenharia, considere todas as etapas necessárias à produção de uma nova bateria adequada à propulsão automotiva. (A especialidade provável de engenharia é indicada entre parênteses, e a função, em itálico.) Um *engenheiro pesquisador* (engenheiro químico) realiza, em laboratório, estudos básicos com novos materiais que são candidatos em potencial para uma bateria recarregável, leve e que armazene muita energia. O *engenheiro de desenvolvimento* (engenheiro químico ou eletricista) revê os resultados do engenheiro pesquisador e seleciona alguns materiais para novos testes. Ele constrói alguns protótipos de bateria e os testa, analisando propriedades, como o máximo número de ciclos de recarga, tensão de saída a várias temperaturas, efeito da taxa de descarga na vida da bateria e corrosão. Caso o engenheiro de desenvolvimento não tenha conhecimentos sobre corrosão, a companhia contrata temporariamente um *engenheiro consultor* (engenheiro químico, mecânico ou de materiais) para solucionar o problema da corrosão. Assim que o engenheiro de desenvolvimento tiver acumulado informação suficiente, *o engenheiro de projeto* (engenheiro mecânico) projetará o modelo da bateria que será produzido pela companhia. Ele deve especificar a composição exata e as dimensões de cada componente e como cada um será manufaturado. Um *engenheiro de construções* (engenheiro civil) levantará o prédio no qual a bateria será fabricada, e um *engenheiro de produção* (engenheiro industrial) projetará a linha de produção (por exemplo, ferramentas mecânicas e áreas de montagem) para a produção em série da nova bateria. Os *engenheiros operacionais* (engenheiros mecânicos ou industriais) operarão a linha de produção, assegurando que esta tenha uma manutenção adequada. Uma vez que a linha de produção esteja operando, os *engenheiros de teste* (engenheiros industriais ou eletricistas) selecionam algumas baterias aleatoriamente, testando-as para garantir que atendem às especificações da companhia. Os *engenheiros de vendas* (engenheiros eletricistas ou mecânicos) procurarão as montadoras de automóveis para explicar as vantagens da nova bateria e responder perguntas técnicas. Os *engenheiros gerentes* (qualquer especialidade) tomarão decisões sobre o financiamento para expansão da fábrica, preço dos produtos, contratação de novos funcionários, e estabelecerão objetivos para a companhia. Todos esses engenheiros foram treinados por *engenheiros professores* (muitas especialidades) na faculdade.

Nesse exemplo, as especialidades da engenharia que satisfazem cada função são específicas do projeto. Outros projetos exigirão esforços coordenados de outras especialidades da engenharia. Além disso, as especialidades selecionadas para esse projeto são uma idealização. Uma companhia pode não ter o conjunto ideal de engenheiros exigido por um projeto, e esperaria que seu corpo de engenheiros se adapte às necessidades do projeto. Após muitos anos, os engenheiros adquirem experiência em várias especialidades, de forma que se torna difícil classificá-los pelas especialidades que estudaram na faculdade. Um engenheiro que deseja permanecer empregado deve ser adaptável, o que significa estar bem familiarizado com os fundamentos de outras especialidades.

1.7   QUANTA EDUCAÇÃO FORMAL É NECESSÁRIA PARA VOCÊ?

O conhecimento se expande a uma taxa exponencial. É impossível dominar a engenharia completamente em um curso de graduação de 5 anos. Embora você continue a aprender em seu trabalho, sua experiência tende a se estreitar, ficando focada nas necessidades da companhia.

À medida que você progride em seus estudos de engenharia, você deve se perguntar: De quanto mais educação formal eu preciso? A resposta depende de seus objetivos profissionais. Muitas das funções de engenharia descritas anteriormente podem ser desempenhadas adequadamente com um diploma de graduação. Outras — como o engenheiro pesquisador e o engenheiro de desenvolvimento — exigem, em geral, o título de mestre ou doutor. Esses profissionais estarão envolvidos nos estágios iniciais do desenvolvimento de produtos. Mais educação se faz necessária porque eles devem solucionar problemas técnicos mais desafiadores.

Caso você se interesse pelos desafios técnicos enfrentados pelos engenheiros com diplomas avançados, não deixe que os custos educacionais o desanimem. A maioria dos programas de pós-graduação oferece apoio financeiro a seus alunos na forma de bolsas de estudo. Embora o valor da bolsa não seja igual ao do salário pago na indústria, é suficiente para permitir o término dos estudos. Considerando que pessoas com diplomas avançados geralmente recebem maiores salários (Figura 1.2), a perda financeira no curto prazo pode eventualmente ser recuperada. No entanto, ganho financeiro não deve ser a motivação principal para obter um diploma avançado. Você deve considerar essa opção apenas se você realmente tiver interesse em trabalhos com grandes desafios técnicos.

Alguns estudantes de graduação em engenharia decidem mudar de área de formação, indo para direito, medicina ou negócios. O currículo de engenharia propicia um embasamento excelente para essas outras áreas, uma vez que desenvolve atitudes, hábitos de trabalho e raciocínio lógico.

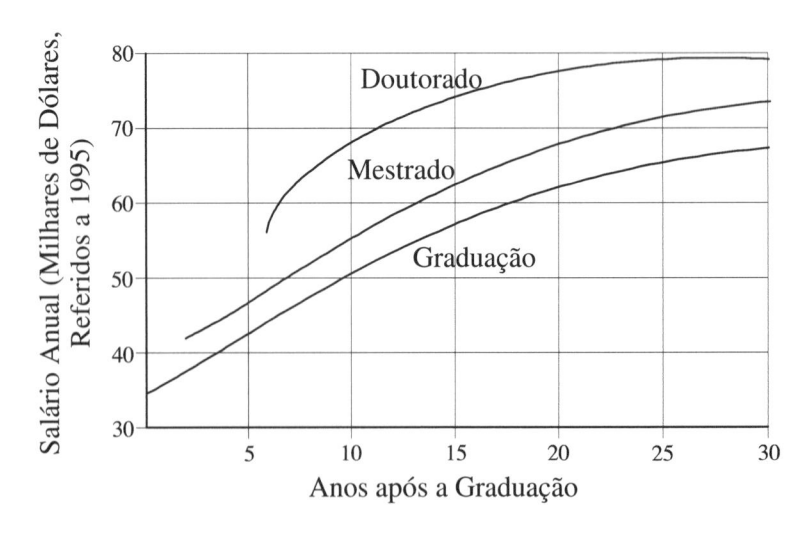

FIGURA 1.2
Salários médios de engenheiros com diferentes níveis de formação. Fonte: Engineering Workforce Commission of the American Association of Engineering Societies, *Engineers: A Quarterly Bulletin on Careers in the Profession* 1, nº 3 (julho de 1995).

1.8 O ENGENHEIRO COMO UM PROFISSIONAL

Historicamente, um profissional era simplesmente uma pessoa que professava ser "devidamente qualificado" em uma dada área. Freqüentemente, esses profissionais abraçavam os votos monásticos de alguma ordem religiosa. Assim, ser um profissional significava não apenas dominar um conjunto de conhecimentos, mas também obedecer a determinados padrões de conduta.

No mundo moderno, o conceito de profissional se tornou mais formalizado. Consideramos que um **profissional** deve ter as seguintes características:

* *Extenso treinamento intelectual* — todas as profissões exigem muitos anos de estudo, tanto em nível de graduação quanto de pós-graduação.
* *Ter sido aprovado em exame de qualificação* — profissionais devem demonstrar que dominam um conjunto comum de conhecimentos.
* *Habilidades vitais* — as habilidades de profissionais são vitais para o funcionamento adequado da sociedade.
* *Monopólio* — a sociedade atribui aos profissionais o monopólio do trabalho em sua área de atividade.
* *Autonomia* — a sociedade dá aos profissionais o poder de auto-regulamentação.
* *Código de ética* — o comportamento de profissionais é regido por códigos auto-impostos.

Engenharia, arquitetura, medicina, direito, odontologia e farmácia são exemplos de profissões; estas são algumas das mais prestigiosas ocupações em nossa sociedade.

1.8.1 Educação de Engenharia

Nos Estados Unidos, desde 1933, a educação de engenharia tem sido credenciada pela Comissão de Credenciamento para Engenharia e Tecnologia (ABET — Accrediting Board for Engineering and Technology). O propósito primário de credenciamento é garantir que formandos de cursos de engenharia sejam adequadamente preparados para praticar a engenharia. Embora as faculdades possam oferecer programas não-credenciados de engenharia, os formandos dessas escolas poderão ter dificuldades para conseguir emprego.

Quando um programa de engenharia é avaliado pela ABET,[3] a equipe de avaliação analisa a qualidade dos estudantes, professores, infra-estrutura e grade curricular. O currículo deve incluir (1) cursos de educação genérica; (2) um ano de matemática de nível universitário e ciências básicas; e (3) um ano e meio de ciência e projeto de engenharia. O currículo deve culminar com uma grande experiência de projeto considerando limitações realistas e associadas a aspectos econômicos, ambientais, de sustentabilidade, de possibilidade de manufatura, éticos, de saúde, de segurança, sociais e políticos.

Em vez de prescrever uma lista de disciplinas, a ABET permite que cada departamento de engenharia estabeleça seu próprio currículo, de modo que os estudantes possam alcançar os objetivos especificados. Durante a avaliação de um programa de engenharia, a ABET determina se os graduandos têm:

a. Habilidade para aplicar conhecimentos de matemática, ciência e engenharia.
b. Habilidade para projetar e conduzir experimentos, assim como para analisar e interpretar dados.
c. Habilidade para projetar um sistema, componente ou processo para atender as especificações desejadas.
d. Habilidade para trabalhar em equipes multidisciplinares.
e. Habilidade para identificar, formular e solucionar problemas de engenharia.
f. Entendimento das responsabilidades profissionais e éticas.
g. Habilidade para se comunicar eficientemente.
h. Conhecimento amplo, necessário para entender o impacto de soluções de engenharia em um contexto global e social.

---

[3]No Brasil, esta é uma atribuição do Ministério da Educação. (N.T.)

A República e o Império Romanos: Pavimentando o Mundo

Ao longo de um período de 800 anos, a cidade-estado de Roma passou de um acampamento latino, com grande população, ao centro nervoso de um império que abrangia uma região que se estendia da Escócia até Israel. Para manter a estabilidade de seu vasto reino, os romanos implementaram muitas obras públicas, empregando tecnologia contemporânea no abastecimento de água, na remoção de esgoto, no transporte, na travessia de rios e no oferecimento de entretenimento.

As conquistas científicas dos romanos foram mínimas; eles não estavam interessados em teoria. A aplicação de princípios simples, a fartura de materiais baratos e o trabalho escravo davam resultados satisfatórios. Por exemplo, os primeiros construtores romanos utilizavam arcos semicirculares, um conceito arquitetônico desenvolvido pelos etruscos (um povo não-indo-europeu do norte da Itália), para construir os magníficos aquedutos que supriam Roma de água. Embora diversos povos primitivos tenham anteriormente empregado o concreto, os engenheiros romanos fabricaram uma mistura melhorada, resultando em um material de construção tão duro e tão resistente à água, como rocha natural. Com esse concreto aprimorado, eles construíram cidades bem planejadas, com prédios de apartamentos, ou *insulae* (ilhas), de até cinco andares e providos de aquecimento central.

A rede romana de estradas, começando com a famosa Via Ápia na Itália central e se expandindo no restante do Império, tinha como propósito original o uso militar. Para defender suas fronteiras e garantir sua expansão, o Império exigia o transporte rápido de soldados sobre uma superfície firme e resistente. Engenheiros romanos construíam suas estradas para que fossem duráveis; eles empregavam instrumentos simples com bolhas de chumbo para manter as superfícies niveladas, e freqüentemente o piso era constituído de quatro ou cinco camadas, com cerca de 1,2 metro de espessura e 6 metros de largura.

Foto © Oliver Benn/Getty Images.

Aqueduto romano em Segóvia, Espanha.

Cortesia de: Seth Adelson, aluno de pós-graduação.

    i. Consciência da necessidade de um aprendizado contínuo e habilidade para nele se engajar.

    j. Conhecimento de temas contemporâneos.

    k. Habilidade para utilizar técnicas, aptidões e ferramentas modernas de engenharia para a prática da engenharia.

1.8.2 Engenheiro Profissional Registrado

Nos Estados Unidos, cada estado da federação tem poderes para licenciar e registrar engenheiros profissionais. O objetivo é proteger a sociedade, assegurando um padrão mínimo de qualidade por meio de exames, experiências e cartas de recomendação. Em 1907, a necessidade de licenciar engenheiros ficou clara durante o chamado Caos de Wyoming, quando os posseiros agrimensavam eles próprios as terras e o direito à água e se autoproclamavam engenheiros agrimensores. Atualmente, todos os estados possuem conselhos de credenciamento que licenciam e registram os engenheiros.[4]

Nos Estados Unidos, um engenheiro não precisa de licença para praticar engenharia, mas os profissionais credenciados têm maiores oportunidades de emprego. Muitos cargos na indústria e no governo só podem ser preenchidos por engenheiros credenciados.

Embora cada estado americano tenha suas próprias regras de licenciamento e credenciamento de engenheiros, o procedimento geral é o seguinte:

1. Obter diploma de uma instituição de ensino reconhecida pela comissão de engenharia do estado. Essa exigência é automaticamente satisfeita, caso a instituição seja credenciada pela ABET.
2. Ser aprovado no exame de Fundamentos da Engenharia. Esta é uma prova, de 8 horas de duração, que aborda temas específicos das especialidades da engenharia, assim como os fundamentos de química, matemática, estruturas, eletrônica, economia e outros tópicos. O título de "Engenheiro em Treinamento" (EIT — *Engineer in Training*) é concedido aos formandos de engenharia aprovados no exame.
3. Trabalhar durante 4 anos como engenheiro.
4. Obter cartas de recomendação.
5. Ser aprovado no exame de Prática e Princípios, outra prova de 8 horas de duração, sobre a especialidade da engenharia do candidato.

Os dois exames são preparados pelo Conselho Nacional de Examinadores de Engenharia e Agrimensura (NCEES — *National Council of Examiners for Engineering and Surveying*) e aplicados em todo o país, na mesma época. Caso você pretenda se tornar um engenheiro profissional credenciado, você deve se preparar para fazer o exame de Fundamentos da Engenharia em seu último semestre na faculdade, quando o conhecimento ainda está fresco em sua mente.

1.8.3 Sociedades Profissionais

A maioria dos profissionais possui sociedades. A Associação Médica Americana (para médicos) e a Associação Dental Americana (para dentistas) atendem aos interesses desses profissionais. Da mesma forma, os engenheiros têm sociedades profissionais que atendem seus interesses. A primeira sociedade profissional de engenharia foi o Instituto de Engenheiros Civis, fundado na Grã-Bretanha em 1818. A primeira sociedade profissional americana foi a Sociedade Americana de Engenheiros Civis (ASCE — *American Society of Civil Engineers*), fundada em 1852. Desde então, diversas outras sociedades profissionais foram fundadas (Tabela 1.2).

A função primária das sociedades profissionais é a troca de informações entre seus membros. Isso é feito por meio da publicação de revistas técnicas, realização de conferências, manutenção de bibliotecas, oferecimento de cursos de educação continuada, e apresentação de estatísticas sobre emprego (salários e benefícios), de modo que os membros possam avaliar sua remuneração. Algumas sociedades profissionais auxiliam seus membros na busca de emprego, ou informam o governo sobre temas técnicos associados à sua profissão.

Como estudante, é aconselhável que você se integre aos capítulos de sociedades profissionais de sua especialidade. Eles oferecem vários benefícios, como encontros que permitem que você interaja com a indústria, colegas de estudos e professores. Caso você se torne um representante estudantil, a experiência de liderança será inestimável para seu sucesso futuro. Muitos

---

[4]No Brasil, esta é uma atribuição do Conselho Regional de Engenharia, Arquitetura e Agronomia (CREA) de cada estado, subordinado ao Conselho Federal de Engenharia, Arquitetura e Agronomia (CONFEA). (N.T.)

China através dos Tempos: Muralhas, Palavras e Poços

Nenhuma discussão sobre antigos feitos da engenharia está completa sem uma menção à Grande Muralha da China. Sua construção foi iniciada no terceiro século a.C., sob o domínio do brutal imperador Qin Shi Huang Di (um título que significa "Primeiro Autocrata Divino da Dinastia Qin"). O objetivo do imperador era proteger a China dos hunos assassinos provenientes do norte da Ásia. Para isso, ele forçou centenas de milhares de camponeses chineses, homens e mulheres, a deixarem suas casas e terras e se juntarem ao esforço da construção. Embora não tenha sido completada durante a vida de Qin, a muralha posteriormente cobriu uma distância de cerca de 3.540 quilômetros, incluindo as ramificações. Se fosse colocada na América do Norte, se estenderia da cidade de Nova York à cidade de Des Moines, no Estado de Iowa. Os materiais e dimensões variam ao longo de seu comprimento, mas a muralha é, em grande parte, construída de tijolos de argila, com 7,5 metros de espessura na base e uma altura de 9 metros. Torres de vigilância são espaçadas por algumas centenas de metros.

A muralha foi reconstruída por diversos governos através da história, até o século XIX.

Posteriores feitos da engenharia chinesa, embora não tão grandes, são igualmente espetaculares. No primeiro século d.C., o nobre eunuco Cai Lun confeccionou papel a partir de cortiça, cânhamo, trapos e redes de pesca. Mais tarde, o desenvolvimento da prensa para impressão, no período entre os séculos IX e XII, transformou os chineses nos primeiros editores e, também, no primeiro povo a ter uma moeda impressa.

No século XI, como precursores da indústria química, engenheiros da província de Sichuan, distante da costa, recolhiam salmoura de poços. O sal assim produzido sustentou a maior parte da economia local por mais de 800 anos. Com o uso de cabos de bambu para perfurar e canos de bambu para coletar, a profundidade dos poços passou de 100 para 1000 metros à medida que a tecnologia era aperfeiçoada. No século XVI, os engenheiros de Sichuan aprenderam a armazenar o gás natural, que também era retirado dos poços, e usá-lo para acender caldeiras para a salmoura.

Foto © Photodisc/Vol. 89.

A Grande Muralha da China.

Cortesia de: Seth Adelson, aluno de pós-graduação.

capítulos estudantis organizam visitas a empresas e indústrias, de modo que você possa aprender sobre o "mundo real" da engenharia. Além disso, os capítulos estudantis mantêm encontros sociais, onde você pode conhecer melhor seus pares.

1.9 O MÉTODO DE PROJETO DE ENGENHARIA

No ensino médio, você provavelmente foi apresentado ao **método científico**:

TABELA 1.2
Endereços eletrônicos das principais sociedades profissionais

AAES	Associação Americana de Sociedades de Engenharia (American Association of Engineering Societies)	www.aaes.org
NSPE	Sociedade Nacional de Engenheiros Profissionais (National Society of Professional Engineers)	www.nspe.org
IEEE	Instituto de Engenheiros Eletricistas e Eletrônicos (The Institute of Electrical and Electronics Engineers)	www.ieee.org
ASCE	Sociedade Americana de Engenheiros Civis (American Society of Civil Engineers)	www.asce.org
ASME	Sociedade Americana de Engenheiros Mecânicos (The American Society of Mechanical Engineers)	www.asme.org
AIChE	Instituto Americano de Engenheiros Químicos (American Institute of Chemical Engineers)	www.aiche.org
IIE	Instituto de Engenheiros Industriais (Institute of Industrial Engineers)	www.iienet.org
AIAA	Instituto Americano de Aeronáutica e Astronáutica (American Institute of Aeronautics and Astronautics)	www.aiaa.org
ACM	Associação de Maquinaria de Computação (Association for Computing Machinery)	www.acm.org
AIME	Instituto Americano de Engenharia de Mineração, Metalurgia e de Petróleo (American Institute of Mining, Metallurgical and Petroleum Engineering)	www.aimeny.org
ASAE	Associação Americana de Engenheiros Agrônomos (American Society of Agricultural Engineers)	www.asae.org
ANS	Sociedade Nuclear Americana (American Nuclear Society)	www.ans.org
BMES	Sociedade de Engenharia Biomédica (Biomedical Engineering Society)	www.bmes.org
MAES	Sociedade de Engenheiros e Cientistas México-Americanos (Society of Mexican American Engineers and Scientists)	www.maes-natl.org
NSBE	Sociedade Nacional de Engenheiros Negros (National Society of Black Engineers)	www.nsbe.org
SWE	Sociedade de Engenheiras (Society of Women Engineers)	www.swe.org

1. Desenvolver uma *hipótese* (uma possível explicação) sobre um fenômeno físico.
2. Projetar um experimento para testar criticamente a hipótese.
3. Realizar o experimento e analisar os resultados para determinar que hipótese é consistente com os dados.
4. Generalizar os resultados experimentais e propor uma lei ou teoria.
5. Publicar os resultados.

Embora engenheiros usem conhecimento gerado pelo método científico, eles não empregam o método rotineiramente; este é o reino dos cientistas. Os objetivos de cientistas e engenheiros são diferentes. Os cientistas se preocupam em descobrir o que *é*, enquanto os engenheiros se preocupam em projetar o que *será*. Para alcançar seus objetivos, os engenheiros utilizam o **método de projeto de engenharia**, que pode ser sumariamente apresentado como:

1. Identificar e definir o problema.
2. Reunir a equipe de projeto.
3. Identificar restrições e critérios para atingir o sucesso.
4. Buscar soluções.
5. Analisar cada solução em potencial.
6. Selecionar a "melhor" solução.
7. Documentar a solução.
8. Comunicar a solução à gerência.
9. Construir a solução.
10. Verificar e avaliar o desempenho da solução.

Esse método é descrito mais detalhadamente no Capítulo 4, "Introdução ao Projeto".

Sua formação em engenharia terá como foco principal a **análise**. As centenas (ou milhares) de exercícios e questões de provas que você fará durante seus estudos têm como objetivo aprimorar suas habilidades analíticas.

Os engenheiros utilizam **modelos** na análise de sistemas físicos. Um modelo representa o sistema real de interesse. Dependendo da qualidade do modelo, este pode ou não ser uma representação acurada da realidade.

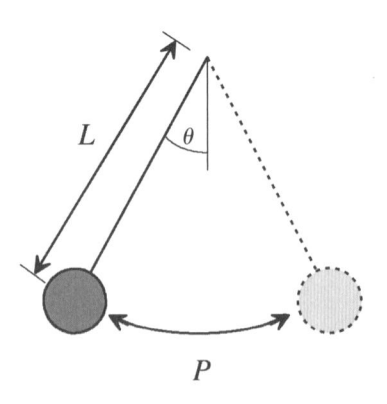

FIGURA 1.3
Pêndulo.

1.9.1 Modelos Qualitativos

Um **modelo qualitativo** é uma simples relação, que pode ser entendida facilmente. Por exemplo, se você fosse projetar um relógio de pêndulo, o *período* do pêndulo — o tempo que o pêndulo leva para oscilar para a frente e para trás — seria um parâmetro crítico de projeto, uma vez que o funcionamento do relógio é regulado por ele (Figura 1.3). Ao observar uma pedra balançando, amarrada a um barbante, você notaria que, quanto mais longo o barbante, maior o período de oscilação da pedra. Uma relação simples como esta é muito útil ao engenheiro; no entanto, em geral, é insuficiente para uma análise rigorosa. Usualmente, necessita-se de informações mais quantitativas. Para construir o relógio, precisa-se saber o período exato para um dado comprimento do pêndulo.

1.9.2 Modelos Matemáticos

Uma vez que a engenharia normalmente exige valores quantitativos, nós transformamos as idéias qualitativas sobre o comprimento do pêndulo em fórmulas matemáticas. Para pequenos deslocamentos angulares θ (menores que cerca de 15°), a física estabelece que o período P do pêndulo (o tempo que leva para retornar à sua posição original) pode ser calculado pela simples fórmula

$$P = 2\pi\sqrt{\frac{L}{g}} = \frac{2\pi}{\sqrt{g}}\sqrt{L} = k\sqrt{L} \qquad (1\text{-}1)$$

onde L é o comprimento do pêndulo (distância entre o eixo e o centro da massa do pêndulo), g é a aceleração da gravidade (9,8m/s²) e k é uma constante de proporcionalidade. Essa relação indica "exatamente" como o período do pêndulo varia com o seu comprimento.

Na realidade, essa relação matemática não é exata; ela se aplica somente a pequenos ângulos θ. Mesmo para ângulos pequenos, há um erro no modelo. Esse simples modelo matemático despreza fatores como a resistência do ar, o atrito no eixo e a flutuação da massa oscilante no ar. Como a densidade do ar varia com a altitude, um modelo completo deveria levar esse fato em consideração, mesmo que a altura da massa varie apenas em alguns centímetros. Esse modelo simples assume que g, a aceleração devido à gravidade, é constante. Todavia, g diminui com a distância ao centro da Terra. Novamente, um modelo completo teria de levar em consideração as pequenas alterações no valor de g à medida que o pêndulo oscila para a frente e para trás. Um modelo completo deveria, ainda, incluir os efeitos de correntes elétricas induzidas no pêndulo metálico por seu movimento no campo magnético da Terra. Como a luz exerce pressão sobre um objeto, o modelo completo também deveria considerar esse efeito.

Você pode perceber desta discussão que um modelo completo para o pêndulo é demasiadamente complexo. Os engenheiros raramente são capazes de desenvolver modelos matemáticos completos. No entanto, mesmo um modelo matemático incompleto pode ser extremamente útil para fins de projeto, daí a razão de ser utilizado. Um bom engenheiro projeta o produto final de maneira que ajustes possam ser feitos para corrigir efeitos secundários não considerados no modelo, ou para acomodar pequenas variações no processo de fabricação. No caso do relógio de pêndulo, o pêndulo poderia ter um parafuso de ajuste, que alteraria seu comprimento ligeiramente.

Uma vez que um modelo matemático do sistema tenha sido desenvolvido, todo o poder da matemática está à disposição do engenheiro para manipular a descrição matemática do sistema. Desde que o modelo matemático seja uma descrição razoavelmente acurada da realidade, o processamento matemático também resultará em equações que refletem uma aproximação da realidade.

1.9.3 Modelos Computacionais Digitais

Os modelos matemáticos podem ser programados e solucionados usando um computador digital. No caso do exemplo do pêndulo, poderíamos escrever um programa de computador para calcular a posição do pêndulo à medida que o tempo passa. Em cada posição, seria possível calcular a densidade do ar, as forças de flutuação, a aceleração devida à gravidade, as forças da pressão da luz, a resistência do ar e o atrito no eixo. O modelo computacional usaria todas essas informações para calcular a próxima posição. Essas informações seriam, então, recalculadas, permitindo que a próxima posição fosse determinada. Esse procedimento parece ser muito trabalhoso. E é. A quantidade de esforço de modelagem depende da precisão com que o período do pêndulo deve ser conhecido. Talvez seja melhor usar um modelo mais simples e, empregando um parafuso de ajuste, calibrar o relógio de pêndulo com um relógio eletrônico.

1.9.4 Modelos Computacionais Analógicos

Circuitos eletrônicos podem ser configurados para simular sistemas físicos. Antes que os computadores digitais se tornassem largamente disponíveis, os computadores analógicos eram freqüentemente usados. Atualmente, são raramente empregados, uma vez que os computadores digitais são mais versáteis e poderosos.

1.9.5 Modelos Físicos

Alguns sistemas físicos são extremamente complexos e requerem modelos físicos. Por exemplo, modelos do ônibus espacial foram construídos e testados em túneis de vento para determinar suas características de vôo. Os engenheiros utilizaram um modelo físico do Rio Mississipi para entender como seu fluxo era afetado por depósitos de lodo e pela chuva. Os engenheiros químicos constroem uma usina-piloto para testar um processo químico antes que a usina de escala industrial seja construída.

1.10 CARACTERÍSTICAS DE UM ENGENHEIRO DE SUCESSO

Todos nós gostaríamos de ter sucesso em nossa carreira de engenheiros, pois isso nos traz satisfação pessoal e compensação financeira. (Para a maioria dos engenheiros, a compensação financeira não é a prioridade mais alta. Uma pesquisa entre engenheiros em atividade mostrou que eles valorizam mais o trabalho excitante e desafiador, que possa ser realizado em ambiente agradável, do que a compensação monetária.) Como estudante, você pode pensar que ter bom resultado nos cursos de engenharia garantirá a você o sucesso no mundo real da engenharia. Infelizmente, não há garantias na vida. O sucesso é alcançado pelo domínio de diversas habilidades, sendo a capacidade acadêmica somente uma delas. Ao dominar as seguintes habilidades, você aumentará suas chances de ter uma bem-sucedida carreira de engenheiro:

- *Aptidões interpessoais*. Os engenheiros são tipicamente empregados em indústrias onde o sucesso é necessariamente um esforço de grupo. Os engenheiros bem-sucedidos têm boas aptidões interpessoais. Eles devem se comunicar eficientemente não apenas com outros engenheiros de muito boa formação, mas também com artesãos, que podem ter uma formação substancialmente mais fraca, ou outros profissionais com excelente formação em outras áreas (marketing, economia, psicologia, etc.).
- *Aptidões de comunicação*. Embora o currículo de engenharia enfatize ciência e matemática, alguns engenheiros relatam gastar até 80% de seu tempo em comunicações orais ou escritas. Os engenheiros criam desenhos ou esquemas de engenharia para descrever um novo produto, seja a peça de uma máquina, um circuito eletrônico, o fluxograma inicial de um novo programa de computador. Eles documentam os resultados dos testes em relatórios, escrevem memorandos, manuais, solicitações de emprego e artigos técnicos em periódicos especializados. Fazem apresentações de venda para clientes em potencial e apresentações orais em reuniões técnicas. Comunicam-se com os trabalhadores que realmente constroem os dispositivos projetados por engenheiros. Eles discursam em grupos cívicos para informar o público a respeito do impacto de sua fábrica na economia local, ou abordam as preocupações de segurança levantadas pelo público.
- *Liderança*. A liderança é uma das mais desejadas habilidades para o sucesso. Bons líderes de engenharia não seguem a manada; eles avaliam a situação e desenvolvem um plano para alcançar os objetivos do grupo. Uma parte do processo de se tornar um bom líder é aprender a ser, também, um bom seguidor.
- *Competência*. Os engenheiros são contratados por seu conhecimento. Caso seu conhecimento seja falho, ele é de pouco valor para o empregador. Ter bom desempenho nos cursos de engenharia aumentará sua competência.

- *Pensamento lógico*. Os engenheiros de sucesso baseiam suas decisões na razão e não na emoção. A matemática e a ciência, que se baseiam na lógica e na experimentação, provêem os fundamentos de nossa profissão.
- *Pensamento quantitativo*. A formação em engenharia enfatiza aptidões quantitativas. Transformamos idéias qualitativas em modelos matemáticos quantitativos, que são utilizados para tomar decisões com informação.
- *Continuidade*. Muitos projetos de engenharia levam anos ou décadas para serem concluídos. Os engenheiros devem permanecer motivados e acompanhar um projeto até seu término. Pessoas que necessitam de gratificação imediata podem se frustrar com muitos projetos de engenharia.
- *Educação continuada*. Um curso de graduação em engenharia é apenas o começo de uma vida de aprendizado. É impossível que os professores ensinem todo o conhecimento relevante atual em um currículo normal (4 ou 5 anos). Além disso, ao longo de sua carreira de cerca de 40 anos, o conhecimento se expandirá significativamente. A menos que se mantenha atualizado, você rapidamente se tornará obsoleto.
- *Manutenção de uma biblioteca profissional*. Ao longo de toda sua educação formal, você terá de comprar livros-texto. Muitos estudantes os vendem após completar o curso. Se aquele livro contém informação útil relacionada à sua carreira, será tolice vendê-lo. Seus livros-texto devem se tornar referências pessoais, com adequadas marcações e notas às margens que permitam a você recuperar rapidamente aquele conhecimento anos mais tarde, quando dele precisar. Após sua graduação, você deve continuar a comprar manuais e livros especializados relacionados à sua área. Lembre-se de que você será contratado por seu conhecimento, e os livros são a fonte mais imediata de tal conhecimento.
- *Fiabilidade*. Muitas indústrias operam com prazos determinados. Como estudante, você também tem de cumprir prazos para a entrega de trabalhos de casa, relatórios, testes, etc. Caso você entregue seus trabalhos após o prazo, você desenvolverá maus hábitos que não o ajudarão na indústria.
- *Honestidade*. Apesar de as aptidões técnicas serem muito valorizadas na indústria, a honestidade é mais valorizada ainda. Um trabalhador que não inspire confiança não é de utilidade para a indústria.
- *Organização*. Muitos projetos de engenharia são extremamente complexos. Pense em todos os detalhes que tiveram de ser coordenados para a construção do prédio de seu departamento de engenharia. Ele é composto de milhares de partes (vigas, tubulações, fiação elétrica, janelas, lâmpadas, redes de computadores, portas, etc.). Uma vez que essas partes interagem, todos esses componentes tiveram que ser projetados de forma coordenada. Tiveram de ser encomendados ao fornecedor e entregues no local da obra seqüencialmente, de acordo com a necessidade. As atividades dos mestres-de-obras tiveram de ser coordenadas para que cada item fosse instalado ao ser entregue. Os engenheiros tiveram de ser organizados para que o prédio fosse construído dentro do prazo e do orçamento.
- *Bom senso*. A engenharia tem muitos aspectos de bom senso, que não podem ser ensinados em sala de aula. A falta de bom senso pode ser desastrosa. Por exemplo, uma biblioteca foi construída recentemente em solo macio e exigia pilares para sua sustentação. (Um *pilar* é uma coluna vertical, geralmente feita de concreto, que penetra fundo no solo para sustentar uma construção.) Os engenheiros projetaram os pilares cuidadosa e meticulosamente para sustentar o peso do edifício, como haviam feito muitas outras vezes. Embora os pilares fossem suficientes para sustentar o prédio, os engenheiros não consideraram o peso dos livros da biblioteca. Os pilares foram insuficientes para suportar essa carga adicional, de forma que agora a biblioteca está afundando lentamente no solo.
- *Curiosidade*. Os engenheiros devem aprender constantemente e ficar atentos para a compreensão do mundo. Um engenheiro de sucesso está sempre perguntando: por quê?
- *Envolvimento com a comunidade*. Tanto o próprio engenheiro como a comunidade se beneficiam de seu envolvimento com clubes e organizações (Kiwanis, Rotary, etc.). Essas organizações provêem serviços úteis para a comunidade e também servem como uma rede para contatos de negócios.
- *Criatividade*. Durante seu curso de graduação, estudantes de engenharia podem facilmente ficar com a falsa impressão de que a engenharia não é criativa. A maioria dos cursos enfatiza a **análise**, na qual um problema é definido e a resposta "correta" é buscada. Embora a análise seja extremamente importante na engenharia, a maioria dos engenheiros também em-

prega a **síntese**, o ato de criativamente combinar partes menores para formar um todo. A síntese é essencial ao projeto, que usualmente começa com um problema fracamente definido e para o qual há muitas soluções possíveis. O desafio para o engenheiro criativo é encontrar a melhor solução que satisfaça os objetivos do projeto (custo baixo, confiabilidade, funcionalidade, etc.). Muitos dos desafios técnicos com que se depara a sociedade só podem ser enfrentados com criatividade, pois, se as soluções fossem óbvias, os problemas já teriam sido solucionados.

1.11 CRIATIVIDADE

Imaginação é mais importante que conhecimento.
Albert Einstein

Caso a citação acima seja correta, você deveria esperar que seu curso de engenharia começasse com Criatividade I. Embora muitos professores acreditem que criatividade seja importante na formação de engenharia, criatividade *per se* não é ensinada. Por quê?

- Alguns professores crêem que a criatividade é um talento com o qual os estudantes nascem e não pode ser ensinado. Embora cada um de nós tenha diferentes aptidões criativas — assim como temos diferentes habilidades para dar início a uma corrida de 50m — cada um de nós é criativo. Freqüentemente, tudo o que os estudantes precisam é estar em um ambiente onde a criatividade seja esperada e estimulada.
- Outros professores acreditam que, como é difícil avaliar a criatividade, ela não deva ser ensinada. Embora seja importante avaliar os estudantes, nem tudo que um estudante faz deve estar sujeito a uma nota. A educação do estudante deve ser colocada acima de sua avaliação.
- Outros professores argumentariam que nós não entendemos completamente o processo criativo; como poderíamos ensiná-lo? Embora seja verdade que não entendemos completamente o processo criativo, sabemos o bastante para estimular seu desenvolvimento.

A criatividade é raramente abordada em cursos de engenharia. Em vez disso, a principal atividade na formação em engenharia é passar às gerações futuras o conhecimento que foi arduamente ganho pelas gerações passadas. (Dada a grande quantidade de conhecimento, esta é uma tarefa hercúlea.) Além disso, a formação em engenharia enfatiza a apropriada manipulação dos conhecimentos para corretamente solucionar problemas. Ambas as atividades favorecem a análise, não a síntese. Os "músculos de análise" de um estudante de engenharia tendem a ser bem desenvolvidos e tonificados. Ao contrário, seus "músculos de síntese" tendem a ser flácidos, devido à falta de uso. Tanto a análise quanto a síntese são partes do processo criativo; os engenheiros não podem ser produtivamente criativos sem possuir e manipular conhecimento. Mas é importante você perceber que, se quiser tonificar seus "músculos de síntese", você pode precisar de atividades extracurriculares.

A Tabela 1.3 lista algumas profissões criativas, entre as quais situa-se a engenharia. Embora os objetivos de escritores, artistas e compositores sejam vários, muitos têm o desejo de se comunicar. No entanto, as exigências sobre sua comunicação não são severas. O escritor E. E. Cummings é famoso por não respeitar as convenções gramaticais. Todos nós já estivemos em galerias onde um borrão passa por obra de arte. O músico John Cage compôs uma peça musical intitulada 4' 33", na qual a audiência escuta ruído aleatório ambiental (p. ex., do sistema de ar condicionado, tosses, etc.) por 4 minutos e 33 segundos.

Os objetivos de engenheiros diferem dos de outras profissões criativas (Tabela 1.3). Para alcançar esses objetivos, somos limitados pelas leis da física e pela economia. Em contraste com outras profissões criativas, não podemos ignorar nossas restrições. Como poderia um engenheiro aeroespacial obter sucesso ignorando a gravidade? Por termos de trabalhar com fortes restrições para alcançar nossos objetivos, nós os engenheiros devemos ter uma grande criatividade.

Entre os objetivos da engenharia listados na Tabela 1.3, um dos mais importantes é a simplicidade. Geralmente, um projeto simples tende a satisfazer os demais objetivos.

Embora o processo criativo não seja completamente entendido, apresentamos aqui nossas próprias idéias sobre a origem da criatividade. As pessoas podem ser grosseiramente classificadas em *pensadores organizados*, *pensadores desorganizados* e *pensadores criativos*. Imagi-

TABELA 1.3
Profissões criativas

Profissão	Objetivos	Restrições
Escritor	Comunicação, exploração de emoções, desenvolvimento de personagens	Linguagem
Artista	Comunicação, criação de beleza, experimentação com diferentes mídias	Forma visual
Compositor	Comunicação, criação de novos sons, exploração do potencial de cada instrumento musical	Forma musical
Engenheiro	Simplicidade, maior confiabilidade, maior eficiência, custo reduzido, melhor desempenho, menor dimensão, menor peso, etc.	Leis físicas e economia

ne que se diga a cada um desses indivíduos que "a fabricação de papel envolve a remoção de lignina (o agente aglutinante natural) da madeira para a liberação de fibras de celulose, que são então transformadas em folhas de papel". As Figuras 1.4 a 1.6 mostram como cada pensador pode armazenar essa informação.

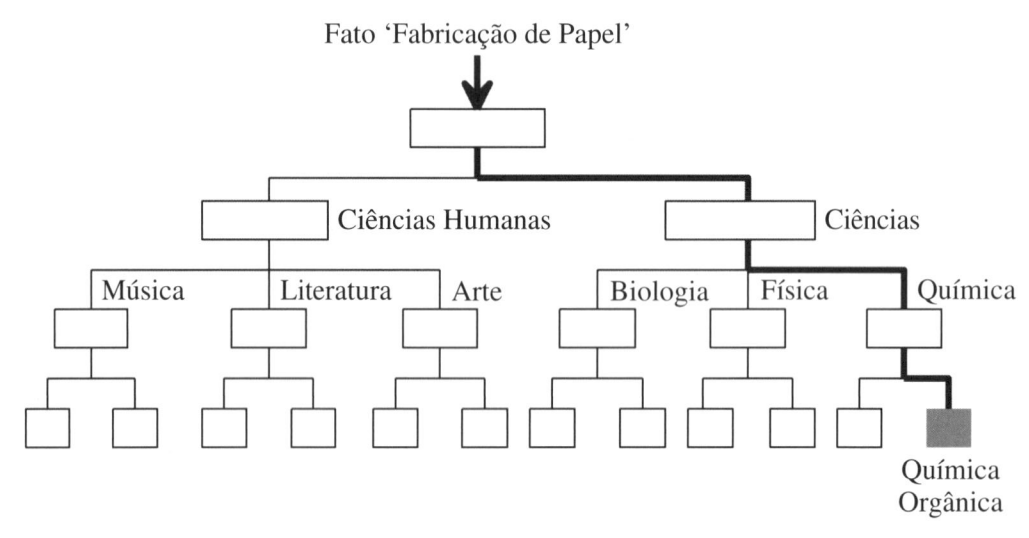

FIGURA 1.4
O fato 'fabricação de papel' armazenado por um pensador organizado.

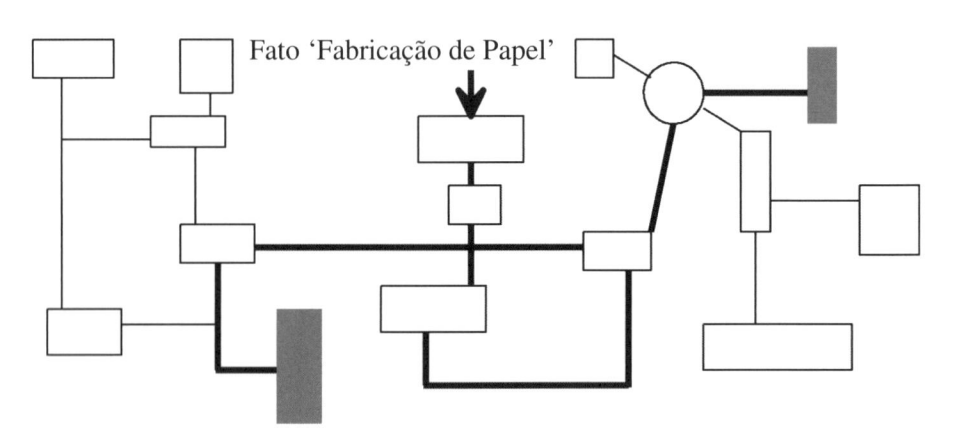

FIGURA 1.5
O fato 'fabricação de papel' armazenado por um pensador desorganizado.

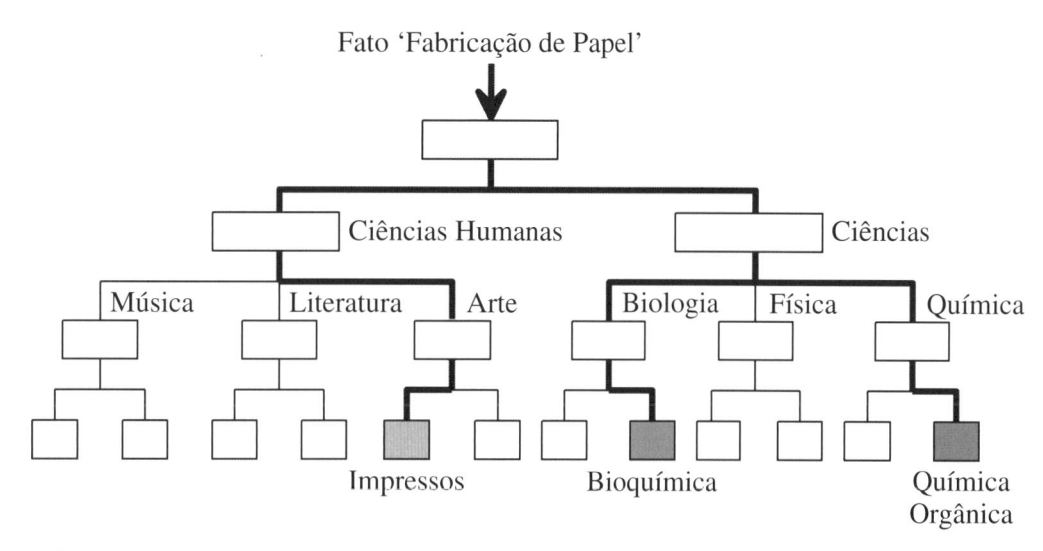

FIGURA 1.6
O fato 'fabricação de papel' armazenado por um pensador criativo.

O pensador organizado tem uma mente bem compartimentada. Os fatos são armazenados em locais únicos, de modo que sejam facilmente recuperados quando necessário. O fato relativo à fabricação de papel é armazenado em "química orgânica", porque lignina e celulose são produtos químicos orgânicos.

O pensador desorganizado não tem estrutura. Embora a informação possa ser armazenada em múltiplos locais, sua mente é tão desorganizada que é difícil recuperar a informação quando necessário. O pensador desorganizado que necessita recuperar a informação sobre a fabricação de papel não teria a menor noção de onde encontrá-la.

O pensador criativo é uma combinação dos pensadores organizados e desorganizados. A mente criativa é organizada e estruturada, mas a informação é armazenada em múltiplos locais, de modo que, quando a informação é necessária, há maior probabilidade de encontrá-la. Quando pessoas criativas aprendem, elas tentam fazer diversas conexões, de forma que a informação é armazenada em diferentes locais e é relacionada segundo uma variedade de maneiras. No exemplo da fabricação de papel, elas podem armazenar a informação em "química orgânica" por serem organizadas, mas também em "bioquímica" (porque lignina e celulose são feitas de organismos vivos) e em "impressos artísticos" (porque impressos de alta qualidade devem ser feitos em papel "sem ácido", que usa processos químicos especiais para remover a lignina).

Quando um engenheiro tenta solucionar um problema, ele trabalha tanto o consciente como o inconsciente (Figura 1.7). O subconsciente busca a informação que soluciona um modelo qualitativo do problema. Enquanto não encontrar uma solução, o subconsciente continua vasculhando os bancos de informação. Aqui, vemos a vantagem do pensador criativo. Com a informação armazenada em múltiplos locais e relacionada por ligações úteis, há maior probabilidade de que uma solução do modelo qualitativo seja encontrada. Quando o subconsciente encontra uma solução, ela passa ao consciente. Você certamente já experimentou esse fenômeno. Talvez você tenha ido dormir com um problema em sua mente, e, ao acordar, a solução tenha aparentemente "saltado" na sua frente. Na verdade, o subconsciente trabalhou no problema enquanto você dormia, e a solução passou ao seu consciente quando você despertou. No caso dos engenheiros, geralmente o que emerge do subconsciente é uma solução em potencial. A verdadeira solução não será conhecida até que a solução em potencial tenha sido analisada através de um modelo quantitativo. Caso a análise comprove a solução, então o engenheiro tem algo a celebrar; ele solucionou o problema.

A maior parte de sua formação em engenharia focará a análise, a etapa final do processo de solução de um problema. No entanto, a menos que seu subconsciente seja treinado, você não terá boas soluções em potencial para analisar. Note que o subconsciente exige um modelo qualitativo. Um bom engenheiro desenvolve um "sentimento" para números e processos e, fre-

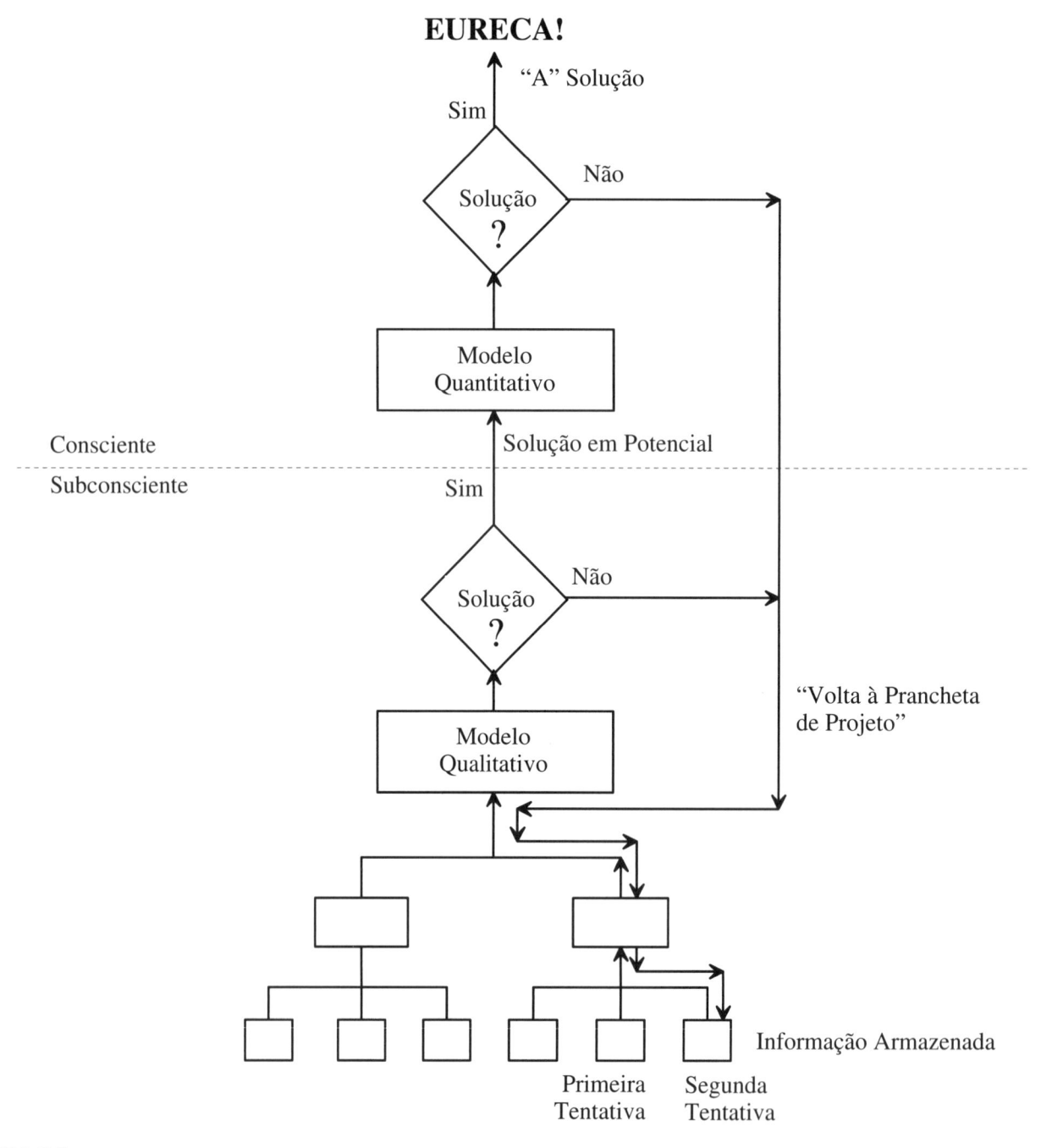

FIGURA 1.7
O processo de solução de um problema.

qüentemente, não precisa manipular fórmulas matemáticas para obter uma solução. Desenvolver um sentimento para os números também ajudará suas aptidões de análise, pois isso provê uma verificação essencial em seus cálculos.

1.12 CARACTERÍSTICAS DE UM ENGENHEIRO CRIATIVO

A lista a seguir descreve algumas atitudes características de um engenheiro criativo.

- *Persiste*. A produção de soluções criativas de problemas exige dedicação ilimitada. Sempre há obstáculos ao longo do caminho. Um engenheiro de sucesso não desanima. Thomas Alva Edison dizia: "O gênio é 1% de inspiração e 99% de transpiração."

- *Pergunta por quê.* Um engenheiro criativo é curioso em relação ao mundo e continuamente busca entendê-lo. Ao perguntar por quê, o engenheiro criativo pode aprender como outros engenheiros criativos solucionavam problemas.
- *Nunca está satisfeito.* Um engenheiro criativo passa a vida perguntando Como posso fazer isto melhor? Em vez de reclamar por um sinal de trânsito parar seu carro à meia-noite em uma rua sem tráfego, o engenheiro criativo diria: Como posso desenvolver um sensor que detecte meu carro e mude o sinal para verde?
- *Aprende com os acidentes.* Muitas das descobertas técnicas foram feitas por acidente (p. ex., o Teflon). Ao invés de ser fechado e limitado, seja aberto e sensível ao inesperado.
- *Faz analogias.* Lembre-se de que a solução de problemas é um processo interativo que, em grande parte, envolve o acaso (Figura 1.7). Ao fazer interconexões ricas, um engenheiro criativo aumenta as chances de encontrar uma solução. Obtemos interconexões ricas fazendo analogias durante o aprendizado, de forma que a informação é armazenada em múltiplos locais.
- *Generaliza.* Quando um fato específico é aprendido, um engenheiro criativo procura generalizar aquela informação para gerar interconexões ricas.
- *Desenvolve entendimentos qualitativos e quantitativos.* Enquanto você estuda engenharia, desenvolva não apenas aptidões analíticas quantitativas, mas, também, o entendimento qualitativo. Desenvolva um sentimento para números e processos, porque isso é o que seu subconsciente precisa para um modelo qualitativo.
- *Tem boas aptidões de visualização.* Muitas soluções criativas envolvem visualização tridimensional. Freqüentemente, a solução pode ser obtida rearranjando os componentes, girando-os ou duplicando-os.
- *Tem boas aptidões de desenho.* Desenhos ou esboços são a maneira mais rápida de comunicar relações espaciais, dimensões, ordens de operações e muitas outras idéias. Ao se comunicar precisamente através de gráficos e esboços, um engenheiro pode passar suas idéias de forma fácil e concisa a seus colegas ou, com um pouco de explicação, a não-engenheiros.
- *Possui pensamento sem fronteiras.* Poucos de nós fomos treinados em engenharia geral. A maioria de nós foi treinada em uma especialidade da engenharia. Caso restrinjamos nosso pensamento a uma especialidade estreitamente definida, perderemos diversas soluções em potencial. Talvez *a* solução exija o conhecimento combinado das engenharias mecânica, elétrica e química. Embora não seja razoável esperar que sejamos profundos conhecedores de todas as especialidades da engenharia, cada um de nós deve desenvolver conhecimento suficiente para manter uma conversa inteligente com profissionais de outras especialidades.
- *Possui interesses amplos.* Um engenheiro criativo deve ser feliz. Isso exige um equilíbrio entre as necessidades intelectuais, emocionais e físicas. A formação em engenharia enfatiza seu desenvolvimento intelectual; você é responsável pelo desenvolvimento de suas aptidões emocionais e físicas socializando-se com seus amigos, tendo um *hobby* estimulante (p. ex., música, arte, literatura) e praticando exercícios físicos.

Os desenhos de Rube Goldberg são famosos por apresentarem tarefas simples sendo realizadas de forma extremamente complexa, violando o princípio da simplicidade.

INVENÇÕES DO PROFESSOR LUCIFER BUTTS

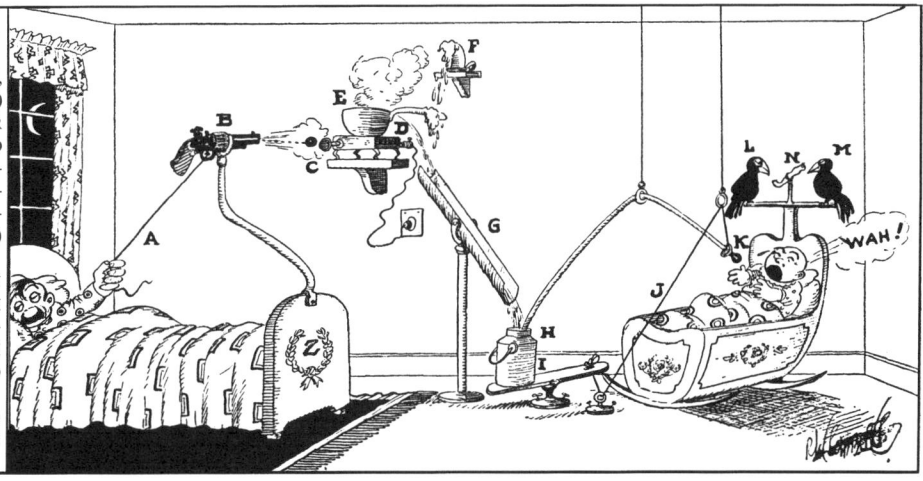

O CÉREBRO DO PROFESSOR LANÇA SUA ÚLTIMA PARAFERNÁLIA ANTIANDANÇA.

PUXE A CORDA (**A**) QUE DISPARA A PISTOLA (**B**), CUJA BALA (**C**) LIGA O FOGAREIRO ELÉTRICO (**D**) PARA AQUECER A PANELA DE LEITE (**E**). O VAPOR DO LEITE DERRETE A VELA (**F**), QUE PINGA NO CABO DA PANELA, FAZENDO COM QUE ELA VIRE E DERRAME O LEITE NA CALHA (**G**), ENCHENDO A VASILHA (**H**), CUJO PESO ABAIXA A ALAVANCA (**I**), PUXANDO A CORDA (**J**) E TRAZENDO A CHUPETA (**K**) AO ALCANCE DO BEBÊ.

ENQUANTO ISSO, O CHORO DO BEBÊ DESPERTOU OS DOIS CORVOS DE ESTIMAÇÃO (**L** & **M**), QUE VÊEM A MINHOCA DE BORRACHA (**N**) E COMEÇAM A COMÊ-LA. INCAPAZES DE MASTIGÁ-LA, ELES A PUXAM PARA A FRENTE E PARA TRÁS, FAZENDO COM QUE O BERÇO BALANCE E FAÇA O BEBÊ DORMIR.

PONHA ALGODÃO EM SEUS OUVIDOS, DE MODO QUE VOCÊ NÃO SEJA PERTURBADO, CASO O BEBÊ DESPERTE NOVAMENTE.

- *Colhe informação especializada.* Problemas fáceis podem ser solucionados com informação comumente disponível. Os problemas difíceis freqüentemente exigem informação especializada.
- *Trabalha com a natureza, não contra ela.* Não aborde um problema com noções preconcebidas de como solucioná-lo. A natureza com freqüência o guiará até a solução, caso você esteja atento a suas indicações.
- *Mantém uma "caixa de ferramentas" de engenharia.* Uma "caixa de ferramentas" de engenharia é recheada com as simples relações qualitativas necessárias ao modelo qualitativo do subconsciente. Essas simples relações qualitativas podem ser a sabedoria destilada da análise quantitativa de engenharia. As seções seguintes descrevem algumas "ferramentas". À medida que você progride em sua carreira, você necessitará de uma grande caixa para armazenar todas as ferramentas adquiridas com sua experiência.

1.12.1 Lei do Cubo-Quadrado

Um exemplo de informação que um engenheiro pode guardar em sua caixa de ferramentas é a **lei do cubo-quadrado**. Essa lei estabelece que, à medida que um objeto fica menor, seu volume diminui mais rapidamente que sua área. Portanto, a razão entre a área da superfície e o volume aumenta para objetos menores.

Para ilustrar essa lei, imagine que o objeto seja uma esfera (Figura 1.8). A área da superfície A é

$$A = 4\pi r^2 \tag{1-2}$$

e o volume V é

$$V = \frac{4}{3}\pi r^3 \tag{1-3}$$

A razão entre a área da superfície e o volume é

$$\frac{A}{V} = \frac{4\pi r^2}{\frac{4}{3}\pi r^3} = \frac{3}{r} \tag{1-4}$$

Esta equação estabelece que a razão entre a área da superfície e o volume aumenta à medida que o raio diminui.

A lei do cubo-quadrado é uma das mais abrangentes leis na natureza, como mostram os exemplos a seguir:

Exemplo 1.1. Imagine que você trabalhe em uma fábrica de balas de canhão, que são moldadas de metal fundido e esfriadas no ar. Pela lei do cubo-quadrado, você sabe que as menores balas de canhão esfriarão mais rapidamente que as maiores, porque a taxa de perda de calor é afetada pela área da superfície, mas a quantidade total de perda de calor é determinada pelo volume da bala de canhão.

Exemplo 1.2. Imagine que você deva selecionar o método energeticamente mais eficiente para transportar 500 passageiros de Nova York a Paris. Você pode alugar aviões para 100 ou 500 passageiros. O combustível é o principal componente necessário para vencer a resistência do ar, que é proporcional à área da superfície do avião. A capacidade de passageiros é determinada pelo volume da aeronave. Para melhorar a economia de combustível, você precisa de uma

$$\frac{A}{V} = \frac{4\pi r^2}{\frac{4}{3}\pi r^3} = \frac{3}{r}$$

FIGURA 1.8
Ilustração da lei do cubo-quadrado usando uma esfera.

pequena área de superfície em relação ao volume, de modo que um avião maior é melhor que cinco aviões menores.

Exemplo 1.3. Você deseja armazenar 50.000 galões de óleo diesel. Você pondera sobre a compra de um tanque de 50.000 galões, ou cinco tanques de 10.000 galões. Os fornecedores de tanques cobram pela quantidade de metal e não pelo ar no interior deles; portanto, o custo de um tanque é principalmente determinado pela área da superfície. Uma vez que tanques maiores têm menor área de superfície por volume, será mais barato comprar um grande tanque do que cinco tanques menores.

Exemplo 1.4. A baleia tem uma limitada área de superfície em relação a seu volume. A energia metabólica gerada no interior do volume da baleia deve ser eliminada no fluido à sua volta, através da área da superfície da baleia. Enquanto nada, a baleia não tem dificuldade em transferir o calor, pois a água tem boas propriedades de transferência de calor. Mas, quando a baleia encalha em uma praia, fica envolvida pelo ar, que não é bom condutor de calor. A baleia literalmente ferve, porque não consegue transferir energia metabólica para o ambiente.

Exemplo 1.5. Normalmente, o carvão queima com segurança e a uma taxa controlada no interior de uma fornalha. No entanto, em operações de mineração, uma poeira fina de carvão é produzida, a qual pode queimar de forma explosiva, pois não há muita área de superfície em relação ao volume. Esta é uma grande ameaça à segurança, contra a qual inúmeras precauções são tomadas.

Exemplo 1.6. A massa de um animal é ditada por seu volume, mas o comprimento das pernas é determinado pela área de sua seção reta. Se um veado fosse ampliado ao tamanho de um elefante, suas longas pernas se quebrariam. Por isso um elefante deve ter pernas curtas e grossas.

1.12.2 Lei do Retorno Decrescente

Diversos sistemas de engenharia exibem o comportamento mostrado na Figura 1.9. Com pequenas entradas, a saída aumenta linearmente; mas, com entradas maiores, a saída satura. Dizemos que há "retorno decrescente" em uma região não-linear, significando que já não há tanta saída por unidade de entrada.

Exemplo 1.7. Quanto mais tempo um engenheiro gasta no projeto de um produto, melhor fica o produto. Neste exemplo, o tempo é a entrada, e a qualidade do produto, a saída. Nos estágios iniciais do projeto, a qualidade do produto aumenta significativamente com cada hora adicional gasta no projeto. No entanto, em algum momento, uma hora adicional gasta não melhora muito mais o projeto. Nesse instante, o engenheiro recebe um retorno decrescente para seu esforço.

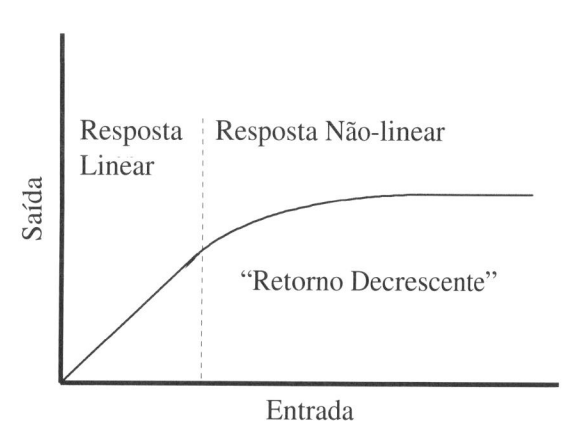

FIGURA 1.9
A **lei do retorno decrescente**.

Exemplo 1.8. A produção agrícola melhora à medida que um fertilizante é aplicado no campo de uma fazenda. Neste exemplo, o fertilizante é a entrada, e a produção, a saída. Uma pequena adição de fertilizante aumenta significativamente a produção *por unidade de fertilizante adicionada*. Embora grandes quantidades de fertilizante aumentem a produção, o aumento *por unidade de fertilizante adicionada* é baixo. Um engenheiro agrônomo que projete um sistema de produção agrícola receberá retorno decrescente para adição de grandes quantidades de fertilizante.

1.12.3 Ponha Material Onde a Tensão é Máxima

Quando projetam uma estrutura ou produto, os engenheiros minimizam a quantidade de material usado. Este é um objetivo importante, por diferentes motivos:

- O custo da maioria dos produtos está diretamente relacionado à quantidade de material utilizado; portanto, ao reduzir a quantidade de material, o produto ficará mais barato.
- A dimensão das colunas de sustentação nos andares inferiores de um prédio é proporcional à massa dos materiais usados nos andares mais altos. Caso os andares superiores sejam pesados, as colunas de sustentação se tornarão tão grandes que haverá pouco espaço disponível.
- O consumo de combustível aumenta à medida que o veículo se torna mais pesado. A redução da quantidade de material em um automóvel melhora a economia de combustível. Da mesma forma, um motor de muita potência é necessário para acelerar um veículo pesado, enquanto um motor de menor potência pode acelerar um automóvel leve.
- O custo de lançar objeto em órbita terrestre é de cerca de U$10.000,00 a U$20.000,00 por quilo de massa. Tornar a carga mais leve reduz o custo do lançamento.
- Produtos portáteis (p. ex., computadores do tipo *notebook*) devem ser leves para serem aceitos pelo público.

O peso de um produto pode ser reduzido, colocando material onde as tensões são maiores, como ilustrado nos exemplos seguintes:

Exemplo 1.9. A Figura 1.10 mostra as tensões em uma viga retangular carregada no centro e suportada nas extremidades. O material na parte superior da viga sofre compressão, o material da parte inferior está sob tensão, e o material na linha de centro não sofre tensão alguma. Remover material da parte central (onde há pouca tensão) e adicioná-lo nas partes extremas tor-

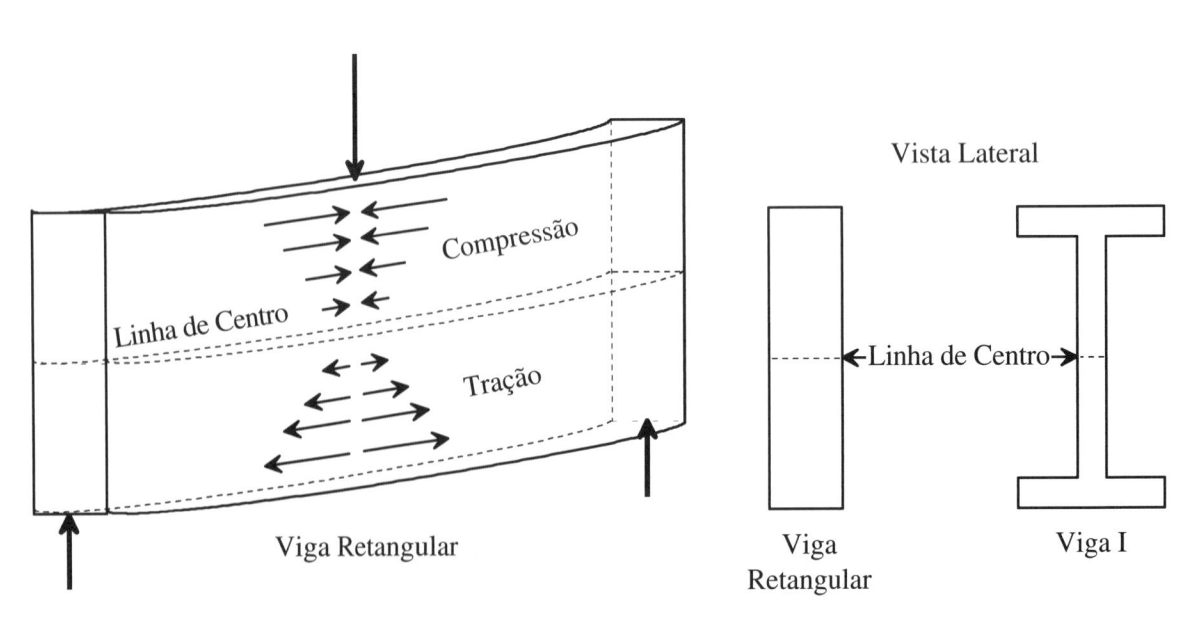

FIGURA 1.10
Carregamento de uma viga retangular. Vista lateral de uma viga retangular e de uma viga I.

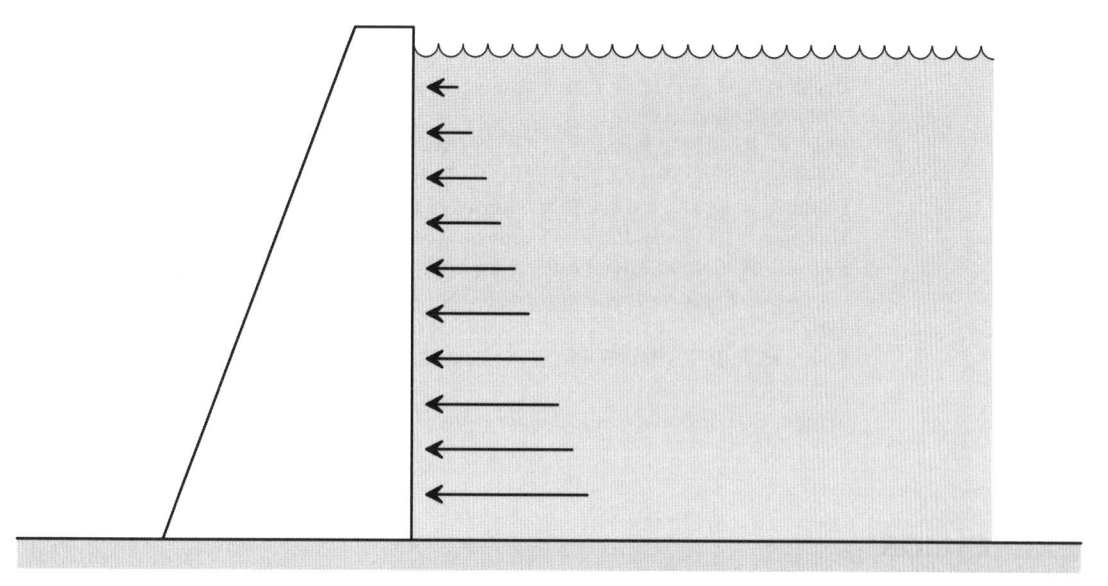

FIGURA 1.11
Tensões em uma barragem.

nará a viga muito mais resistente. Este é o princípio de projeto de uma viga I, largamente empregada em grandes construções.

Exemplo 1.10. A Figura 1.11 mostra uma barragem que represa um lago. À medida que aumenta a profundidade do lago, também aumenta a pressão da água, que causa mais tensão no fundo da barragem. Para compensar as maiores tensões, a barragem é mais larga na base.

1.13 RESUMO

Os engenheiros são indivíduos que combinam conhecimento de ciência, matemática e economia para solucionar os problemas técnicos com que se defronta a sociedade. À medida que a civilização progrediu e se tornou mais tecnológica, o impacto dos engenheiros na sociedade aumentou.

Os engenheiros são parte de uma equipe tecnológica que inclui cientistas, tecnólogos, técnicos e artesãos. Historicamente, diversas especialidades evoluíram dentro da engenharia (p. ex., engenharias civil, mecânica e industrial). Independente de sua especialidade, os engenheiros desempenham várias funções (pesquisa, projeto, vendas, etc.). Devido à importância dos engenheiros para a sociedade, sua formação é, nos Estados Unidos, regulada pela ABET, e licenças profissionais são emitidas pelos estados. Há inúmeras sociedades profissionais de engenharia, que servem a diferentes propósitos, tais como prover cursos de educação continuada e publicar revistas técnicas.

Para atender às necessidades da sociedade os engenheiros usam o método de projeto de engenharia. Uma etapa importante desse método é a formulação de modelos da realidade. Tais modelos podem encampar desde simples relações qualitativas até detalhados códigos quantitativos para computadores digitais.

Para serem bem-sucedidos, os engenheiros devem cultivar várias habilidades, tais como competência e aptidões de comunicação. Entre as mais importantes habilidades está a criatividade, que é necessária para solucionar os problemas mais difíceis enfrentados pela sociedade. O processo criativo envolve uma interação entre modelos qualitativos, entendidos pelo subconsciente, e modelos quantitativos, entendidos pelo consciente. Os modelos qualitativos podem ser vistos como ferramentas que os engenheiros mantêm em sua "caixa de ferramentas" para ajudar a guiar sua criatividade em direções produtivas.

Bibliografia Complementar

Beakley, G. C., and H. W. Leach. *Engineering: An Introduction to a Creative Profession.* 4th ed. New York: Macmillan, 1983.

Eide, A. R.; R. D. Jenison; L. H. Mashaw; and L. L. Northup. *Engineering Fundamentals and Problem Solving.* 3rd ed. New York: McGraw-Hill, 1997.

Florman, S. C. *The Existential Pleasures of Engineering.* New York: St. Martin's Press, 1976.

Hickman, L. A. *Technology as a Human Affair.* New York: McGraw-Hill, 1990.

Petroski, H. *Beyond Engineering.* New York: St. Martin's Press, 1986.

———. *To Engineer Is Human: The Role of Failure in Successful Design.* New York: Vintage Books, 1992.

Smith, R. J.; B. R. Butler; and W. K. LeBold. *Engineering as a Career.* 4th ed. New York: McGraw-Hill, 1983.

Wright, P. H. *Introduction to Engineering.* New York: Wiley, 1989.

EXERCÍCIOS

1.1 Entreviste um(a) engenheiro(a) e escreva um relatório de uma página sobre sua experiência na faculdade e na indústria, incluindo alegrias e frustrações.

1.2 Entreviste um(a) engenheiro(a) que desempenhe uma das funções listadas no capítulo e escreva um parágrafo sobre sua experiência.

1.3 Identifique cinco companhias onde você gostaria de trabalhar e explique por que você gostaria de trabalhar nelas.

1.4 Imagine que na próxima semana você fará uma entrevista de emprego em uma companhia de sua escolha. Escreva um relatório de uma página sobre essa companhia, pois isso o ajudará a se preparar para a entrevista.

1.5 Identifique um assunto ou problema que exija a cooperação de duas (ou mais) especialidades da engenharia.

1.6 Explique por que os engenheiros trabalham principalmente em equipes.

1.7 Para cada uma das seguintes atividades, liste todas as especialidades da engenharia empregadas:

(a) usina nuclear
(b) fabricação de automóveis
(c) fabricação de aviões
(d) construção de prédios
(e) fabricação de computadores
(f) fabricação de *chips* de computadores
(g) refino de petróleo

1.8 Descreva um mundo em que falte uma das seguintes especialidades da engenharia:

(a) mecânica
(b) civil
(c) química
(d) de computação
(e) elétrica

1.9 Olhe à sua volta e identifique como os engenheiros estiveram envolvidos na criação de 10 coisas.

1.10 Escreva a biografia, de uma página, de um engenheiro famoso. Você pode fazer sua própria escolha, ou selecionar um nome da lista seguinte:

(a) James Watt
(b) Johann Gutenberg
(c) Paul MacCready
(d) Herbert Hoover
(e) Thomas Edison
(f) Bill Mullholland
(g) Burt Rutan
(h) Lee Iacocca
(i) John Roebling
(j) Wilbur e Orville Wright
(k) Wilson Greatbatch
(l) Robert Goddard
(m) Henry Ford
(n) Hedy Lamar
(o) Charles Goodyear
(p) Cyrus McCormick

1.11 Escreva um relatório de uma página sobre a relação entre engenharia e negócio com base nos seguintes exemplos:

(a) James Watt/Matthew Boulton
(b) Nikola Tesla/George Westinghouse
(c) Wilbur e Orville Wright/Glenn Curtiss

1.12 Escreva sobre o papel que os engenheiros desempenharam quando foi evitado o desastre da Apolo 13.

1.13 Escreva um relatório de uma página descrevendo o refrigerador de Einstein/Szilard e como foi criado.

Glossário

análise O processo de definir e buscar uma solução para um problema.

analógico Um dispositivo eletrônico que usa valores contínuos de tensões e correntes.

digital Um dispositivo eletrônico que usa apenas valores discretos de tensões e correntes.

engenheiro Um indivíduo que combina conhecimento de ciência, matemática e economia para solucionar problemas técnicos que atingem a sociedade.

lei do cubo-quadrado Uma lei da natureza que diz que, à medida que um objeto diminui de tamanho, seu volume diminui muito mais rapidamente que sua área; portanto, a razão entre a área da superfície e o volume aumenta para objetos menores.

lei do retorno decrescente O conceito de que, com pequenas entradas, a saída cresce linearmente; mas com grandes entradas, a saída satura.

método de projeto de engenharia   Um procedimento de síntese, análise, comunicação e implementação usado para projetar soluções de problemas.

modelo   Uma representação de um sistema físico real.

modelo computacional analógico   Um circuito eletrônico que simula um sistema físico.

modelo computacional digital   Um programa em um computador digital que simula um sistema físico.

modelo físico   Uma representação física de um sistema complexo.

modelo matemático   Fórmulas matemáticas que descrevem um sistema físico.

modelo qualitativo   Uma descrição não-numérica de um sistema físico.

síntese   O ato de combinar criativamente partes menores para formar um todo coerente.

CAPÍTULO 2

Ética da Engenharia

A engenharia é uma *atividade profissional*, assim como o direito, a medicina, a odontologia e a farmácia. Uma característica de todas essas atividades é que seus profissionais são altamente qualificados. Os engenheiros são contratados por clientes (e empregadores) precisamente por seu conhecimento especializado. Em geral, os clientes sabem menos sobre o assunto que os engenheiros. Portanto, os engenheiros têm obrigações éticas para com os clientes, pois estes geralmente não podem avaliar a qualidade das sugestões técnicas feitas pelos engenheiros. Tais obrigações são parte da **ética da engenharia**, o conjunto de padrões comportamentais que todos os engenheiros devem respeitar. A ética da engenharia é uma extensão dos padrões éticos que todos nós, como seres humanos, devemos respeitar.

Os engenheiros possuem uma longa tradição de comportamento ético que é amplamente reconhecida. Pesquisas de opinião pública consistentemente listam a engenharia entre as atividades profissionais mais éticas.

2.1 REGRAS DE INTERAÇÃO

Os engenheiros raramente trabalham sozinhos; em geral, eles trabalham em equipes. Além disso, os produtos de seu trabalho — automóveis, estradas, instalações químicas, computadores — impactam a sociedade como um todo. Portanto, necessitamos de um conjunto de **regras de interação** que estabeleça o comportamento esperado do engenheiro em suas relações com outros indivíduos e a sociedade em geral (Figura 2.1). As regras de interação atingem os dois lados envolvidos: os engenheiros têm obrigações para com a sociedade (p. ex., ser honesto, não preconceituoso, trabalhador, cuidadoso), e a sociedade tem obrigações para com o engenheiro (p. ex., remunerar o trabalho realizado, proteger a propriedade intelectual).

As regras de interação podem ser classificadas como de etiqueta, de direito, morais e éticas.

2.1.1 Etiqueta

A **etiqueta** consiste em códigos de comportamento e cortesia. Ela trata de assuntos como quantos talheres devem ser colocados na mesa de jantar, o vestuário adequado a um casamento, a alocação de assentos e a emissão de convites. Embora geralmente aprendamos essas regras a partir de nossa experiência diária, elas têm sido registradas em vários livros.

As regras de etiqueta são, freqüentemente, arbitrárias e evoluem rapidamente. Por exemplo, no passado era comum que as mulheres usassem luvas brancas em encontros formais; hoje, isso raramente é feito. As conseqüências de violar as regras de etiqueta geralmente não são sérias. Embora uma gafe possa causar um mal-estar entre os "entendidos", jamais resulta em prisão. Em alguns casos, a etiqueta pode ter impactos importantes. Durante a Guerra do Vietnã, as negociações de paz se perderam em uma discussão sobre o formato da mesa de reuniões; enquanto isso muitas vidas foram perdidas.

No mundo da engenharia, a etiqueta se manifesta no respeito aos empregadores, clientes e colegas, em uma atitude profissional ao atender o telefone, e assim por diante.

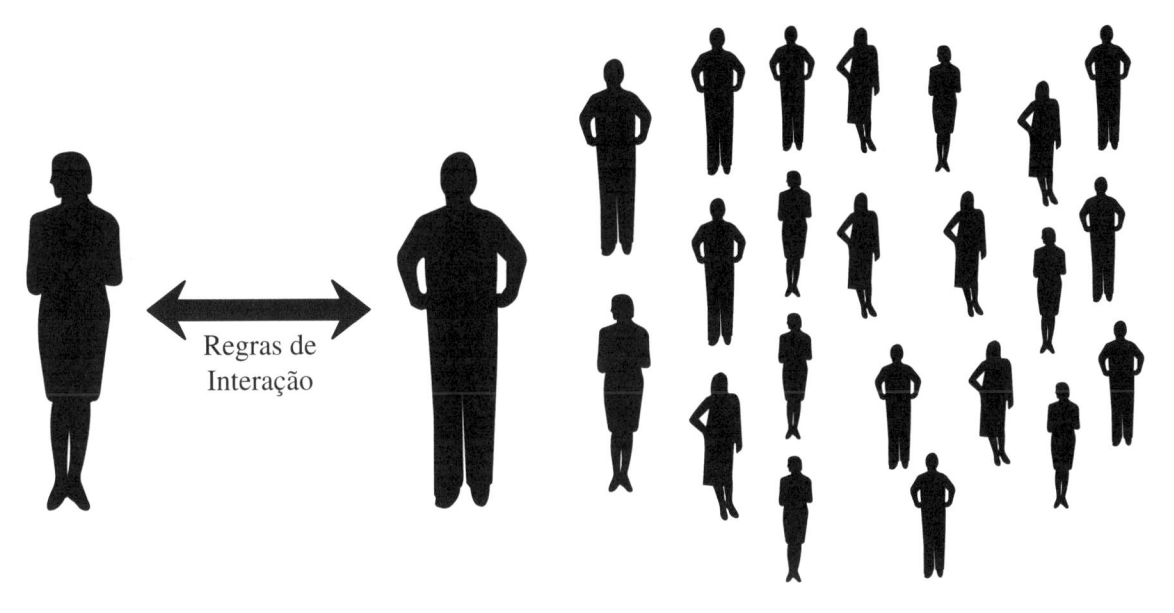

FIGURA 2.1
Regras de interação entre outros indivíduos e a sociedade.

2.1.2 O Direito

O **direito** representa um sistema de regras estabelecidas por autoridades, pela sociedade, ou pelos costumes. Diferentemente da etiqueta, as violações da lei resultam em punições como prisão, multas, serviço comunitário, morte, descredenciamento ou suspensão. Cada sociedade tem suas próprias conseqüências para violações da lei. Nas sociedades do Oriente Médio, os ladrões podem ter uma mão amputada, enquanto a sociedade ocidental prefere o aprisionamento.

Uma vez que as violações da lei podem resultar em severas punições, a lei deve ser claramente identificável, de modo que todos possam conhecer as fronteiras que separam os comportamentos legal e ilegal. Em alguns casos, esse requisito pode levar a leis aparentemente absurdas. Por exemplo, na maioria dos estados americanos, é ilegal que um jovem de 15 anos dirija automóveis, enquanto os jovens de 16 anos podem fazê-lo. Isso é, de alguma maneira, arbitrário, pois um jovem maduro de 14 anos pode ser capaz de dirigir um automóvel, mas uma pessoa imatura de 18 pode não sê-lo. Como não dispomos de um teste para quantificar o nível de maturidade necessário para dirigir um veículo, a sociedade considera a idade como uma medida não-subjetiva (embora imperfeita) da maturidade. Da mesma forma, os Estados Unidos estabelecem 21 anos como a idade de responsabilidade para beber. As idades legais para dirigir e beber variam entre os países, outra indicação de que a idade é uma medida um tanto arbitrária.

Os **direitos legais** são "pleitos justos" concedidos a todas as pessoas sob a jurisdição de um governo. A maioria dos governos outorga direitos a seus cidadãos por meio de uma constituição. Por exemplo, a Emenda VIII da Constituição dos Estados Unidos protege os cidadãos contra "punições cruéis e inusitadas". Um cidadão não precisa agir com gentileza para fazer valer os seus direitos, assim como não os perde, caso se enquadre em um crime.

2.1.3 A Moral

A **moral** são os padrões aceitos de certo e errado usualmente aplicados ao comportamento individual. Nós adquirimos padrões morais de nossos pais, da tradição religiosa, dos amigos e da mídia (televisão, cinema, livros e música). Muitos códigos morais são registrados em escritos religiosos. Apesar da grande variedade de culturas e religiões no mundo, há concordância em relação a vários padrões morais. A maioria das culturas considera assassinato e roubo como comportamentos imorais. Do ponto de vista da evolução cultural, podemos dizer que há forte pressão seletiva contra tais comportamentos. As sociedades que não desenvolveram códigos morais contra esses comportamentos degeneraram em anarquia e desapareceram.

Para alguns comportamentos, não há uma concordância universal de que sejam imorais. Atividades como o jogo de azar, a dança, o consumo de álcool, de carne, de café e de tabaco são consideradas imorais por algumas culturas e religiões, mas não por outras. Do ponto de vista da evolução cultural, podemos dizer que não há forte pressão seletiva contra essas atividades. As sociedades podem se manter viáveis mesmo tolerando estas atividades, embora algumas pessoas possam argumentar que a sociedade que as abole é mais forte.

Os **direitos morais** são "pleitos justos" que pertencem a todos os seres humanos, independentemente de serem reconhecidos ou não por um governo. A civilização reconhece que o simples fato de sermos humanos nos cobre de direitos; não precisamos fazer coisa alguma para conquistá-los. Por exemplo, boa parte do mundo civilizado acredita que, por serem seres humanos, os prisioneiros não devam ser torturados, por maior que tenha sido a crueldade de seus crimes. Esse direito moral foi codificado como um direito legal na Constituição dos Estados Unidos (Emenda VIII).

Os direitos morais podem ser uma fonte de controvérsia. Por exemplo, temos todos o direito a cuidados médicos? Se sim, de que forma? Algumas pessoas crêem que os direitos morais devam ser estendidos a espécies não-humanas. Se for largamente adotado, esse conceito limitará algumas atividades de engenharia. Por exemplo, a construção de barragens e a drenagem de pântanos podem produzir um enorme impacto na sobrevivência de espécies animais e vegetais.

2.1.4 A Ética

A **ética** consiste em conceitos gerais e abstratos de comportamento correto e incorreto, derivados da filosofia, da teologia e das sociedades profissionais. Como as profissões atraem pessoas de diferentes culturas e religiões, seus padrões de ética devem ser seculares. A maioria das sociedades profissionais possui um código formal de ética para guiar seus membros. O Apêndice B mostra o Código de Ética Profissional do Engenheiro, do Arquiteto e do Engenheiro Agrônomo adotado pelo Conselho Federal de Engenharia, Arquitetura e Agronomia (CONFEA).

2.1.5 Comparação das Regras de Interação

Da discussão anterior, você pode verificar que temos uma complexa rede de regras governando nosso comportamento. Em alguns casos, há concordância entre todas as regras de interação. Por exemplo, assassinato é ilegal, imoral, antiético, uma violação dos direitos humanos e, certamente, uma péssima etiqueta.

Em geral, os legisladores tentam formular leis que sejam consistentes com a moralidade. No entanto, pode haver conflito entre leis e moralidade, pelas seguintes razões:

- O sistema legal não considerou a situação.

   Exemplo 2.1. Uma companhia química desenvolveu um novo processo que produz resíduos. Seus próprios estudos internos mostraram que esse resíduo pode ser extremamente cancerígeno; no entanto, o resíduo não consta na lista de materiais químicos proibidos do governo, por ser muito recente. Caso essa companhia libere grandes quantidades dessa substância cancerígena no meio ambiente, não violará a lei. Entretanto, todos nós concordaríamos que esse seria um comportamento imoral.

- Transformar alguns padrões morais em leis poderia ser inaplicável.

   Exemplo 2.2. Alguns códigos morais proíbem o álcool. Durante a Lei Seca, isso foi transformado em lei nos Estados Unidos. No entanto, nunca foi aplicável, e criou mais problemas do que soluções.

- As leis devem ser imparciais e tratar todos da mesma forma.

   Exemplo 2.3. As auto-regulamentações governamentais exigem que todas as compras sejam realizadas por meio de licitações. Um engenheiro do governo deseja comprar um alternador usado no ferro-velho para realizar um experimento rápido. Obter essa peça através de uma licitação é inviável — ela não é prontamente identificável por um número de série, e o processo de compra seria demasiadamente longo. O engenheiro resolve comprar a peça com seu próprio dinheiro e reembolsar-se com disquetes de computador em valor equivalente.

Este não é um comportamento imoral porque nenhum roubo foi cometido; entretanto, o governo não pode fazer uma regulamentação estabelecendo que "empregados honestos podem reembolsar-se com disquetes de computador; empregados desonestos devem efetuar compras por licitação". A lei deve ser imparcial e tratar todos os empregados do governo como se fossem desonestos.

- As leis devem governar o comportamento observável.

Exemplo 2.4.   Em alguns códigos morais, ter um mau pensamento é equivalente a tê-lo executado. Como pode existir uma lei que proíba maus pensamentos?

- As leis podem ser aplicadas por regimes imorais.

Exemplo 2.5.   As leis nazistas proibiam esconder judeus durante a Segunda Guerra Mundial, mas muitos consideravam sua obrigação moral quebrar a lei e esconder judeus inocentes.

A moralidade também pode ser conflitante com direitos legais. Os cidadãos americanos têm o direito legal à liberdade da palavra. Portanto, têm o direito legal de fazer piadas racistas; entretanto, muitas pessoas as consideram imorais. Da mesma forma, embora os direitos legais de editores de revistas pornográficas sejam protegidos pela liberdade de imprensa, muitos consideram que essa é uma atividade imoral.

2.2 RESOLVENDO OS CONFLITOS

Um grande propósito das regras de interação é evitar conflitos entre os membros da sociedade. Por exemplo, uma lei nos diz em que lado da rua devemos dirigir. Sem ela, haveria inúmeros conflitos letais.

Inevitavelmente, as interações humanas resultam em conflitos. Para resolver um conflito é necessário descer à sua origem, que pode proceder de questões morais, conceituais, de aplicação e factuais.

2.2.1 Questões Morais

Uma **questão moral** se manifesta quando um problema pode ser resolvido tomando apenas uma decisão moral. Por exemplo, inicialmente, quando os automóveis surgiram nas ruas, uma decisão moral teve de ser tomada sobre a questão de que um limite deveria ser imposto à sua velocidade. Um lado da questão argumentaria que os motoristas deveriam poder ir tão rápido quanto quisessem, seja por seu próprio prazer ou para economizar tempo para seus negócios. O outro lado da questão argumentaria que velocidades excessivas colocaria em risco os outros motoristas e os pedestres. Claramente, considerações morais favorecem a imposição de limites de velocidade, pois a vida das pessoas é mais importante que os prazeres ou negócios de motoristas apressados.

2.2.2 Questões Conceituais

Uma **questão conceitual** surge quando a moralidade de uma ação é aceita, mas há uma incerteza sobre como essa ação deve ser transformada em uma lei, regra ou política claramente definida. Por exemplo, a sociedade concorda que motoristas inocentes devam ser protegidos daqueles que dirigem demasiadamente rápido. A questão conceitual é: Que velocidade é demasiadamente alta? Para resolver a questão conceitual, velocidade *demasiadamente alta* pode ser definida como "velocidade que exceda 80km/h em condições favoráveis de direção ou velocidade que possa resultar em acidentes em condições adversas de direção, como nevoeiro, neve, gelo ou chuva".

2.2.3 Questões de Aplicação

Uma **questão de aplicação** ocorre quando não fica claro se um ato em particular viola uma lei, regra ou política. Suponha que um motorista dirija a 70km/h em uma rua com velocidade máxima permitida de 80km/h. Durante uma chuva fina, o motorista derrapa e provoca um acidente. Um policial que chegue à cena do acidente deve decidir se multa o motorista por excesso de velocidade; em outras palavras, a questão de aplicação é se a chuva fina pode ser considerada uma condição adversa de direção.

2.2.4 Questões Factuais

Uma **questão factual** surge quando há incerteza sobre fatos moralmente relevantes. Geralmente, a questão pode ser resolvida com a obtenção de mais informação. Se um motorista for parado por um policial por dirigir a 85km/h em uma área de 80km/h e o motorista alegar que ia a 80km/h, o conflito pode ser resolvido com informação adicional. Por exemplo, o motorista pode ser capaz de mostrar que o radar usado pelo policial está descalibrado em 5km/h.

Note que as questões anteriores foram ordenadas, da mais abstrata à mais concreta. Questões factuais são definidas mais claramente e podem, em geral, ser resolvidas independente de aspectos educacionais ou culturais. Em contrapartida, questões morais são, freqüentemente, de difícil definição e sua resolução pode depender de aspectos educacionais e culturais. Conseqüentemente, as questões morais podem ser difíceis de resolver. Elas podem ser tratadas com a aplicação de teorias morais para ajudar o processo de tomada de decisão.

2.3 TEORIAS MORAIS

Por mais que desejássemos ter um "algoritmo moral" que sempre nos levasse à resposta correta, esse algoritmo não existe. Se existisse, poderíamos programar computadores para que tomassem decisões morais e éticas por nós. No entanto, dispomos de **teorias morais** que provêem um referencial para a tomada de decisões morais e éticas. Algumas vezes, essas diferentes teorias levam a respostas distintas, mas freqüentemente levam à mesma resposta.

Para ilustrar as teorias morais, considere este exemplo: Um engenheiro civil trabalha para a prefeitura como inspetor de construções. Como um grande prédio está sendo construído, ele é responsável por assegurar que a construção seja realizada de acordo com o código da cidade. (O código de construções de uma cidade protege o público especificando materiais apropriados de construção e procedimentos adequados à cidade. Por exemplo, na cidade de San Francisco, na Califórnia, os prédios, de acordo com um código da cidade, são construídos de forma a que suportem terremotos.) Ao inspetor é oferecida uma propina de US$10.000,00 para que ignore uma construção precária, cujo conserto custaria US$50.000,00 ao empreiteiro. Deve o engenheiro aceitar a propina?

Não é necessário ser um grande teórico da moral para decidir que a resposta é não. Cada teoria moral chegaria a essa resposta através de caminhos ligeiramente diferentes.

2.3.1 Egoísmo Ético

Egoísmo ético é a teoria moral que estabelece que um ato é moral desde que você tenha justificadamente agido em seu próprio interesse. Por exemplo, se um assaltante o atacasse com uma faca e você o matasse em autodefesa, isso não seria imoral.

As sociedades que se estruturam favorecendo nosso desejo natural de agir em interesse próprio têm mais sucesso. (O recente colapso do comunismo atesta esse fato.) Entretanto, o egoísmo ético não é uma licença para o comportamento egoísta. A longo prazo, o comportamento egoísta não é recompensado; pessoas egoístas possuem poucos amigos e não têm muitas chances de serem promovidas no emprego.

No exemplo do inspetor de construções, se ele aceitasse a propina, sempre haveria a possibilidade de isso vir a ser descoberto. Prisão e a perda do emprego certamente não valem US$10.000,00. Portanto, ele pode argumentar que é de seu próprio interesse não aceitar a propina.

Nem todas as questões éticas e morais envolvem apenas uma pessoa. Nos casos em que muitas pessoas ou uma sociedade estão envolvidas, devemos considerar as teorias morais mais abrangentes do utilitarismo e da análise de direitos.

2.3.2 Utilitarismo

Segundo o **utilitarismo**, as atividades morais são aquelas que criam o maior benefício para o maior número de pessoas. Essa teoria moral tenta otimizar a **função-objetivo felicidade**:

Função-objetivo felicidade

$$= \sum_i (\text{benefício})_i(\text{importância})_i - \sum_j (\text{dano})_j(\text{importância})_j$$

As ações que aumentam o benefício e reduzem os danos são consideradas as melhores.
Para efetuar a análise utilitarista:

1. Determine o público-alvo (p. ex., um indivíduo, uma companhia ou uma sociedade).
2. Para cada ação, determine os danos, os benefícios e a importância para o público-alvo.
3. Avalie a função-objetivo felicidade para cada ação.
4. Selecione a ação que maximiza a função-objetivo felicidade.

No exemplo do inspetor de construções, se fôssemos aplicar essa teoria moral, ele consideraria a propina de US$10.000,00 como um benefício, a economia de US$50.000,00 do empreiteiro como um benefício, mas as mortes devido à queda do prédio, como um dano. O dano tanto sobrepuja os benefícios, que a ação correta é clara.

O utilitarismo é muito lógico e atraente aos engenheiros. Apesar disso, essa teoria tem alguns problemas: (1) ela insinua que temos conhecimento suficiente para avaliar a função-objetivo felicidade; (2) que julgamentos de valores são necessários para avaliar a importância de cada dano/benefício; e (3) pode resultar em injustiça para os indivíduos.

EXEMPLO 2.6

Enunciado do Problema: Boonville é uma pequena comunidade agrícola localizada ao longo de uma grande rodovia. Como a agricultura não é muito rentável, há muita pobreza nesse meio. As escolas são pobres; inúmeras crianças abandonam os estudos e nunca aprendem o suficiente. Não há hospitais em Boonville, de modo que os cuidados médicos são precários.

Uma grande transportadora manifesta sua intenção de implantar um centro de distribuição em Boonville, devido à sua localização estratégica junto à rodovia. A prefeitura deve decidir se permite a instalação da transportadora na cidade. Durante o debate público, os partidários da idéia enfatizaram que a companhia traria muitos empregos para a comunidade. Os impostos recolhidos permitiriam que melhorasse o sistema escolar e que se construísse um hospital. Os contrários à idéia observaram que o aumento no tráfego de carretas provavelmente causaria uma morte adicional na rodovia a cada 5 anos. Eles também ressaltaram que haveria muito barulho e poluição.

Calcule a função-objetivo felicidade para determinar um curso ético de ação.

Solução: A função-objetivo felicidade é

$$
\begin{aligned}
\text{Função-objetivo felicidade} = \; & (\text{boas escolas})(\text{importância}) \\
& + (\text{hospital})(\text{importância}) \\
& + (\text{emprego})(\text{importância}) \\
& - (\text{morte})(\text{importância}) \\
& - (\text{barulho})(\text{importância}) \\
& - (\text{poluição})(\text{importância})
\end{aligned}
$$

Quando aplicada à população, a equação é

$$\text{Função-objetivo felicidade} = (8)(10) + (10)(7) + (5)(20) - (50)(2)$$

$$- (3)(1) - (7)(2)$$

$$= + 133 \Rightarrow \text{Faça!}$$

Quando aplicada à família da criança que foi morta por uma carreta, a equação é

$$\text{Função-objetivo felicidade} = (8)(10) + (10)(7) + (5)(20)$$

$$- (50)(1.000.000) - (3)(1) - (7)(2)$$

$$= - 49.999.767 \Rightarrow \text{Não faça!}$$

Estritamente falando, a análise utilitarista somente deve ser aplicada a toda a comunidade afetada pela decisão e não a setores da comunidade. No entanto, aqui aplicamos a análise a um setor da comunidade (a família) para mostrar que o utilitarismo pode beneficiar a sociedade como um todo, à custa dos indivíduos. A análise de direitos, explicada a seguir, tenta corrigir essa falha do utilitarismo.

2.3.3 Análise de Direitos

De acordo com a **análise de direitos**, as atitudes morais são aquelas que respeitam igualmente cada ser humano. Essa análise é geralmente resumida pela *Regra de Ouro*: Faça aos outros aquilo que você gostaria que fizessem a você. Muitas culturas usam a Regra de Ouro; entretanto, ela não funciona em todos os casos. Se fosse seguida rigidamente, um gerente (que não gostaria de ser despedido) não poderia despedir trabalhadores, mesmo que fosse necessário para a saúde financeira da empresa.

Como outro exemplo de falha da Regra de Ouro, considere um contramestre italiano que gosta de contar piadas sobre poloneses. Seus subordinados poloneses se sentem ofendidos e reclamam. Ele argumenta que não se importa com piadas sobre italianos e conta mais uma piada.

Para resolver esse problema, poderíamos formular a *Regra de Ouro Revisada*: Faça aos outros como *eles próprios* fariam. A Regra de Ouro Revisada pediria ao contramestre para se colocar no lugar de seus subordinados. Sentir a dor que seus subordinados experimentam com as piadas sobre poloneses o faria abandonar o comportamento ofensivo, mesmo que ele próprio não se ofenda com as piadas. Ainda assim, a Regra de Ouro Revisada não pode ser aplicada universalmente. Se fosse, um juiz seria incapaz de condenar um criminoso à prisão, pois os criminosos certamente não querem ir para a prisão.

Como nem todos os direitos são igualmente importantes, uma hierarquia foi estabelecida. Os direitos são listados a seguir, em ordem decrescente de importância:

1. Direito à vida, integridade física e saúde mental.
2. Direito de manter o nível individual de satisfação objetiva (p. ex., direito de não ser enganado, roubado ou difamado).
3. Direito de aumentar o nível individual de satisfação objetiva (p. ex., direito à auto-estima, à não discriminação, e direito de adquirir propriedade).

Para efetuar a análise de direitos:

1. Determine o público-alvo.
2. Avalie a severidade das violações de direitos de acordo com a lista anterior.
3. Escolha o curso de ação imposto pela violação menos severa de direitos.

No exemplo do inspetor de construções que recebeu oferta de propina, ele conheceria a atitude correta a ser tomada pela análise de direitos. Se aceitasse a propina de US$10.000,00, ele teria maior satisfação em sua vida, mas isso seria subordinado aos direitos das pessoas, que poderiam morrer caso o prédio desabasse.

Exemplo 2.7. Suponha que um seqüestrador tenha tomado uma pessoa como refém e ameaça matá-la. A polícia foi chamada e preparou uma armadilha para enganá-lo. Há aqui um conflito entre os direitos do refém, que não quer ser morto, e os direitos do seqüestrador de não ser enganado. Claramente, os direitos do refém têm precedência sobre os direitos do seqüestrador.

2.3.4 Tomar uma Decisão Moral Quando as Teorias Morais Divergem

Em nosso exemplo do inspetor de construções, determinamos que ele não deveria aceitar a propina, independente da teoria moral aplicada. Esse é um exemplo de **convergência**. No entanto, nem sempre esse é o caso. Algumas vezes, as teorias morais não concordam – elas **divergem**.

Quando aplicado à sociedade, o utilitarismo representa um extremo: Fazer o melhor para a sociedade, quaisquer que sejam as conseqüências para o indivíduo. A análise de direitos representa o outro extremo, no qual os direitos individuais são protegidos, independente de seu impacto na sociedade. A sociedade deve determinar como encontrar um equilíbrio entre esses dois extremos.

Para ilustrar como as teorias morais podem divergir, considere a construção de uma estrada. Os engenheiros decidem a rota mais eficiente entre dois pontos, de forma a reduzir os custos de construção e permitir que os motoristas viajem eficientemente entre centros populacionais. Freqüentemente, a rota mais eficiente cruza algumas residências. O governo condenará essas residências sob o "**domínio eminente**", reembolsando os proprietários de acordo com o preço justo de mercado. Os direitos individuais dos proprietários são violados. Talvez eles tenham fortes laços emocionais com suas casas e não queiram vendê-las. No entanto, a sociedade se beneficiará da construção da estrada, pois as pessoas poderão deslocar-se mais rapidamente entre os centros populacionais, os custos de transporte serão reduzidos, e haverá economia de combustível. Nesse caso, a sociedade escolheu a abordagem utilitarista.

Como outro exemplo de divergência entre teorias morais, considere a situação de dois irmãos, um sadio e outro doente, com uma rara enfermidade, que, certamente, será fatal se ele não receber um transplante de rim. O irmão sadio tem um tipo de tecido compatível, e o transplante seria bem-sucedido. Todos os outros parentes não têm tecidos compatíveis, de forma que o transplante não teria sucesso. O irmão sadio mantinha inimizade com seu irmão enfermo, e se recusa a doar-lhe o rim. A abordagem utilitarista obrigaria o irmão sadio a doar um rim a seu irmão enfermo, pois a felicidade total é maior com essa opção. O irmão enfermo seria muito mais beneficiado do que seu irmão sadio seria prejudicado. Ao contrário, a análise de direitos favoreceria o direito do irmão sadio de não ser mutilado. Neste caso, a sociedade escolheu a abordagem da análise de direitos.

Embora não haja algoritmos para nos dizer exatamente o que fazer, uma abordagem razoável para tomar decisões morais quando as teorias morais divergem é usar o utilitarismo, a menos que um direito individual seja seriamente violado.

2.4 O ENGENHEIRO ÉTICO

A maioria das sociedades profissionais preparou um código de ética para seus membros. O objetivo desses códigos é guiar os engenheiros a um comportamento ético. Uma análise desses códigos fornece as seguintes orientações:

1. Proteger a segurança, a saúde e o bem-estar públicos.
2. Atuar apenas em áreas de competência.
3. Ser verdadeiro e objetivo.
4. Comportar-se de forma honrosa e digna.
5. Seguir aprendendo para aprimorar as aptidões técnicas.
6. Prover trabalho honesto e árduo aos empregadores ou clientes.
7. Informar as autoridades competentes sobre atividades danosas, perigosas ou ilegais.
8. Envolver-se com assuntos cívicos e comunitários.
9. Proteger o meio ambiente. (Poucos códigos aplicam este princípio.)
10. Não aceitar propinas ou presentes que possam interferir no julgamento da engenharia.
11. Proteger informação confidencial de empregadores e clientes.
12. Evitar conflitos de interesse.

Conflito de interesse é uma situação na qual as obrigações e a lealdade de um engenheiro podem estar comprometidas devido a interesses próprios ou outras obrigações e lealdade. Isso pode resultar em julgamentos polarizados. Suponha que um engenheiro fosse responsável pela seleção de rolamentos para um motor que seu empregador está construindo. Por acaso, seu pai tem uma fábrica de rolamentos, a qual o engenheiro herdará após a morte do pai. Essa situação faz com que seja muito difícil para o engenheiro tomar uma decisão imparcial, pois ele obviamente tem um conflito de interesse. Ele e sua família se beneficiariam ao escolher os rolamentos do pai. Mesmo que os rolamentos feitos pelo pai sejam os melhores para a aplicação pretendida, sua escolha dá uma *aparência* de improbidade. Portanto, a situação deve ser evitada. O engenheiro deve informar ao seu patrão que ele tem um conflito de interesse e que um outro engenheiro deve fazer a seleção de rolamentos.

O ato de informar as autoridades competentes sobre atividades danosas, perigosas ou ilegais é freqüentemente chamado de **denúncia**. Um engenheiro envolvido com uma organização que tenha tais atividades tem um conflito de interesse. Ele tem a obrigação de proteger a sociedade, mas ele também possui obrigações para com seus colegas de trabalho e empregadores. Claramente, a necessidade de proteger o público é determinante. Entretanto, ao desempenhar sua obrigação pública, ele deve estar preparado para arcar com as conseqüências. Ele pode perder o emprego ou ser transferido para um trabalho medíocre. Ele pode ter dificuldade para encontrar um novo emprego, pois os potenciais empregadores podem recear contratar um delator. Se o engenheiro tiver família, os efeitos da perda do salário podem ser devastadores. Se ele mantiver seu emprego, pode cair em ostracismo junto a seus colegas de trabalho. Antes de denunciar, o engenheiro deve tentar, de todas as formas, persuadir os responsáveis pelas atitudes incorretas que as abandonem. É necessário ter muita determinação e coragem para fazer a coisa certa. Embora as conseqüências de ser um delator possam ser severas, as conseqüências de saber ser incapaz de fazer a coisa certa podem ser igualmente severas. O melhor a fazer é evitar essa situação tanto quanto possível e trabalhar em uma empresa idônea.

Nenhum código de ética pode cobrir todas as possíveis situações éticas. Talvez a orientação mais simples seja imaginar que você tenha sido escolhido pelo jornal *New York Times* como o Engenheiro do Ano. Um repórter o acompanha por todos os lados e registra todas as suas atividades, que são, então, publicadas diariamente. Como todos nós temos um senso natural de certo e errado, essa hipótese pode nos guiar ao correto comportamento ético.

2.5 ALOCAÇÃO DE RECURSOS

Um dos maiores desafios da sociedade é a adequada alocação de recursos. Quando um recurso é alocado erroneamente, vidas podem ser perdidas.

Como exemplo, considere uma legislação bem-intencionada, projetada para reduzir a quantidade de substâncias cancerígenas liberadas por uma indústria química. A quantidade de substâncias cancerígenas pode ser reduzida a níveis arbitrariamente pequenos, porém sempre a um determinado custo. Se a indústria química gastasse 1 bilhão de dólares em equipamentos para controle da poluição, removendo uma quantidade suficiente dessas substâncias para salvar vidas, seria essa uma adequada alocação de recursos? Para as pessoas cuja vida fosse salva, a resposta é sim; mas, talvez esse 1 bilhão de dólares seria gasto de forma mais proveitosa se fosse aplicado na pesquisa do câncer ou em melhores serviços médicos de pré-natal. Neste caso, talvez centenas ou milhares de vidas poderiam ser salvas.

A grande questão é: Qual é o valor da vida humana? Você pode responder: "A vida humana não tem preço, não pode ser quantificada em dólares." Embora esse seja um sentimento maravilhoso, não ajuda a sociedade a alocar recursos. Se a vida tem um valor infinito, então a indústria química deveria investir 10 bilhões de dólares em equipamentos de controle de poluição para salvar uma vida, ou 100 bilhões, ou 1 trilhão. Quando a indústria química gasta esses bilhões, ela perde a oportunidade de usar esses recursos finitos para outros fins proveitosos. E, no final, o custo é, inevitavelmente, passado ao consumidor.

De certo modo, cada um de nós decide o valor de sua própria vida com base no carro que dirige. A cada ano, cerca de 43.000 pessoas morrem em acidentes de trânsito; é, sem dúvida, a principal causa de morte por acidente. Durante um ano qualquer, cada um de nós tem aproximadamente 1 chance, em 7000, de morrer em acidente de trânsito, admitindo que dirigimos, de forma média, um carro médio, e percorremos um número médio de quilômetros. Suponha que devamos decidir a compra de um carro, que esperamos durar 10 anos. Durante os 10 anos de vida do carro, nós teremos 1 chance, em 700, de morrer em acidente automobilístico se dirigirmos um carro mediano. Felizmente, alguns carros são fabricados tendo a segurança como alta prioridade (p. ex., BMW, Volvo, Lexus, Mercedes Benz). Imagine que reduzimos nossa decisão de compra do carro a dois modelos:

Carro	Custo	Probabilidade de um Acidente Fatal Durante os 10 Anos de Vida do Carro
Médio	US $ 15.000	1/700
Seguro	US $ 40.000	1/1400

O Dilema do Prisioneiro

Os códigos morais existem para permitir que membros da sociedade cooperem entre si. Se cada membro da sociedade seguir o código, o comportamento será previsível e tanto o indivíduo como a sociedade se beneficiarão. Entretanto, para seu benefício próprio, um indivíduo pode desertar o comportamento cooperativo e tirar proveito do comportamento previsível daquele que segue o código.

De acordo com o egoísmo ético, as atitudes são corretas quando resultam no interesse próprio. Assim, uma pessoa que busca o interesse próprio deve cooperar ou desertar?

A resposta a essa questão pode ser encontrada por meio de *jogos*. Um jogo clássico é o chamado "Dilema do Prisioneiro", descrito a seguir. A polícia acabou de prender dois suspeitos na cena de um crime. Ambos são culpados, mas a polícia não sabe disso. A única maneira de a polícia determinar a culpa é separar os prisioneiros e interrogá-los individualmente. Sentados em suas celas separadas, cada prisioneiro examina sua estratégia. Ele deve confessar ou culpar o outro prisioneiro pelo crime?

Se um prisioneiro confessar, este é um comportamento cooperativo. Se ambos confessarem, a culpa pode ser compartilhada entre os dois e eles podem pleitear uma sentença menor. Se um prisioneiro culpar o outro pelo crime, ele deserta o comportamento cooperativo, pois está tentando ser libertado à custa do outro prisioneiro, que pode ser condenado a uma sentença severa.

A situação não é tão simples. Se ambos confessarem, compartilharão uma sentença mais leve. Se um confessar e o outro acusar, então o que confessou receberá uma sentença particularmente dura, enquanto o que o culpou será libertado. Entretanto, se cada um culpar o outro, a polícia saberá que ambos são culpados e cada um receberá uma sentença dura pelo crime; o pleito de ambos por uma sentença menor não terá sucesso, pois ambos terão mentido para a polícia. A seguinte *tabela verdade* mostra o benefício para cada prisioneiro, dependendo da atitude tomada.

| Atitude | | | Benefício | |
Eu	Ele		Eu	Ele
Coopero	Coopera	⇒	3	3
Coopero	Deserta		0	5
Deserto	Coopera		5	0
Deserto	Deserta		1	1

A estratégia que maximiza o interesse próprio — a estratégia pregada pelo egoísmo ético — é o tema da **teoria de jogos**. No início da década de 1980, Robert Axelrod (um cientista político e professor da Universidade de Michigan) organizou um teste de programas de computador para determinar que estratégia resulta no maior interesse próprio. Em apenas uma rodada do jogo, desertar sempre é a melhor estratégia. (A tabela verdade, acima, confirma isso.) Assumindo que o outro prisioneiro coopera ou deserta de forma aleatória, meu benefício médio por desertar será 3 (*i.e*, (5 + 1)/2). Se eu cooperar, meu benefício médio será apenas 1,5 (*i.e*, (3 +0)/2), admitindo que o outro prisioneiro coopera ou deserta de forma aleatória.

Na vida real, geralmente interagimos com outros indivíduos inúmeras vezes. No teste computacional de Axelrod, a estratégia vencedora para múltiplas interações foi a de "olho por olho". Essa estratégia sempre coopera na primeira rodada e simplesmente repete o que o oponente fizer na rodada subseqüente, como mostrado a seguir:

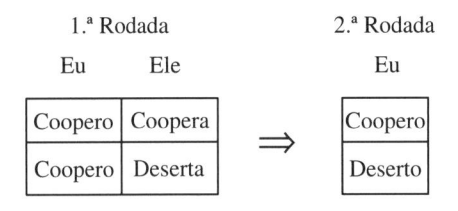

| 1.ª Rodada | | | 2.ª Rodada |
Eu	Ele		Eu
Coopero	Coopera	⇒	Coopero
Coopero	Deserta		Deserto

A estratégia olho por olho, que premia o comportamento cooperativo, mostra uma convergência entre o egoísmo ético, o utilitarismo e a análise de direitos.

No início da década de 1990, Martin Nowak (Universidade de Oxford) e Karl Sigmund (Universidade de Viena) mostraram que, quando erros ocasionais são cometidos (como ocorre na vida real), a estratégia olho por olho degenera em intriga. Eles determinaram que uma estratégia alternativa teria mais sucesso. A estratégia "Pavlov" repete uma resposta que tenha sido bem-sucedida (*i.e*, obtém um benefício de 3 ou 5) e muda a resposta se ela não tiver sucesso (*i.e*, obtém um benefício de 0 ou 1). A tabela verdade para a estratégia Pavlov é mostrada a seguir.

| 1.ª Rodada | | Meu | | 2.ª Rodada |
Eu	Ele	Benefício		Eu
Coopero	Coopera	3	⇒	Coopero
Coopero	Deserta	0		Deserto
Deserto	Coopera	5		Deserto
Deserto	Deserta	1		Coopero

Em uma população de indivíduos *geralmente* cooperativos, a estratégia Pavlov também resulta em cooperação. Assim, neste caso, a estratégia Pavlov igualmente mostra uma convergência entre o egoísmo ético, o utilitarismo e a análise de direitos. No entanto, se a população consistir em indivíduos *sempre* cooperativos, a estratégia Pavlov explorará esses "otários" ao desertarem.

Em resumo, a teoria de jogos é uma ferramenta para avaliar estratégias comportamentais que seguem o egoísmo ético. É interessante observar que muitas das estratégias de sucesso são consistentes com a moralidade do utilitarismo e da análise de direitos. Entretanto, a estratégia Pavlov chama a atenção: uma pessoa de moral deve estar atenta para não ser explorada, como um otário, por indivíduos de menos moral.

Adaptado de: T. Beardsley, *Scientific American*, outubro de 1993, p. 22.

Se 1400 pessoas gastarem US$40.000,00 com carro seguro, elas gastarão US$56 milhões, e uma delas morrerá em acidente automobilístico no prazo de 10 anos. Se 1400 pessoas gastarem US$15.000,00 com carro mediano, gastarão US$21 milhões, e duas delas morrerão, no prazo de 10 anos, em acidente de carro. Assim, com o gasto adicional de US$35 milhões, uma vida pode ser salva. Se você estiver atento a essa relação segurança/custo e selecionar o carro de US$15.000,00, você decidiu que sua vida vale menos que US$35 milhões, pois você pode ser a pessoa que vai morrer.

Suponha que as pessoas insistam em que a vida tem valor infinito e que os engenheiros devam projetar automóveis que sejam totalmente seguros. O resultado do projeto pode parecer algo como um tanque de guerra, custar cerca de US$2 milhões e consumir dois galões de combustível por quilômetro. Se todos nós dirigíssemos tanques, as estradas deveriam ser mais resistentes, o que significa que um número maior de nós poderia morrer construindo estradas mais resistentes. Além disso, a poluição e os danos ambientais que resultariam da queima dessa enorme quantidade de combustível custariam mais vidas.

A conclusão inevitável é a seguinte: A vida tem um valor, e os engenheiros devem saber qual é, de modo que possam tomar decisões inteligentes de projeto. Não há um procedimento aceito para determinar o valor da vida humana. Algumas abordagens incluem a determinação da quantidade de salários perdidos devido a mortes inesperadas, a determinação do valor de resgates pagos a seqüestradores, ou a quantia adicional que os trabalhadores exigem para tarefas de alto risco. Os valores da vida humana variam entre cerca de US$200.000,00 e US$8 milhões. Em seu livro *Fatal Tradeoffs: Public and Private Responsabilities for Risk*, W. Kip Viscusi argumenta que o americano médio avalia sua própria vida em US$6 milhões. (Obviamente, pessoas muito ricas avaliam sua vida em uma quantia maior.)

EXEMPLO 2.8

Enunciado do Problema: Um engenheiro de estradas tem US$1 milhão para gastar em grades de proteção. Tais grades custam US$69/m, de forma que 14,5 quilômetros dessas grades podem ser instalados. As grades de proteção têm vida útil de 20 anos. O engenheiro considera aplicar o dinheiro em duas estradas. Uma é uma bucólica estrada de mão dupla ao longo de montanhas que têm beiradas muito íngremes. Se um carro sair da estrada, a morte do passageiro é certa. A outra é uma estrada de quatro pistas em solo plano. Se um carro sair dessa estrada, há apenas 10% de chance de morte do passageiro. O volume de tráfego na estrada bucólica de mão dupla é de 20 carros por dia, enquanto na estrada de quatro pistas o tráfego é de 22.000 carros por dia. Para ajudá-lo a tomar a decisão, o engenheiro consultou o relatório de Análise de Custo-Benefício de Alternativas de Segurança para o Acostamento de Estradas (*Benefit-Cost Analysis of Road Side Safety Alternatives*, 1986, *Transportation Research Record* 1065). De acordo com esse documento, a uma taxa de 20 carros por dia em uma estrada de mão dupla, há apenas 0,006 "derrapagem" por quilômetro por ano, enquanto em uma estrada de quatro pistas, a uma taxa de 22.000 carros por dia, há 1,8 "derrapagem" por quilômetro por ano. (A "derrapagem" é quando um carro sai da estrada.) Que estrada deve receber as grades de proteção? Que quantia será gasta por vida salva? (Admita que há apenas um ocupante por carro e que a presença das grades de proteção evita a morte por acidente automobilístico.)

Solução: Para a estrada de mão dupla,

$$\text{Custo} = \frac{\text{US\$1.000.000}}{20 \text{ anos}} \times \frac{\text{ano} \cdot \text{km}}{0,006 \text{ derrapagem}} \times \frac{\text{Derrapagem}}{1 \text{ Vida salva}} \times \frac{1}{14,5 \text{ km}} = \frac{\text{US\$547.713}}{\text{Vida salva}}$$

Para a estrada de quatro pistas,

$$\text{Custo} = \frac{\text{US\$1.000.000}}{20 \text{ anos}} \times \frac{\text{ano} \cdot \text{km}}{1,8 \text{ derrapagem}} \times \frac{\text{Derrapagem}}{0,1 \text{ Vida salva}} \times \frac{1}{14,5 \text{ km}} = \frac{\text{US\$19.157}}{\text{Vida salva}}$$

Obviamente, o dinheiro será mais bem gasto instalando grades de proteção na estrada de quatro pistas.

Ao projetarem produtos, os engenheiros devem sempre estar atentos à segurança. A quantidade de dinheiro que os engenheiros gastam para reduzir riscos depende de (1) se o usuário do produto aceita o risco voluntariamente e (2) quanto benefício o usuário obtém do produto. Por exemplo, dirigir um carro é *muito* mais perigoso que viver próximo a uma usina nuclear. No entanto, o motorista voluntariamente aceita esses riscos e sente que os benefícios superam os riscos. Como a radiação que vaza de um acidente em uma usina nuclear pode se espalhar por uma grande área, qualquer um pode ser exposto. Portanto, o risco não é voluntário. Além disso, uma pessoa pode não achar que a eletricidade gerada em uma usina nuclear tenha um valor específico, pois poderia ser igualmente gerada por outras fontes. Por essas considerações, os níveis de segurança exigidos de uma usina nuclear superam, em muito, os exigidos nos automóveis.

O risco é algo com que devemos lidar diariamente. A Tabela 2.1 analisa alguns desses riscos.

2.6 ESTUDO DE CASOS

Usamos estudos de casos para ilustrar os pontos levantados em nossas discussões. À medida que você lê os estudos de casos, coloque-se no papel do engenheiro e imagine o que você faria nas mesmas circunstâncias.

2.6.1 A Explosão do *Challenger*

O *Challenger* foi um dos três ônibus espaciais lançados pela NASA (Figura 2.2). Um ônibus espacial consiste em um orbitador de asa-delta que contém os motores principais, uma área de carga, acomodações para a tripulação e a cabine de comando. Os motores principais são alimentados com nitrogênio líquido e oxigênio, fornecidos por um tanque descartável externo. No lançamento, o veículo é extremamente pesado, pois os tanques cheios pesam milhões de quilos. Portanto, são necessários dois foguetes de lançamento, que usam combustível sólido, durante os 2 minutos iniciais do vôo. Os dois foguetes de lançamento são ejetados em seguida, para evitar que queimem na atmosfera, e assim possam ser recuperados para uso posterior.

Os foguetes de lançamento são extremamente grandes (50 metros de comprimento, 4 metros de diâmetro), de modo que são difíceis de transportar. Eles são montados a partir

TABELA 2.1
Risco de morte de um americano "médio"[†]

Causa da Morte	$\left(\dfrac{\text{Probabilidade}}{\text{mortes / pessoa}\cdot\text{ano}}\right)$	Causa da Morte	$\left(\dfrac{\text{Probabilidade}}{\text{mortes / pessoa}\cdot\text{ano}}\right)$
Causa qualquer	8585×10^{-6}	Acidentes	354×10^{-6}
Doenças	7266×10^{-6}	Automobilístico	173×10^{-6}
Cardiovascular	3622×10^{-6}	Queda	50×10^{-6}
Câncer	2040×10^{-6}	Envenenamento	26×10^{-6}
Dieta*	714×10^{-6}	Incêndio	16×10^{-6}
Tabaco*	612×10^{-6}	Afogamento	16×10^{-6}
Comportamento sexual*	143×10^{-6}	Engasgamento	13×10^{-6}
Ocupação*	82×10^{-6}	Complicações médicas	10×10^{-6}
Álcool*	61×10^{-6}	Armas de fogo	6×10^{-6}
Poluição*	41×10^{-6}	Transporte aquático	3×10^{-6}
Produtos industriais*	$<20 \times 10^{-6}$	Ferrovia	3×10^{-6}
Aditivos alimentares*	$<20 \times 10^{-6}$	Aviação em geral	3×10^{-6}
Suicídio	120×10^{-6}	Eletrocução	2×10^{-6}
Assassinato (homem branco)	93×10^{-6}	Aviação comercial	$0,8 \times 10^{-6}$
Assassinato (homem negro)	720×10^{-6}		
Assassinato (mulher branca)	30×10^{-6}		
Assassinato (mulher negra)	142×10^{-6}		

*Causas de câncer de acordo com as estimativas mais confiáveis publicadas em L. A. Sagan, "Problems in Health Measurements for the Risk Assessor", em *Technological Risk Assessment*, Haia, Holanda, Martinus Nijhoff, 1984.
[†]Calculado como o número de ocorrências em 1991 dividido pela população dos Estados Unidos.
Adaptado de: U.S. Department of Commerce, *Statistical Abstract of the United States*, 1994.

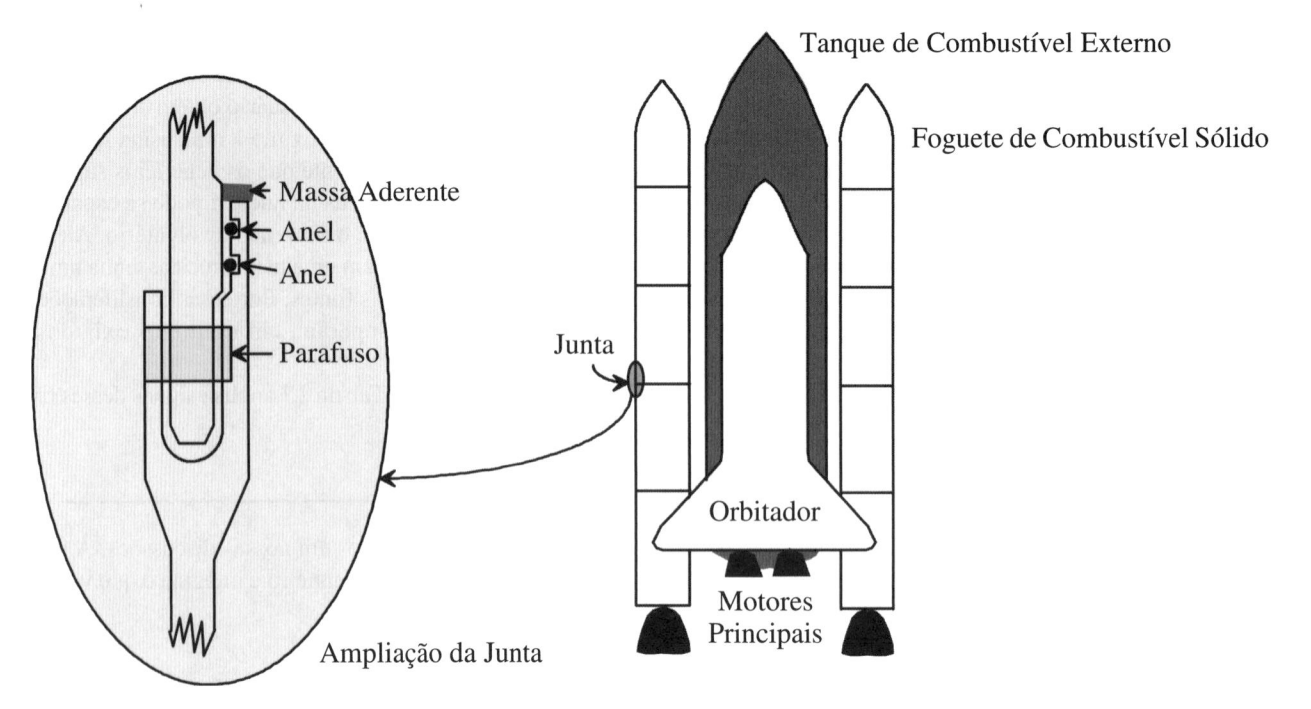

Tanque de Combustível Externo

Foguete de Combustível Sólido

Massa Aderente

Anel

Anel

Parafuso

Junta

Orbitador

Motores Principais

Ampliação da Junta

FIGURA 2.2
O ônibus espacial *Challenger*.

de seções menores, que são vedadas por anéis de borracha vulcanizada e uma massa aderente de cromato de zinco (Figura 2.2). As seções seladas são, então, abastecidas com dois milhões de quilos de um combustível à base de óxido de alumínio/cloreto de potássio/ferro. Os foguetes de lançamento usados nos três ônibus espaciais foram construídos pela companhia Morton-Thiokol.

A vedação dos foguetes de lançamento vinha dando trabalho à NASA. A inspeção dos foguetes de lançamento que foram recuperados mostrou que gases devidos à combustão podem atingir os anéis de vedação e carbonizá-los. A experiência mostrou aos engenheiros que esse problema era particularmente sério no inverno, quando a massa aderente e os anéis são menos flexíveis. Portanto, um programa para melhorar o projeto dessas peças foi implantado.

O ônibus espacial é um feito maravilhoso da engenharia que deu novas capacitações à NASA, como a habilidade de fazer reparos em satélites de órbitas baixas. No entanto, esse programa

Risco na Estrada

Como mostrado na figura, a direção de automóveis se tornou mais segura nos Estados Unidos entre 1975 e 1991. Os engenheiros adicionaram dispositivos de segurança tanto aos automóveis (p. ex., cinto de segurança, *air bags*, pára-choques retráteis) quanto às estradas (placas de frenagem, retentores, grades de proteção), tornando o ato de dirigir mais seguro, mesmo que o número de carros nas ruas aumente a cada ano.

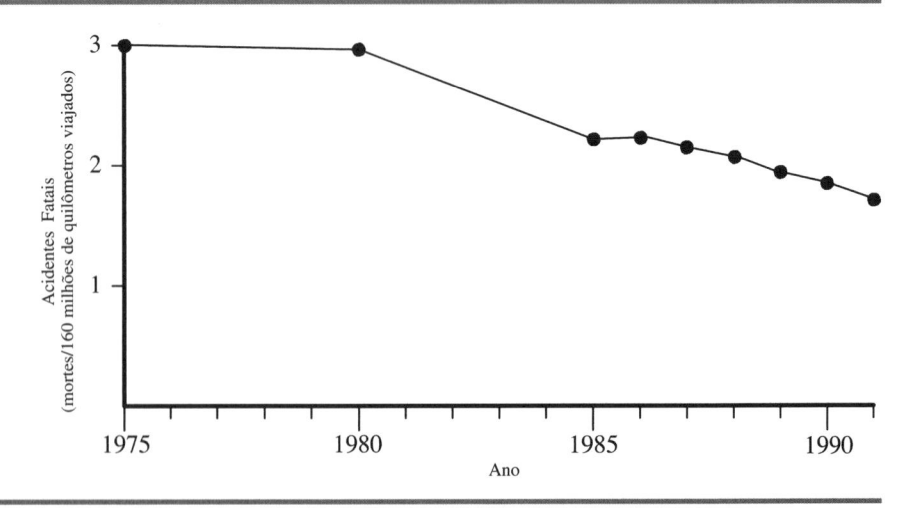

Adaptado de: U.S. Department of Commerce, *Statistical Abstract of the United States*, 1994.

nasceu em meio a controvérsias. Como era extremamente caro, muitos outros programas foram cancelados, incluindo o de foguetes ejetáveis para cargas pesadas. A NASA alegou que o ônibus espacial seria uma "carreta espacial" barata, mas que lançamentos freqüentes eram necessários para amortizar o custo do desenvolvimento. Assim, a NASA estava sob pressão para fazer lançamentos freqüentes e provar a viabilidade de seu enorme investimento. Na verdade, a NASA alegava que o ônibus espacial geraria rendimento suficiente para se autofinanciar. Alguns membros do governo Reagan até mesmo sugeriram que o ônibus fosse privatizado e vendido a uma companhia aérea.

Qualquer grande projeto de engenharia, como o ônibus espacial, deveria ser visto como um experimento. Embora alguns componentes possam ser testados independentemente (p. ex., parte eletrônica, motores, bombas), a única maneira de testar o sistema completo é lançá-lo. Cada lançamento apresenta problemas, como lâminas de bombas que se racham ou algum sopro de gases em anéis de vedação. Cada vez que é tomada uma decisão de prosseguir com o lançamento apesar da preocupação com equipamentos, isso é visto como um teste do sistema. Eventualmente, os limites do sistema são explorados, e o sistema falha.

No dia 28 de janeiro de 1986, a NASA inadvertidamente testou os limites de temperatura do ônibus espacial *Challenger*. A temperatura na noite anterior esteve abaixo de zero, enquanto na manhã desse dia a temperatura era de cerca de 2°C. Antes de qualquer lançamento, são realizadas reuniões entre gerentes e engenheiros da NASA para discutir a viabilidade do lançamento. Dessa vez, os engenheiros expressaram suas preocupações de que o gelo formado no local de lançamento poderia danificar o orbitador ou seu tanque de combustível. Ondas violentas haviam forçado os navios que resgatariam os foguetes de lançamento a retornarem à costa. Além disso, havia grande preocupação entre os engenheiros em relação aos anéis de vedação dos foguetes de lançamento. Roger Boisjoly, um engenheiro da Morton-Thiokol, recomendou que nenhum lançamento fosse realizado em temperaturas abaixo de 12°C, com base em sua experiência de lançamentos anteriores. Ele e seu colega Arnold Thompson expressaram suas preocupações junto aos diretores da NASA e da Morton-Thiokol. Mas, como a companhia Morton-Thiokol estava negociando futuros contratos envolvendo o foguete de lançamento, eles não queriam retratar seu produto como sendo de baixa qualidade. A NASA estava interessada em um agressivo cronograma de lançamento para provar que o ônibus espacial era economicamente viável. Dessa forma, as muitas preocupações dos engenheiros foram ignoradas pelos diretores. Foi tomada a decisão de lançar o ônibus espacial às 11h38min. Após 76 segundos de vôo, a 165km de altitude, as juntas de vedação do foguete de lançamento falharam, permitindo que gases aquecidos vazassem e inflamassem o hidrogênio líquido. Todos os sete membros da tripulação, incluindo Christa MacAuliffc (a "professora no espaço"), morreram, conforme milhões de pessoas acompanharam pela televisão.

Questões éticas para discussão:

1. Os engenheiros da Morton-Thiokol deveriam ter denunciado e informado à imprensa que a direção da NASA estava colocando em perigo a vida dos membros da tripulação e arriscando a destruição do ônibus espacial?
2. Nenhum lançamento é completamente seguro; vôos espaciais são inerentemente arriscados. Os astronautas aceitaram o risco quando se candidataram ao emprego. Eles deveriam ter sido informados de que o risco era maior nesse lançamento em particular?
3. Das três principais teorias morais — egoísmo ético, utilitarismo e análise de direitos — qual foi a aplicada pelas direções da Morton-Thiokol e da NASA quando decidiram prosseguir com o lançamento, apesar das objeções dos engenheiros? Revendo os acontecimentos, podemos julgar que a atitude deles foi errada. Que teoria(s) moral(is) estaríamos *aplicando?*
4. É injusto culpar a direção da NASA? Afinal, cada lançamento apresenta riscos e alguém deve tomar a decisão de efetuá-lo.
5. Os engenheiros devem ser responsabilizados por desenvolver um projeto inferior? Talvez eles devessem ter incorporado fitas de isolamento térmico às juntas, já que sabiam que baixas temperaturas eram problemáticas.
6. Um mecanismo de ejeção deveria ser instalado no ônibus espacial, mesmo que impusesse uma severa penalidade de peso e reduzisse a capacidade de carga do veículo?

Cortesia da NASA/NASA Media Services.

A explosão do *Challenger*.

2.6.2   O Colapso da Antena de Televisão da Cidade de Missouri

Em 1982, uma antena de televisão foi erguida na cidade de Missouri, no estado do Texas. Uma empresa de engenharia a projetou e uma companhia separada de montagem a ergueu. A companhia de montagem aprovou os detalhados desenhos de engenharia e afirmou que poderia montar a antena como projetada.

O projeto consistia em uma torre de três pernas, construída de seções pré-fabricadas (Figura 2.3). Uma grua móvel ficava no topo da seção já montada e levantava e posicionava uma nova seção, que era agregada à torre pelos montadores. A grua havia sido projetada de forma que pudesse escalar a torre e instalar a próxima seção no topo das já montadas. De certo modo, a torre era levantada por suas próprias pernas. Todas as seções da torre eram idênticas, exceto a última, na qual estava presa a antena de microondas.

As seções inferiores da torre de três pernas foram erguidas com sucesso pela companhia de montagem. A etapa final seria posicionar a seção da antena. Quando os montadores tentaram atar os cabos para içar essa seção, perceberam que a antena de microondas interferia nos cabos. Eles consultaram a empresa de engenharia para saber se a antena de microondas poderia ser removida, permitindo que a última seção fosse içada da mesma forma que as outras. A antena de microondas seria içada separadamente e posicionada depois que a torre houvesse sido completamente erguida. A empresa de engenharia não concordou; sua experiência com esse tipo de montagem mostrava que a antena de microondas seria danificada, e eles seriam responsabilizados pelo dano, gastando dinheiro para fazer o reparo. Os engenheiros informaram à companhia de montagem que, se a antena de microondas fosse removida, a garantia seria perdida.

Posteriormente, a companhia de montagem contactou a empresa de engenharia, com uma proposta para adicionar uma extensão na última seção, de modo que os cabos ficassem distantes da antena de microondas. A companhia de montagem não tinha experiência de enge-

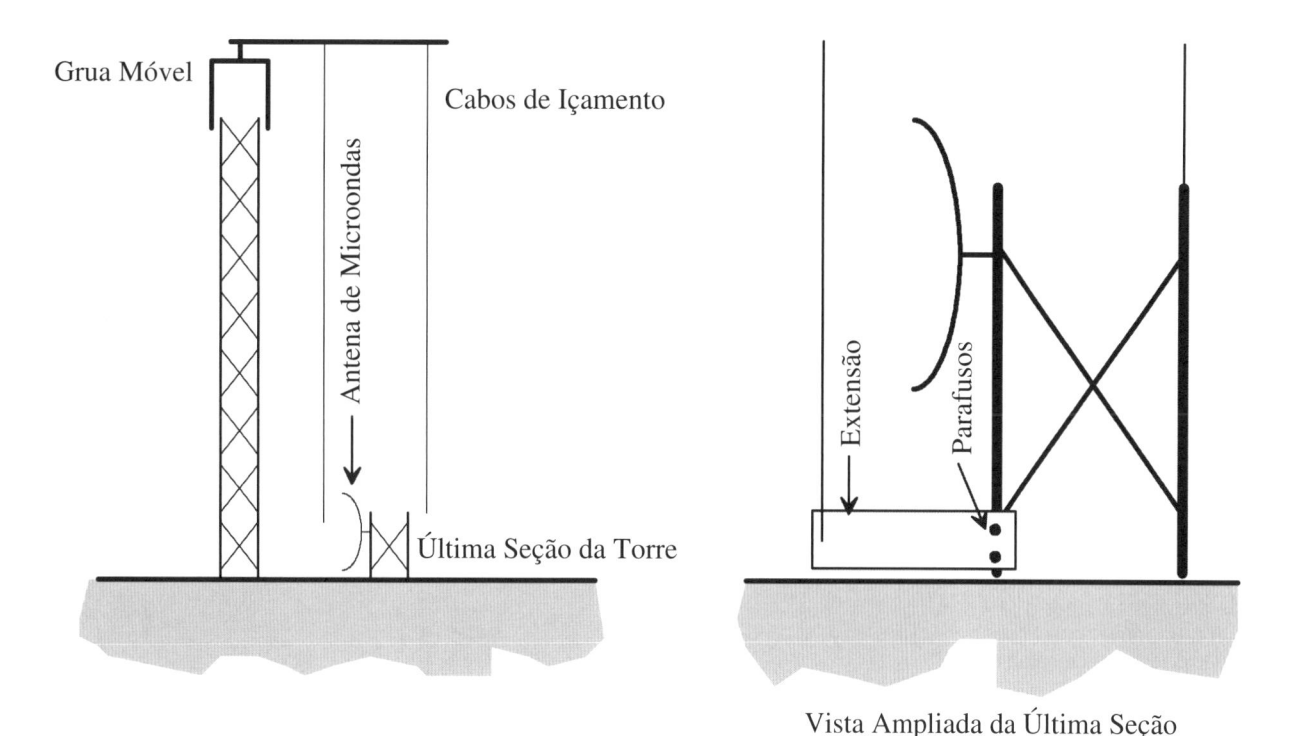

Grua Móvel — **Cabos de Içamento** — Antena de Microondas — Última Seção da Torre

Extensão — Parafusos — Vista Ampliada da Última Seção com a Extensão Adicional

FIGURA 2.3
O desastre da torre de TV da cidade de Missouri.

nharia e queria que a empresa de engenharia analisasse um desenho da modificação proposta. Embora o engenheiro quisesse ajudar os montadores, seu chefe foi totalmente contra a idéia. Se a empresa de engenharia aprovasse a modificação, seria responsabilizada por qualquer coisa que desse errado. A empresa de engenharia lembrou os montadores de que eles haviam aprovado os desenhos originais; era deles a responsabilidade de decidir como içar a seção da antena.

Os montadores sabiam qual era o peso da última seção e compraram parafusos classificados como suficientemente robustos para agüentar o peso. Eles instalaram a extensão e fixaram os cabos para içar a última seção. Seis montadores subiram com a seção para instalá-la assim que chegasse ao topo. Eles nunca o fizeram, pois os parafusos se partiram, fazendo com que todos eles caíssem e morressem na queda. Os montadores se esqueceram de levar em conta o braço de momento adicional devido à extensão, que aumentou as forças nos parafusos em cerca de 12 vezes.

Questões éticas para discussão:

1. A empresa de engenharia fez um projeto falho? Ela deveria ter antecipado o problema e feito um projeto adequado?
2. Os montadores estariam operando fora da área de sua especialidade? Eles deveriam ter contratado um consultor de engenharia para calcular a dimensão exigida para os parafusos?
3. A empresa de engenharia deveria ter sido mais cooperativa e menos preocupada com aspectos legais?
4. Onde terminava a responsabilidade dos engenheiros e começava a dos montadores?
5. Das três principais teorias morais (egoísmo ético, utilitarismo e análise de direitos), qual foi a usada pelo chefe da empresa de engenharia?
6. Discuta os conflitos legais e morais enfrentados pelo engenheiro contactado pela companhia de montagem.

Foto de Lee Lowery, Jr., Texas A&M University/Lee Lowery/Civil Engineering.

Destroços da antena de televisão da cidade de Missouri após o colapso. A grua móvel que ficava no topo da torre aparece caída no chão, à direita.

2.6.3 O Colapso da Passarela do Hotel Hyatt Regency da Cidade de Kansas

Em 1976, a Crown Center Redevelopment Corporation decidiu construir o Hotel Hyatt Regency na cidade de Kansas, Missouri. A firma de engenharia escolhida para os cálculos estruturais foi a G.C.E International, Inc., e as vigas de aço foram fabricadas pela siderúrgica Havens Steel Company. O prédio teria 750 apartamentos e um grande átrio, medindo 35 × 43,5 metros no piso e 15 metros de altura. Três passarelas suspensas cruzavam o átrio e conectavam o segundo, o terceiro e o quarto andares. Dessas passarelas, os hóspedes poderiam admirar o átrio, proporcionando um efeito visual maior.

A construção foi iniciada na primavera de 1978. Em janeiro de 1979, a siderúrgica Havens contactou Daniel M. Duncan (um engenheiro da G.C.E.) a respeito de uma proposta de alteração do projeto. O projeto original especificava que as passarelas suspensas para o segundo e o quarto andares fossem presas ao teto por um único vergalhão de 14 metros de comprimento (Figura 2.4). A siderúrgica Havens havia estabelecido que um único vergalhão era demasiadamente longo para ser fabricado; então, propôs que o vergalhão fosse separado em dois. As alterações de projeto foram incorporadas às plantas de engenharia, que foram aprovadas por Jack D. Gillum, presidente da G.C.E.

Em julho de 1980, o hotel foi inaugurado. Um ano mais tarde, no dia 17 de julho de 1981, durante uma festa dada no hotel, muitos convidados estavam dançando, caminhando e parados nas passarelas suspensas do átrio. A passarela do quarto andar despencou sobre a passarela do segundo andar, matando 114 pessoas e ferindo mais de 200. Foi o mais grave acidente, por falha de uma estrutura, na história dos Estados Unidos.

Em novembro de 1985, Gillum e Duncan foram condenados por grave negligência, má conduta e falta de profissionalismo na prática da engenharia. O colapso deu origem a uma análise minuciosa de seu trabalho, revelando diversas irregularidades. O projeto de Duncan não empregou reforços adequados nas juntas entre o vergalhão e a passarela. Soldas críticas próximas às juntas não foram especificadas, e o material escolhido para o vergalhão era muito fraco. Duncan não revisou as plantas de engenharia que descreviam o novo sistema de suporte de dois vergalhões. E, o mais importante, Duncan não realizou os cálculos de engenharia do projeto original nem da modificação. Se ele o tivesse feito, teria percebido que a modificação dobrava a carga no parafuso de suporte da passarela do quarto andar. Essa carga excepcionalmente alta fez com que a junta falhasse, provocando o colapso da passarela. Embora Gillum houvesse delegado responsabilidade a Duncan para fazer o projeto da passarela, por aprovar as novas

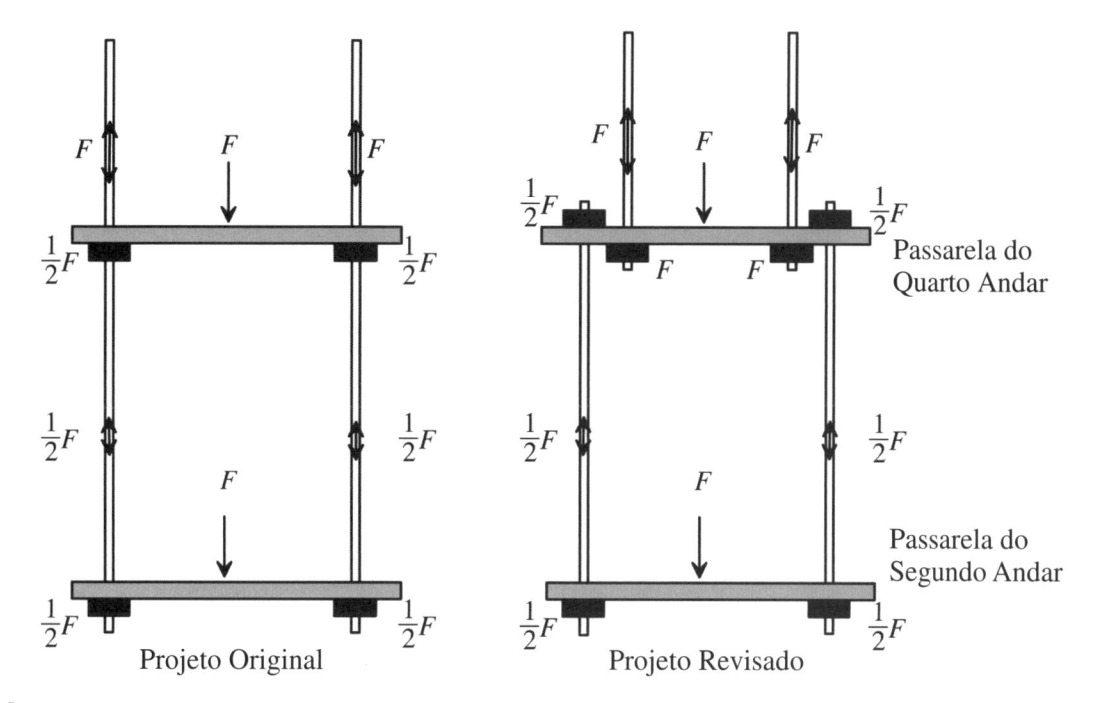

FIGURA 2.4
Detalhes das estruturas de suporte das passarelas. No projeto original, cada porca recebia uma carga de $F/2$. No projeto revisado, as porcas de suporte da passarela do quarto andar passaram a receber uma força F, o dobro da carga estimada.

plantas de engenharia e não conferir o trabalho de Duncan, ele foi considerado "indiretamente responsável" e sujeito às mesmas penas que Duncan.

Duncan e Gillum perderam suas licenças de engenheiros do estado de Missouri, mas estão trabalhando em outros estados americanos.

Questões éticas para discussão:

1. Deve ser permitido que esses engenheiros trabalhem em outros estados?
2. Os engenheiros deveriam ser responsabilizados por um erro tão simples como esse? Afinal, eles tiveram de tomar milhares de decisões, e todo mundo tem direito de cometer um erro.
3. A engenharia é uma atividade que requer atenção a detalhes. É ético que professores dêem notas parciais aos alunos por respostas erradas que parecem certas?
4. Ao testemunhar em juízo, a G.C.E. alegou nunca ter sido consultada pela siderúrgica Havens a respeito da proposta de alteração de projeto, ainda que sua aprovação tenha sido dada às novas plantas. Será que a G.C.E estava falando a verdade?
5. Deveria o fabricante ser responsabilizado por sobrecarregar a porca de suporte?
6. O que pode ser feito para evitar catástrofes como essa no futuro? O governo deveria revisar todas as plantas? Se mudanças de procedimentos fossem implantadas, qual seria seu impacto sobre a eficiência e sobre o custo?
7. Os engenheiros deveriam perder suas licenças?
8. Investigação adicional revelou que o teto do átrio havia caído durante a construção. A G.C.E. alegou que o proprietário (Crown Center Redevelopment Corporation) se recusou a pagar por inspeção na obra, apesar de a G.C.E. a haver solicitado três vezes. Que responsabilidade tem o proprietário de assegurar que os engenheiros sejam adequadamente remunerados para que possam fazer bem seu trabalho?
9. Mesmo o projeto original era questionável. Estariam os engenheiros respeitando a obrigação de serem tecnicamente competentes?
10. Uma vez que Gillum havia delegado a Duncan a responsabilidade pelo projeto, deveria Gillum ser condenado pelos erros de Duncan?
11. Como engenheiros competentes podem se proteger do impacto de engenheiros incompetentes?
12. Leis mais severas de certificação deveriam ser impostas para eliminar os engenheiros incompetentes?

Foto de Lee Lowery, Jr., Texas A&M University/Lee Lowery/Civil Engineering.

Destroços do colapso da passarela do Hotel Hyatt Regency da cidade de Kansas.

2.7 RESUMO

Como profissionais, espera-se que os engenheiros se comportem de forma ética. As regras éticas estão entre as regras de interação que governam a relação entre os indivíduos e a sociedade; outras regras de interação são classificadas como etiqueta, lei e moral. Geralmente, há consistência entre essas regras de interação, mas, ocasionalmente, elas entram em conflito.

O propósito das regras de interação é eliminar conflitos; entretanto, é impossível eliminar todos os conflitos, de forma que a fonte do conflito deve ser identificada. Um conflito pode resultar de questões morais, questões conceituais, questões de aplicação ou questões factuais. As questões factuais são bem concretas e, em geral, podem ser resolvidas independente da educação e do nível cultural da pessoa. Ao contrário, as questões morais tendem a ser abstratas, e sua resolução depende da educação e do nível cultural da pessoa.

Na tentativa de resolver uma questão moral, várias teorias morais podem ser empregadas. O egoísmo ético estabelece que as atitudes são morais se você age justificadamente em seu próprio interesse. O utilitarismo afirma que as atitudes mais morais são aquelas que trazem mais benefício ao maior número de pessoas. A análise de direitos estabelece que as atitudes são morais se não violam os direitos do indivíduo. Freqüentemente, essas três teorias morais convergem, indicando que uma atitude é claramente correta. No entanto, algumas vezes as teorias divergem, tornando difícil a classificação de uma atitude moral. Cada sociedade trata desse problema de forma diferente. Alguns filósofos recomendam usar o utilitarismo, a menos que um direito individual seja seriamente ameaçado.

Uma questão importante que confronta a sociedade é a alocação apropriada de recursos. Embora todos nós gostássemos de viver em uma sociedade sem riscos, os recursos são insuficientes para alcançar esse objetivo. Geralmente, os engenheiros devem tomar difíceis decisões a respeito de níveis aceitáveis de risco e segurança.

Bibliografia Complementar

Harris, C. E., Jr.; M. S. Pritchard; and M. J. Rabins. *Engineering Ethics: Concepts and Cases.* Belmont, CA: Wadsworth, 1995.
Johnson, D. G. *Ethical Issues in Engineering.* Englewood Cliffs, NJ: Prentice Hall, 1991.
Martin, M. W., and R. Schinzinger. *Ethics in Engineering.* 2nd ed. New York: McGraw-Hill, 1989.

EXERCÍCIOS

2.1 Nos exemplos seguintes, determine se a fonte de conflito é uma questão moral, uma questão conceitual, uma questão de aplicação ou uma questão factual.

(a) John é um engenheiro recém-contratado pela Companhia de Eletrônica JMT. Ele é responsável por selecionar fornecedores de componentes para os produtos dessa companhia. Um dos fornecedores convida John para almoçar no Restaurante Chez Pierre, de modo que possam se conhecer melhor. Quando John retorna do almoço, seu chefe está furioso com ele. Ele explica que John poderia ser demitido por aceitar propina, pois um almoço típico no Chez Pierre custa US$50,00.

(b) Em resposta ao incidente descrito na Parte (a), o chefe de John divulga um memorando comunicando que "não é permitido que engenheiros almocem com fornecedores se o valor da refeição ultrapassar US$10,00". Um fornecedor leva John a outro restaurante e gasta US$9,00 com a comida e deixa US$2,00 de gorjeta. John está preocupado com o fato de que possa ser demitido por não respeitar o memorando, uma vez que o total gasto pelo fornecedor foi de US$11,00, um valor que excede as recomendações. Jane, uma colega engenheira, diz para ele não se preocupar, pois a comida foi só US$9,00 e se encaixa no limite permitido.

(c) Durante a Segunda Guerra Mundial, os engenheiros foram participantes importantes do Projeto Manhattan, o programa dos Estados Unidos que construiu a primeira bomba atômica. Mark e Edward são dois engenheiros que discutiram se deveriam participar do projeto. Edward argumentou que eles não deveriam se envolver porque a bomba atômica representava um nível de destruição em massa nunca antes usado no mundo. Em sua visão, a humanidade não era sábia o suficiente para controlar tal poder. Mark argumentou que milhões de vidas, tanto de americanos quanto de japoneses, seriam sacrificadas se armas convencionais fossem utilizadas até o fim da guerra. Ele achava que, embora a bomba atômica fosse certamente destrutiva, um número muito menor de vidas seria perdido, pois a guerra terminaria muito mais cedo se a bomba atômica fosse usada.

(d) Fred é um qualificado engenheiro de controle em uma montadora de automóveis que fabrica colunas de direção em um torno de alta velocidade que exige pontas especialmente temperadas. Ele nota que as colunas de direção não mais atendem às especificações de uma dimensão crítica, fazendo com que 1000 tenham de ser rejeitadas. Como seu bônus depende de uma baixa taxa de rejeição, Fred se irrita com esse acontecimento. Ele chama o operador do torno a seu escritório e o acusa de instalar a ponta errada no torno de alta velocidade. O operador do torno jura que usou a ponta adequada.

(e) Larry é um engenheiro aeroespacial empregado pela Boeing para projetar aviões. Ele é adepto da religião Quaker, que é famosa pela não-violência. (Durante as guerras, os quakers geralmente se recusam a servir como soldados de batalha, mas servem no corpo médico.) Larry foi contratado pela Boeing para projetar aviões de passageiros; no entanto, seu chefe recentemente o realocou para projetar aviões militares. Larry deve decidir se aceita a nova tarefa, ou pede demissão e procura um novo emprego.

(f) Sally é uma engenheira mecânica empregada pela General Motors para projetar tanques de gasolina para automóveis. De acordo com padrões de segurança do governo dos Estados Unidos, o automóvel deve resistir a um impacto moderado sem que o tanque de gasolina se incendeie. Em testes recentes, carros que colidiram a 22km/h não se incendiaram, enquanto 20% dos carros que colidiram a 28km/h se incendiaram. Ela está analisando se deve reprojetar o tanque de gasolina.

(g) Uma nova lei do governo exige que o conteúdo de chumbo em água potável seja menor que 1,0 ppb (parte por bilhão). Melissa é uma engenheira de segurança que testou a água potável de sua companhia por dois métodos. O Método A dá um resultado de 0,85 ppb, enquanto o Método B fornece uma leitura de 1,23 bbp. Ela deve preencher um formulário do governo descrevendo a qualidade da água de sua companhia. Se a presença de chumbo exceder a 1,0 ppb, sua companhia será multada. Ela está analisando se relata os resultados do Método A ou do Método B.

2.2 A organização ambiental Greenpeace quer interromper a "colonização tóxica", na qual as nações desenvolvidas despacham seus resíduos perigosos para nações menos desenvolvidas, com leis ambientais menos rigorosas. Os Estados Unidos propuseram uma regulamentação intitulada "Convenção da Basiléia sobre o Controle de Movimentos Transfronteiriços de Resíduos Perigosos e sua Eliminação". Essa regulamentação busca proibir a exportação de resíduos perigosos dos países mais desenvolvidos para os menos desenvolvidos. Em 1995, 91 nações assinaram o acordo.

Mary é uma engenheira que trabalha na Copper Recyclers, Inc. A firma transporta fardos de fios de cobre usados dos Estados Unidos para o México, onde tem uma usina de processamento. Como o cobre é usado, está contaminado com pequenas quantidades de solda de estanho-chumbo. Mary está preocupada com que a Convenção da Basiléia possa afetar o negócio da firma, devido ao chumbo contido nos fardos. Ela deve fazer uma recomendação a seu chefe no sentido de transferir a usina de processamento para os Estados Unidos.

A partir desse cenário, identifique uma questão moral, uma questão conceitual, uma questão de aplicação e uma questão factual.

2.3 A montadora Volvo recentemente apresentou ao mercado dos Estados Unidos um automóvel cujos faróis ficavam acesos enquanto o motor estivesse em funcionamento; assim, os faróis estavam sempre acesos, mesmo durante o dia. Na Suécia, as leis exigem que os motoristas guiem com os faróis acesos, mesmo durante o dia. Desde a implantação dessa lei, os casos de morte de motoristas foram reduzidos em 11%. Devido ao gasto adicional de energia pelos faróis e à necessidade de trocas mais freqüentes de lâmpadas, essa prática tem um custo de aproximadamente US$0,00125/km. Use as seguintes suposições: Há cerca de 180 milhões de automóveis e 250 milhões de pessoas nos Estados Unidos. Cada veículo é dirigido por aproximadamente 24.000 km por ano. Se os Estados Unidos adotassem a lei sueca,

(a) Quantas vidas seriam salvas?

(b) Qual seria o custo de salvar cada vida?

(c) Supondo que uma vida humana seja avaliada em US$7 milhões, esse gasto é legítimo?

2.4 Um engenheiro aposentado considera se voa ou dirige até um destino a 1600 km de distância. Ele ouviu dizer que voar é mais seguro que dirigir, e decidiu calcular a probabilidade de morrer durante a viagem.

(a) Calcule a probabilidade de o engenheiro aposentado morrer em uma viagem de ida de 1600 km feita de carro e de avião. Use as seguintes suposições: Há cerca de 180 milhões de automóveis e 250 milhões de pessoas nos Estados Unidos. Cada veículo é dirigido por aproximadamente 24.000 km por ano. Um americano médio viaja 2880 km de avião a cada ano. O engenheiro goza de boa saúde e tem aptidões de direção comparáveis às do americano médio.

(b) O custo direto de dirigir (combustível, óleo, desgaste) é de cerca de US$0,16/km. (*Nota*: Esse custo não inclui custos fixos, como seguro, impostos, depreciação do automóvel e juros. Esses custos fixos devem ser pagos, quer ele viaje ou não; portanto, não serão incluídos no custo da viagem. Se tanto os custos diretos quanto os custos fixos fossem incluídos, o custo típico de dirigir um automóvel seria de cerca de US$0,28/km.) Uma passagem aérea de ida e volta para a viagem de 1600 km custa US$700,00. Se ele voar em vez de dirigir, que quantia será gasta para salvar uma vida? O engenheiro não estipulou o custo de seu tempo porque ele é aposentado, mas avaliou sua vida em US$7 milhões. Compensa ao engenheiro pagar o custo adicional da passagem aérea?

(c) O cálculo anterior mostra que voar é muito mais seguro que dirigir, em uma análise por quilômetro. O engenheiro aposentado gasta duas horas no carro para chegar ao aeroporto e duas horas no avião. É válido que ele se sinta muito mais seguro durante a viagem de avião e muito menos seguro durante a viagem de carro? Ao fazer os cálculos, use as seguintes suposições: Automóveis viajam a uma velocidade média de 56 km/h e os aviões a 800 km/h.

2.5 Prepare tabelas verdade para o jogo do Dilema do Prisioneiro usando as estratégias seguintes. Jogue quatro rodadas usando cada estratégia. Registre seu "benefício" após cada jogada. Calcule seu benefício médio para cada estratégia depois que as quatro rodadas forem completadas. Não deixe de avaliar todas as possíveis condições iniciais.

2.6 Escreva um programa de computador que lhe permita jogar contra o computador. Programe o computador para seguir a estratégia aleatória, olho por olho, ou Pavlov.

2.7 Escreva um programa de computador que calcule o benefício médio para você depois de jogar 100 rodadas de uma estratégia listada no Exercício 2.5.

2.8 Escreva um programa de computador que calcule o benefício médio para você depois de jogar 100 rodadas de uma estratégia listada no Exercício 2.5. Inclua em seu programa a possibilidade de cometer erros ocasionais. Por exemplo, em vez de sempre cooperar, talvez o outro prisioneiro coopere em 90% das vezes e deserte em 10% das vezes.

Problema	Minha Estratégia	Estratégia Dele
a.	Aleatória*	Aleatória*
b.	Aleatória*	Sempre coopera
c.	Aleatória*	Sempre deserta
d.	Olho por olho	Aleatória*
e.	Olho por olho	Sempre coopera
f.	Olho por olho	Sempre deserta
g.	Olho por olho	Olho por olho
h.	Pavlov	Aleatória*
i.	Pavlov	Sempre coopera
j.	Pavlov	Sempre deserta
k.	Pavlov	Olho por olho
l.	Pavlov	Pavlov

*Aleatória significa que, de uma forma imprevisível, cerca da metade das vezes o prisioneiro coopera e cerca da metade das vezes o prisioneiro deserta.

Glossário

Σ O símbolo grego para soma.

análise de direitos Uma teoria moral que respeita igualmente cada ser humano.

conflito de interesse Uma situação em que a lealdade e a obrigação do engenheiro podem estar comprometidas devido a interesse próprio ou outras lealdades e obrigações.

convergência Tender a uma solução comum.

denúncia O ato de informar as autoridade sobre atividades danosas, perigosas ou ilegais.

direitos legais Os "pleitos justos" dados a todos os humanos dentro da jurisdição de um governo.

direitos morais Os "pleitos justos" que pertencem a todos os humanos, independente de os direitos serem ou não reconhecidos pelo governo.

divergir Diferir.

domínio eminente Prerrogativa do governo de se apossar da propriedade privada para uso público.

egoísmo ético A teoria moral que prega que uma atitude é moral desde que você tenha agido justificadamente em interesse próprio.

ética Os conceitos gerais e abstratos de comportamento certo e errado derivados da filosofia, da teologia e das sociedades profissionais.

ética da engenharia O conjunto de padrões comportamentais que todos os engenheiros devem seguir.

etiqueta Os códigos de comportamento e cortesia.

função-objetivo felicidade Σ(benefício)(importância) $-$ Σ(dano)(importância).

lei O sistema de regras estabelecido pela autoridade, sociedade ou costume.

moral Os padrões aceitos de certo e errado usualmente aplicados ao comportamento pessoal.

questão conceitual A moralidade de uma ação é aceita, mas há incerteza a respeito de como ela deva ser transformada em uma lei, regra ou política claramente definida.

questão de aplicação A falta de clareza se uma atitude particular viola uma lei, uma regra ou uma política.

questão factual Incerteza em relação à moralidade de fatos relevantes.

questão moral Uma questão que somente pode ser resolvida tomando uma decisão moral.

regras de interação Conjunto de comportamento esperado (etiqueta, lei, moral e ética) entre o engenheiro, outros indivíduos e a sociedade como um todo.

teoria dos jogos Uma ferramenta para avaliar estratégias ótimas de comportamento.

teorias morais Um referencial para tomar decisões éticas e morais.

utilitarismo Uma teoria moral que busca criar o maior benefício para o maior número de pessoas.

vulcanizar Aumentar a resistência e a resiliência de um polímero, como a borracha ou o plástico, combinando-o com enxofre (ou algum outro tipo de agente).

CAPÍTULO 3

Solucionando Problemas

Os engenheiros buscam a solução de problemas; eles são contratados justamente por suas aptidões para solucionar problemas. Embora seja uma atividade essencial, é impossível ensinar uma técnica específica que sempre levará à solução de um problema. Conquanto os engenheiros usem a ciência para solucionar problemas, sua aptidão é mais artística que científica. A única forma de aprender a solucionar problemas é resolvendo-os; assim, seu curso de engenharia exigirá que você literalmente solucione milhares de problemas.

No mundo moderno, os computadores são freqüentemente empregados na solução de problemas. O estudante novato pode pensar que o computador está realmente solucionando o problema, mas essa impressão é falsa. Apenas um humano pode solucionar problemas; o computador é tão-somente uma ferramenta.

3.1 TIPOS DE PROBLEMAS

Um *problema* é uma situação, enfrentada por um indivíduo ou um grupo de indivíduos, para a qual não há uma solução óbvia. Há diversos tipos de problemas com os quais nos confrontamos:

- Os *problemas de pesquisa* exigem que uma hipótese seja comprovada ou refutada. Um cientista pode elaborar a hipótese de que os CFCs (clorofluorocarbonos) estão destruindo a camada de ozônio da Terra. O problema é projetar um experimento que comprove ou refute essa hipótese. Se você fosse solicitado a resolver esse problema de pesquisa, de que forma o abordaria?
- Os *problema de conhecimento* ocorrem quando uma pessoa se depara com uma situação que não entende. Um engenheiro químico pode perceber que uma instalação química produz mais quando chove. A causa desse fenômeno não é tão óbvia, mas uma investigação mais detalhada pode revelar que os trocadores de calor são resfriados pela chuva, o que aumenta sua capacidade.
- Os *problemas de defeitos* ocorrem quando os equipamentos se comportam de forma inesperada ou imprópria. Um engenheiro eletricista pode notar que um amplificador gera um ruído de 60 Hz sempre que lâmpadas fluorescentes são acesas. Para solucionar esse problema, ele determina que um isolamento adicional é necessário para isolar a eletrônica da radiação de 60 Hz emitida pelas lâmpadas.
- Os *problemas matemáticos* são geralmente encontrados por engenheiros, cujo principal objetivo é descrever os fenômenos físicos através de modelos matemáticos. Se um fenômeno físico puder ser descrito com exatidão por um modelo matemático, o engenheiro poderá utilizar o extraordinário poder da matemática, com seus rigorosamente comprovados teoremas e algoritmos, para ajudar a solucionar o problema.
- Os *problemas de recursos* são sempre encontrados no mundo real. Parece nunca haver tempo, dinheiro, pessoal ou equipamentos necessários para executar uma tarefa. Os engenheiros que conseguem realizar um trabalho, apesar das limitações de recursos, são altamente valorizados e bem remunerados.

- Os *problemas sociais* podem afetar os engenheiros, de diferentes formas. Uma fábrica pode estar localizada em uma região onde há escassez de mão-de-obra especializada, porque as escolas locais são de baixa qualidade. Em um tal ambiente, o engenheiro responsável por um programa de treinamento dos empregados da fábrica deve ajustar o programa para acomodar a pequena habilidade de leitura dos funcionários.
- Os *problemas de projeto* são o coração da engenharia. Sua solução exige criatividade, trabalho de equipe e conhecimento amplo. Um problema de projeto deve ser adequadamente colocado. Se seu chefe disser, "Projete um novo carro", você não saberá se deve projetar um carro econômico, um carro de luxo ou um utilitário esportivo. Um problema de projeto bem colocado deve incluir os objetivos finais do projeto. Se seu chefe disser, "Projete um carro que vá de 0 a 100 km/h em 6,0 segundos, que faça 20 km por litro de combustível, custe menos que US$10.000,00, atenda às exigências dos padrões de poluição do governo, e agrade esteticamente ao gosto dos consumidores", então você poderá iniciar o projeto — mesmo tendo objetivos difíceis de serem atendidos.

3.2 PROCEDIMENTOS PARA SOLUCIONAR PROBLEMAS

O procedimento para a solução de um problema de engenharia deve seguir uma forma ordenada e gradual. Os primeiros passos são qualitativos e genéricos, enquanto os últimos são mais quantitativos e específicos. Os elementos da solução de problemas podem ser descritos como:

1. *Identificação do problema*, o primeiro passo em direção à solução do problema. Para estudantes, esse passo é dado quando o professor seleciona os trabalhos de casa. No mundo real da engenharia, esse passo geralmente é dado por um gerente ou engenheiro criativo.

Como exemplo, a direção de uma montadora de automóveis pode, com muita preocupação, ter consciência de estar perdendo sua fatia do mercado. Ela desafia a equipe de engenheiros a projetar um automóvel revolucionário para recuperar as vendas perdidas.

2. *Síntese*, o passo criativo em que partes são integradas para formar um todo.

Por exemplo, os engenheiros resolvem que podem alcançar os objetivos do projeto do novo carro (grande economia de combustível e rápida aceleração) combinando um motor altamente eficiente com uma carroceria aerodinâmica, de curvas suaves.

3. *Análise*, o passo em que o todo é dissecado em partes. A maior parte de sua educação formal de engenharia focará esse passo. Um aspecto fundamental da análise é a representação do problema físico através de um modelo matemático. A análise emprega a lógica para distinguir a verdade da opinião, detectar erros, tirar conclusões corretas de evidências, selecionar informação relevante, identificar lacunas na informação e identificar a relação entre as partes.

Por exemplo, os engenheiros podem comparar as forças de arrasto de diferentes tipos de carrocerias e determinar se o motor caberá sob o capô.

4. *Aplicação*, um processo em que a informação apropriada é identificada para o problema em questão.

Por exemplo, os engenheiros decidem que uma questão importante é determinar a força necessária para mover o automóvel a 100 km/h ao nível do mar, sabendo que o carro tem uma área frontal projetada de 2,74 m² e um coeficiente de arrasto de 0,25.

5. *Compreensão*, o passo em que a teoria e os dados apropriados são usados para solucionar o problema.

Por exemplo, os engenheiros determinam que a força de arrasto F no automóvel pode ser calculada usando a fórmula

$$F = \tfrac{1}{2}C_d \rho A v^2$$

onde C_d é o coeficiente de arrasto (sem dimensão), ρ é a massa específica do ar (kg/m³), A é a área frontal projetada (m²), v é a velocidade do automóvel (m/s) e F é a força de arrasto (N). A partir dos dados, a força necessária para superar a resistência do ar é

$$F = \tfrac{1}{2}(0{,}25)\left(1{,}18\,\frac{\text{kg}}{\text{m}^3}\right)\left[19\,\text{ft}^2 \times \left(\frac{\text{m}}{3{,}281\,\text{ft}}\right)^2\right]$$

$$\times \left(60\,\frac{\text{mi}}{\text{h}} \times \frac{\text{h}}{3600\,\text{s}} \times \frac{5280\,\text{ft}}{\text{mi}} \times \frac{\text{m}}{3{,}281\,\text{ft}}\right)^2 \times \frac{\text{N}}{\dfrac{\text{kg}\cdot\text{m}}{\text{s}^2}}$$

$$= 190\,\text{N} \times \frac{\text{lbf}}{4{,}448\,\text{N}} = 42\,\text{lbf}$$

A força necessária para superar a resistência do ar é 190 newtons (no sistema métrico) ou 42 libras-força (no Sistema de Engenharia Americano, onde 1 libra-força = 4,448 N). (*Nota*: O Apêndice A fornece diversos **fatores de conversão** entre unidades. Se você se sentir inseguro quanto às conversões, não se preocupe; as conversões de unidades são discutidas detalhadamente mais adiante. O texto a seguir, intitulado "Uma Palavra Sobre Unidades", pode interessar a você e ajudá-lo na revisão de alguns conceitos básicos relativos a unidades.)

Uma Palavra sobre Unidades

Sem dúvida, você conhece unidades de medidas desde o ensino médio. Aqui, nosso objetivo é refrescar sua memória. Você certamente tem familiaridade com a fórmula relacionando distância d, velocidade s e tempo t,

$$d = st$$

Suponha que sua velocidade seja de 60 km/h e sua viagem leve 2 horas. Podemos calcular a distância percorrida como

$$d = \frac{60\,\text{km}}{\text{hora}} \times 2\,\text{horas} = 120\,\text{kn}$$

As horas se cancelam, resultando na unidade de quilômetros. Alguns estudantes preferem indicar seus cálculos da seguinte maneira:

$$d = \frac{60\,\text{km}}{\text{hora}}\,\bigg|\,2\,\text{horas} = 120\,\text{kn}$$

As duas maneiras são corretas, desde que você tenha cuidado com as unidades.

Caso você prefira expressar a distância em milhas, então um fator de conversão se torna necessário. Há cerca de 1,6 quilômetro em uma milha (ou 0,6 milha em um quilômetro). Use essa relação para converter quilômetros em milhas:

$$d = 120\,\text{km} \times \frac{\text{milha}}{1{,}6\,\text{km}} = 75\,\text{milhas}$$

Quando uma unidade é elevada a uma potência, o fator de conversão deve ser elevado à mesma potência. Por exemplo, se uma grande área de terra tem 333 quilômetros quadrados, então a área pode ser convertida a milhas quadradas da seguinte forma:

$$A = 333\,\text{km}^2 \times \left(\frac{\text{milha}}{1{,}6\,\text{km}}\right)^2 = 130\,\text{milhas}^2$$

Embora gostássemos de acreditar que esses cinco passos possam ser seguidos em uma sequência linear que sempre nos leve à solução correta, este nem sempre é o caso. Freqüentemente, a solução de problemas é um **procedimento iterativo**, o que significa que a seqüência deve ser repetida, pois a informação obtida ao final da seqüência sofre influência de decisões tomadas em sua fase inicial (Figura 3.1). Por exemplo, se os engenheiros determinarem que a força calculada no Passo n.º 5 é muito alta, eles terão de retornar aos passos iniciais e tentar novamente.

3.3 APTIDÕES PARA A SOLUÇÃO DE PROBLEMAS

A **solução de problemas** é um processo em que um indivíduo ou equipe aplica conhecimento, competência e compreensão para alcançar um resultado desejado em uma situação desconhecida. A solução é restringida por leis físicas, do direito, ou econômicas e, também, pela opinião pública.

Para se tornar bom solucionador de problemas, o engenheiro deve possuir as seguintes características:

- Conhecimento (inicialmente adquirido na faculdade e, posteriormente, no trabalho).

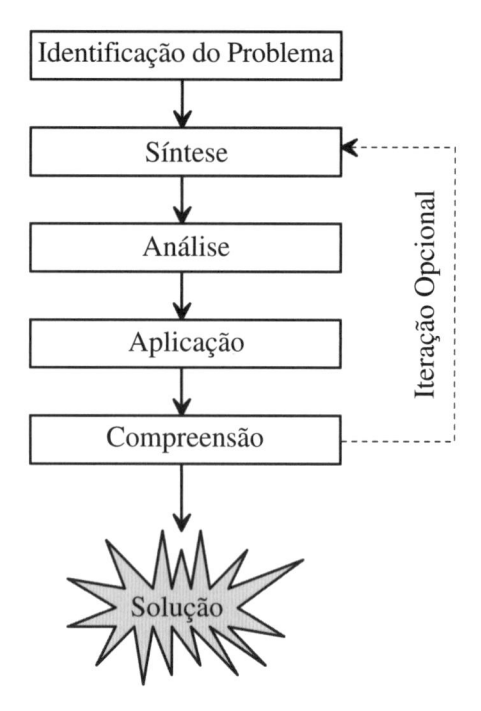

FIGURA 3.1
Procedimento para a solução de problemas.

- Experiência para aplicar sabiamente o conhecimento.
- Aptidões de aprendizagem para adquirir novo conhecimento.
- Motivação para enfrentar problemas difíceis.
- Aptidões de comunicação e liderança para coordenar atividades em uma equipe.

A Tabela 3.1 compara pessoas experientes e novatas na solução de problemas. Entre as mais importantes capacidades de um experiente solucionador de problemas está o **reducionismo**, a habilidade de desmembrar de forma lógica um problema em partes menores. (Pergunta: Como você comeria um elefante? Resposta: Uma mordida de cada vez.) O reducionismo contrasta com a *síntese*, o processo criativo de reunir peças. Caso seu problema fosse o de projetar um avião, você usaria reducionismo para projetar subsistemas (motores, mecanismos de aterrissagem, controles eletrônicos, etc.) e síntese para juntar as peças.

3.4 TÉCNICAS PARA A SOLUÇÃO DE PROBLEMAS SEM ERROS

Todos os estudantes almejam solucionar problemas sem erros, pois isso lhes garantiria boas notas nos trabalhos de casa e nas provas. Além disso, cálculos sem erros serão necessários quando os estudantes entrarem no mercado de trabalho de engenharia. Na verdade, os engenheiros nunca podem estar certos de que sua solução está correta. Um engenheiro civil que faz cálculos elaborados para projetar uma ponte não terá certeza de suas contas até que uma carga pesada seja colocada sobre a ponte e a deflexão esteja de acordo com seus cálculos. Mesmo assim há uma incerteza, pois pode haver erros nos cálculos que tendam a se cancelar.

Embora nunca possamos ter certeza de que nossa solução esteja correta, podemos aumentar a probabilidade de calcular uma solução correta usando o seguinte procedimento:

Dado:
1. Faça sempre um esquema da situação física.
2. Estabeleça suas hipóteses.
3. Indique todas as propriedades no diagrama *junto com suas unidades.*

TABELA 3.1
Comparação entre pessoas experientes e novatas na solução de problemas

Característica	Pessoa Experiente	Pessoa Novata
Abordagem	Motivada e persistente	Facilmente desencorajada
	Lógica	Ilógica
	Confiante	Desprovida de confiança
	Cuidadosa	Descuidada
Conhecimento	Entende os requisitos do problema	Não entende os requisitos do problema
	Relê o problema	Se dá por satisfeita com uma única leitura
	Entende fatos e princípios	Incapaz de identificar fatos e princípios
Ataque	Divide o problema em partes*	Ataca o problema de uma só vez
	Entende o problema antes de começar	Tenta calcular a resposta imediatamente
Lógica	Usa princípios básicos	Usa intuição e palpites
	Trabalha logicamente de etapa em etapa	Pula de uma idéia a outra aleatoriamente
Análise	Organizada	Desorganizada
	Pensa cuidadosa e profundamente	Espera que a resposta apareça
	Define termos de forma clara	Insegura a respeito do significado de símbolos
	Cuidadosa a respeito de relações e significado de termos	Apressa-se a conclusões infundadas sobre o significado de termos
Perspectiva	Tem sensibilidade para a correta ordem de grandeza de respostas	Acredita, sem críticas, nas respostas produzidas pela calculadora ou computador
	Entende as diferenças entre assuntos importantes e não importantes	Incapaz de diferenciar entre os assuntos importantes e não importantes
	Usa princípios básicos para estimar a resposta	Incapaz de estimar a resposta

*Muito importante
Adaptado de: H. S. Fogler, "The Design of a Course in Problem-Solving", em *Problem Solving*, AIChE Symposium Series, vol. 79, n.º 228, 1983.

Encontre:

4. Marque quantidades desconhecidas com um ponto de interrogação.

Relações:

5. A partir do texto, escreva a *equação principal* que contém a grandeza desejada. (Se necessário, você pode precisar deduzir a equação apropriada.)

6. Manipule algebricamente a equação para isolar a grandeza desejada.

7. Escreva *equações subordinadas* para as grandezas desconhecidas da equação principal. Indente essas equações para indicar que são subordinadas. Você pode necessitar de vários níveis de equações subordinadas até que todas as grandezas na equação principal sejam conhecidas.

Solução:

8. Após realizadas todas as manipulações algébricas e substituições, insira os valores numéricos **com suas unidades.**

9. Certifique-se de que as unidades se cancelam adequadamente. Faça uma última verificação para constatar que não há erros de sinal.

10. Calcule a resposta.

11. Marque claramente a resposta final. ***Indique as unidades***.

12. Verifique se a resposta final tem significado físico!

13. Certifique-se de que todas as questões tenham sido solucionadas.

Note que o primeiro passo para solucionar um problema de engenharia é desenhar uma figura. Não podemos deixar de ressaltar a importância dos desenhos em engenharia. A solução da maior parte dos problemas de engenharia requer uma boa capacidade de visualização. Além disso, a comunicação de sua solução requer habilidade para desenhar.

O procedimento anterior é um processo de trabalhar de trás para a frente. Você começa pelo fim, com a grandeza desejada e desconhecida, e trabalha para trás, usando as informações fornecidas. Nem todos os problemas se encaixam nesse paradigma; mas, se você empregá-lo como um guia, você aumentará suas chances de obter uma solução correta. Note que as unidades foram enfatizadas. A maioria dos erros de cálculo resulta de erros de unidades.

Não podemos deixar de comentar que a solução deve ser tão clara quanto possível, de modo que possa ser facilmente verificada por outra pessoa (um colega de trabalho ou o chefe). Os cálculos devem ser feitos a lápis para que alterações possam ser feitas com facilidade. É recomendável que você use uma lapiseira, pois não precisa de apontamento. Um grafite fino (0,5 mm de diâmetro) e de maciez mediana é melhor. Todo apagamento deve ser completo.

A maioria dos professores de engenharia prefere que os estudantes usem **papel de análise de engenharia**, pois suas quadrículas podem ser usadas para traçar gráficos ou desenhar esquemas. A folha desse papel tem cabeçalho e margens que permitem que os cálculos possam ser marcados e documentados. Use apenas um lado da folha. Se possível, complete a solução em apenas uma folha; isso facilita a verificação. Os Problemas Exemplificativos 1, 2 e 3 ilustram soluções bem-feitas de alguns problemas.

Problema Exemplificativo 1:

O **princípio de Arquimedes** estabelece que a massa total de um objeto flutuante é igual à massa de fluido deslocado pelo objeto. Uma tora de madeira de 40,0 cm flutua verticalmente na água. Determine o comprimento da tora que se estende sobre a linha d'água. A massa específica da água é de 1,00 g/cm³ e a da madeira é de 0,600 g/cm³.

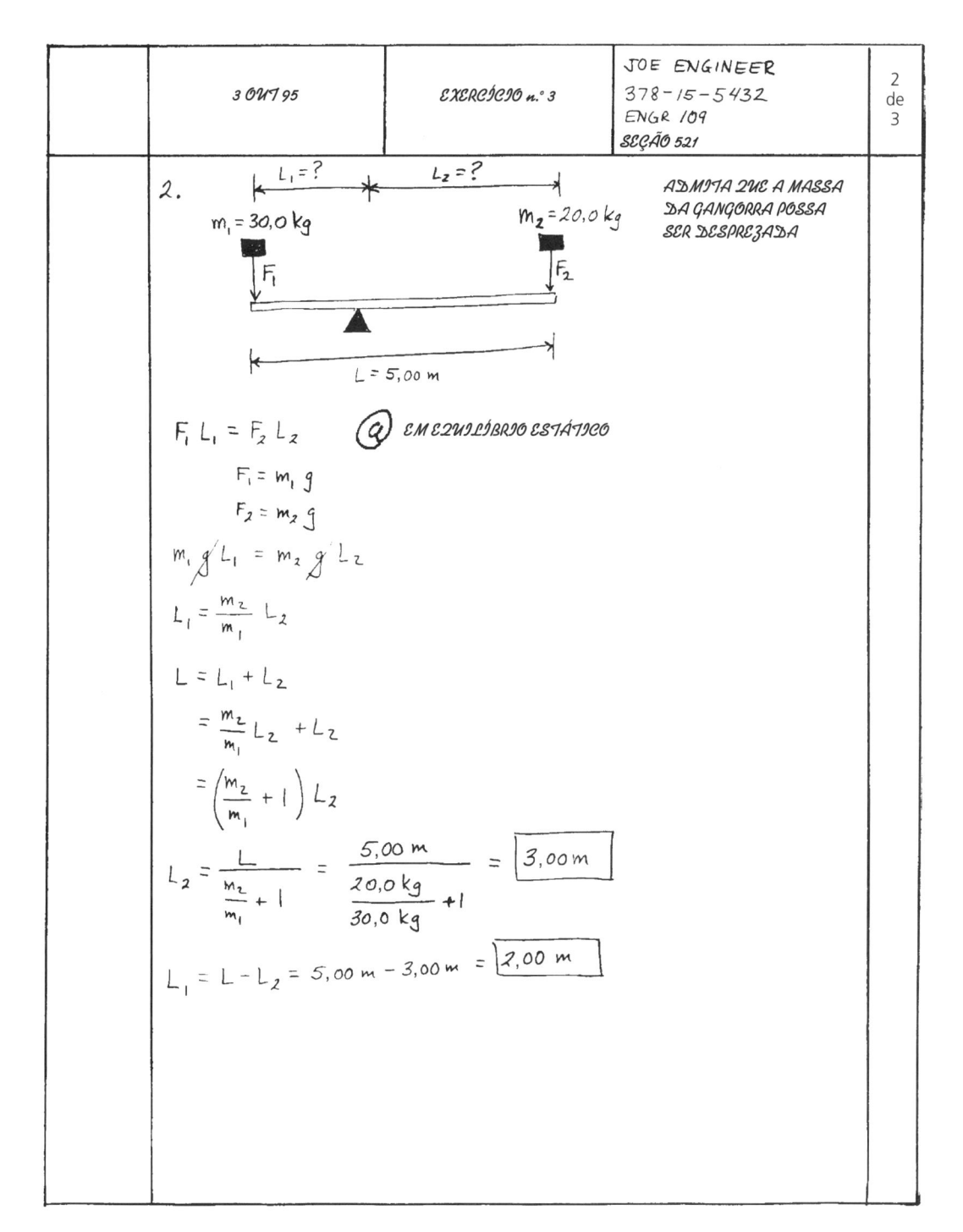

Problema Exemplificativo 2:

Um objeto está em equilíbrio estático quando todos os momentos se compensam. (Momento é o produto da força aplicada pela distância do ponto de aplicação da força ao apoio.) Uma criança de 30,0 kg e uma de 20,0 kg sentam-se em uma gangorra de 5,00 m de comprimento. Onde deve ser localizado o apoio de modo que as duas crianças fiquem em equilíbrio?

3.5 ESTIMATIVAS

O último passo na solução de um problema é verificar a resposta. Tal verificação pode ser feita solucionando o problema por meio de um método completamente diferente, mas, geralmente, não há tempo para isso. Em vez disso, uma abordagem muito valiosa é estimar a resposta.

Problema Exemplificativo 3:

A queda de tensão através de um circuito é igual à corrente vezes a resistência total do circuito. Quando as resistências são conectadas em paralelo, o inverso da resistência total é igual à soma do inverso de cada resistência. Três resistores ($5,0\,\Omega$, $10,0\,\Omega$ e $15,0\,\Omega$) são conectados em paralelo. Que corrente fluirá de uma bateria de 1,5 V?

A habilidade de fazer estimativas vem com a experiência. Depois de muitos anos trabalhando em problemas similares, um engenheiro pode "sentir" se uma resposta está na direção certa. Como estudante, você não tem experiência, de modo que fazer estimativas pode ser difícil para você; entretanto, sua inexperiência não é desculpa para deixar de aprender como fazê-las. Se você cultivar suas habilidades de fazer estimativas, elas serão de muita utilidade em sua carreira na engenharia. Nossa experiência mostra que muitos negócios são feitos durante o almoço, usando guardanapos para cálculos e desenhos. Um engenheiro que tem a habilidade de fazer estimativas impressionará tanto os clientes quanto os patrões.

Uma questão que freqüentemente perguntamos a nossos alunos é: Como posso fazer suposições razoáveis durante o processo de estimar uma resposta? Não há uma resposta rápida ou simples. Um dos motivos para que os itens "tem interesses amplos" e "colhe informação especializada" constem das características de um engenheiro criativo (Capítulo 1) é que essas características o proverão de dados e testes de razoabilidade para fazer estimativas. Com a prática e experiência você se aprimorará. Observe como suas habilidades se aperfeiçoam com os poucos exemplos que você faz em sala de aula ou como trabalho de casa. Depois de trabalhar em alguma área da engenharia por algum tempo, muitas estimativas se tornarão naturais.

Para treiná-lo como um estimador experto, preparamos a Tabela 3.2. Essa tabela lista relações que achamos muito úteis para nossos almoços de negócios. Use essa tabela como um ponto de partida; à medida que você amadurece em sua especialidade da engenharia, você, sem sombra de dúvida, aprenderá outras relações e regras empíricas de grande utilidade.

TABELA 3.2
Relações úteis para propósitos de estimativas

Fatores de Conversão

1 ft = 12 in	1 atm = 760 mm Hg
1 in = 2,54 cm	1 atm ≈ 10,36 m H_2O
1 mi = 5280 ft	1 min = 60 s
1 km ≈ 0,6 mi	1 h = 60 min
1 ft^3 = 7,48 gal	1 d = 24 h
1 gal = 3,78 L	1 ano = 365 ¼ d
1 bbl = 42 gal	1 Btu ≈ 1000 J
1 mi^2 = 640 acre	1 Btu ≅ ¼ kcal
1 kg ≈ 2,2 lb$_m$	1 HP = 550 ft·lb/s
1 atm = 14,7 psi	1 HP ≈ 0,75 kW
1 atm ≈ 1 × 10^5 N/m^2	

Conversão de Temperatura

[K] = [°C] + 273,15	[°R] = [°F] + 459,67
[°F] = 1,8 [°C] + 32	[°C] = ([°F] − 32)/1,8

Gás Ideal

Temperatura padrão (TP) = 0°C
Pressão padrão (PP) = 1 atm
Volume molar (@TPP) = 22,4 L/g mol
Volume molar (@TPP) = 359 ft^3/lb mol

Pesos Moleculares

H = 1	N = 14
C = 12	O = 16
Ar = 29 (21 mol % O_2, 79 mol % N_2)	

Fórmulas de Geometria

Área do círculo = πr^2
Circunferência do círculo = $2\pi r$
Volume do cilindro = $\pi r^2 L$
Área do cilindro (sem as tampas) = $2\pi r L$
Área da esfera = $4\pi r^2$
Volume da esfera = $4/3\ \pi r^3$
Área do triângulo = ½ (base)(altura)

Referências de Temperatura

Zero absoluto = 0 K
Ponto de ebulição do He = 4 K
Ponto de ebulição do N_2 = 77 K
Ponto de sublimação do CO_2 195 K = − 78°C
Ponto de fusão do mercúrio = − 39°C
Temperatura em um *freezer* = − 20°C
Ponto de congelamento da água (H_2O) = 0°C
Temperatura em uma geladeira = 4°C
Temperatura ambiente = 20°C a 25°C
Temperatura corpórea = 37°C
Ponto de ebulição de H_2O = 100°C
Ponto de fusão do chumbo = 327°C
Ponto de fusão do alumínio = 660°C
Ponto de fusão do ferro = 1540°C
Temperatura de uma chama (oxigenação pelo ar) = 2100°C
Temperatura de uma chama (oxigênio puro) = 3300°C
Ponto de fusão do carbono = 3700°C

Constantes Físicas

Velocidade da luz ≈ 3 × 10^8 m/s
Velocidade do som (ar, 20°C, 1atm) ≈ 1224 km/h
Número de Avogadro ≈ 6 × 10^{23}
Aceleração da gravidade ≈ 9,8 m/s^2 ≈ 32,2 ft/s^2

Constantes Matemáticas

e ≈ 2,718   π ≈ 3,14159

Propriedades da Água

Massa Específica = 1 g/cm^3 = 62,4 lbm/ft^3 = 8,34 lbm/gal
Calor latente de vaporização ≈ 1000 Btu/lbm
Calor latente de fusão ≈ 140 Btu/lbm
Capacidade calorífica = 1 Btu/(lbm · °F) = 1 kcal/(kg · °C)
Ponto de congelamento = 0°C
Ponto de ebulição = 100°C

Massas Específicas

Ar (0°C, 1 atm) = 1,3 g/L	Alumínio = 2,6 g/cm^3
Madeira ≈ 0,5 g/cm^3	Aço = 7,9 g/cm^3
Gasolina = 0,67 g/cm^3	Chumbo = 11,3 g/cm^3
Óleo = 0,88 g/cm^3	Mercúrio = 13,6 g/cm^3
Concreto = 2,3 g/cm^3	

Terra

Circunferência ≈ 40.000 km
Massa ≈ 6 × 10^{24} kg

Pessoas

Homem	Mulher
Massa média = 76 kg	Massa média = 63 kg
Altura média = 1,72 m	Altura média = 1,60 m

Produção sustentada de trabalho do homem = 0,1 HP

Energia

Gás natural: 28,317 m^3 ≈ 10^6 Btu
Petróleo cru 1 bbl ≈ 6 × 10^6 Btu
Gasolina 1 gal ≈ 125.000 Btu
Carvão: 453,593 g ≈ 10.000 Btu

Resistência Máxima dos Materiais

Aço = 413.700 a 861.875 N/m^2
Alumínio = 75.845 a 551.600 N/m^2
Concreto = 13.790 a 43.475 N/m^2

Automóveis

Massa típica = 900 a 1800 kg
Consumo típico de combustível = 2300 L/ano
Consumo típico de combustível = 8 a 12 km/L
Potência típica = 50 a 500 HP
Velocidade de giro do motor = 1000 a 5000 rpm

Consumo Típico de Energia de Aparelhos Eletrodomésticos

Lâmpada fluorescente = 40 W
Lâmpada incandescente = 50 a 100 W
Refrigerador–freezer = 500 W
Condicionador de ar de janela = 1500 W
Bomba de calor = 12.000 W
Faixa de cozimento = 12.000 W
Consumo médio contínuo de eletricidade de um lar ≈ 1 kW

Os seguintes exemplos descrevem cinco abordagens para fazer estimativas.

EXEMPLO 3.1 Simplifique a Geometria

Enunciado do Problema: Estime a área da superfície de um homem de tamanho mediano.

Solução: Aproxime o homem por esferas e cilindros.

$$A = A_{\text{cabeça}} + A_{\text{tronco}} + 2A_{\text{perna}} + 2A_{\text{braço}}$$

$$= 4\pi r^2_{\text{cabeça}} + (2\pi rL)_{\text{tronco}} + 2(2\pi rL)_{\text{perna}} + 2(2\pi rL)_{\text{braço}}$$

$$= 4\pi(3{,}75 \text{ in})^2 + [2\pi(5 \text{ in})25 \text{ in}] + 2[2\pi(3 \text{ in})32 \text{ in}] + 2[2\pi(1{,}5 \text{ in})24 \text{ in}]$$

$$= 2620 \text{ in}^2 \times \left(\frac{2{,}54 \text{ cm}}{\text{in}}\right)^2 \times \left(\frac{\text{m}}{100 \text{ cm}}\right)^2 = 1{,}69 \text{ m}^2$$

Esse valor é muito próximo do usualmente aceito, de $1{,}7 \text{ m}^2$.

EXEMPLO 3.2 Use Analogias

Enunciado do Problema: Estime o volume de um homem de tamanho mediano.

Solução: Admita que a massa específica do homem seja 0,95 da massa específica da água. (O corpo humano é quase todo água. Mas, como as pessoas flutuam quando nadam, a massa específica de seu corpo deve ser ligeiramente menor que a da água.)

$$V = \frac{m}{\rho} = \frac{168 \text{ lbm}}{0{,}95(1{,}0 \frac{\text{g}}{\text{cm}^3})} \times \frac{\text{kg}}{2{,}2 \text{ lbm}} \times \frac{1000 \text{ g}}{\text{kg}} \times \left(\frac{\text{m}}{100 \text{ cm}}\right)^3 = 0{,}080 \text{ m}^3$$

EXEMPLO 3.3 Generalize de Um para Muitos

Enunciado do Problema: Quantos travesseiros cabem na carroceria de uma carreta?

Solução: Um travesseiro mede 8,0 cm de espessura, 41,0 cm de largura e 53,0 cm de comprimento. A carroceria de uma carreta mede aproximadamente 2,50 m de largura, 3,0 m de altura e 12,20 m de comprimento.

$$\text{Número de travesseiros} = \frac{V_{\text{carreta}}}{V_{\text{travesseiro}}} = \frac{(2{,}50 \text{ m})(3{,}0 \text{ m})(11{,}2 \text{ m})}{(8{,}0 \text{ cm})(41{,}0 \text{ m})(53{,}0 \text{ m})} \times \left(\frac{100 \text{ cm}}{\text{m}}\right)^3 = 4832$$

Esse cálculo despreza a compressão dos travesseiros quando colocados uns sobre os outros (o que aumentaria o número de travesseiros transportados). O volume ocupado pelo material das embalagens também é desprezado (o que diminuiria o número de travesseiros transportados). Possivelmente, os erros devidos às hipóteses simplificadoras tendem a se cancelar.

EXEMPLO 3.4 Estabeleça Limites para as Respostas

Enunciado do Problema: Estime a massa de uma carreta vazia.

Solução: Parece razoável supor que a massa de uma carreta seja maior que a de cinco automóveis, porém menor que a de 30 automóveis.

$$\text{Limite inferior} = 5 \times 1500 \text{ kg} = 7500 \text{ kg}$$

$$\text{Limite superior} = 30 \times 1500 \text{ kg} = 45.000 \text{ kg}$$

Como os automóveis têm, tipicamente, massa entre 1000 kg e 2000 kg, um valor médio de 1500 kg foi usado. A estimativa da massa da carreta está razoável; uma pesquisa de literatura revelou que carretas pesadas têm massa de cerca de 42 toneladas.

EXEMPLO 3.5 Extrapole a Partir de Amostras

Enunciado do Problema: Quanto combustível é gasto pelos estudantes da Universidade A&M do Texas para visitar seus pais no feriado do Dia de Ação de Graças?

Solução: Uma pesquisa entre 20 estudantes selecionados aleatoriamente revelou que 6 eram de Houston (160 km de distância), 4 de Dallas (320 km de distância), 3 de Austin (144 km de distância), 2 de San Antonio (304 km de distância) e 5 eram de cidades muito distantes para que fossem visitar seus pais no Dia de Ação de Graças. Suponha que um carro médio leve 1,5 passageiro (metade leva dois passageiros e metade leva um passageiro). A população estudantil é de 42.000 alunos.

$$\text{Combustível usado} = \frac{\text{Distância total (km)}}{\text{Consumo médio de combustível}}$$

$$\text{Distância total} = \text{Houston} + \text{Dallas} + \text{Austin} + \text{San Antonio}$$

$$\text{Houston} = 2 \times \frac{1}{1,5} \times \frac{6}{20} \times 42.000 \times 160\ \text{km} = 2.688.000\ \text{km}$$

$$\text{Dallas} = 2 \times \frac{1}{1,5} \times \frac{4}{20} \times 42.000 \times 320\ \text{km} = 3.584.000\ \text{km}$$

$$\text{Austin} = 2 \times \frac{1}{1,5} \times \frac{3}{20} \times 42.000 \times 144\ \text{km} = 1.209.600\ \text{km}$$

$$\text{San Antonio} = 2 \times \frac{1}{1,5} \times \frac{2}{20} \times 42.000 \times 304\ \text{km} = 1.702.400\ \text{km}$$

$$\text{Distância total (km)} = 2.688.000\ \text{km} + 3.584.000\ \text{km} + 1.209.600\ \text{km} + 1.702.400\ \text{km}$$

$$= 9.184.000\ \text{km}$$

$$\text{Combustível usado} = \frac{9.184.000\ \text{km}}{10,5\ \text{km/L}} = 874.666,666\text{L} \approx 875.000\text{L}$$

3.6 SOLUÇÕES CRIATIVAS DE PROBLEMAS

Em seu *Relatório Anual de 1985* (Nova York, ABET, 1986), a Comissão de Credenciamento para Engenharia e Tecnologia (ABET) definiu a engenharia como "a profissão em que conhecimento de matemática e de ciência natural, adquirido por estudo, experiência e prática, é aplicado com bom senso ao desenvolvimento de formas de, economicamente, utilizar os materiais e força da natureza para o benefício da humanidade". Essa longa definição (obviamente, trabalho de um comitê) contém, na verdade, os ingredientes necessários para definir a engenharia: aptidões de matemática e de ciências naturais acopladas com um pendor para produzir trabalho útil com tal conhecimento. O que falta à definição da ABET é a necessidade da criatividade e aptidão para solucionar problemas.

O cientista estuda o que a natureza já criou; o engenheiro cria, a partir da natureza, o que ainda não existia. Em seu processo criativo, o engenheiro organiza suas aptidões de matemática, seu conhecimento de materiais e princípios específicos de sua especialidade da engenharia para criar uma nova solução para uma necessidade humana ou um problema. Na maioria dos casos, a solução é também limitada pela realidade econômica; não apenas deve a solução atender à necessidade em questão, mas deve fazê-lo com baixo custo.

De alguma forma, a engenharia é freqüentemente estereotipada como um trabalho monótono e sufocante. Sempre nos surpreendemos como uma ocupação que constrói máquinas para levar as pessoas à Lua, que provê os meios para solucionar a maioria dos problemas do mundo em transporte, comunicação e suporte básico à vida pode ser vista como monótona.

Uma vez que a criatividade tem um papel central na boa engenharia, vale a pena analisar novamente a natureza da criatividade, seguramente o processo mais mal entendido do intelecto humano. Embora todos a possuam, muitos acreditam que a "verdadeira" criatividade seja privilégio de poucos, principalmente escritores e artistas. Além disso, acreditam que a expressão criativa ocorra em um *flash* cegante e que o criador simplesmente segue o que viu nesse *flash* para dar vida à sua visão.

Nenhum desses conceitos sobre a criatividade é verdadeiro. Certamente, é verdade que uma nova idéia ocorrerá em um instante e que diversas novas maneiras de olhar o mundo se apresentarão ao pensador; mas, esse não é nem o primeiro nem o último passo no processo criativo e, freqüentemente, nem mesmo é o mais importante. O grande artista gasta anos aperfeiçoando a maestria dos materiais usados em seu trabalho antes que seus *flashes* de novas idéias possam ser expressos como obras de arte. Então, a expressão do pensamento original muitas vezes leva a outras novas idéias ou, pelo menos, a diversas escolhas criativas de como melhor expressar a idéia original com os materiais e aptidões disponíveis. Da mesma forma, na engenharia, o iniciante deve adquirir maestria sobre o básico e "praticar" engenharia antes que suas idéias possam ganhar vida.

Isso nos traz de volta ao segundo conceito errôneo sobre criatividade, que é o domínio de poucos artistas escolhidos por Deus ou pela boa sorte. Nada poderia estar mais distante da verdade. Há dois tipos de problemas no mundo: aqueles que devem ser solucionados de uma só vez e aqueles que podem ser desmembrados em partes menores, que são solucionadas uma a uma. As pessoas que solucionam o primeiro tipo de problema são verdadeiros gênios, e cada geração produz apenas uma ou duas delas. Felizmente, a maioria dos problemas se enquadra na segunda classe e está ao alcance do resto de nós.

Além disso, a criatividade não é um processo em que a solução de um problema salta à nossa frente, mas um processo em que inúmeras pequenas partes do todo são solucionadas, até que o produto final esteja pronto. Essa aptidão de gerenciar pequenas partes de um problema maior é chamada por diferentes nomes; para nossa discussão, usaremos o termo **solucionar problemas**. A aptidão para solucionar problemas resulta de talento inato, treinamento e, o que é mais importante, muita prática. No fundo, persistência e prática são talentos mais valiosos que um intelecto superior. O mundo está cheio de falhas intelectualmente brilhantes. Por outro lado, poucos daqueles que combinam perseverança com um pouco de bom senso vêm a falhar.

Esta seção apresenta uma discussão da criatividade, seguida de uma seleção de problemas genéricos para permitir o desenvolvimento e a prática das habilidades de solucionar problemas (pois acreditamos que essas habilidades podem ser ensinadas), com a esperança de que esses métodos genéricos sejam aplicados em seus posteriores esforços na engenharia. Observe que as palavras *solucionar problemas* foram empregadas a uma longa lista de atividades, incluindo desde um simples problema de aritmética até complexas aplicações de engenharia. Agora, estamos usando o termo com o significado de uma atividade ou processo de pensamento que leva à conclusão satisfatória do problema proposto.

3.6.1 SALTOS CRIATIVOS, EXPERIÊNCIAS AXÉ! E PENSAMENTO LATERAL

Um de nossos quebra-cabeças favoritos foi originalmente criado por Sam Lloyd (1841-1911), provavelmente o mais prolífico criador de quebra-cabeças dos EUA. Sam apresentou esse quebra-cabeça a um cliente que pretendia utilizá-lo como propaganda; Sam propôs ceder gratuitamente o quebra-cabeça caso o cliente conseguisse solucioná-lo até o dia seguinte. Neste dia, Sam recebeu US$1.000,00 e mostrou a solução ao cliente. Aqui está o quebra-cabeça; veja se você consegue economizar os US$1.000,00:

Conecte os nove pontos seguintes com seis linhas retas contíguas. Trace as quatro linhas retas sem tirar o lápis do papel.

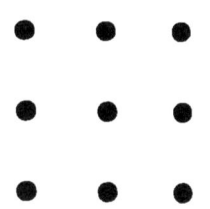

Nossa principal razão para admirar o quebra-cabeça é que sua solução não requer truques, é simples e direta; mas, ao tentar encontrá-la, nós mesmos nos impedimos de ver a resposta. (Nós chegamos a receber uma "prova" de que não existe solução.) Geralmente, usamos esse quebra-cabeça em sala de aula para ilustrar como traçamos à nossa volta círculos que nos impedem de focar toda nossa capacidade no problema. Com essas indicações, veja se você consegue solucionar o quebra-cabeça.

Se você encontrou a solução do quebra-cabeça, talvez tenha experimentado o sentimento de realização que sentimos quando, finalmente, temos a percepção necessária para ver a solução de um problema com o qual estivemos lutando. O mundo em que vivemos tem inúmeros problemas de primeira classe para serem solucionados, e, para muitos engenheiros, grande parte da motivação da vida vem do sentimento que experimentamos quando solucionamos um problema particularmente difícil. Se você gosta de quebra-cabeças, você provavelmente gostará da engenharia.

Muitos livros foram escritos sobre pensamento criativo, abrangendo desde psicobobagem até sérias discussões sobre a natureza da criatividade. Aqui, podemos apenas expor a você alguns pensamentos a respeito de esforços criativos. Concentrar-nos-emos em uma área da criatividade chamada por muitos nomes: *Pensamento axé!, pensamento lateral, pensamento paralelo* ou *pensamento divergente*. Basicamente, todas essas denominações descrevem um tipo de pensamento que tem pouca ou nenhuma relação com os processos lineares e lógicos de raciocínio. Com esse tipo de pensamento, uma sacudida é repentinamente dada à percepção do mundo, e o pensador experimenta uma percepção que conduz à solução do problema em questão.

A seguir, uma série de problemas é proposta a você com o duplo objetivo de ajudá-lo a praticar esforços criativos e a analisar e melhorar os métodos que você usa na solução de problemas criativos. Esses problemas iniciais são de uma classe que chamamos de **modelos manipuláveis**. Esses problemas são semelhantes a um quebra-cabeça: basicamente, você precisa de uma entidade física para manipular, de forma a solucionar o problema. Enquanto pesquisavam a complicada estrutura do DNA, Crick e Watson montaram um modelo no qual testavam suas diversas teorias (o modelo encontra-se agora no Museu Britânico da Ciência). Quando sistemas complexos devem ser construídos (o painel de controle de um reator nuclear ou a cabine de comando do ônibus espacial), inicialmente montam-se modelos, de modo que os problemas sejam solucionados no modelo.

Aqui estão seus problemas:

PROBLEMA 3.1

Usando seis cilindros curtos (moedas servem como modelos), faça cada um tocar:

> Dois e apenas dois outros (duas maneiras completamente diferentes)
> Três e somente três outros (duas maneiras completamente diferentes)
> Quatro e somente quatro outros (duas maneiras completamente diferentes)

"Tocar" significa o contato entre dois cilindros ao longo do perímetro curvo ou pelas faces. Aqui está um exemplo usando três moedas onde cada uma toca duas e apenas duas outras :

> 1 toca 2 e 3;
> 2 toca 1 e 3;
> 3 toca 1 e 2.

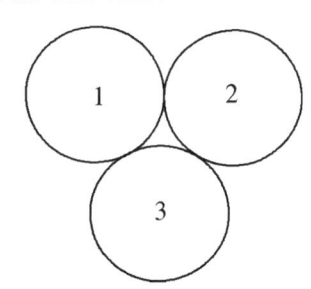

Este também é o formato para solucionar problemas: prover uma ilustração da solução e uma lista de cada objeto tocado pelos outros. "Maneira completamente diferente" significa um novo arranjo físico que não pode ser obtido pela simples renumeração ou rotação de uma solução anterior.

PROBLEMA 3.2

Prossiga com um exercício similar, mas agora use seis **paralelepípedos** retangulares (caixas de fósforos ou livros são modelos adequados) e faça cada um tocar:

> Dois outros (duas maneiras completamente diferentes)
> Três outros (duas maneiras completamente diferentes)
> Quatro outros
> Cinco outros

A definição de "tocar" tem um significado diferente para paralelepípedos. Para tocar, uma superfície plana deve estar em contato com outra superfície plana. Contato entre um canto e uma superfície plana não conta como tocar. Por exemplo:

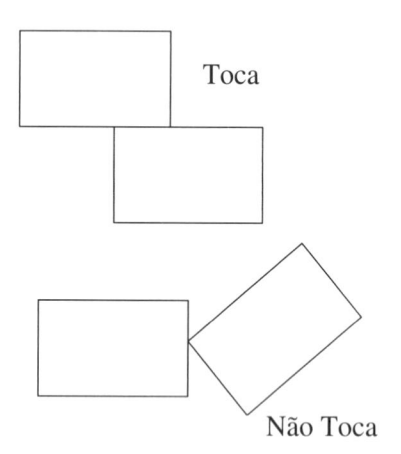

PROBLEMA 3.3

Finalmente, usando seis triângulos eqüiláteros com espessura finita (triângulos de papel ou planos não têm a forma correta), faça cada um tocar:

> Dois outros (duas maneiras completamente diferentes)
> Três outros (duas maneiras completamente diferentes)

Como no caso de paralelepípedos retangulares, toques de cantos não são considerados.

3.6.2 Classificação de Estratégias para Solucionar Problemas

O tempo de um bom engenheiro é sempre muito valioso. Como bons engenheiros gostam de fazer engenharia, é realmente um ato de amor à profissão usar tempo de seu trabalho para escrever livros e artigos para o público em geral. Não deixa de ser raro um engenheiro analisar sua abordagem à solução de problemas de engenharia e escrever um livro sobre isso para os estudantes. Em 1945, o matemático George Polya publicou o livro *How to Solve It* (Polya, 1945), descrevendo métodos genéricos para solucionar problemas matemáticos. Tais métodos aplicam-se bem a problemas de engenharia. (Aliás, o livro está esgotado. Se você conseguir encontrar um exemplar usado, vale a pena ler.)

Polya sumarizou seu método como "A Lista de Como Solucionar Problemas":

Primeiro. Você deve *entender* o problema.

> *Qual é a incógnita? Quais são os dados? Qual é a condição?*
> É possível satisfazer essa condição? A condição é suficiente para determinar a incógnita? Ou é insuficiente? Ou redundante? Ou contraditória?
> Desenhe uma ilustração. Empregue uma notação adequada.
> Separe as várias partes da condição. Você pode escrevê-las?

Segundo. Encontre a conexão entre os dados e a incógnita. Você poderá ser obrigado a considerar problemas auxiliares se uma conexão imediata não puder ser encontrada. Eventualmente, você deve obter um *plano* para a solução.

Você já viu esse problema anteriormente? Ou o viu de uma forma ligeiramente diferente?

Você conhece um problema relacionado? Você conhece um teorema que poderia ser útil?

Examine a incógnita! E tente pensar em um problema familiar que tenha a mesma incógnita ou uma parecida.

Aqui está um problema relacionado ao seu e já solucionado. Você pode usá-lo? Você pode usar seus resultados? Você pode usar seus métodos? Você deve introduzir algum elemento auxiliar para poder usá-lo? Você pode reformular o problema? Você pode reformulá-lo de outra maneira? Volte às definições.

Se você não puder solucionar o problema proposto, tente antes solucionar um problema relacionado. Você pode imaginar um problema relacionado que seja mais acessível? Um problema mais geral? Um problema mais específico? Um problema análogo? Você pode solucionar uma parte do problema? Mantenha apenas uma parte da condição, despreze as outras; até onde a incógnita pode, desta forma, ser determinada como ela pode variar?

Você pode obter alguma informação útil dos dados? Você pode pensar em outros dados que sejam apropriados à determinação da incógnita? Você pode alterar a incógnita, os dados, ou ambos, se necessário, de modo que a nova incógnita e os novos dados sejam mais próximos?

Você usou todos os dados? Você usou todas as condições? Você considerou todas as questões essenciais envolvidas no problema?

Terceiro. *Execute* seu plano.

Execute seu plano de solução e *verifique cada passo*. Você pode ver claramente se o passo está correto? Você pode provar que o passo está correto?

Quarto. *Examine* a solução obtida.

Você pode *verificar o resultado?* Você pode verificar o argumento utilizado? Você pode obter o mesmo resultado de outra forma? Você consegue identificá-lo imediatamente? Você pode usar o resultado ou o método em algum outro problema?

Há diversas variações desse esquema básico; a Tabela 3.3 sumariza as estratégias sugeridas por outros autores citados na bibliografia. O mais notável é que todos apresentam praticamente o mesmo conselho e que todos enfatizam a *verificação dos resultados* como a última etapa. Errar é humano, mas o mais humano de todos os erros é estragar tudo nas etapas finais, depois que a alegria em solucionar o problema já se foi, e o prazo-limite para determinar a solução se aproxima rapidamente. Muitos engenheiros desejariam ter gastado mais 5 minutos verificando as unidades ou se o resultado realmente fazia sentido.

Diversos procedimentos de solução de problemas foram classificados. Os exemplos a seguir não representam, de forma alguma, uma lista completa — um problema particular em que estejamos trabalhando tem pouquíssimas chances de haver sido classificado. O objetivo desses exemplos é fazer com que você pense sobre métodos genéricos para solucionar problemas e, possivelmente, ponderar seus próprios métodos de solução. Os exemplos abrangem desde discussões abstratas a respeito da solução de problemas até exemplos concretos e podem ajudá-lo a entender cada estratégia.

TABELA 3.3
Estratégias para a solução de problemas

Polya	Woods e outros	Bransford e Stein	Schoenfeld	Kruleik e Rudnick
Entenda o problema	Defina o problema	Identifique o problema	Analise o problema	Leia o problema
	Pense sobre ele	Defina-o e represente-o	Explore-o	Explore-o
Elabore um plano estratégia	Planeje	Explore estratégias possíveis	Planeje	Selecione uma estratégia
Execute o plano	Execute o plano	Aplique as estratégias	Implemente	Solucione
Verifique	Verifique	Verifique e avalie os efeitos de suas ações	Verifique	Verifique

EXEMPLO 3.6   Explore as Analogias ou Explore os Problemas Relacionados

A exploração de analogias é uma das abordagens mais comuns para solução de problemas. Nos velhos tempos da engenharia (20 anos atrás), existiam máquinas chamadas de computadores analógicos. O uso de resistores para modelar o atrito nos fluidos, de capacitores para modelar tanques de retenção e de baterias para modelar bombas permitiu que a vazão de fluido através de um sistema de tubulações fosse modelado pela eletrônica. À medida que você pratica engenharia, sua lista de problemas solucionados crescerá e se tornará a lista com a qual você testará a solução para novos problemas, procurando similaridades e analogias.

Enunciado do Problema: Transportadores de carga cobram uma taxa proporcional ao comprimento, largura e altura de um pacote. Quais são os menores valores de comprimento, largura e altura de um paralelepípedo retangular para transportar um cilindro de comprimento q e diâmetro desprezível? (Adaptado de Polya, 1945, e outros.)

Solução:

Qual é a incógnita? O comprimento dos lados de um paralelepípedo, digamos a, b e c.
O que é dado? O comprimento q do cilindro e que seu diâmetro é desprezível. *Desenhe a figura.*

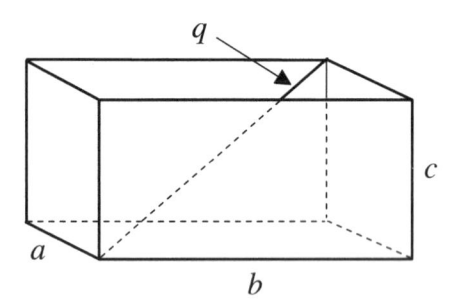

Qual é a incógnita? A diagonal do paralelepípedo.
Você conhece outros problemas com uma incógnita semelhante? Sim, lados de triângulos retângulos! *Elabore um plano.*

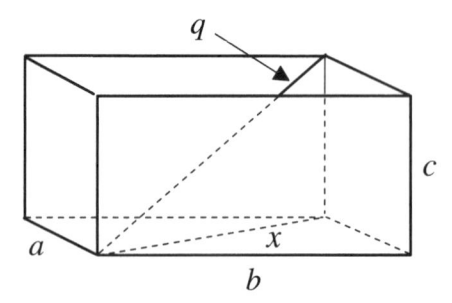

Execute o plano. Se pudéssemos determinar x, então poderíamos relacionar c e x a q através do **teorema de Pitágoras**, ou seja,

$$q^2 = x^2 + c^2$$

Mas x^2 é igual a $b^2 + a^2$, de modo que

$$q = \sqrt{a^2 + b^2 + c^2}$$

Verifique. Usamos os dados apropriados? A resposta faz sentido? (O que acontece se a tender a zero? Verifique esse caso especial.) Há simetria? (Como as dimensões a, b e c podem ser atribuídas arbitrariamente a partir de um vértice qualquer, a forma da resposta é simétrica?)

EXEMPLO 3.7 Introduza Elementos Auxiliares; Solucione um Problema Auxiliar

Algumas vezes, um problema é muito difícil (ou ainda é muito cedo) para ser atacado diretamente. Uma estratégia que permite o progresso e, freqüentemente, ilumina o caminho do verdadeiro entendimento para desvendar o problema é abordá-lo relaxando uma ou mais de suas restrições. Ao solucionar um problema mais simples, algumas vezes podemos manipular seus parâmetros até que as restrições que foram relaxadas sejam também satisfeitas, e o problema original tenha sido solucionado. Como no exemplo a seguir, é espetacular quando essa estratégia funciona.

Enunciado do Problema: Inscreva um quadrado em um triângulo qualquer. Dois vértices do quadrado devem estar na base do triângulo, os dois outros vértices nos outros dois lados do triângulo, um vértice em cada lado. (De Polya, 1945.)

Solução:

Qual é a incógnita? Um método para inscrever um quadrado em um triângulo qualquer.
O que é dado? Um triângulo arbitrário. Instruções para inscrever um quadrado em um triângulo.
Desenhe uma ilustração.

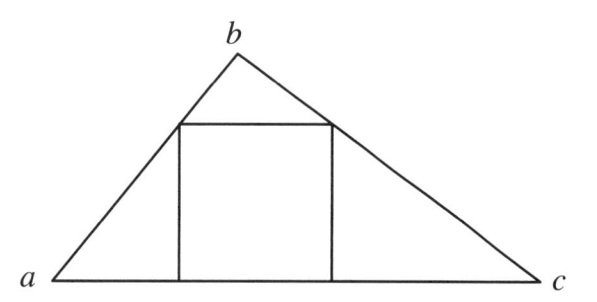

Puxa! Isso é difícil. Apesar de usarmos um programa gráfico para fazer a parte árdua, gastamos 10 minutos para colocar um quadrado de dimensões corretas no interior de um triângulo e, mesmo assim, apenas aproximadamente. Com triângulos de formas esquisitas (pequena altura e base comprida, ou grande altura e base curta), a coisa fica mais difícil.

Humm... Que tal se fizermos com que os quadrados toquem a base e apenas o lado *ab* do triângulo? Se desenharmos uma série de quadrados, talvez a luz apareça.

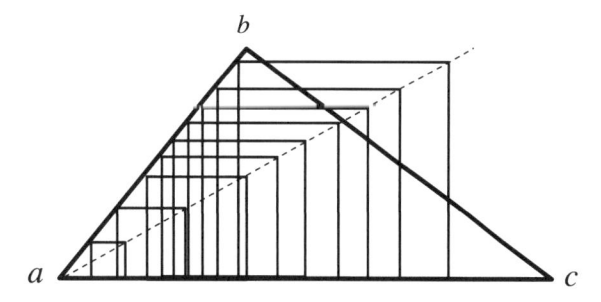

Você percebe algo peculiar a respeito dos vértices livres? Todos eles estão em uma linha reta! A partir daí, a construção do algoritmo é simples.

Execute o plano. Construa um quadrado arbitrário na base do triângulo e desenhe uma reta passando pelo ponto *a* do triângulo e pelo vértice livre do quadrado. Onde essa reta interceptar o lado *bc* do triângulo é onde o vértice livre do quadrado desejado coincidirá com o lado *bc* do triângulo. Desenhe uma reta perpendicular à base do triângulo até esse ponto. Esse é um lado do quadrado. Marque a mesma distância ao longo da base do triângulo; esse é o segundo lado do quadrado. Desenhe, a partir desse ponto, uma reta perpendicular à base do triângulo até o lado *ab*. Ficam, assim, localizados os quatro vértices do quadrado.

Verifique. Depois de obtido esse resultado, por que os vértices se apóiam em uma linha reta? Isso está correto? Partindo desse conhecimento, poderia ser desenvolvido um algoritmo mais simples do que a construção de um quadrado arbitrário sobre a base do triângulo e desenhada uma linha do ponto *a* do triângulo até o vértice livre do quadrado?

EXEMPLO 3.8   Generalizando: O Paradoxo do Inventor

Muitas vezes, é mais fácil solucionar uma versão mais geral de um dado problema de engenharia, substituindo os parâmetros específicos no final, do que solucionar o problema particular diretamente. Muito trabalho já foi feito para a solução de problemas genéricos, de modo que, freqüentemente, a ampliação de seu problema permite a utilização dos esforços de outras pessoas. Por exemplo, no estudo de equações diferenciais, o "truque" é identificar a que classe geral de equações pertence a equação específica com que você estiver trabalhando. Com essa identificação, a resposta é óbvia, pois soluções gerais são dadas para cada classe de equações diferenciais.

Enunciado do Problema: Um satélite em órbita circular em volta da Terra, a 13.430,74 km do centro da Terra, se afasta de 1,85 m. Que área adicional é envolvida pela nova órbita?

Solução:

Qual é a incógnita? A área adicional envolvida pela órbita.
O que é dado? Órbita circular, com raio de 13.430,74 km. Deslocamento de 1,85 m.
Desenhe uma ilustração.

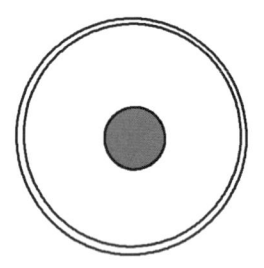

Elabore um plano. Em vez de começarmos a manipular valores numéricos diretamente, façamos um pequeno desenvolvimento algébrico.
Execute o plano. Seja R o raio inicial, e seja q a distância adicionada ao raio. Para a órbita menor, a área circunscrita era πR^2. Para a nova órbita, a área é $\pi(R + q)^2$. A diferença é a área adicional envolvida, ou

$$\begin{aligned}
\text{Nova área} &= \pi(R + q)^2 - \pi R^2 = \pi(R^2 + 2Rq + q^2) - \pi R^2 \\
&= \pi(2Rq + q^2) = \pi q(2R + q) \\
&= 3{,}14159\left(1{,}85 \text{ m} \times \frac{\text{km}}{1000 \text{ m}}\right)\left[2(13.430{,}74 \text{ km}) + \left(1{,}85 \text{ m} \times \frac{\text{km}}{1000 \text{ m}}\right)\right] \\
&= 156 \text{ km}^2
\end{aligned}$$

Verifique. A resposta é razoável? Como esse resultado pode ser verificado? As unidades estão corretas? Os fatores de conversão estão certos? Se q tender a zero, a fórmula continua válida? Se R tender a zero?

Se você não estiver convencido de que essa abordagem algébrica é melhor, comece diretamente com os valores numéricos e veja como se sai. Além disso, ao buscar a solução por esse método geral, diversos caminhos se abrem para verificar o resultado.

EXEMPLO 3.9   Particularização; Particularizar para Verificar o Resultado

A particularização é, em geral, nossa ferramenta preferida para solucionar problemas. Para a verificação de resultados como etapa final da solução de um problema, a particularização é a ferramenta adequada. Os resultados são, geralmente, conhecidos para casos especiais, e isso oferece uma maneira fabulosa para verificar um algoritmo genérico. Outra abordagem padrão é levar os parâmetros do algoritmo a seus limites e verificar se o algoritmo falha suavemente ou diverge ao infinito como deveria.

Enunciado do Problema: Em um triângulo, sejam r o raio do círculo inscrito, R o raio do círculo circunscrito e H a maior altura. Prove que

$$r + R \leq H$$

(De Polya, 1945, citação de *The American Mathematical Monthly* vol. 50, 1943, p. 124, e vol. 51, 1944, pp. 234-236.)

Solução:

Qual é a incógnita? Como mostrar que a soma dos raios dos círculos inscritos e circunscritos é menor ou igual à maior altura do triângulo.
O que é dado? A fórmula e as orientações para a construção de uma figura.
Desenhe uma ilustração.

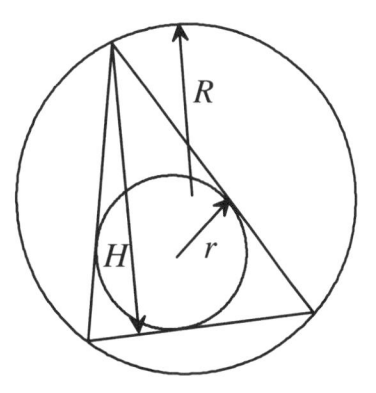

Elabore um plano. Isso parece ser difícil de provar. É possível que $R + r$ seja menor que H neste exemplo, mas será que isso é sempre verdade? Passemos aos extremos. (Aí mesmo é que está a diversão, você não acha?) Examinemos um triângulo alto, de base estreita, e, depois, um triângulo baixo, de base larga.
Execute o plano.

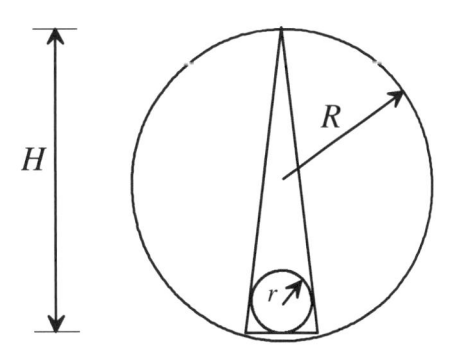

Da figura, e pensando um pouco, podemos ver que, à medida que o triângulo fica mais alto, r tende a zero, e H tende a $2R$, e, portanto, maior do que R. O que acontece no outro extremo?

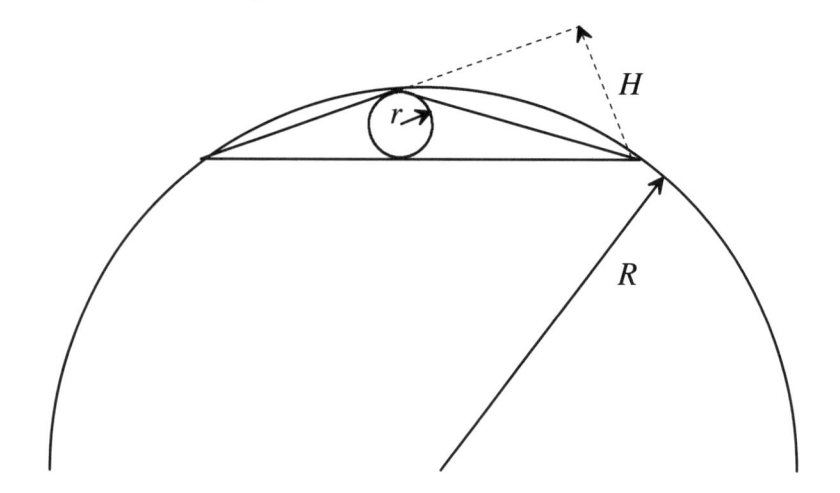

Espere um pouco. Agora, *R* é muito maior que *H*, de modo que a hipótese pode não ser verdadeira.

Verifique. Há alguma outra maneira de provar que, para os triângulos de base larga, o enunciado não vale? O triângulo alto, de base estreita, não poderia tornar-se um triângulo baixo, de base larga? O que acontece quando a base se torna infinitamente longa? Quando $R + r = H$?

EXEMPLO 3.10　Decomposição e Recombinação

O ditado mais usado pelos engenheiros é, Divida e conquiste. Grandes problemas são subdivididos em problemas pequenos, resolvidos um de cada vez ou distribuídos em um grupo para serem recombinados no produto final. O problema a seguir (de Schoenfeld, 1985) representa uma amostra dessa abordagem.

Enunciado do Problema:　Dado que p, q, r e s são números reais positivos, prove que

$$\frac{(p^2 + 1)(q^2 + 1)(r^2 + 1)(s^2 + 1)}{pqrs} \geq 16$$

Solução:

Qual é a incógnita? Como mostrar que a fórmula é sempre igual ou maior que 16.
O que é dado? A fórmula.
Desenhe uma ilustração. Ainda não sabemos como.
Elabore um plano. Como primeira tentativa, testamos valores numéricos aleatórios para p, q, r e s. Se conseguíssemos encontrar uma contradição, o trabalho estaria feito. Mas, não deu certo. Na verdade, os números resultaram muito maiores que 16. Humm... Há alguma simetria na fórmula? Na verdade, a fórmula $(p^2 + 1)/p$ não é a mesma que $(r^2 + 1)/r$, e $(s^2 + 1)/s$? Então, se solucionarmos essa pequena parte, entenderemos a fórmula global. Assim,
Execute o plano.
Desenhe uma ilustração.

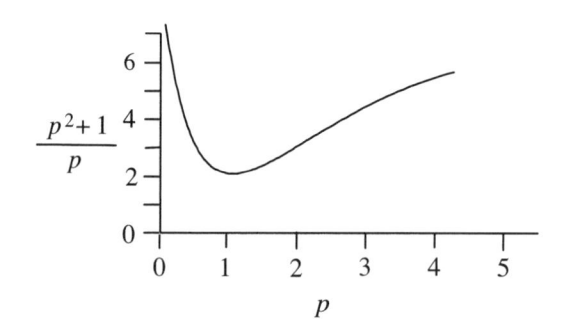

Verifique. Agora parece claro que a fórmula é verdadeira. Cada uma das partes jamais será menor que 2, e como $2 \times 2 \times 2 \times 2 = 16$, este é o valor mínimo da fórmula global. Como isso poderia ser verificado? O que acontece em zero, o menor número positivo que pode ser colocado na fórmula? Você pode provar que 2 é o valor mínimo da fórmula?

EXEMPLO 3.11 Considerando o Problema Solucionado

Mesmo que, geralmente, usar uma abordagem abstrata seja útil (veja o Paradoxo do Inventor, Exemplo 3.8), o cérebro usualmente trabalha melhor com objetos concretos. Se existe alguma dificuldade com um problema, tente visualizar a resposta, não importa quão aproximado esse resultado possa ser. A partir dessa visão, tente trabalhar retroativamente e deduzir o que falta entre o ponto de partida e a solução.

Enunciado do Problema: Dadas duas linhas retas que se interceptam e um ponto P marcado em uma das linhas, usando um esquadro e um compasso, desenhe um círculo que seja tangente às duas linhas e que P seja um dos pontos de tangência. (De Schoenfeld, 1985.)

Solução:

Qual é a incógnita? Como construir o círculo.
O que é dado? Duas linhas que se interceptam e um ponto de tangência.
Desenhe uma ilustração.

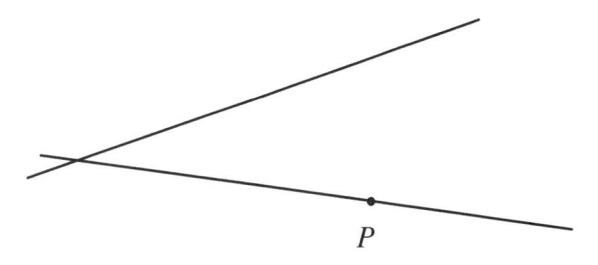

Elabore um plano. Vamos esboçar algo que seja próximo de um círculo, com tamanho próximo do correto, e ver o que acontece.

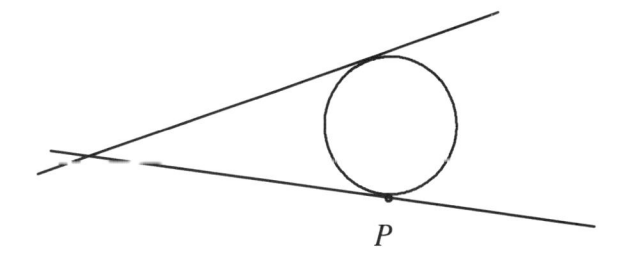

Bem, nada mal para um esboço; mas, e agora? O centro do círculo parece estar em uma mesma linha reta que o ponto P. Mas não deveria estar, deveria? As tangentes a um círculo não formam ângulo reto com o raio do círculo no ponto de tangência? Bem, isso pode ajudar. Podemos construir uma perpendicular pelo ponto P, mas ainda assim não podemos desenhar o círculo, pois não sabemos onde o centro está. Humm...

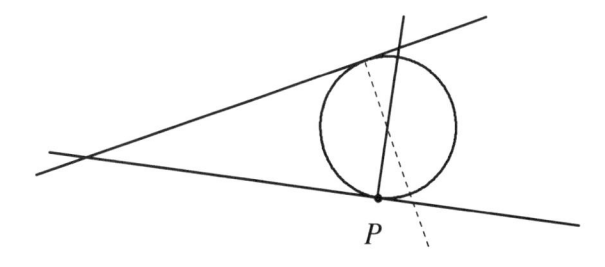

Se ao menos soubéssemos onde posicionar a perpendicular à outra linha (a reta tracejada na figura), completaríamos a tarefa. Mas, não sabemos. Puxa... Espere um pouco! Se essa reta *estivesse* lá, então o raio do centro ao ponto *P* teria o mesmo comprimento que o raio ao outro ponto de tangência, certo?

Isso significa que o centro do círculo está na bissetriz do ângulo, ou seja,

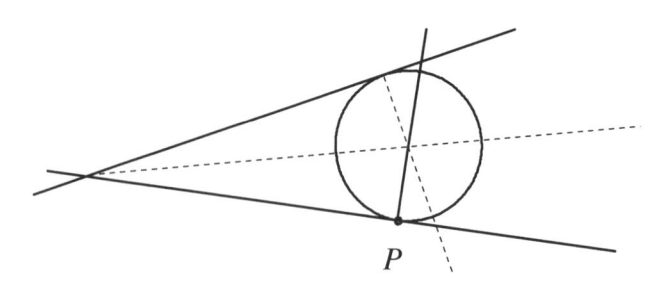

Agora a estratégia está clara. No ponto *P*, construa uma perpendicular, seccione em duas partes iguais o ângulo entre as duas retas que se interceptam. O ponto onde a bissetriz e a perpendicular se encontram é o centro do círculo.

Verifique. Isso é verdade para quaisquer duas retas que se interceptam? O que acontece com ângulos obtusos? Podemos fazer isso? O que acontece com retas que se interceptam em ângulos próximos de zero (*i.e.*, à medida que as retas tendem a se tornar paralelas)?

EXEMPLO 3.12   Trabalhando para a Frente/Trabalhando para Trás

Um de nossos estudantes nos disse que aprender esse truque, sozinho, valeu todo o esforço de seu curso completo. Seu trabalho consiste na síntese de compostos orgânicos, e este é seu truque padrão. Ele analisa o que deseja sintetizar e, mentalmente, quebra o composto em componentes de síntese mais simples ou, melhor ainda, dos quais disponha em sua prateleira. Outra aplicação menos esotérica desse método é a busca da saída de um labirinto. Comece do fim e retroceda em direção ao início. Geralmente é mais fácil encontrar a solução, dessa forma. O que usualmente acontece na prática é começar pelo início e seguir adiante até a frustração e, então, começar pelo fim e retroceder. Com sorte, acabamos encontrando a solução pelo meio do caminho.

Enunciado do Problema: Meça exatamente 700 mL de líquido de um vaso grande usando somente um vaso de 500 mL e outro de 800 mL. (Praticado com cerveja em muitas festas estudantis.) (De Polya, 1945, e outros.)

Solução:

Qual é a incógnita? Como medir 700 mL.
O que é dado? Uma quantidade indeterminada de líquido e vasos de 500 mL e 800 mL.
Desenhe uma ilustração.

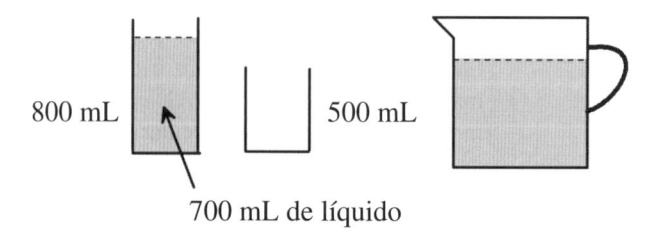

700 mL de líquido

Este é, obviamente, o estado final que procuramos: os 700 mL de líquido no vaso de 800 mL. (É difícil colocar tanto líquido no vaso de 500 mL.)
Elabore um plano. O óbvio nos vem à mente. Podemos conseguir 300 mL enchendo o vaso de 800 mL e esvaziando-o no vaso de 500 mL, até que este esteja cheio, deixando 300 mL no vaso de 800 mL. Podemos, também, conseguir 200 mL enchendo o vaso de 500 mL e esvaziando-o no vaso de 800 mL, enchendo o vaso de 500 mL novamente e esvaziando-o no vaso de 800

mL, até que este esteja cheio e deixando 200 mL no vaso de 500 mL. Bem, e daí? Vamos começar do fim e tentar encontrar a solução pelo caminho.

Execute o plano. Se retrocedêssemos um passo do estado final, teríamos:

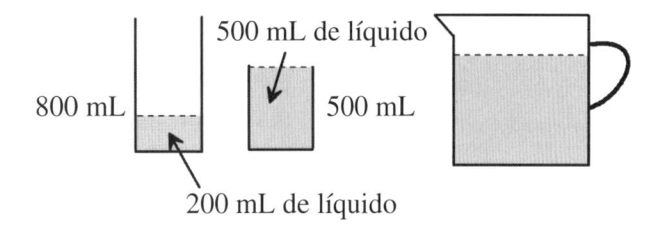

Bingo! Sabemos como conseguir 200 mL. Então, realizamos a seqüência para obter 200 mL, esvaziamos o vaso de 800 mL e nele despejamos os 200 mL, enchemos novamente o vaso de 500 mL e o esvaziamos no de 800 mL.

Verifique. Cada passo está correto? Há algo especial em relação às medidas de 800, 700 e 500 mL?

EXEMPLO 3.13 Argumento por Contradição; Uso da Regra *Reductio ad Absurdum*

Ocasionalmente, a natureza é suficientemente generosa para apresentar um problema que deve ter apenas uma entre um número pequeno de soluções. Pode ser impossível provar diretamente que uma solução particular seja correta. No entanto, se você puder provar que todas as outras não são corretas, você terá provado, indiretamente, que a solução remanescente é a correta.

Enunciado do Problema:
Escreva números, usando cada um dos 10 dígitos (de 0 a 9) exatamente uma vez, tais que a soma dos inteiros seja exatamente 100. Por exemplo, o número $29 + 10 + 38 + 7 + 6 + 5 + 4 = 99$ usa cada dígito apenas uma vez, mas soma 99 e não 100. O número $19 + 28 + 31 + 1\,7 + 6 + 5 + 4 = 100$, mas ... nenhum zero. (De Polya, 1945.)

Solução:

Qual é a incógnita? Como criar números usando os dígitos 0 a 9, de modo que a soma seja 100.
O que é dado? Os dígitos 0 a 9, exemplos.
Desenhe uma ilustração. Desta vez, isso não ajuda.
Elabore um plano. Após várias tentativas e erros, nós nos convencemos de que a solução, caso exista, não é óbvia. Entretanto, a prova de que é impossível também não é óbvia. Desconfiamos que tem algo a ver com que dígitos estão nos lugares das dezenas. Vamos analisar como a soma pode ser feita e, supondo que possa ser feita, buscar uma contradição.
Execute o plano. Primeiro, a soma dos 10 dígitos, tomando cada um isoladamente, é:

$$0 + 1 + 2 + 3 + 4 + 5 + 6 + 7 + 8 + 9 = 45$$

Se adicionamos "0" a qualquer dígito, por exemplo mudando 1 para 10, a soma aumenta de 10 vezes o dígito usado, menos o próprio dígito. Para 10, a soma é $45 + 10 - 1 = 54$. Para 40, a soma é $45 + 40 - 4 = 81$. Para 60, a soma é 99; para 70, a soma é 108, muito alta, assim como para 80 e 90. Dígitos podem ser combinados com números diferentes de zero; por exemplo, ao combinar 4 e 2 para fazer 42, a soma é $45 - 4 + 40 = 81$. Ah-ah, apenas os dígitos usados na posição da dezena são "perdidos" na soma. Não sabemos quantos dígitos serão perdidos (no máximo, três, certo?), mas podemos escrever uma equação sobre sua soma:

$$10 \times (\text{soma\_de\_dezena}) + 45 - \text{soma\_de\_dezena} = 100$$

Agora estamos caminhando. Mas, espere — resolvendo a equação para soma_de_dezena, obtemos 55/9??? Que lixo é este? Exatamente o tipo de lixo que esperávamos. Por não ser possível somar inteiros e obter 55/9 como resultado, então a conjectura de que os dígitos possam somar 100 deve ser falsa.

Verifique. Há alguma outra maneira de provar que nosso método está correto? Que tal se relaxássemos a exigência de que os dígitos sejam inteiros? Podemos usar os dígitos e obter 100?

3.7   RESUMO

Durante os cerca de 40 anos em que você praticará a engenharia, a tecnologia sofrerá mudanças dramáticas. Portanto, é impossível que seus professores ensinem a você tudo aquilo de que você precisará; algo que representa o estado da arte de hoje será obsoleto amanhã. Assim, para prepará-lo para o futuro, podemos ajudá-lo a treinar sua mente a pensar e a solucionar problemas. Tais aptidões jamais se tornarão obsoletas.

Os engenheiros se deparam com uma grande variedade de problemas, como problemas de pesquisa, conserto de defeitos, matemáticos, de recursos e de projeto. O processo de solução de um problema pode ser iniciado tão logo o problema tenha sido identificado. Para solucionar problemas, os engenheiros aplicam tanto a síntese (quando partes são combinadas para formar o todo) quanto a análise (quando o todo é dissecado em partes).

Durante seus estudos, você será testado com milhares de problemas. Para que você possa verificar seu trabalho, as soluções desses problemas são fornecidas. Se você cometer um erro, as conseqüências não serão sérias — a perda de alguns pontos na nota de um trabalho ou prova. No mundo real, não há respostas no final do livro, e as conseqüências de cometer um erro podem ser catastróficas. É aconselhável que você desenvolva uma estratégia sistemática para a solução de problemas que leve à resposta correta. Nós sugerimos uma abordagem na seção que tratou da solução de problemas "sem erros".

Uma das aptidões mais valiosas em engenharia é a habilidade de fazer estimativas de respostas a partir de informação incompleta. Como quase nunca temos toda a informação de que necessitamos para solucionar corretamente um problema, praticamente todo problema de engenharia pode ser visto como um problema de estimativas; a única diferença entre os problemas é o grau de incerteza da solução final.

Muitos autores concordam que a solução de problemas pode ser dividida em quatro ou cinco etapas: (1) entender o problema; (2) pensar sobre ele; (3) elaborar um plano; (4) executar o plano; e (5) verificar o trabalho. Enquanto você estiver pensando sobre o problema, algumas abordagens **heurísticas** (*i.e.*, sugestões) podem levá-lo à solução. Por exemplo, você pode explorar analogias, introduzir elementos auxiliares, generalizar, particularizar, decompor, considerar o problema resolvido e trabalhar de trás para a frente, ou argumentar por contradição.

Talvez você goste de solucionar quebra-cabeças do jornal de domingo. Embora possam parecer triviais, esses quebra-cabeças podem realmente treinar sua mente a solucionar problemas de engenharia. Assim como um boxeador pode treinar para a próxima luta pulando corda, um engenheiro pode treinar resolvendo quebra-cabeças, preparando-se para o evento principal: a solução de problemas de engenharia.

Bibliografia Complementar

Albrecht, K. *Brainpower: Learning to Improve Your Thinking Skills.* New York: Prentice Hall, 1987.

Bransford, J. D., and B. S. Stein. *The Ideal Problem Solver.* New York: W. H. Freeman, 1984.

de Bono, E. *The Five-Day Course in Thinking.* New York: Signet, 1967.

———. *New Think.* New York: Avon, 1968.

———. *Lateral Thinking: Creativity Step by Step.* New York: Harper, 1970.

Epstein, L. C. *Thinking Physics.* San Francisco: Insight Press, 1990.

Gardner, M. *Mathematical Puzzles and Diversions.* New York: Simon & Schuster, 1959.

———. *Mathematical Carnival.* New York: Alfred A. Knopf, 1975.

———. *Mathematical Circus.* New York: Alfred A. Knopf, 1979.

Graham, L. A. *The Surprise Attack in Mathematical Problems.* New York: Dover Publications, 1968.

Krulik, S., and J. A. Rudnick. *Problem Solving: A Handbook for High School Teachers.* Boston: Allyn and Bacon, 1989.

Miller, J. S. *Millergrams: Some Enchanting Questions for Enquiring Minds.* Sydney: Ure Smith, 1966.

Moore, L. P. *You're Smarter Than You Think.* New York: Holt, Rinehart & Winston, 1985.

Polya, G. *How to Solve It.* Princeton: Princeton University Press, 1945.

Row, T. S. *Geometric Exercises in Paper Folding.* New York: Dover Publications, 1966.

Sawyer, W. W. *Mathematician's Delight.* London: Penguin Books, 1943.

Schoenfeld, A. H. *Mathematical Problem Solving.* San Diego: Academic Press, 1985.

Schuh, F. *The Master Book of Mathematical Recreations.* New York: Dover Publications, 1968.

Stewart, I. *Game, Set, and Math: Enigmas and Conundrums.* Oxford: Basil Blackwell, 1989.

Witt, S. *How to Be Twice as Smart: Boosting Your Brainpower and Unleashing the Miracles of Your Mind.* West Nyack, NY: Parker Publishing, 1983.

Woods, D. R.; J. D. Wright; T. W. Hoffman; R. K. Swartman; and I. D. Doig. "Teaching Problem Solving Skills." *Engineering Education,* December 1975, pp. 238–243.

EXERCÍCIOS

3.1 A sereia Maria está tendo aulas de natação em uma piscina circular. Maria começa em uma borda da piscina e nada em linha reta por 12 metros, quando atinge a borda da piscina. Ela nada outros 5 metros e novamente alcança a borda da piscina. Quando olha à sua volta, ela se dá conta de que está exatamente no lado oposto àquele onde começou a nadar. Qual é o diâmetro da piscina?

3.2 Qual é a rota mais curta para uma formiga se deslocar sobre a superfície de um cubo unitário, entre os pontos inicial e final mostrados na figura?

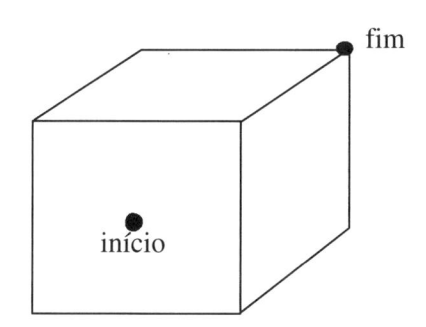

3.3 Qual é a rota mais curta para uma formiga se deslocar sobre a superfície de um cubo unitário, entre os pontos inicial e final mostrados na figura?

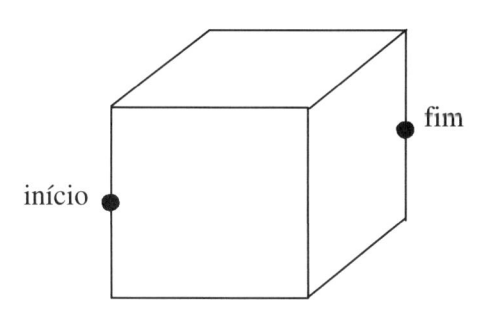

3.4 Uma corda é ajustada perfeitamente em volta da circunferência de um balão esférico de ar quente. Mais ar quente é adicionado (provavelmente na aula de um cientista proeminente) e agora são necessários 3,80 m adicionais de corda para contornar a circunferência do balão. Qual foi o aumento no diâmetro?

3.5 O poeta Henry Wadsworth Longfellow apresenta, em seu livro *Kavenaugh,* o seguinte quebra-cabeça:

Quando o caule de um nenúfar é vertical, sua flor está 10 cm acima da água. Se a flor é puxada para a direita, mantendo o caule reto, ela toca a água a 21 cm do ponto onde o caule estava na vertical. Qual é a profundidade da água? (*Sugestão*: Veja a figura.)

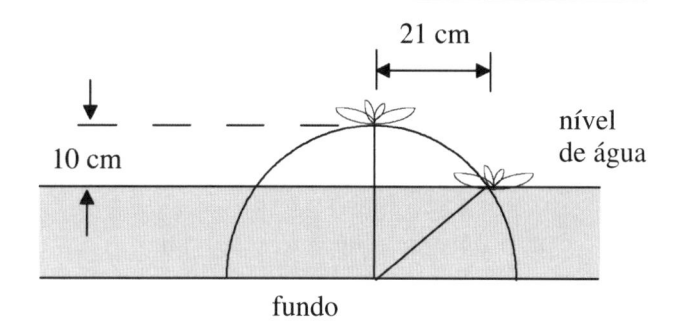

3.6 Um fazendeiro vai ao mercado com 100 dólares para gastar. Vacas custam 10 dólares cada uma, porcos custam 3 dólares cada um, e ovelhas custam meio dólar cada uma. O fazendeiro compra vacas, porcos e ovelhas. Ele gasta exatamente os 100 dólares e compra exatamente 100 animais. Quantos animais de cada espécie ele comprou?

3.7 O rei e seus dois filhos foram aprisionados no topo de uma torre alta. Pedreiros estiveram trabalhando na torre e deixaram uma roldana fixada no topo. Pela roldana passa uma corda com cestos amarrados em cada ponta. No cesto que está no solo, há uma pedra como as usadas para construir a torre. A pedra pesa 35 kgf (75 lbf). O rei calcula que a pedra pode ser usada como um contrapeso desde que a diferença entre os pesos nos dois cestos não seja maior que 7 kgf (15 lbf). O rei pesa 91 kgf (195 lbf), a princesa pesa 49 kgf (105 lbf) e o príncipe pesa 42 kgf (90 lbf). Como podem todos escapar da torre? (Eles podem atirar a pedra da torre ao solo!) (Atribuído a Lewis Carroll.)

3.8 No Exercício 3.7, acrescente um porco que pesa 28 kgf (60 lbf), um cachorro que pesa 21 kgf (45 lbf) e um gato que pesa 14 kgf (30 lbf). Há uma limitação adicional: deve haver um humano no topo e na base da torre para colocar e retirar os animais do cesto. Como podem todos os seis escapar?

3.9 Calcule a razão entre a área e o volume de um cubo unitário, de uma esfera inscrita no interior do cubo e de um cilindro reto inscrito no cubo.

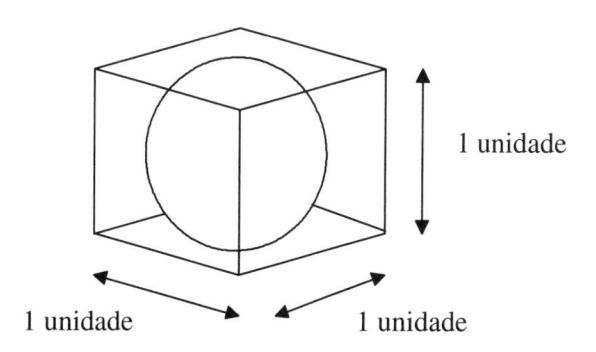

A seguir, supondo cada um com volume unitário (*i.e.*, os três sólidos têm o mesmo volume), calcule a razão área-volume para uma esfera, um cubo e um cilindro.

3.10 O Dr. Cabeça, um velho amigo nosso, durante um longo encontro no restaurante Frango Xadrez, estava rabiscando em um guardanapo e "provou" que todos os números são iguais. Isso nos pegou de surpresa e evitamos que ele chamasse o presidente, pelo menos até que revisássemos sua demonstração. Aqui está uma tradução dos rabiscos no guardanapo:

Escolha dois números diferentes, *a* e *b*, e um número não-nulo *c* que seja a diferença entre *a* e *b*, assim:

$$a = b + c \qquad c \neq 0 \qquad (1)$$

Multiplique ambos os lados por $a - b$

$$a(a - b) = (b + c)(a - b) \qquad (2)$$

ou

$$a^2 - ab = ab - b^2 + ac - bc \qquad (3)$$

Subtraia *ac* de ambos os lados,

$$a^2 - ab - ac = ab - b^2 - bc \qquad (4)$$

No lado esquerdo, coloque *a* em evidência e, no lado direito, *b*,

$$a(a - b - c) = b(a - b - c) \qquad (5)$$

Elimine o fator comum de ambos os lados, e

$$a = b \qquad (6)$$

Como *a* e *b* são números quaisquer, *c* pode ser negativo ou positivo; assim, todos os números são iguais entre si. Exatamente que passo(s) está(ão) errado(s) na demonstração anterior, e por quê?

3.11 O Dr. Cabeça, desta vez em uma toalha de papel, também nos apresentou uma prova de que todas as nossas tentativas de medir uma área estão erradas. Novamente, nós nos surpreendemos um pouco, mas ele nos mostrou que, se simplesmente rearranjamos os espaços dentro de uma área, obtemos respostas diferentes. Ele nos apresentou o seguinte desenho:

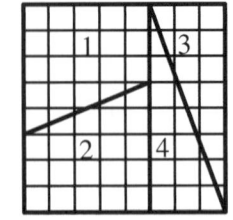

Um quadrado com lado de 8 unidades é dividido em 4 partes. As partes são, então, rearranjadas em um retângulo de 5 × 13.

Espere aí!

8 × 8 = 64
5 × 13 = 65

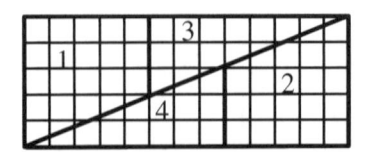

De onde vem o quadrado adicional? Ajude-nos, ou o Dr. Cabeça receberá um Prêmio Nobel antes de nós.

3.12 Qual é o ângulo plano entre os segmentos de reta *A* e *B* traçados em um cubo unitário?

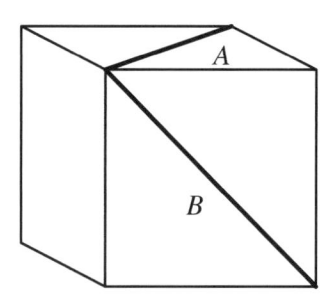

3.13 Uma mosca encontra-se no ponto médio da borda de um cubo unitário, como mostrado na figura. Qual é a mínima distância que ela deve percorrer para chegar ao ponto médio da borda oposta?

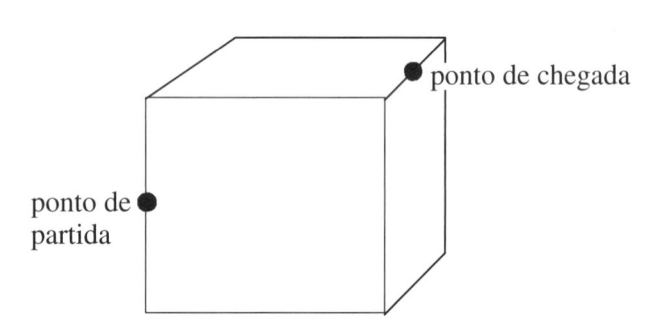

3.14 Suponha que você queira manter uma velocidade média de 64 km/h durante uma viagem e que, na metade da distância até seu destino, perceba que está mantendo a média de 48 km/h. Com que velocidade você deve viajar a metade restante para alcançar uma velocidade média total de 64 km/h?

3.15 Um navio deixa o porto às 12h30min e navega na direção leste a 16 km/h. Outro navio deixa o mesmo porto às 13h e navega na direção norte a 32 km/h. A que hora a distância entre os navios será de 80 km?

3.16 De um certo ponto *A* no nível do solo, o ângulo de elevação ao topo de uma torre é observado como sendo de 33°. De um outro ponto *B*, localizado na reta que passa por *A* e a base da torre e 15,24 m mais próximo desta, o ângulo de elevação ao topo é observado como sendo de 68°. Determine a altura da torre.

3.17 Usando uma trilha reta com 10 posições, coloque quatro moedas de 5 centavos nas posições mais à esquerda e quatro moedas de 10 centavos nas posições mais à direita, deixando as duas posições centrais vazias, como ilustrado na figura:

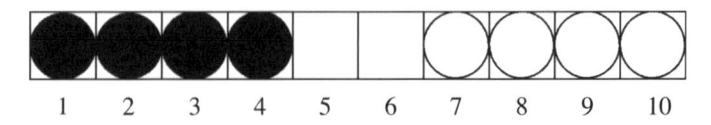

O objetivo do jogo é mover as moedas de 5 centavos para as posições da direita, e as moedas de 10 centavos para as posições da esquerda. Você pode somente mover as moedas pulando apenas uma para ocupar uma posição vazia, ou deslocando uma moeda para a frente em uma posição vazia. Movimentos para trás não são permitidos; todas as moedas de 5 centavos devem ser movidas para a direita, e todas as de 10 centavos para a esquerda. Numere as posições como indicado e descreva sua solução.

3.18 Jaques Jokeley levantou-se tarde em uma certa manhã e tentou encontrar um par de meias limpas. Ele possui um total de seis pares (três marrons e três brancas) em sua gaveta. Ele não cuida muito bem de sua casa, e suas meias foram apenas jogadas na gaveta. Além disso, a lâmpada de seu quarto queimou, e ele não pode enxergar. Quantas meias ele deve pegar da gaveta até conseguir formar um par (duas meias marrons ou duas meias brancas)?

3.19 Um fazendeiro tem um lote de terra que pretende dar para seus quatro filhos (veja a figura a seguir). O lote deve ser dividido em quatro partes de mesmo tamanho e forma. Como o fazendeiro pode fazer a divisão?

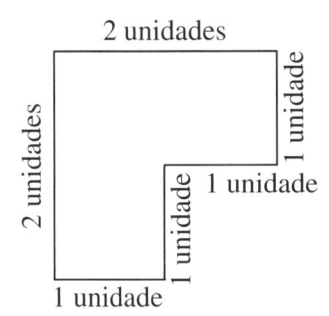

3.20 Uma camponesa teve a boa sorte de salvar a vida do Rei de Sião. O Rei, por sua vez, ofereceu a ela o pagamento que ela quisesse. "Sou uma mulher simples", disse a camponesa; "quero apenas nunca mais sentir fome". A camponesa pediu que o pagamento fosse feito em um enorme tabuleiro de xadrez pintado no solo. O pagamento deveria ser feito da seguinte forma: um grão de arroz no primeiro quadrado, dois grãos no segundo quadrado, quatro no terceiro, oito no quarto e assim por diante, até que todos os 64 quadrados estivessem cheios. Quantos grãos de arroz a camponesa receberá do Rei? Qual será, aproximadamente, o volume de arroz recebido?

3.21 Em um campo há vacas, pássaros e aranhas. Cada aranha tem quatro olhos e oito pernas. No campo há 20 olhos e 30 pernas. Todas as três espécies de animais estão presentes e há um número ímpar de cada uma. Quantas aranhas, vacas e pássaros há no campo? (De Gardner, 1978.)

3.22 Florence Florida e Larry Letárgico apostam uma corrida em um dia de vento; após correrem 100 metros a favor do vento, eles se voltam imediatamente e correm 100 metros contra o vento. Larry não é afetado pelo vento, mas, correndo contra o vento, Florence atinge apenas 90% de sua velocidade sem vento. Correr a favor do vento melhora em 10% a velocidade sem vento de Florence. Em um dia sem vento, Florence e Larry empatam em uma corrida de 100 metros. Quem ganha a corrida do dia de vento e por quanto?

3.23 Dado um triângulo qualquer *T* com base *B*, mostre que sempre é possível traçar, com um esquadro e um compasso, uma linha reta paralela a *B* que divide o triângulo em duas partes de igual área. (De Schoenfeld, 1985.)

3.24 Um duto de 1,6 km de comprimento e 2,54 cm de diâmetro interno é colocado no solo de maneira que seja opticamente reto, isto é, um feixe de *laser* passará ao longo de todo o eixo do duto. O eixo do duto está perfeitamente nivelado, ou seja, forma um ângulo de 90° com uma linha reta passando pelo centro da Terra. Por meio de um funil e mangueira de borracha, água é derramada em uma ponta do duto até que vaze na outra ponta. O funil e a mangueira são removidos, e a água vaza livremente das extremidades abertas do duto. Despreze a tensão superficial da água (que, aliás, tem pouca influência neste problema) e calcu-le (digamos, com uma margem de 10%) a quantidade de água deixada no interior do duto. (*Sugestão*: A resposta não é zero, e considere o raio da Terra como sendo exatamente 6.436 km, caso você precise dessa informação. *Comentário adicional*: Este problema é mais difícil que todos os outros juntos.)

3.25 Faça uma estimativa do número de palitos de dentes que podem ser feitos de uma tora de madeira com 90 cm de diâmetro e 6 m de comprimento.

3.26 Faça uma estimativa do número de gotas d'água no oceano. Compare sua estimativa com o número de Avogadro.

3.27 Faça uma estimativa do número máximo de carros por hora que podem trafegar em uma estrada de duas pistas em função da velocidade (*i.e.*, a 80 km/h, 96km/h e 112 km/h). Por razões de segurança, os carros devem ser espaçados de uma distância igual ao comprimento de um carro para cada 16 km/h de velocidade. Por exemplo, se o tráfego se mover a 80 km/h, cada carro deve manter, do carro à sua frente, uma distância igual ao comprimento de cinco carros. Um vereador propôs resolver o problema de congestionamento aumentando o limite de velocidade. Como você responderia a essa proposta?

3.28 Se o custo da eletricidade é de US$0,07/kWh (quilowatt-hora), quanto dinheiro uma família típica gasta em eletricidade por ano?

3.29 Faça uma estimativa do número de livros na biblioteca principal de sua universidade.

3.30 Faça uma estimativa da quantidade de lixo produzido pelos Estados Unidos a cada ano.

3.31 Faça uma estimativa da quantidade de gasolina consumida por automóveis nos Estados Unidos a cada ano. Se essa gasolina fosse armazenada em um único tanque medindo 160 m por 160 m na base, qual seria sua altura?

3.32 Uma coluna vertical de 3 m deve suportar uma carga de 467.000 kgf, colocada no topo da coluna. Um engenheiro deve decidir se a coluna será construída em aço ou concreto. Ele selecionará a coluna mais leve. Suponha que a coluna será projetada com um fator de segurança de 3, ou seja, a coluna será capaz de suportar uma carga até 3 vezes mais pesada, mas não mais que isso. Faça uma estimativa da massa de uma coluna de aço e de uma coluna de concreto.

3.33 Faça uma estimativa do número de bolas de soprar necessário para encher o estádio de futebol de sua universidade até o telhado.

3.34 Faça uma estimativa da quantidade de dinheiro que os estudantes de sua universidade gastam em lanches a cada semestre.

3.35 Faça uma estimativa da massa de ar no planeta Terra. O ar representa que fração da massa total da Terra?

3.36 Faça uma estimativa da massa de água no planeta Terra. A água representa que fração da massa total da Terra?

3.37 Faça uma estimativa do intervalo de tempo necessário para que um jato de passageiros voando a Mach 0,8 ($\frac{8}{10}$ da velocidade do som) dê a volta ao mundo. Aloque tempo para reabastecimento.

3.38 Usando o princípio de Arquimedes, faça uma estimativa da massa que pode ser levantada por um balão medindo 9 m de diâmetro. A temperatura do ar no balão é de 70°C e a pressão é de 1 atm.

Glossário

aplicação Um processo onde informação apropriada é identificada para o problema em questão.

compreensão A etapa em que teoria e dados adequados são empregados para realmente solucionar o problema.

fator de conversão Um fator numérico que, através de multiplicação ou divisão, converte uma quantidade expressa em um sistema de unidades a um outro sistema de unidades.

heurística Uso de estratégias especulativas para solucionar um problema.

modelos manipuláveis Uma classe de problemas que têm alguma entidade física que pode ser manipulada para solucionar o problema.

papel de análise de engenharia Um papel levemente quadriculado que pode ser usado para desenhar ou traçar curvas.

paralelepípedo   Um sólido com seis faces que são paralelogramos, sendo cada face paralela à oposta.

princípio de Arquimedes   A massa total de um objeto flutuante é igual à massa de fluido deslocado pelo objeto.

procedimento iterativo   Repetição de uma seqüência de passos para solucionar um problema.

reducionismo   A habilidade de dividir logicamente um problema em partes.

solução de problema   Processo no qual um indivíduo ou uma equipe aplica conhecimento, aptidões e entendimento para alcançar o resultado desejado em uma situação desconhecida.

teorema de Pitágoras   A soma dos quadrados dos comprimentos dos lados de um triângulo retângulo é igual ao quadrado do comprimento da hipotenusa.

CAPÍTULO 4

Introdução ao Projeto

A possibilidade de criar algo a partir do zero torna o projeto um dos mais excitantes aspectos da engenharia. Para serem bem-sucedidos, os engenheiros de projeto devem ter uma gama variada de talentos, incluindo conhecimento, criatividade, habilidade com pessoas e habilidade de planejamento. Como descrevemos sucintamente no capítulo de introdução, os engenheiros de projeto seguem o *método de projeto de engenharia*.

Neste capítulo, examinaremos o método de projeto de engenharia detalhadamente. Embora existam diversas variações, seguiremos as etapas ilustradas na Figura 4.1. As primeiras quatro etapas do método de projeto de engenharia são seqüenciais. As quatro etapas seguintes são repetidas três vezes: a primeira é um **estudo de viabilidade**, quando as idéias são alinhavadas; a segunda é um **projeto preliminar**, quando algumas das idéias mais promissoras são exploradas com mais detalhe; e a terceira é um **projeto detalhado**, quando desenhos e especificações altamente detalhados são preparados para a melhor opção de projeto. Finalmente, as últimas duas etapas seguem em seqüência. O resultado final do método de projeto de engenharia é um produto, um serviço ou um processo que atende às necessidades da humanidade. Freqüentemente, depois que o método é completado, o resultado final ainda pode ser melhorado, de forma que o processo é repetido, retornando à primeira etapa.

O método de projeto de engenharia contém os seguintes elementos:

* *Síntese* — combinação de vários elementos em um todo integrado.
* *Análise* — uso de matemática, ciência, técnicas de engenharia e economia para quantificar o desempenho das várias opções.
* *Comunicação* — apresentações escritas e orais.
* *Implementação* — execução do plano.

O método de projeto de engenharia é, geralmente, um procedimento *iterativo*, o que significa que algumas etapas devem ser repetidas, porque as informações necessárias em seu início nao são conhecidas até que as etapas seguintes tenham sido completadas. Além disso, o método de projeto de engenharia não é um procedimento rígido para ser rigorosamente seguido; ao contrário, é um guia genérico.

4.1 O MÉTODO DE PROJETO DE ENGENHARIA

Vamos examinar cada etapa do método de projeto de engenharia detalhadamente.

4.1.1 Primeira Etapa: Identificar a Necessidade e Definir o Problema

O engenheiro é uma pessoa que aplica ciência, matemática e economia para atender às necessidades da humanidade. Portanto, o trabalho do engenheiro começa quando uma necessidade é identificada.

As necessidades podem ser identificadas por um engenheiro criativo que vive dizendo: "Deve haver uma maneira melhor." Os militares podem identificar uma necessidade quando seus ser-

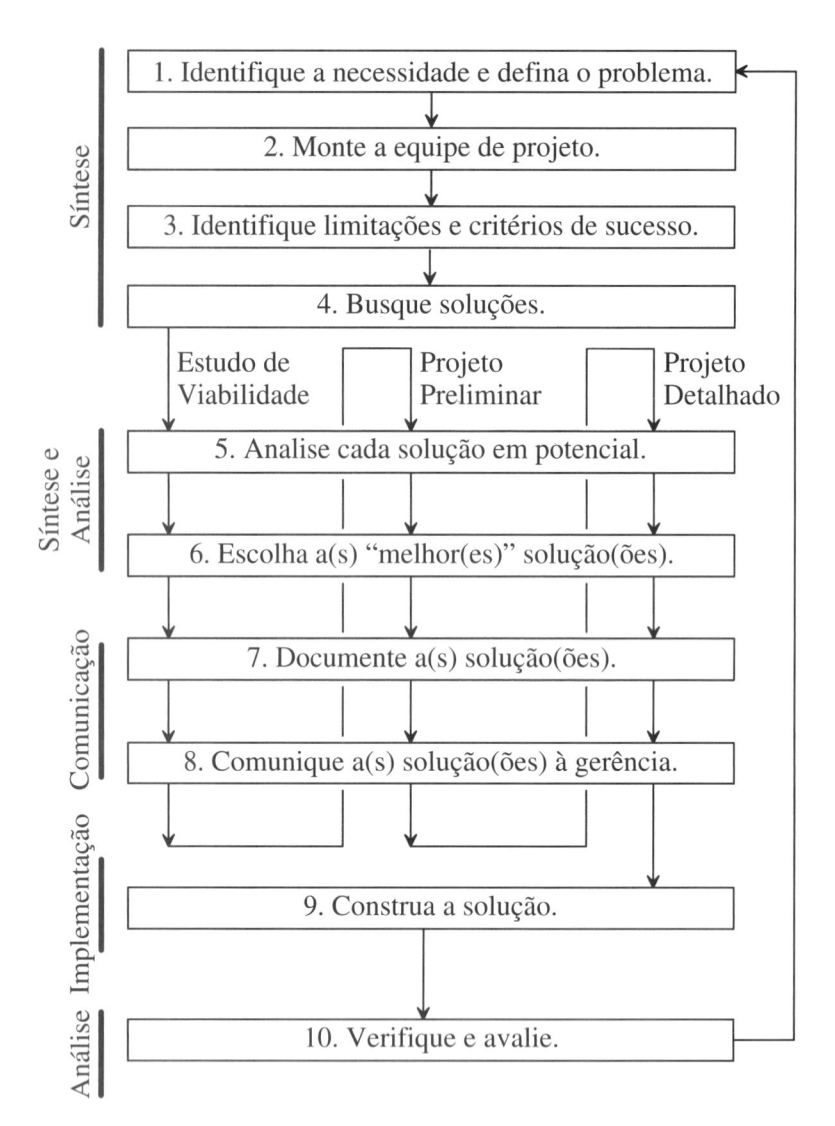

FIGURA 4.1
O método de projeto de engenharia.

viços de inteligência revelam que o inimigo possui uma nova capacidade, e uma contramedida deve ser desenvolvida. (Obviamente, o inimigo logo terá conhecimento dessa contramedida, de forma que ele desenvolverá uma contra-contramedida. Nós responderemos com uma contra-contra-contramedida, e assim por diante.) Algumas necessidades são identificadas por pessoal da gerência ou de vendas, que tem familiaridade com o mercado e pode perceber a necessidade de um novo produto. Regulamentos governamentais podem criar a necessidade de estabelecer novos padrões de segurança ou de controle de poluição. Políticos podem criar necessidades ao prometer a seus eleitores a construção de novas estradas ou prédios. A crescente população mundial origina tensões no meio ambiente e cria a necessidade de reduzir essas tensões.

Note que, em geral, o engenheiro não identifica a necessidade; ele se apresenta para servir à humanidade depois que a necessidade tiver sido identificada por outros.

Uma vez que a necessidade tenha sido identificada, o problema deve ser definido. Sem essa etapa, podemos acabar solucionando o problema errado. Por exemplo, suponha que uma estrada esteja congestionada e causando constantes atrasos aos motoristas. Um vez identificado o problema, poderíamos assim *defini-lo*: "Como alargar a estrada para acomodar mais tráfego?" Entretanto, a experiência mostra que o alargamento da estrada geralmente resulta em maiores congestionamentos, pois os motoristas logo tomam conhecimento da capacidade extra e invadem a estrada mais larga. Talvez o problema não seja a estrada. Talvez haja necessidade de

Paul MacCready, o Engenheiro do Século

Em 1977, Paul MacCready se tornou famoso ao receber o Prêmio Kremer, de US$95.000,00, por ser a primeira pessoa a construir um aeroplano mais pesado que o ar, movido a energia humana e capaz de voar de forma sustentada e controlada. Esse prêmio permaneceu em aberto por 18 anos. Paul o recebeu por construir o *Gossamer Condor*, um aeroplano inovador feito de materiais avançados e empregando um sofisticado projeto aerodinâmico.

Gossamer Condor.

O industrial britânico Henry Kremer aumentou o valor e ofereceu um prêmio de US$213.000,00 à primeira pessoa a construir um aeroplano mais pesado que o ar, movido pela força humana e capaz de atravessar o Canal da Mancha. Em 1979, o *Gossamer Albatross,* de MacCready, venceu esse desafio, com sucesso.

Em 1981, MacCready construiu o *Solar Challenger*, que carregou um piloto por 261 km a 3350 m de altitude em um veículo movido unicamente pela energia solar.

Solar Challenger.

Em 1984, seu *Bionic Bat* movido a energia humana recebeu dois Prêmios Kremer por velocidade. Posteriormente, MacCready desenvolveu a réplica de um pterodáctilo gigante, com controle remoto e que batia as asas; essa réplica apareceu no filme de Imax, *On the Wing*.

Em 1987, ele construiu o *Sunny Racer*, um carro movido a energia solar que venceu uma corrida na Austrália, a uma velocidade 50% maior que o segundo colocado.

Pterodáctilo em vôo.

Sunny Lacer da GM

Em 1990, MacCready introduziu o automóvel elétrico *Impact*, que foi produzido em massa pela General Motors com o nome de EV1. Para vencer a imagem negativa de carros elétricos, esse automóvel foi projetado visando ao alto desempenho.

Paul MacCready fundou a AeroVironment, Inc., uma companhia envolvida com a qualidade do ar, resíduos perigosos, fontes alternativas de energia e veículos eficientes para terra, mar e ar.

Em reconhecimento a seus feitos formidáveis, o Dr. MacCready recebeu diversos prêmios, incluindo a *Medalha de Ouro do Engenheiro do Século*, oferecida pela Sociedade Americana de Engenheiros Mecânicos (ASME).

O carro elétrico Impact, protótipo do EV1 da General Motors.

Fonte: Informação fornecida pela AeroVironment, Inc.
Fotos cortesia de Paul MacCready/Mark Holtzapple.

uma linha férrea alternativa, ou de uma pista exclusiva que permita que carros com vários passageiros trafeguem mais rapidamente. Talvez um melhor enunciado do problema seja: "Como podemos criar um sistema de transporte que mova mais pessoas de forma rápida e eficiente?"

4.1.2 Segunda Etapa: Montar a Equipe de Projeto

Devido à complexidade dos modernos projetos de engenharia, raramente um projeto é feito por um único indivíduo; ao contrário, o projeto é feito por equipes de indivíduos que têm aptidões complementares. No passado, um problema de projeto seria abordado por especialistas que trabalhavam de forma compartimentada, via **engenharia seqüencial**. Por exemplo, suponha que um automóvel estivesse sendo projetado. Inicialmente, os estilistas decidiriam a forma da carroceria; depois, os engenheiros mecânicos determinariam como formar os painéis da carroceria e como acomodar o motor sob o capô; os engenheiros eletricistas projetariam, então, o sistema elétrico; os engenheiros de produção projetariam a linha de produção, e, finalmente, os especialistas em marketing desenvolveriam uma campanha publicitária. Embora a engenharia seqüencial funcionasse, não era ótima. Cada especialista podia encontrar uma solução **ótima local** para cada etapa, mas apenas dentro das limitações impostas pelos especialistas anteriores. Tal abordagem não alcança a solução **ótima global**.

Para encontrar a solução ótima global, é necessário que os especialistas trabalhem juntos desde o início, segundo uma abordagem chamada de **engenharia concorrente**. Para ilustrar os benefícios da engenharia concorrente, suponha que, enquanto o automóvel está sendo concebido, os especialistas em marketing e os estilistas trabalhem juntos para estabelecer um projeto altamente vendável. Ao mesmo tempo, o engenheiro mecânico está envolvido, de modo que a forma da carroceria possa acomodar o motor. Suponha, ainda, que os objetivos de projeto possam apenas ser alcançados com o uso de novos materiais, como chassi de alumínio ou painéis de carroceria poliméricos. O engenheiro de produção deveria, obviamente, estar envolvido, pois esses novos materiais terão grande impacto nos métodos de fabricação. Adicionalmente, suponha que os objetivos do projeto somente pudessem ser alcançados com o emprego de um motor híbrido, no qual a gasolina fornecesse a potência básica e um motor elétrico provesse potência de pico durante acelerações rápidas. É claro que, com esse projeto, o sistema elétrico é parte integral do automóvel e não pode ser projetado posteriormente.

4.1.3 Terceira Etapa: Identificar Limitações e Critérios de Sucesso

Todo projeto possui limitações ou restrições, pois os recursos nunca são infinitos. As limitações devem ser logo identificadas, porque afetam o planejamento do projeto. Fontes típicas de limitações são listadas a seguir:

- *Orçamento*. Antes que um projeto seja iniciado, os engenheiros devem conhecer o orçamento proposto, pois este afeta os recursos que podem ser utilizados no projeto.
- *Tempo*. Alguns projetos devem ser concluídos rapidamente, pois a necessidade é urgente. Os engenheiros devem conhecer o tempo a ser alocado ao projeto, pois ele determina a quantidade e o tipo de opções que podem ser consideradas.
- *Pessoal*. Enquanto a equipe de projeto é formada, o engenheiro deve conhecer o número de pessoas que a compõem e suas habilidades. Um orçamento maior de longo prazo não garante o sucesso, a menos que indivíduos habilitados trabalhem no projeto.
- *Leis*. No mundo de hoje, as leis podem ser restritivas. Antes que um grande projeto seja iniciado, as exigências de inúmeros órgãos governamentais devem ser atendidas, nas mais diferentes áreas de responsabilidade (poluição da água, poluição do ar, esgoto, controle de tráfego, etc.). Limitações legais podem causar atrasos longos e custos excessivos se não forem incluídas no processo de planejamento.
- *Propriedades de materiais e disponibilidade*. Os engenheiros sempre foram limitados pelas propriedades de materiais. Por exemplo, é de conhecimento notório que a eficiência dos motores aumenta à medida que temperaturas mais altas são usadas. Entretanto, somos limitados pela capacidade que os materiais têm de suportar altas temperaturas. Talvez os laboratórios tenham desenvolvido novos materiais (p. ex., cerâmicas) com as propriedades desejadas; mas, até que esses materiais estejam disponíveis em escala comercial, não serão de utilidade no projeto.
- *Construção com itens do estoque*. Logo no início do projeto, os engenheiros devem entender se são limitados à montagem de componentes disponíveis no estoque, ou se têm permissão para projetar o equipamento de acordo com a necessidade. Itens do estoque são disponíveis rapidamente e são bem testados; entretanto, podem comprometer o sucesso final se não atenderem especificamente às exigências do projeto.

- *Competição*. Os engenheiros devem entender se o produto final é um item único ou se competirá com outros produtos similares.
- *Viabilidade de fabricação*. Muitos itens podem ser feitos em pequenas quantidades em um laboratório ou oficina, mas podem não ser adequados à produção em massa. Por exemplo, jatos de caça podem empregar materiais de alto desempenho, exóticos e leves (p. ex., compostos de fibra de grafite), pois são construídos manualmente em pequenas quantidades (talvez, 50 por ano). Esses materiais não são adequados a automóveis, que são produzidos em grandes quantidades (talvez, 100.000, de um dado modelo, por ano).

Uma vez que as limitações do projeto tenham sido identificadas, é necessário determinar um critério de sucesso; isto é, quais são os objetivos do projeto? Os projetos de engenharia têm diferentes objetivos, alguns dos quais são relacionados a seguir:

- *Estética*. Com relação a produtos para consumidores, a estética desempenha um grande papel em seu sucesso. Não importa quão resistente, confiável ou funcional um produto seja; se for feio, não venderá. A estética é de difícil definição e altamente subjetiva, mas produtos que são bem equilibrados e proporcionais e com cores coordenadas geralmente possuem apelo estético. Um importante princípio estético é que a forma segue a função, significando que cada componente de um produto atende a uma utilidade. Os produtos que violam esse princípio geralmente têm vida curta. Por exemplo, nas décadas de 1950 e 1960, as carrocerias dos automóveis tinham grandes rabos de peixe para fins estéticos. Como essas peças não tinham função alguma, foram uma moda passageira e, felizmente, não retornaram.
- *Desempenho*. O desempenho de um produto é, em geral, determinado pelo produtor, a menos que o projeto atenda a uma solicitação específica do consumidor. Por exemplo, o produtor pode especificar o seguinte desempenho para um automóvel: aceleração de 0 a 100 km/h = 10 s, distância de frenagem de 100 km/h a zero = 45 m, e consumo de combustível = 10,5 km/L.
- *Qualidade*. A qualidade de um produto é determinada pelo consumidor. A qualidade é geralmente definida como "adequação para o uso". Por exemplo, o consumidor pode esperar que um automóvel tenha as seguintes qualidades: aceleração de 0 a 100 km/h = 6 s, distância de frenagem de 100 km/h a zero = 33 m, e consumo de combustível = 17 km/L. O automóvel que não atenda a esse critério será considerado de baixa qualidade, mesmo que seja confiável e bonito.
- *Fatores humanos*. Como a maioria dos produtos é usada por humanos, os produtos de sucesso devem ser projetados tendo em vista os usuários humanos. No projeto de automóveis, os fatores humanos incluiriam mostradores de fácil leitura, controles ao alcance dos dedos, pedais bem espaçados e que não exijam força excessiva para pressioná-los, direção que possa ser girada com facilidade, bancos na altura certa e bem acolchoados para não causar dor nas costas, e assim por diante.
- *Custo*. Um produto que seja esteticamente agradável, de alta qualidade e de uso simples ainda pode fracassar no mercado se for muito caro. Há dois tipos de custos a considerar: **custo de capital inicial e custo do ciclo de vida**. O custo de capital inicial é simplesmente o preço de compra do produto; o custo do ciclo de vida inclui o preço de compra e, também, outros custos, como trabalho, operação, seguro e manutenção. Se tiver altos custos de manutenção, combustível e de seguro, o automóvel com um baixo preço de compra provavelmente será antieconômico em comparação com outro ligeiramente mais caro. Infelizmente, muitos consumidores apenas se preocupam com o custo de capital inicial e ignoram o custo do ciclo de vida.
- *Segurança*. O engenheiro deve sempre projetar produtos que sejam seguros para o usuário final e para os artesãos que construirão o produto. É impossível projetar produtos completamente seguros, pois seriam demasiadamente caros; portanto, o engenheiro deve, muitas vezes, seguir padrões industriais para produtos similares. Os padrões de segurança de automóveis têm progredido; por exemplo, atualmente, os automóveis são equipados com *air bags*.
- *Ambiente de operação*. O engenheiro deve projetar produtos tendo em mente o ambiente de operação. Quais as faixas de temperatura e de pressão a ser submetido o produto durante seu armazenamento e uso? O ambiente é corrosivo? A que níveis de vibração o produto estará sujeito? Os automóveis devem ser projetados para operar do Ártico aos Trópicos, do nível do mar às montanhas, na presença de sais corrosivos, em estradas cheias de poças d'água.

- *Interface com outros sistemas.* Muitos produtos devem ser capazes de interagir com outros: os computadores devem ser compatíveis com programas (*software*) e impressoras; os televisores devem ser compatíveis com os sinais de transmissão de tv. O automóvel deve ser compatível com os combustíveis de uso comum e deve ter largura e raio de giro compatíveis com as estradas.

- *Efeito nas cercanias.* A criação e o uso de produtos podem afetar, de forma adversa, as cercanias. Com as crescentes restrições ambientais, os produtos devem ser projetados para baixa emissão de produtos químicos, de ruído e de ondas eletromagnéticas. Nos Estados Unidos, os automóveis são equipados com catalisadores que reduzem os poluentes de ar emitidos pelos veículos. Na Alemanha, os automóveis são projetados de modo que, quando o veículo atinge o fim de sua vida útil, possa ser desmontado, e seus componentes, reciclados.

- *Logística.* Muitos produtos requerem sistemas de suporte, como eletricidade, resfriamento, vapor, combustível e peças de reposição. Dependendo de onde o produto é usado, tais sistemas de apoio podem ou não estar disponíveis. Por exemplo, um produto usado no espaço tem pouco suporte logístico, de forma que deve ser projetado para operar independente da terra. Para automóveis, há uma enorme infra-estrutura amplamente disponível, com postos de reabastecimento e oficinas de reparo, de modo que logística não é problema.

- *Confiabilidade.* Um produto confiável sempre desempenhará a função pretendida pelo período de tempo desejado e no ambiente especificado pelo usuário. Nenhum produto é 100% confiável, embora alguns cheguem perto. A NASA exige que os componentes das aeronaves sejam altamente confiáveis. Geralmente, isso é conseguido através de **redundância**, ou seja, o uso de múltiplos componentes com a mesma capacidade. Por exemplo, o ônibus espacial é controlado por três computadores. Isso provê *backup* no caso da falha total de dois dos computadores. Além disso, caso os computadores discordem, um "voto" pode ser dado para resolver a disputa. Normalmente, os automóveis não são projetados com redundância, pois as conseqüências de uma falha não são, em geral, catastróficas.

- *Viabilidade de manutenção.* Um produto manutenível pode passar pelo processo de manutenção com a freqüência necessária. O satélite é um exemplo de produto que não pode receber manutenção facilmente, devido à dificuldade em alcançá-lo. Por outro lado, os automóveis são altamente manuteníveis, porque oficinas de reparo são amplamente disponíveis. A *manutenção preventiva* é feita a intervalos regulares de tempo ou quando os componentes estão próximos de falhar. Efetuar o rodízio de pneus de um automóvel a intervalos regulares de quilometragem e fazer sua substituição quando estiverem gastos são dois exemplos de manutenção preventiva. A *manutenção corretiva* é empregada após a falha de uma peça. Substituir um pneu furado por um novo é exemplo de manutenção corretiva.

- *Facilidade de conserto.* Se um produto for facilmente manutenível, ele é consertável. Por exemplo, se uma ferramenta especial for necessária para mudar o filtro de óleo de um automóvel, por ser este inacessível com uma ferramenta comum, o automóvel não é consertável.

- *Disponibilidade.* Se o produto estiver sempre pronto para o uso, ele está disponível. Se o automóvel está freqüentemente na oficina e não funciona em temperaturas acima de 27°C ou abaixo de 5°C, ele não está disponível em uma alta porcentagem de tempo.

Uma vez que as propriedades desejadas do produto tenham sido identificadas, é necessário ponderá-las, isto é, especificar sua importância relativa.

4.1.4 Quarta Etapa: Buscar Soluções

A busca de soluções exige que os engenheiros gerem idéias que solucionem os problemas de projeto. A geração de idéias é, inerentemente, um processo criativo que não pode ser completado simplesmente seguindo um algoritmo prescrito. Em vez disso, oferecemos as seguintes heurísticas:

- *Posso eliminar a necessidade?* Suponha que você seja um projetista de automóveis e seu chefe defina a necessidade, da seguinte maneira: "As molas da suspensão estão enferrujando, de modo que eu quero que você projete uma cobertura que as proteja." Talvez você possa eliminar a necessidade totalmente, especificando molas poliméricas, que não enferrujam, no lugar das molas metálicas.

- *Questione as hipóteses básicas.* O coração humano bombeia sangue para o corpo de forma pulsátil, em vez de fazê-lo suave e continuamente. O projetista pode supor que um coração mecânico artificial possa, também, operar de forma pulsátil. Entretanto, pesquisas médicas recentes mostraram que, após cerca de 5 dias, o corpo humano pode se adaptar ao fluxo contínuo de sangue. O projetista que questione a suposição pulsátil tem muito mais opções de projeto à sua disposição.

- *Adquira conhecimento.* Em engenharia, as idéias úteis não surgem do nada; trabalhamos sobre uma base de conhecimento. Enquanto busca uma solução, o engenheiro de projeto deve adquirir tanto conhecimento sobre o problema quanto possível. As informações podem ser obtidas em bibliotecas, pela Internet, através de documentos governamentais, organizações profissionais, publicações técnicas, catálogos de fornecedores, e de outras pessoas.
- *Empregue analogias.* Ao usar analogias, o engenheiro de projeto pode explorar as informações de outras áreas e utilizá-las no problema de projeto. A natureza é rica em soluções para problemas de projeto. Por exemplo, em sua busca de métodos para fazer voar um objeto mais pesado que o ar, os irmãos Wright empregaram asas de pássaros como analogia. Recentemente, os engenheiros do MIT desenvolveram um método extremamente eficiente de propulsar barcos, fazendo uma analogia com a forma de nadar dos peixes. A natureza não é o único local onde encontrar soluções. Muitos engenheiros viveram antes de você; assim você pode fazer analogias com suas soluções para problemas de projeto. Existem livros que catalogam as soluções de engenharia. Por exemplo, o livro *Pictorial Handbook of Technical Devices* (Schwarz e Grafstein, 1971) tem mais de 5000 ilustrações de dispositivos técnicos, como bombas, engrenagens, rolamentos, grampos, ferramentas, circuitos eletrônicos, nós, pontes, e muitos outros. Folhear um desses livros pode ser muito estimulante quando você se deparar com um problema de projeto.
- *Personalize o problema.* Para alguns problemas, você pode melhorar sua visão desse problema ao imaginar-se como tendo encolhido e, literalmente, entrado no dispositivo que está sendo projetado. Suponha que você recebeu a tarefa de projetar uma bomba de baixa tensão de cisalhamento para transportar frágeis soluções de polímeros. Ao imaginar-se dentro da bomba, você pode identificar as zonas de maiores tensões de cisalhamento e criar um projeto que as elimine.
- *Identifique os parâmetros críticos.* Muitos projetos de engenharia têm uma característica crítica que deve ser eliminada para que o projeto seja funcional. Talvez um componente deva operar a altas velocidades, ou ser muito confiável, ou ser feito de acordo com rígidas tolerâncias. Uma vez que esses *parâmetros críticos* tenham sido identificados e examinados, o projeto convergirá mais rapidamente para uma solução funcional.
- *Troque funções.* Normalmente, o corpo de uma bomba é estacionário, enquanto as partes internas são móveis. Talvez você possa encontrar uma solução elegante para um problema de projeto trocando funções, usando partes internas estacionárias e um corpo móvel girante.
- *Altere a seqüência de etapas.* Os processos envolvem uma seqüência prescrita de etapas. Talvez uma solução elegante possa ser desenvolvida alterando essa seqüência. Suponha que você esteja tentando melhorar o processo de fazer café. No processo tradicional, primeiro os grãos de café são torrados e, então, moídos. Esse método tem bom resultado porque a tecnologia tradicional de moedores funciona apenas com grãos torrados, que são mais friáveis. Mas, suponha que uma nova tecnologia de moer permita que grãos frescos e úmidos sejam pulverizados. O uso desse novo moedor permite que as etapas tradicionais sejam invertidas: os grãos podem ser pulverizados e, então, torrados. Talvez a maior área de superfície dos grãos moídos permita que mais sabor seja gerado no torrador, ou talvez a capacidade do torrador aumente quando grãos moídos são usados no lugar de grãos inteiros.
- *Inverta o problema.* Suponha que seu objetivo seja desenvolver um alicate leve para os astronautas da NASA. Invertendo o problema e pensando em maneiras de tornar o alicate mais pesado, você perceberá mais facilmente onde o peso está e, então, poderá pensar em maneiras de diminuir o peso.
- *Repita componentes ou etapas do processo.* Algumas vezes, se um é bom, dois é melhor, três é melhor ainda. Suponha que você queira comprimir um gás que se decompõe se for muito aquecido. Se a compressão for feita em uma única etapa, muita energia compressora deve ser adicionada ao gás, que se aquecerá muito e se decomporá. Entretanto, se você dividir a compressão em várias etapas e resfriar o gás entre as etapas (inter-resfriamento), você conseguirá, então, comprimir o gás sensível à temperatura a altas pressões.
- *Separe funções.* Algumas vezes, um projeto elegante resulta da separação de funções. Por exemplo, as seguintes funções ocorrem no pistão/cilindro do motor de um automóvel: en-

trada de ar, entrada de combustível, mistura ar/combustível, compressão, combustão, expansão, exaustão, lubrificação e resfriamento da parede. A queima do combustível e o resfriamento da parede são funções incompatíveis; talvez o motor pudesse ser aprimorado se essas funções fossem executadas em peças separadas do equipamento.

* *Combine funções*. Algumas vezes, um projeto elegante resulta da combinação de funções, em vez de uma separação. Por exemplo, muitos processos industriais necessitam tanto de eletricidade quanto de calor. Para suprir as necessidades de eletricidade, uma fábrica poderia transformar combustível em eletricidade em um equipamento e transformar combustível em vapor em outro. Entretanto, essas funções podem ser combinadas, de forma que o combustível seja transformado em eletricidade e em vapor no mesmo equipamento. Essa abordagem é chamada de *potência e calor combinados* e é mais eficiente; o calor que inevitavelmente resulta da geração de eletricidade é usado para produzir vapor, em vez de ser desperdiçado.

* *Use a imaginação*. Enquanto trabalha no projeto, imagine que você alcançou os objetivos e está inspecionando o produto final. Que características esse produto teria se fosse construído?

* *Empregue princípios básicos de engenharia*. Ao longo de todos os seus estudos de engenharia, você aprenderá princípios básicos que podem ser aplicados ao seu problema de projeto. Por exemplo, um princípio básico da termodinâmica é que "forças de excitação" não-usadas levam à ineficiência. Posto de outra forma, ao projetar uma máquina ou processo, qualquer diferença de pressão, diferença de temperatura, diferença de tensão ou diferença de concentração, que não for utilizada para gerar energia, aumentará o gasto total de energia. Ao rever o projeto e tomar providências para minimizar essas diferenças, você tornará a máquina ou processo mais eficiente.

Para ajudar a encontrar soluções de projeto, você deve se colocar em um ambiente físico que estimule a criatividade. O ambiente propício difere de uma pessoa para outra. Para alguns, uma sala movimentada, cheia de pessoas, estimula a criatividade, enquanto outros acham que esse ambiente os distrai. Algumas pessoas acham que atividades diárias (dirigir, cuidar do jardim) estimulam a criatividade, pois não exigem atenção específica, permitindo que suas mentes vaguem livremente e explorem soluções criativas. Às vezes, ao tentar encontrar uma solução, você pode se deparar com uma "parede" e não progredir mais. Nessa situação, vale a pena parar e fazer algo completamente diferente, como ouvir música, praticar um esporte ou, até mesmo, dormir. Quando você retornar ao problema, você pode perceber que seu subconsciente solucionou o problema enquanto você se ocupava de outra coisa. Outras vezes, a maior ajuda à criatividade é a perseverança cega; ao focar o problema por um longo período de tempo, você imergirá completamente nele e aumentará suas chances de encontrar a solução.

Brainstorming

Brainstorming é uma ferramenta tão importante na parcela criativa da engenharia que merece um pouco mais de atenção. A mágica de *brainstorming* pode ser dividida em duas partes.

Primeira, integrar um grupo de pessoas criativas focadas na solução de um problema é algo especial que ajuda a mexer com suas idéias. Algumas de nossas melhores idéias "saltaram de nossas bocas" em reuniões desse tipo. De alguma maneira, a atmosfera em um grupo bem formado libera sua mente para juntar coisas que, provavelmente, você sozinho jamais conectaria, ou demoraria muito mais tempo para fazê-lo.

A segunda parte da mágica, durante as reuniões de *brainstorming*, vem da interação entre os integrantes do grupo, onde cada um burila as idéias do outro. Algumas histórias (provavelmente apócrifas) podem ajudá-lo a entender por que idéias lançadas diante do grupo não devem ser descartadas ou depreciadas na hora. Durante operações navais, navios varredores de minas arrastariam redes em uma área do mar a ser limpa. Usualmente, as minas ficariam presas à rede entre dois navios varredores e seriam explodidas, sem riscos, com tiros de metralhadora. Entretanto, algumas vezes, as minas ficariam presas à rede muito próximas dos navios e, se fossem explodidas, poderiam danificá-los ou afundá-los. Diversas tentativas haviam sido feitas para solucionar esse

problema, incluindo cortar a rede e lançar pequenos barcos para arrastar a mina para longe, mas nenhuma funcionou bem. Um grupo de oficiais da marinha estava reunido para formular uma estratégia genérica. Durante a sessão de *brainstorming*, um integrante do grupo sugeriu que todos fossem até o convés, enchessem as bochechas e soprassem as minas para longe, onde poderiam ser explodidas normalmente. Enquanto os risos diminuíam, um outro integrante do grupo exclamou: "Nós poderíamos usar as mangueiras de incêndio do convés para empurrar as minas para longe!" Esta acabou se tornando a estratégia padrão.

Outra história envolvia a remoção de toras de madeira de lei de uma floresta, sem danificar a floresta em volta com estradas. Após muitas infrutíferas tentativas de projetar estradas que minimizassem os danos à floresta, um integrante do grupo sugeriu que a única maneira era pedir que anões verdes de Marte viessem com suas naves espaciais e levassem as toras. Um outro disse que nada sabia de naves espaciais, mas que ele apostava que helicópteros dariam conta do trabalho. E realmente dão.

Muito já foi escrito sobre *brainstorming* e grupos de criatividade; explore essa área à medida que desenvolve suas aptidões de engenharia. Nossa sugestão final para você é que, como muitas outras coisas, suas habilidades em *brainstorming* serão aprimoradas com o tempo.

Embora um indivíduo possa, certamente, ter idéias criativas, trabalhar com outros pode ajudar. A interação estimula idéias que a pessoa, sozinha, não teria. As seguintes técnicas foram desenvolvidas como guias para ajudar as pessoas a trabalharem juntas para solucionar problemas:

*   *Brainstorming*. O grupo (geralmente de 6 ou 8 pessoas) tem um líder que dá o tom para a livre expressão. Todos os membros revelam suas idéias ao grupo tão logo elas surjam. A regra mais importante é não depreciar qualquer idéia nem classificá-la. Freqüentemente, idéias aparentemente tolas levam a soluções valiosas. Uma pessoa é designada para registrar as idéias à medida que são geradas.
*   *Técnica do Grupo Nominal*. Nessa técnica, o líder reúne a equipe e propõe o problema. Cada membro do grupo trabalha independentemente no problema e anota suas idéias no papel. Então, quando os membros do grupo pararam de gerar idéias, cada membro, seqüencial-mente, explica sua idéia a todo o grupo. Cada idéia é registrada em um quadro para que todos possam vê-la. Embora discussões sejam permitidas para fins de esclarecimentos, críti-cas não são admitidas. Posteriormente, quando todas as idéias tiverem sido identificadas, aos membros do grupo pode ser solicitado que as classifiquem. Caso algumas personalida-des do grupo sejam dominantes e tendam a influenciar as discussões, essa técnica reduz a possibilidade de "pensamento em grupo", que pode ocorrer em *brainstorming*.
*   *Técnica Delphi*. Essa técnica é similar à anterior, exceto que os membros do grupo são in-tencionalmente separados. O líder envia o enunciado do problema a cada membro do gru-po. Os integrantes do grupo enviam, então, suas soluções por correio. O líder distribui as respostas e solicita aos membros do grupo que avaliem as idéias. Aquelas que receberem baixa avaliação poderão ser esclarecidas por quem as originou, se desejado.

A Guerra da TV em Cores

Os fundamentos da televisão foram estabelecidos em 1883 quando o alemão Paul Nipkow desenvolveu um disco giratório, com aberturas espiraladas, que dividia uma imagem em uma série de linhas escaneadas. Em 1889, o russo Polumordvinov concebeu um sistema no qual um disco de Nipkow foi combinado com três filtros de cores e dividia uma ima-gem nas três cores primárias (vermelho, verde e azul). Seus esforços, e o de outros inventores (Adamian, von Jaworski e Frankenstein), jamais resultaram em um sistema funcional.

Em 1928, um sistema funcional de televisão em cores com base no disco giratório foi demonstrado na Inglaterra. Um ano depois, os Labo-ratórios Bell (Bell Labs) apresentaram um sistema similar nos Estados Unidos. Entretanto, durante a década de 1930, muitos esforços de de-senvolvimento foram focados na televisão em preto-e-branco.

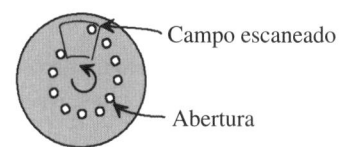

Disco girante de Nipkow

A imagem é escaneada uma vez por revolução.

Em 1940, Peter Goldmark, da CBS (Columbia Broadcasting System), desenvolveu uma televisão em cores que combinava um disco giratório multicor com um tubo de televisão preto-e-branco, no qual um canhão de elétrons "pintava" a imagem sobre uma camada de fósforo. No sis-tema de Goldmark, as três cores primárias eram transmitidas *seqüenci-almente*. Quando o filtro azul estava alinhado com o tubo de TV, o si-nal azul atingia o tubo, e o olho veria apenas a informação do azul. As outras cores primárias eram recebidas pelo olho de modo similar. Como o disco girava rapidamente, o olho integrava as três cores primárias em uma única imagem.

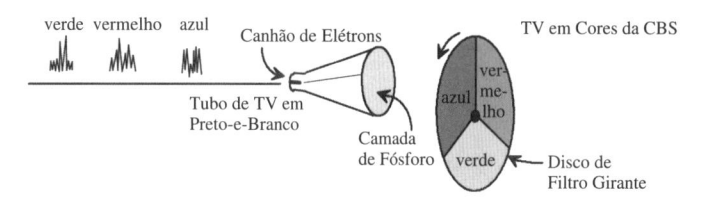

Em julho de 1941, a transmissão comercial em preto-e-branco foi iniciada, com uma audiência de poucos milhares de pessoas. Mas, em dezembro daquele ano, a Segunda Guerra Mundial interveio e estancou o progresso tanto da televisão em preto-e-branco como da em cores. Após a guerra, em 1946, a RCA (Radio Corporation of America) vendeu 10.000 aparelhos de TV em preto-e-branco a um custo de cerca de 385 dólares cada um. No mesmo ano, a CBS apresentou o sistema de televi-são de Goldmark à Comissão Federal de Comunicações (FCC — Fede-ral Communications Commission), buscando aprovação para que esse sistema passasse a ser o padrão de televisão em cores. A RCA iniciou uma campanha contra a adoção do sistema de televisão da CBS, pois seu sinal seria incompatível com os aparelhos de TV em preto-e-branco já sendo vendidos. Tornar os aparelhos em preto-e-branco compatíveis exigiria que o consumidor gastasse cerca de 100 dólares em um conversor especial.

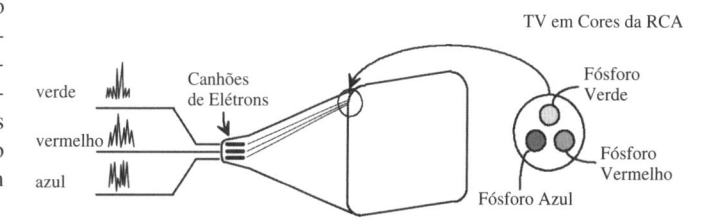

Em 1946, a RCA desenvolveu seu próprio sistema, totalmente eletrônico, de televisão em cores, onde as três cores primárias seriam transmitidas *simultaneamente*. Seu tubo de televisão tinha três canhões de elétrons, um para cada cor. A superfície de visão do tubo tinha três camadas de fósforo; cada uma responderia a uma cor primária separada quando iluminada pelo feixe de elétrons. Além disso, utilizando as habilidades de engenharia, o sinal seria completamente compatível com o da televisão em preto-e-branco.

Em 1950, os sistemas da CBS e da RCA foram testados lado a lado. A manchete da revista *Variety* anunciou que "A RCA põe ovos coloridos" e proclamou o fracasso da RCA em comparação com a CBS. A FCC autorizou a CBS a começar a produzir seus aparelhos.

A RCA respondeu aumentando sua produção de aparelhos em preto-e-branco, os quais eram incompatíveis com o sinal colorido transmitido pela CBS. De acordo com David Sarnoff, da RCA, "Cada aparelho que vendemos torna as coisas mais difíceis para a CBS". Sarnoff aumentou os esforços da RCA para aperfeiçoar o sistema exigindo que os funcionários trabalhassem 18 horas por dia, incluindo os fins de semana. Recompensas de milhares de dólares foram oferecidas para desenvolvimentos importantes. Sarnoff tentou, sem sucesso, bloquear a autorização da FCC na justiça.

Em 1951, a CBS transmitiu sua *première* oficial em cores, um *show* de Ed Sullivan, com uma hora de duração, a poucas dúzias de aparelhos coloridos. Em contraste, havia agora 12 milhões de aparelhos em preto-e-branco nos Estados Unidos.

Os esforços de desenvolvimento da RCA deram resultados. Em 1951, alguns dias após a transmissão pioneira da CBS, a RCA demonstrou sua nova televisão em cores com um programa de 20 minutos. A imprensa respondeu entusiasticamente à demonstração. Claramente, o sistema da RCA representava o caminho para o futuro. Em 1953, a CBS abandonou seus esforços com a televisão em cores, e a FCC adotou oficialmente o sistema da RCA.

Em 1954, os primeiros aparelhos em cores da RCA foram colocados à venda por 1000 dólares cada um (um quarto do salário médio anual). Apenas 5000 aparelhos foram vendidos, de um total projetado de 75.000 unidades. Além disso, os aparelhos em cores eram propensos a defeitos; o número de pedidos de conserto para os poucos milhares de aparelhos em cores era superior ao dobro dos pedidos relacionados aos milhões de aparelhos em preto-e-branco juntos. Ao longo dos anos, os preços caíram, mas as vendas foram fracas. A revista *Time* declarou que a televisão em cores era "o mais espetacular fracasso industrial de 1956".

Até 1959, a RCA havia gastado 130 milhões de dólares no desenvolvimento e marketing da televisão em cores e ainda não havia tido lucro. Entretanto, em 1960, ela adquiriu o show de Walt Disney da ABC (America Broadcasting Company). A NBC (National Broadcasting Company) anunciou que transmitiria o show como "O Maravilhoso Mundo das Cores de Walt Disney". Em 1960, a RCA obteve seu primeiro lucro com a televisão em cores.

É interessante notar que o sistema de disco girante da CBS, embora não tenha tido sucesso no mercado consumidor, obteve sucesso junto à NASA. Durante a missão Apollo na Lua, a NASA necessitava de uma câmera de TV em cores que fosse compacta, leve, robusta, energeticamente eficiente, de uso simples, e sensível a baixos níveis de luz. Naquela época, o sistema da RCA não alcançava os objetivos, mas o da CBS, sim. Da Lua, o sinal seqüencial da CBS era transmitido à Terra, onde era convertido ao sinal simultâneo da RCA, de modo que pudesse ser visto por milhões de pessoas em todo o mundo.

Adaptado de: D. E. Fisher e M. J. Fisher, "The Color War", *American Heritage of Invention & Technology* 12, n.º 3 (1997), pp. 8-18; e S. Lebar, "The Color War Goes to the Moon", *American Heritage of Invention & Technology* 13, n.º 1 (1997), pp. 52-54.

4.1.5 Estudo de Viabilidade

O estudo de viabilidade visa eliminar idéias rapidamente, sem consumir muito tempo de engenharia. O objetivo é olhar o quadro de forma global e focar os aspectos mais relevantes do problema.

Quinta Etapa: Analisar Cada Solução em Potencial.

Durante o estudo de viabilidade, na primeira análise de cada solução em potencial, a equipe de engenharia pode empregar cálculos simples para caracterizar cada projeto. De modo alternativo, a equipe pode usar simples heurísticas (p. ex., número de partes, número de etapas do processo, número de componentes de alta precisão, simplicidade dos componentes, complexidade de logística ou necessidade de materiais exóticos) para analisar as diferentes opções de projeto.

Sexta Etapa: Escolher a(s) Melhor(es) Solução(ões).

Embora os engenheiros gostem de investigar cada opção tecnológica detalhadamente, isso raramente é possível. Como não temos um tempo infinito para trabalhar em um problema, é necessário eliminar algumas tecnologias com base nos resultados do estudo de viabilidade. Dependendo dos métodos usados para analisar cada opção de projeto, os engenheiros desenvolvem um esquema para escolher a(s) melhor(es) opção(ões). Por exemplo, projetos com menor número de partes tendem a ser mais baratos e mais confiáveis. Assim, a equipe pode selecionar os projetos que possuem o menor número de partes.

Sétima Etapa: Documentar a(s) Solução(ões).

Depois que os engenheiros buscaram a solução e fizeram algumas escolhas, eles devem documentar seus resultados de forma escrita. O relatório deve definir o problema, identificar critérios de sucesso, descrever e analisar as diversas opções, descrever o sistema de classificação usado para avaliar as várias opções, e recomendar a(s) melhor(es) opção(ões). Gráficos e boa escrita são essenciais ao relatório. Esse relatório é distribuído aos membros da equipe, de forma que todos trabalhem com a "mesma partitura". Antes que o relatório seja divulgado, todos os membros da equipe devem concordar com ele.

Oitava Etapa: Comunicar a(s) Solução(ões) à Gerência.

Os engenheiros devem comunicar seus resultados à gerência, enviando uma cópia do relatório escrito desenvolvido na Sétima Etapa. Além disso, eles podem querer discutir os resultados pessoalmente, por telefone, ou em uma apresentação oral formal.

4.1.6 Projeto Preliminar

O propósito do estudo de viabilidade era fazer um levantamento "rápido e grosseiro" para determinar se valia a pena empenhar mais esforço. Caso a resposta tenha sido positiva, os engenheiros se dedicam, então, a um projeto preliminar mais detalhado que o estudo de viabilidade.

Quinta Etapa: Analisar Cada Solução em Potencial.

Durante o projeto preliminar, os engenheiros usarão cálculos detalhados para analisar os projetos promissores que emergiram do estudo de viabilidade. A análise das opções de projeto pode se basear em disciplinas da engenharia, como termodinâmica, estática, resistência dos materiais, análise de circuitos, transferência de calor, mecânica de fluidos, e outras.

Sexta Etapa: Escolher a(s) Melhor(es) Solução(ões).

A análise do projeto preliminar fornece informações adicionais com as quais identifica(m)-se melhor(es) solução(ões). Uma abordagem para identificar as melhores soluções é listar as vantagens e desvantagens de cada opção. Outra abordagem usa uma **matriz de avaliação** (Tabela 4.1), na qual as propriedades desejadas e sua importância relativa (isto é, os fatores de peso) são listadas à esquerda. Cada opção tem uma coluna separada, na qual uma nota é dada a cada propriedade. Para cada opção, as notas são multiplicadas pelos fatores de peso e somadas. A opção com a maior nota ponderada é selecionada.

Sétima e Oitava Etapas: Documentar a(s) Solução(ões) e Comunicá-la(s) à Gerência.

Os resultados do projeto preliminar devem ser documentados em um relatório. Primeiro, o relatório deve circular entre os membros da equipe de projeto para ter a concordância de todos; então, o relatório é enviado à gerência. Esse relatório contém os mesmos tópicos do estudo de viabilidade, porém possui mais detalhes. Além disso, os resultados do projeto preliminar são apresentados à gerência em um relatório oral formal, que permita que esta faça perguntas para determinar se vale a pena prosseguir com o projeto. Normalmente, uma única solução emergirá da fase de projeto preliminar.

4.1.7 Projeto Detalhado

Quando um projeto passou com sucesso pela fase de projeto preliminar, pode ser levado à fase de projeto detalhado. O projeto detalhado envolve uma grande equipe que trabalha *na* solução que emergiu da fase de projeto preliminar.

Quinta a Oitava Etapas do Projeto Detalhado.

Cada um dos componentes da solução deve agora ser especificado em grande detalhe. Aspectos como materiais, dimensões, tolerâncias e etapas de processamento devem todos ser documentados em desenhos e relatórios detalhados que permitam aos artesãos construir um protó-

---

TABELA 4.1
Matriz de avaliação

Propriedade	Fator de Peso	Opção A		Opção B		Opção C	
		Nota	Nota Ponderada	Nota	Nota Ponderada	Nota	Nota Ponderada
Propriedade 1	α	A1	$\alpha \times A1$	B1	$\alpha \times B1$	C1	$\alpha \times C1$
Propriedade 2	β	A2	$\beta \times A2$	B2	$\beta \times B2$	C2	$\beta \times C2$
Propriedade 3	γ	A3	$\gamma \times A3$	B3	$\gamma \times B3$	C3	$\gamma \times C3$
Total			Σ acima		Σ acima		Σ acima

tipo. Para alguns projetos complexos, como aviões, os desenhos e relatórios detalhados literalmente pesam centenas ou milhares de quilos e exigem uma carreta para transportá-los.

4.1.8 Nona Etapa: Construir a Solução

Tipicamente, um protótipo será construído a partir dos documentos produzidos no projeto detalhado. Se o teste do protótipo for bem-sucedido, o projeto será finalizado. Uma linha de produção será montada para fabricar o produto a ser vendido ao consumidor. Muitas pessoas estão envolvidas nessa etapa. Fornecedores de materiais devem ser identificados, e contratos escritos devem ser elaborados. Pessoal para operar a linha de produção deve ser contratado. Processos de larga escala devem ser refinados, pois o protótipo foi construído em uma pequena oficina. Estratégias de vendas devem ser finalizadas, e financiamento deve ser providenciado. Um manual do proprietário deve ser impresso para acompanhar o produto. Peças sobressalentes devem ser fabricadas e estocadas para prover suporte futuro ao consumidor.

4.1.9 Décima Etapa: Verificar e Avaliar

O trabalho do engenheiro não estará completo até que o primeiro produto seja fabricado em uma linha de produção de larga escala. Amostras do produto devem, agora, ser tiradas da linha de produção para verificar se o produto atende às especificações de projeto. Se houver problemas na linha de produção, eles devem ser corrigidos.

O engenheiro deve, então, pensar sobre a próxima geração de produtos. Como a tecnologia muda rapidamente, o engenheiro deve pensar em aprimorar as técnicas de fabricação, introduzindo novos materiais, de propriedades superiores, ou melhorando o projeto para atender às exigências mais recentes do mercado. Caso a gerência aprove a próxima geração de produtos, o engenheiro deve retornar à Primeira Etapa, onde o problema de projeto é definido.

4.2 PRIMEIRO EXEMPLO DE PROJETO: UM CLIPE DE PAPEL APRIMORADO

Para ilustrar as etapas do método de projeto de engenharia, vamos considerar o projeto de um objeto comum: o clipe de papel.

Primeira Etapa: Identificar a Necessidade e Definir o Problema.   Um vendedor da companhia Material de Escritório Ltda. (MEL) retornou de uma recente visita de venda a um hospital. As enfermeiras o informaram de que um paciente recebeu tratamento inapropriado e quase morreu, porque um documento importante foi perdido de uma pilha de papéis presos com clipes comuns. Aparentemente, uma enfermeira estava carregando uma pilha de 20 relatórios médicos e os deixou cair. Os clipes falharam, e os papéis se espalharam pelo chão. Na confusão, um documento importante foi colocado na pasta errada.

O vendedor abordou a gerência da MEL e solicitou que um novo clipe de papel fosse desenvolvido para prender documentos importantes, como relatórios médicos. A gerência gostou da idéia; produtos topo de linha geralmente resultam em grande margem de lucro.

O vendedor identificou a necessidade de um clipe de papel altamente confiável. A gerência definiu o problema como: "Desenvolver um clipe de papel altamente confiável para uso em aplicações especializadas, como prender documentos médicos."

Segunda Etapa: Montar a Equipe de Projeto.   Para projetar um clipe de papel aprimorado, a gerência reuniu uma equipe de projeto composta dos seguintes indivíduos: engenheiro mecânico para especificar a forma do clipe, engenheiro de produção para especificar o equipamento para fabricar o clipe, e especialista em marketing para determinar como vender o clipe a clientes especializados.

Terceira Etapa: Identificar Limitações e Critérios de Sucesso. O especialista em marketing determina que, para ser bem-sucedido, o máximo preço aceitável é de US$1,00 por clipe. O sistema de clipe deve ser capaz de prender algo entre 2 e 200 páginas. As páginas não podem se separar, caso os papéis caiam de uma altura de até 3 metros.

TABELA 4.2
Propriedades do clipe de papel aprimorado

Propriedade	Peso	Justificativa
Confiabilidade	5	O clipe de papel será utilizado em documentos importantes, de forma que confiabilidade é essencial.
Projeto compacto	3	Embora um projeto compacto seja desejável, isso não é crítico.
Peso	3	Embora um pequeno peso seja desejável, isso não é crítico.
Conveniência	5	O especialista em marketing indicou que não importa quão bom seja o novo clipe de papel; se seu uso for inconveniente, não venderá.
Baixo custo	1	Esse novo clipe de papel será vendido a consumidores especializados, de forma que o custo não é muito importante.

A equipe de projeto decide que o clipe de papel deva ter as propriedades listadas na Tabela 4.2. A importância relativa de cada propriedade é indicada com um peso; justificativas são dadas para cada peso especificado.

Quarta Etapa: Buscar Soluções. A equipe de projeto fez alguma pesquisa sobre clipes de papel e encontrou um artigo sobre o assunto.[1] O artigo afirma que, antes da existência de clipes de papel, os papéis eram presos com um alfinete reto. Essa tecnologia tinha problemas óbvios, como ser limitada a apenas algumas poucas folhas de papel, espetar o leitor com uma ponta afiada e pegar outros papéis indesejáveis. Na metade do século XIX, prendedores de roupa e clipes elaborados de madeira foram usados para prender papéis. No final do século XIX, máquinas para dobrar arame, produzindo clipes de papel, se tornaram disponíveis, e uma miríade de formas foi desenvolvida (Figura 4.2). Próximo à virada do século, o clipe de papel padrão "Gem" foi introduzido pela companhia britânica Gem Ltda.

Todos os clipes de papel comumente disponíveis se baseiam na elasticidade de um arame para prender papéis. Outras opções devem ser identificadas para prender papéis de forma mais segura. Situações análogas devem ser exploradas.

Pelo artigo de Petroski, a equipe de projeto ficou sabendo que prendedores de roupa haviam sido usados para prender papéis. A equipe de projeto discutiu essa possibilidade e desenvolveu as Opções 1 e 2 (Figura 4.3) . Entretanto, em vez de usar uma mola para prender os papéis, eles propuseram duas possibilidades mais seguras. A Opção 1 utiliza um parafuso que,

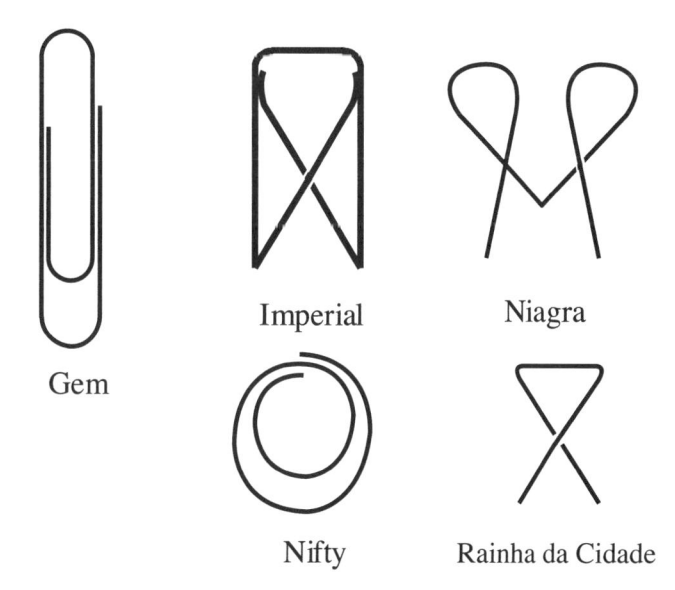

Gem

Imperial

Niagra

Nifty

Rainha da Cidade

FIGURA 4.2
Exemplos de clipes de papel de arame.

[1]H. Petroski, "The Evolution of Artifacts", *American Scientist* 80 (1992), pp. 416-420.

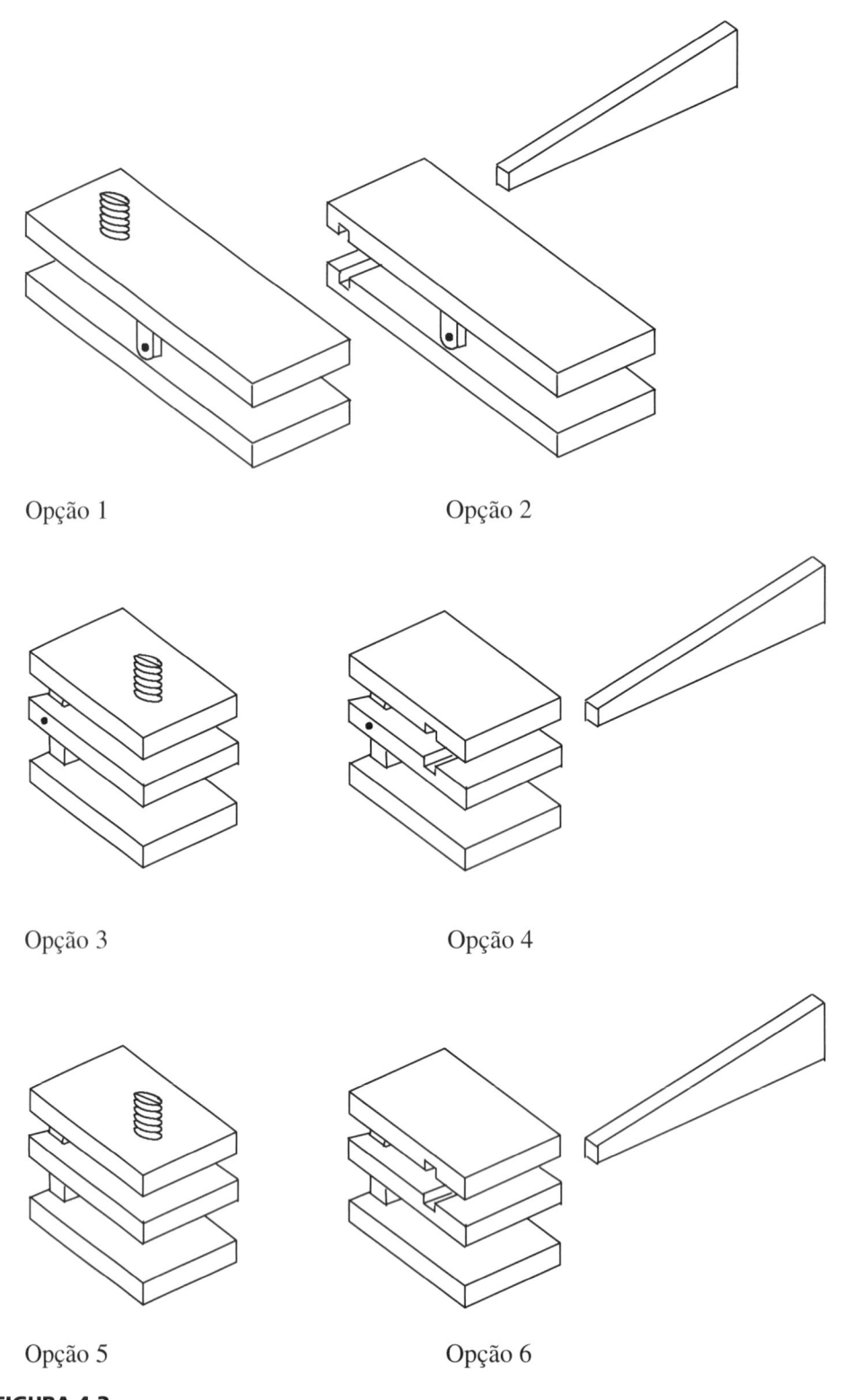

Opção 1   Opção 2

Opção 3   Opção 4

Opção 5   Opção 6

FIGURA 4.3
Seis opções para um clipe de papel aprimorado.

quando apertado, prende firmemente os papéis. A Opção 2 utiliza uma cunha para prender os papéis.

As Opções 1 e 2 são grandes, de modo que a equipe de projeto fez um *brainstorming* e propôs as Opções 3 e 4. Essas duas opções de projetos são análogas a um torninho ou grampo. As lâminas metálicas intermediárias se curvam à medida que o parafuso é apertado ou a cunha é inserida. As Opções 5 e 6 são muito parecidas com as Opções 3 e 4, exceto que as lâminas metálicas intermediárias deslizam ao longo de um guia, em vez de se curvarem.

As Opções 1, 3 e 5 exigem uma chave de fenda para ajustar o parafuso; as Opções 2, 4 e 6 exigem uma cunha que pode ser perdida. Almejando um clipe de papel auto-suficiente, a equipe concebeu a Opção 7 (Figura 4.4). O papel é inserido no grampo, o qual tem um furo quadrado no topo. O pino retrátil é rosqueado na parte superior e quadrado na parte de baixo, para se encaixar no furo quadrado do grampo; o furo quadrado evita que o pino retrátil gire. A porção rosqueada do pino retrátil se encaixa no furo rosqueado no botão circular. O botão é preso por um retentor, que permite que o botão gire, mas o impede de se mover na direção axial. À medida que o botão gira, ele força o pino retrátil para baixo e prende os papéis. Uma variedade de tamanhos pode ser fabricada para prender diferentes quantidades de papéis.

Quinta Etapa: (Estudo de Viabilidade) Analisar Cada Solução em Potencial. A equipe de projeto decidiu usar uma matriz de avaliação (Tabela 4.3) para ajudar a selecionar a melhor opção. Eles classificaram as cinco propriedades de cada opção como:

- Confiabilidade. Opções 1, 3, 5 e 7 usam um parafuso, cuja falha é improvável; portanto, essas opções receberam as maiores notas. As Opções 2, 4 e 6 usam uma cunha, que pode cair; portanto, essas opções receberam notas menores.
- Projeto compacto. As Opções 1 e 2 são muito grandes, de modo que receberam notas baixas. Além disso, as opções com uma cunha receberam notas baixas porque a cunha ocupa espaço. O botão giratório da

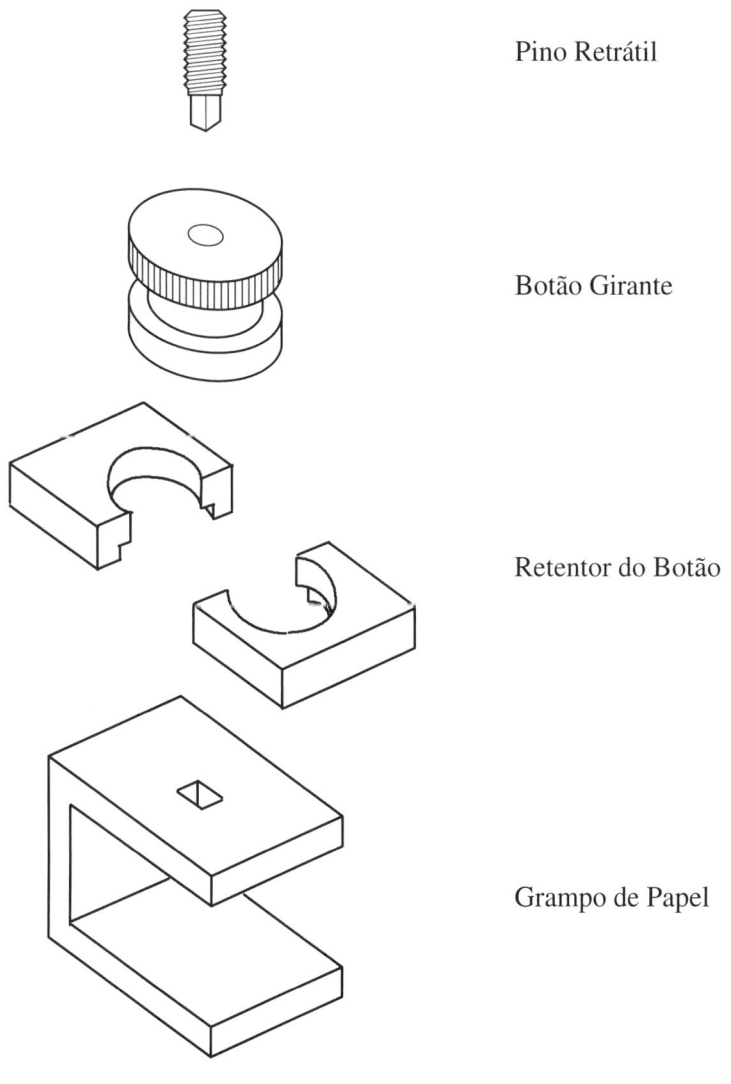

Pino Retrátil

Botão Girante

Retentor do Botão

Grampo de Papel

FIGURA 4.4
Opção 7 para um clipe de papel aprimorado.

TABELA 4.3
Matriz de avaliação para o clipe de papel aprimorado

	Peso	Opção 1		Opção 2		Opção 3		Opção 4		Opção 5		Opção 6		Opção 7	
Propriedade	P	N	N × P	N	N × P	N	N × P	N	N × P	N	N × P	N	N × P	N	N × P
Confiabilidade	5	5	25	3	15	5	25	3	15	5	25	3	15	5	25
Projeto compacto	3	1	3	1	3	3	9	2	6	3	9	2	6	2	6
Peso	3	1	3	1	3	3	9	3	9	3	9	3	9	3	9
Conveniência	5	1	5	1	5	1	5	1	5	1	5	1	5	5	25
Baixo custo	1	4	4	4	4	3	3	3	3	3	3	3	3	5	5
Total			40		30		51		38		51		38		70

1 = Insatisfatório   5 = Excelente

Opção 7 requer algum espaço; assim, essa opção também recebeu nota baixa. De todas as opções, as Opções 3 e 5 são as mais compactas; mesmo assim, não são tão compactas como os clipes tradicionais, e por isso receberam apenas 3 pontos.

- Peso. As notas de peso foram iguais às notas de tamanho, exceto para a Opção 7, pois alguns componentes poderiam ser feitos de plástico para reduzir o peso.
- Conveniência. As Opções 1, 3 e 5 requerem uma chave de fenda, o que é inconveniente. As Opções 2, 4 e 6 requerem uma cunha, que pode ser facilmente perdida. Somente a Opção 7 parece conveniente, por isso recebeu a nota máxima.
- Custo. A Opção 7 é a mais complexa, portanto tem o maior custo. As outras opções são menos caras que a Opção 7, mas ainda são caras em comparação com o clipe de papel tradicional.

Sexta Etapa: (Estudo de Viabilidade) Escolher a(s) Melhor(es) Solução(ões). A escolha é feita com base nas notas ponderadas totais listadas na Tabela 4.3. A Opção 7 é a melhor, por uma grande margem.

Sétima Etapa: (Estudo de Viabilidade) Documentar a(s) Solução(ões). A equipe de projeto prepara um relatório escrito, documentando as diversas opções e suas avaliações.

Oitava Etapa: (Estudo de Viabilidade) Comunicar a(s) Solução(ões) à Gerência. A equipe de projeto faz uma apresentação oral à gerência para explicar as opções e por que pensa que a Opção 7 é a melhor. A equipe submete o relatório escrito à gerência uma semana antes da apresentação oral, de modo que a gerência tenha tempo de revisar as opções e pensar sobre boas perguntas.

Após a apresentação oral, a gerência aprova o projeto para suporte continuado.

Quinta a Oitava Etapas do Projeto Preliminar. A equipe de engenharia realiza alguns cálculos detalhados para determinar a necessária espessura da lâmina metálica do grampo de papel. Eles decidem que a lâmina será construída de aço-carbono comum galvanizado para resistir à corrosão. O pino retrátil também será construído de metal galvanizado. Para reduzir peso e custo, o botão será de plástico, com um implante de metal para a rosca. O retentor do botão também será de plástico.

A oficina faz alguns protótipos do clipe e testa se funcionam satisfatoriamente, deixando cair papéis de uma altura de 10 metros.

Para documentar o projeto, a equipe prepara desenhos e relatórios escritos. Após uma revisão do projeto com a gerência, este recebe aprovação para prosseguir.

Quinta a Oitava Etapas do Projeto Detalhado. Embora o protótipo tenha funcionado satisfatoriamente, ainda há alguns assuntos a serem tratados, principalmente relacionados à viabilidade de fabricação. Para atender ao objetivo de custo de US$1,00 por clipe, é importante identificar métodos de fabricação que possam produzir e montar os componentes de forma eficiente, do ponto de vista de custo. Uma vez que as máquinas e métodos de fabricação tenham sido identificados, os desenhos finais de engenharia do clipe de papel podem ser preparados. Os desenhos abordam questões importantes, como fornecedores de material e tolerâncias de fabricação para cada componente.

Nona Etapa: Construir a Solução. A maquinaria para construir o clipe de papel é instalada, e clipes de papel são vendidos a clientes especializados.

Décima Etapa: Verificar e Avaliar. Os clipes de papel devem ser continuamente amostrados e inspecionados para assegurar que o equipamento de fabricação continua a fazer produtos de alta qualidade. Mesmo que o processo esteja operando com sucesso, os engenheiros devem sempre procurar o aprimoramento dos métodos de fabricação para reduzir custos e evitar a perda de mercado para competidores.

4.3 SEGUNDO EXEMPLO DE PROJETO: MÃO MECÂNICA PARA O ÔNIBUS ESPACIAL

Para prosseguir com nossa familiarização com o método de projeto de engenharia, exploraremos o projeto de uma mão mecânica usada para construir a Estação Espacial Internacional.

Primeira Etapa: Identificar a Necessidade e Definir o Problema. O Congresso dos Estados Unidos autorizou financiamento à NASA para construir a Estação Espacial Internacional, um satélite habitável que permitirá a presença humana permanente em órbita baixa. Grande parte do *hardware* será fornecido por outras nações, de modo que o projeto terá um caráter verdadeiramente internacional. O propósito da Estação Espacial Internacional é prover um ambiente de microgravidade para investigações científicas e de engenharia. A estação permitirá também estudos médicos sobre o efeito de longo prazo da ausência de gravidade na fisiologia humana.

Conquanto o *hardware* seja fabricado na Terra, deve ser montado no espaço. Alguns componentes são muito grandes e não podem ser manipulados diretamente por astronautas flutuando livremente em suas roupas espaciais de proteção; portanto, grandes itens serão manipulados por uma mão mecânica. Essa mão mecânica será presa na extremidade de um braço mecânico montado no ônibus espacial. Para montar um componente grande, o operador manipula o objeto, usando braço e mão mecânicos, que são acionados por controles remotos localizados no interior do ônibus espacial.

Embora o ônibus espacial já tenha um braço e uma mão mecânicos, a mão atual é muito pequena para manipular os grandes componentes da estação espacial; por isso, sua companhia foi contratada para projetar e construir uma grande mão mecânica para substituir a mão pequena.

Segunda Etapa: Montar a Equipe de Projeto. Para atender ao contrato da NASA, a gerência de sua companhia formou uma equipe de indivíduos com as seguintes qualificações:

O ônibus espacial pode manipular componentes da Estação Espacial Internacional usando seu braço mecânico.

Cortesia da NASA.

gerenciamento de projeto, engenharia mecânica, engenharia elétrica, engenharia de controle e de produção.

Terceira Etapa: Identificar Limitações e Critérios de Sucesso.

Para atender ao contrato, a mão mecânica deve ser construída no prazo de 1 ano, a um custo de 10 milhões de dólares. Como o custo de lançar 2 kg ao espaço é de 10 mil dólares, o contrato especifica que a mão não pode ter massa maior que 200 kg. Uma vez que a mão mecânica será usada tanto sob sol pleno como em total escuridão, ela deve operar a temperaturas entre -150 e $+100°C$. Ela deve funcionar em vácuo completo e estará sujeita a chuvas de micrometeoros, que são freqüentes no espaço. Por ser difícil fazer consertos no espaço, a mão mecânica deve ser muito confiável. Caso a mão falhe, ela não deve danificar o ônibus espacial ou a estação espacial. A mão mecânica deve ter uma "garra suave", ou seja, ela não pode esmagar componentes da estação quando os estiver montando. Como a energia é preciosa no espaço, a mão mecânica deve ter baixo consumo de energia.

A equipe de projeto discutiu a importância relativa de cada um desses aspectos. Os integrantes da equipe estabeleceram fatores de peso para cada um, com valor máximo de 10 e mínimo de 1. A Tabela 4.4 mostra os fatores de peso e uma explanação para cada um.

Quarta Etapa: Buscar Soluções.

A equipe de projeto tem uma sessão de *brainstorming* e discute a mão mecânica. Como a mão manipulará objetos grandes, destreza fina não é necessária. Integrantes da equipe decidem que a mão pode ser mais parecida com a garra de uma lagosta do que com a mão humana. Após discutirem algumas idéias, eles esboçaram os dois conceitos mostrados na Figura 4.5. A Opção 1 tem um **atuador** que puxa os cabos que manipulam os dois dedos articulados. As pontas dos dedos são de borracha, para permitir uma garra suave. A Opção 2 tem dois dedos estacionários e um dedo oposto com um atuador.

Cada mão mecânica exigia um atuador. A equipe de projeto desenvolveu as três versões ilustradas na Figura 4.6. Note que números, em vez de palavras, são usados para indicar as peças componentes. Essa técnica de usar números é utilizada geralmente em patentes, de modo que os desenhos não fiquem confusos. Além disso, permite a identificação dos componentes sem ambigüidade. Por essa mesma razão, usamos a técnica de numeração aqui.

A *Opção A* usa pressão pneumática como atuador. Gás de baixa pressão é armazenado no tanque 1. O compressor 2 pressuriza o gás de baixa pressão, de modo que possa fluir para o tanque de alta pressão 3. O regulador de pressão 4 ajusta a pressão de fluxo do gás; uma pressão alta propicia uma garra firme, e uma pressão baixa, uma garra suave. O pistão de ação dupla 12 atua sobre o êmbolo11. Ao abrir as válvulas 5 e 8 e fechar as válvulas 6 e 7, a pressão na câmara 13 se torna maior que a pressão na câmara 14, empurrando o êmbolo. Da mesma forma, ao fechar as válvulas 5 e 8 e abrir as válvulas 6 e 7, a pressão na câmara 13 se torna menor

TABELA 4.4
Matriz de avaliação para os atuadores da mão mecânica

Propriedade	Fatores de Peso	Explanação
Garra suave	10	Essencial para que os componentes da estação espacial não sejam esmagados.
Falha não danifica a estação espacial ou o ônibus	10	A falha da mão mecânica não deve provocar outras falhas, colocando vidas em risco.
Baixo consumo de energia	5	A mão mecânica não será usada freqüentemente, de modo que o consumo de energia não é crítico.
Massa	5	Se massa extra for necessário para a funcionalidade, o custo extra deve caber no orçamento.
Confiabilidade	9	Uma falha pode fazer com que uma missão seja "cancelada", o que é muito caro.
Opera em uma larga faixa de temperatura	5	A temperatura varia freqüentemente, portanto o atuador deve poder ser usado sempre que a temperatura for aceitável.
Compatível com o vácuo	7	Incompatibilidades são indesejáveis, mas aceitáveis se não danificarem a estação espacial ou o ônibus.
Custo	6	Custos excessivos são indesejáveis, mas preferíveis ao desenvolvimento de um equipamento inferior.
Cronograma de projeto	6	Prazos excessivos são indesejáveis, mas preferíveis ao desenvolvimento de um equipamento inferior.

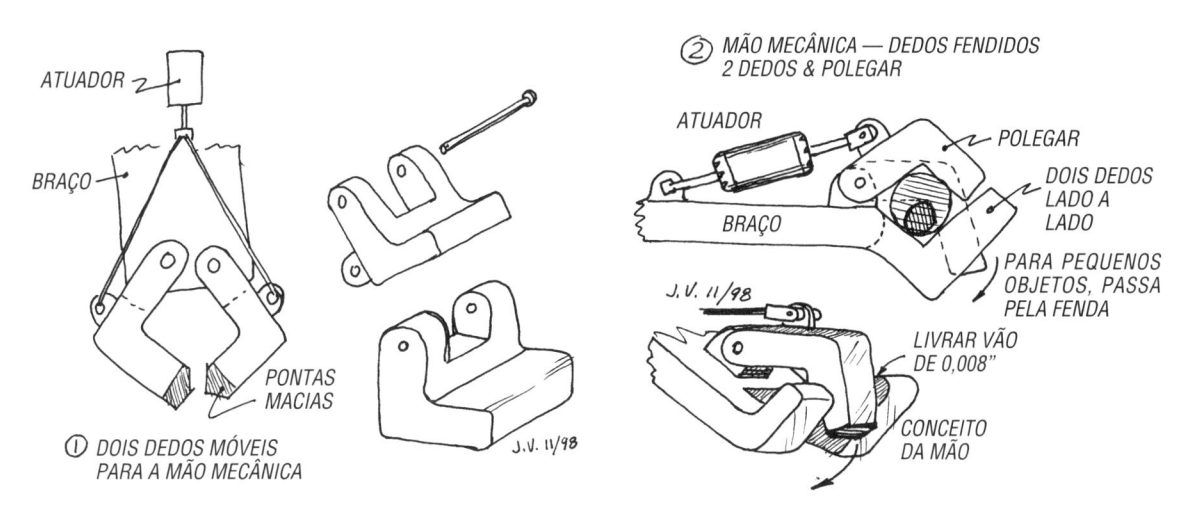

FIGURA 4.5
Esboços de duas mãos mecânicas. (Desenhos gentilmente cedidos por Gerald Vinson.)

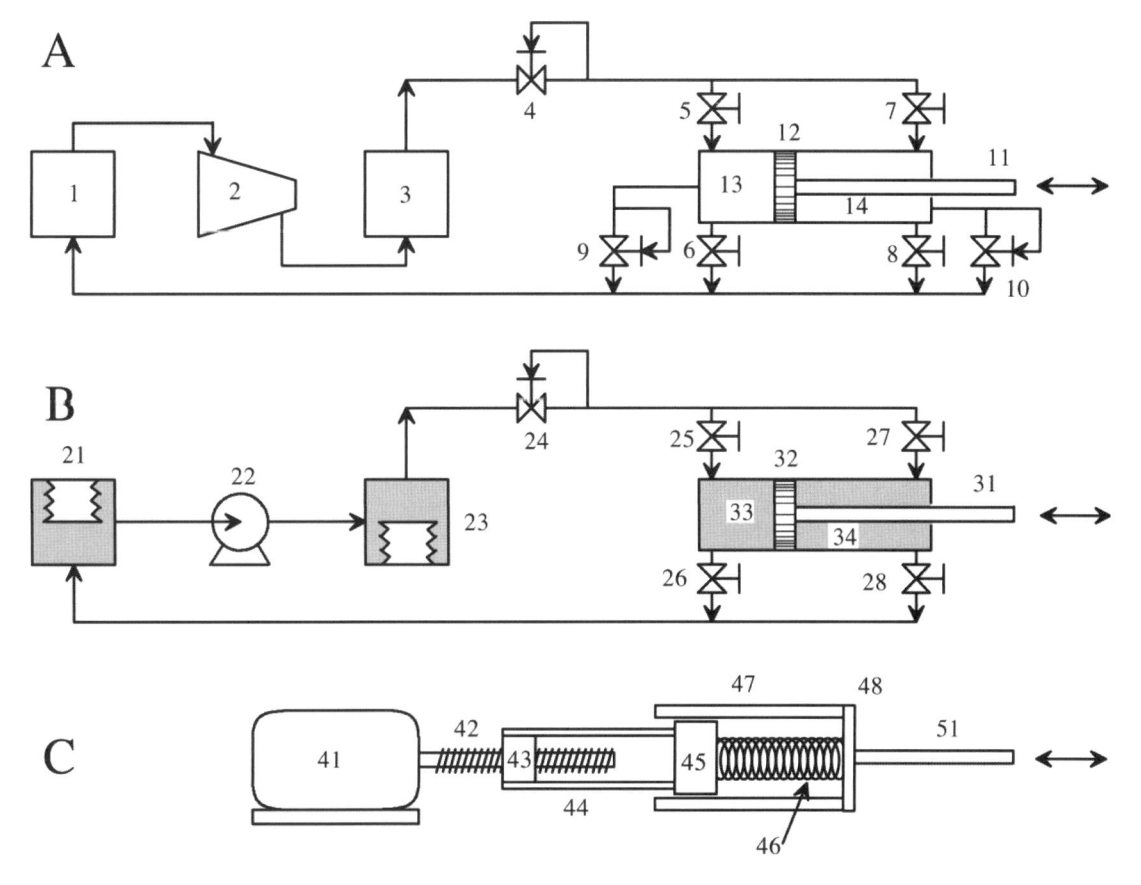

FIGURA 4.6
Esquemas dos atuadores. Opções: A = pneumático, B = hidráulico e C = motor elétrico.

que a pressão na câmara 14, e o êmbolo 11 é recolhido. As válvulas de alívio 9 e 10 protegem as câmaras 13 e 14 no caso de uma sobrepressão.

A *Opção B* usa pressão hidráulica como atuador. Um fluido hidráulico de baixa pressão é armazenado no acumulador 21, um tanque com um balão cheio de gás. A bomba 22 pressuriza o fluido hidráulico de baixa pressão, de modo que possa fluir para o acumulador de alta pressão 23. O regulador de pressão 24 ajusta a pressão hidráulica do fluxo; uma pressão alta propicia uma garra firme, e uma pressão baixa, uma garra suave. O pistão de ação dupla 32 atua sobre o êmbolo 31. Ao abrir as válvulas 25 e 28 e fechar as válvulas 26 e 27, a pressão na câmara 33 se torna maior que a pressão na câmara 34, empurrando o êmbolo 31. Da mesma forma, ao fechar as válvulas 25 e 28 e abrir as válvulas 26 e 27, a pressão na câmara 33 se torna menor que a pressão na câmara 34, e o êmbolo 31 é recolhido.

A *Opção C* usa um servomotor elétrico 41 como atuador. Em um servomotor, o número de rotações do eixo pode ser controlado. O eixo rosqueado 42 tem uma porca 43 que pode se deslocar ao longo do comprimento do eixo. As extensões 44 conectam o pistão 45 localizado no interior do cilindro 47. Quando a porca 43 se move para a direita, a mola 46 empurra a placa 48 e estende o êmbolo 51. De forma semelhante, quando a porca 43 se move para a esquerda, a mola 46 puxa a placa 48 e recolhe o êmbolo 51. Ao pegar um objeto, quanto mais a mola 46 for comprimida, mais firme será a garra.

Quinta Etapa: (Estudo de Viabilidade) Analisar Cada Solução em Potencial.   Para analisar qual das duas mãos mecânicas é melhor, os engenheiros listaram as vantagens e desvantagens de cada uma.

	Desvantagens	**Vantagens**
Opção 1	Dificuldade em pegar objetos de diâmetros grandes e pequenos.	A carga da mola sobre os dedos estabelece a máxima pressão de garra. Pode ser ajustada para evitar danos aos componentes da estação espacial.
Opção 2	O atuador pode apertar demais e danificar componentes da estação espacial.	Pode pegar objetos de diâmetros grandes e pequenos.

Para analisar qual dos atuadores é melhor, a equipe de projeto criou uma matriz de avaliação (Tabela 4.5). Aqui estão as explanações das notas:

- Garra suave. Todos os projetos têm a característica de garra suave.
- Falha não danifica a estação espacial ou o ônibus. Se um micrometeoro romper os tubos pneumáticos, a mão mecânica pode oscilar de forma descontrolada, pois o gás que escapa se comporta como um motor de foguete em miniatura. Entretanto, o braço mecânico é bastante rígido, de forma que o movimento será limitado. Se um micrometeoro romper os tubos hidráulicos, fluido hidráulico pode se espalhar sobre a estação espacial ou ônibus e danificar componentes importantes. Nenhuma dessas falhas pode ocorrer com o motor elétrico.
- Baixo consumo de energia. Como o gás é compressível, grandes volumes de gás devem ser comprimidos para alcançar uma dada pressão, de modo que é necessária muita energia. O regulador de pressão no tubo hidráulico causa perdas de energia. Nenhuma dessas perdas ocorre com o motor elétrico.
- Massa. Os tanques de gás e o compressor são bastante pesados. O fluido hidráulico também é pesado. O motor elétrico elimina essas massas.
- Confiabilidade. As opções pneumática e hidráulica são complexas, devido às inúmeras válvulas e reguladores de pressão, desrespeitando, assim, o princípio BASES. Em contrapartida, o motor elétrico é o projeto mais simples.
- Operação em uma larga faixa de temperatura. A pressão do gás no sistema pneumático flutua, à medida que a temperatura varia, dificultando o controle. A viscosidade do fluido hidráulico varia muito com a temperatura. Nenhum desses problemas ocorre com o motor elétrico.
- Compatibilidade com vácuo. Tanto o sistema pneumático quanto o hidráulico têm uma vedação crítica em torno do êmbolo. Uma vedação imperfeita significa que fluido vazará, e a vedação deve ser trocada. Esse problema não ocorre com o motor elétrico.
- Custo. Todos os projetos têm custo comparável.
- Cronograma. Todos os projetos podem atender ao cronograma de projeto.

Sexta Etapa: (Estudo de Viabilidade) Escolher a(s) Melhor(es) Solução(ões).   A equipe de projeto discute as vantagens e desvantagens de cada mão mecânica. Como os componentes da estação têm diferentes tamanhos, os integrantes da equipe pensam que a Opção 2 é o melhor projeto.

Para o atuador, de acordo com a matriz de avaliação na Tabela 4.5, a Opção C é claramente o melhor projeto.

TABELA 4.5
Matriz de avaliação para os atuadores da mão mecânica

Propriedade	Fatores de Peso	Opção A		Opção B		Opção C	
		Nota	Nota Ponderada	Nota	Nota Ponderada	Nota	Nota Ponderada
Garra suave	10	10	100	10	100	10	100
Falha não danifica a estação espacial ou o ônibus	10	8	80	1	10	10	100
Baixo consumo de energia	5	1	5	5	25	10	50
Massa	5	5	25	1	5	10	50
Confiabilidade	9	3	27	7	63	10	90
Opera em uma larga faixa de temperaturas	5	8	40	1	5	10	50
Compatível com vácuo	7	4	28	6	42	10	70
Custo	6	10	60	10	60	10	60
Cronograma de projeto	6	10	60	10	60	10	60
Total			425		370		630

1 = Insatisfatório   10 = Excelente

Sétima Etapa: (Estudo de Viabilidade) Documentar a(s) Solução(ões). A equipe de projeto prepara um relatório escrito documentando as várias opções avaliadas.

Oitava Etapa: (Estudo de Viabilidade) Comunicar a(s) Solução(ões) à Gerência. Para permitir tempo para análise, a equipe de projeto envia o relatório escrito à gerência uma semana antes da reunião de revisão do projeto. Nessa reunião, a equipe apresenta seu trabalho oralmente e responde as perguntas feitas pela gerência. A gerência aceita as conclusões da equipe e a autoriza a prosseguir com o projeto preliminar.

Quinta a Oitava Etapas do Projeto Preliminar. A equipe de engenharia prepara um projeto preliminar da Opção 2 de mão mecânica e da Opção C de atuador. Os integrantes da equipe abordam assuntos como a identificação de potenciais fornecedores do servomotor 41, materiais para a construção dos vários componentes, lubrificação do eixo rosqueado 42 e da porca 43, métodos para juntar a mola 46 ao pistão 45 e à placa 48, métodos para controlar o servomotor 41, sensores para determinar a força compressiva na mola 46, e métodos para tornear ou fundir os dedos. Ao abordar cada assunto, múltiplas opções são disponíveis, de forma que escolhe-se a melhor opção por meio de uma matriz de avaliação, ou tabela listando as vantagens e desvantagens de cada opção. Novamente, eles devem documentar suas decisões em um relatório escrito e defender suas escolhas junto à gerência. Uma vez que a gerência aprove o projeto preliminar, a equipe de projeto pode prosseguir com o projeto final.

Quinta a Oitava Etapas do Projeto Detalhado. Durante o projeto detalhado, os membros da equipe desenham cada componente, indicando dimensões, tolerâncias e materiais de construção. Eles também preparam desenhos de montagem e instruções. A Figura 4.7 mostra um exemplo de um desenho dos componentes montados. Esses desenhos devem ser aprovados pela gerência antes que a construção possa iniciar.

Nona Etapa: Construir a Solução. Enquanto a mão mecânica está sendo construída, a equipe de projeto responde às perguntas dos artesãos (torneiros e técnicos de eletrônica). Como os artesãos têm mais experiência prática que os engenheiros, eles apresentam muitas sugestões úteis durante a construção. Nessa fase, os engenheiros devem estar atentos a problemas que possam surgir, e modificar o projeto, se necessário.

Décima Etapa: Verificar e Avaliar. Uma vez que a construção da mão mecânica está completa, ela deve ser testada para assegurar que atende às especificações e requisitos de projeto. Se o teste mostrar que há deficiências, a equipe deve modificar o projeto, e os artesãos devem construir peças de reposição. Nesse estágio, modificações são extremamente caras, pois causam atrasos; portanto, se o *hardware* for deficiente, tais atrasos podem ser inevitáveis.

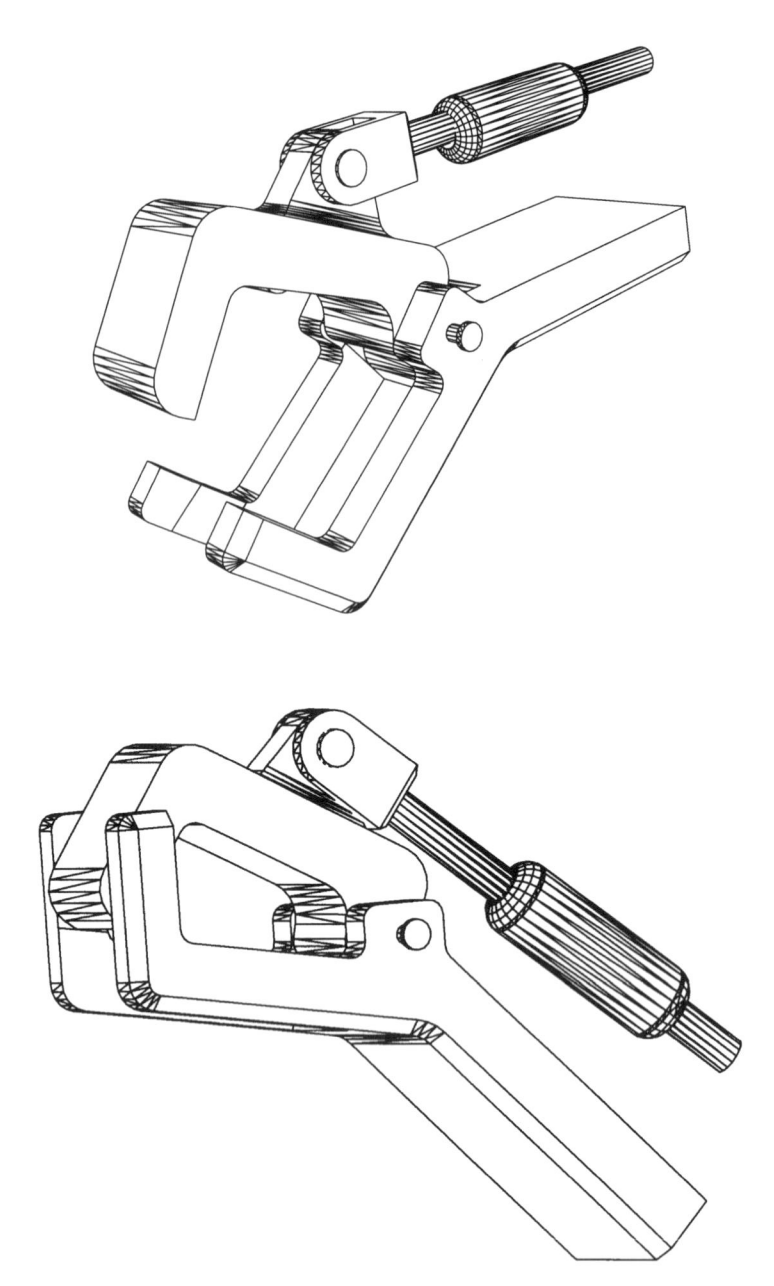

FIGURA 4.7
Exemplo de um desenho detalhado. (Desenhos gentilmente cedidos por Gerald Vinson.)

4.4 RESUMO

O engenheiro é uma pessoa que aplica ciência, matemática e economia para atender às necessidades da humanidade; ele atende a tais necessidades implementando o método de projeto de engenharia para projetar novos produtos, serviços ou processos.

O método de projeto de engenharia envolve a síntese de novas tecnologias, análise de seu desempenho, comunicação dentro da equipe de engenharia e com a gerência e implementação da nova tecnologia. Esse método consiste em 10 etapas, muitas das quais são iterativas.

O projeto envolve a concepção de novas tecnologias para atender as necessidades humanas e trazer o produto ao mercado. De certa forma, o projeto é o coração da engenharia. Para serem bem-sucedidos, os engenheiros de projeto devem ter excelentes habilidades criativas, técnicas, organizacionais e com pessoas. Como engenheiro de projeto, você trabalhará com engenheiros de diferentes especialidades, assim como com muitos outros profissionais (advogados, especialistas em marketing, publicitários, financiadores, distribuidores, políticos, etc.). É improvável que sua educação formal lhe ensine tudo o que você precisa saber, de forma que você deve continuar a estudar após sua formatura.

Bibliografia Complementar

Beakley, G. C., and H. W. Leach. *Engineering: An Introduction to a Creative Profession.* 4th ed. New York: Macmillan, 1983.

Norman, D. A. *The Design of Everyday Things.* New York: Doubleday, 1988.

Sandler, B. Z. *Creative Machine Design.* New York: Solomon Press, 1985.

Schwarz, O. B., and P. Grafstein. *Pictorial Handbook of Technical Devices.* New York: Chemical Publishing, 1971.

EXERCÍCIOS

4.1 Identifique uma dificuldade corriqueira e projete uma solução de engenharia para o problema.

4.2 Escolha um dos itens domésticos abaixo e liste tantos usos criativos quanto possíveis:

(a) cabide de roupas

(b) colher

(c) palito de dentes

(d) pedaço de papel

4.3 Projete um sistema para encher o tanque de combustível de um automóvel, que não emita vapores de gasolina no ar.

4.4 Como você pode evitar que gotas de chuva bloqueiem a visão através de um pára-brisa sem usar os barulhentos limpadores? Liste cinco idéias.

4.5 Projete um sistema que solucione o problema do pneu furado (1) evitando que o pneu esvazie, (2) consertando rapidamente o pneu; ou (3) trocando rapidamente o pneu com a força de uma criança de 10 anos.

4.6 Um ovo cru é jogado do terceiro andar de um prédio para um pegador localizado no térreo. Projete um pegador que não quebre o ovo.

4.7 Projete um sistema que coloque bolas de tênis radioativas em um balde de segurança sem o contato humano. O sistema deve ser operado por humanos posicionados em uma varanda com visão do andar térreo, onde as bolas de tênis radioativas estão localizadas.

4.8 Projete um sistema para retirar amostras do solo de Marte, de uma profundidade de 1 metro. O sistema não pode pesar mais que 10 kg.

4.9 Projete um método que evite que a Torre Inclinada de Pisa caia.

4.10 Projete um sistema que vire as páginas de um livro para uma pessoa deficiente que não pode usar os braços.

4.11 Projete um sistema barato que forneça e abra sacos de plástico, para frutas ou vegetais, para clientes de um *shopping* ou mercearia.

Glossário

atuador Mecanismo que usa sinais pneumáticos, hidráulicos ou elétricos para ativar um equipamento.

custo do ciclo de vida O preço de compra de um produto e custos adicionais, como mão-de-obra, operação, seguro e manutenção.

custo inicial de capital O preço de compra de um produto.

engenharia concorrente A abordagem de projeto na qual especialistas trabalham juntos desde o início de um projeto.

engenharia seqüencial A abordagem na qual especialistas trabalham de forma compartimentada.

estudo de viabilidade A etapa do método de projeto de engenharia em que as idéias são alinhavadas.

matriz de avaliação A avaliação matemática que identifica a melhor solução ao pesar as propriedades desejadas com base em sua importância relativa.

nomenclatura Um sistema de nomes usado nas artes e na ciência.

ótimo global A melhor condição encontrada sem restrições.

ótimo local A melhor condição encontrada com restrições.

projeto detalhado A etapa do método de projeto de engenharia em que desenhos e especificações altamente detalhados são preparados para a melhor opção de projeto.

projeto preliminar A etapa do método de projeto de engenharia em que algumas das idéias mais promissoras são exploradas em mais detalhe.

redundância O uso de múltiplos componentes onde todos têm as mesmas capacidades.

técnica Delphi A técnica na qual membros de um grupo são intencionalmente separados e apresentados ao mesmo problema. Eles devolvem suas soluções ao líder, as soluções são divulgadas, e os membros do grupo classificam as idéias.

técnica do grupo nominal A técnica na qual um líder propõe um problema a um grupo, e cada membro do grupo trabalha no problema e apresenta idéias. As idéias são discutidas e, então, classificadas.

CAPÍTULO 5

A Comunicação na Engenharia

No currículo da especialidade de engenharia de sua escolha, você encontrará muitos cursos "difíceis" (matemática, ciências e engenharia) e apenas alguns cursos mais superficiais, considerados "fáceis" (português, história e outras humanidades). Os cursos difíceis enfatizam os cálculos, enquanto os cursos fáceis enfatizam a comunicação, principalmente na forma escrita. Uma vez que o currículo de engenharia dá uma ênfase consideravelmente maior aos cursos difíceis, o estudante pode ser levado a concluir que a comunicação não é importante em engenharia.

Nada poderia ser mais falso. A ênfase em cursos difíceis meramente reflete o equilíbrio que os professores devem alcançar ao elaborar um currículo compatível com a severa limitação de tempo. Na verdade, as comunicações oral e escrita são parte integrante do trabalho de um engenheiro; alguns engenheiros relatam que gastam 80% de seu tempo com essas atividades. Provavelmente, os cursos fáceis afetarão mais a promoção de um engenheiro que os difíceis, especialmente se o objetivo principal for de tornar-se um gerente.

Uma recente pesquisa entre empresas propôs a seguinte pergunta: "Que habilidades faltam aos engenheiros recém-formados?" A resposta número 1 foi que aos engenheiros faltavam habilidades de comunicação. Como, basicamente, as empresas são formadas por um conjunto de indivíduos trabalhando em direção a um objetivo comum, as boas habilidades de comunicação são essenciais e altamente valorizadas.

Os engenheiros se comunicam tanto oralmente quanto de forma escrita. Independente do método, os engenheiros usam tanto palavras como gráficos para apresentar suas idéias. Até agora, a maior parte de sua educação focou a comunicação com palavras. Como um engenheiro de construções, você também deve aprender a se comunicar graficamente. Muitas idéias de engenharia são demasiado complexas para serem descritas com palavras, e somente podem ser comunicadas por meio de desenhos. (Sem dúvida, você já ouviu a expressão: Uma imagem vale mais que mil palavras.) Os gráficos de engenharia são um grande tema, muito além do escopo deste texto. Há ótimos livros sobre gráficos de engenharia disponíveis, e acreditamos que você terá oportunidade de estudar algum.

Na faculdade, seu objetivo é desenvolver um conjunto de habilidades que permitam a você se tornar um engenheiro de sucesso. O aprimoramento de suas habilidades de comunicação é essencial para alcançar esse objetivo. Leve a sério cada redação, relatório e apresentação oral. Este capítulo o ajudará a começar.

5.1 PREPARAÇÃO

Esteja você escrevendo ou preparando uma apresentação oral, você deve se preparar usando os três passos seguintes: seleção do tema, pesquisa e organização.

5.1.1 Seleção do Tema

Seu tema pode ter sido dado, ou você pode ter a possibilidade de selecioná-lo. Se você puder selecionar o tema, você pode querer escolher algo com que esteja familiarizado ou, talvez, algo sobre o que deseje saber mais.

5.1.2 Pesquisa

Existem diversas fontes de informações, conforme descrito a seguir:

- **Revistas técnicas** são, geralmente, dedicadas a um único tema (p. ex., transferência de calor). Os autores submetem seus artigos aos editores da revista, que enviam o artigo para ser revisto por especialistas da área. Esse processo de revisão pelos pares pode demorar um ano ou mais; assim, os resultados relatados nas revistas têm, geralmente, alguns anos. Entretanto, eles tendem a ser de alta qualidade, por conta do processo de revisão. As revistas técnicas são o principal veículo através das quais as informações são levadas à comunidade de engenharia.
- *Livros* são escritos por autores familiarizados com um tema e que desejam descrevê-lo de forma consistente e coerente. Sua fonte principal de informação é o conhecimento inicialmente relatado em revistas técnicas, de modo que a informação contida em livros tende a ser ainda mais velha que nas revistas técnicas. A grande vantagem dos livros é que a informação é apresentada em uma única fonte, em vez de estar dispersa em múltiplos artigos, espalhados ao longo dos anos em diversas revistas.
- **Anais de uma conferência** são uma coleção de artigos escritos por autores que se apresentaram em um encontro voltado a um tema em particular. Às vezes, os anais são disponibilizados na conferência, de modo que a informação pode ser extremamente recente – literalmente, dados obtidos alguns dias ou semanas antes da conferência. Entretanto, neste caso, a informação não foi revista por pares, de forma que uma parte pode ser de baixa qualidade. Para contornar esse problema, algumas conferências fazem revisão por pares, mas isso toma tempo e atrasa a publicação da informação.
- *Artigos de enciclopédia* são curtas descrições de um tema em particular. São revistos por pares, de modo que a informação é de alta qualidade. Como nos livros, a informação em enciclopédias tem, pelo menos, alguns anos de idade.
- *Relatórios governamentais* são coleções de dados de pesquisas obtidos por pesquisadores financiados pelo governo. Os relatórios são exigidos pelas agências de fomento e são mantidos por elas. Nos Estados Unidos, em alguns casos, os relatórios são copiados em microfilme pelo Serviço Nacional de Informação Técnica (*National Technical Information Service*), para que sejam mais amplamente disponíveis. Os relatórios finais são escritos tão logo o projeto esteja completo, de modo que a informação é muito recente; no entanto, a informação não é, usualmente, revisada por pares. Em geral, se a informação for de interesse para uma grande audiência, será divulgada em um artigo de revista, quando, então, estará sujeita à revisão por pares.
- *Patentes* descrevem uma tecnologia que é nova, útil e não-óbvia. Para ser válida, a patente deve desvelar a tecnologia, de modo que uma pessoa "especialista na área" possa traduzir a patente em um dispositivo ou processo funcional. Uma patente protege a propriedade intelectual do inventor por um determinado período de tempo, tipicamente 20 anos a partir da data em que a patente foi registrada.
- *Artigos da imprensa popular* aparecem em revistas e jornais de grande circulação. Freqüentemente, são escritos por pessoas com formação em jornalismo que têm pouco conhecimento técnico. Além disso, a informação, muitas vezes, deve ser publicada rapidamente para atender um prazo de impressão, de modo que a informação pode não ter sido examinada com atenção. Em conseqüência, artigos da imprensa popular que tratam de temas técnicos geralmente relatam informação errônea. No entanto, tais artigos podem ser úteis para amostrar o lado humano de um tema técnico e pode indicar o que o público leigo ou os políticos pensam sobre temas técnicos controversos, como energia nuclear, aterros, ou represas. Além disso, esses artigos podem indicar como um tema técnico afeta certas pessoas, grupos ou instituições.
- *Notas de aulas* podem ser uma boa fonte de informação; entretanto, a informação não é revisada por pares.
- *Sites da Internet* podem ser estabelecidos por qualquer pessoa que tenha um computador e algum dinheiro para pagar a taxa mensal de conexão. A Internet é um meio extremamente democrático para a disseminação de informação. Entretanto, como falta o exame da revisão por pares, informação errônea ou pontos de vista extremos podem facilmente ter acesso ao mercado de informação. Além disso, na Internet, a informação é extremamente volátil e está disponível apenas enquanto o computador e sua conexão são mantidos.

Encontrar informação é uma aptidão técnica; na verdade, as bibliotecas têm especialistas treinados para encontrar uma informação em seus vastos arquivos. Ao fazer uma pesquisa, consulte livremente esses especialistas. Mas esteja atento porque eles não são especialistas em sua área, de forma que há benefícios em se tornar mais auto-suficiente. As seguintes fontes o ajudarão a encontrar informação:

- *Resumos* (*Abstracts*) são descrições curtas, de um parágrafo, do conteúdo de um artigo de revista ou jornal popular. Os resumos são acessíveis por meio de palavras-chave ou pelos nomes dos autores. Há resumos para artigos sobre química, biologia, física, engenharia, e da imprensa popular (*Reader's Guide to Periodical Literature*). Atualmente, os resumos são acessíveis por meio de buscas eletrônicas, seja através de um CD-ROM ou da Internet.
- *Citações* ou *referências* são listadas no final de uma publicação, indicando onde a informação foi obtida. Suponha que você seja um engenheiro civil interessado em aprimorar estradas asfaltadas e você encontra um artigo interessante sobre química do asfalto, escrito por Charles Glover, publicado em 1995. As referências no artigo de Glover são uma excelente maneira de tomar conhecimento da literatura relacionada ao tema e *anterior* a 1995.
- *Índices de citação* listam os autores e publicações que foram citados por outros. Por exemplo, sabendo que Charles Glover escreveu um excelente artigo sobre asfalto em 1995, você pode procurar seu nome no índice de citações. Se outro autor citou o trabalho de Glover em 1998, provavelmente esse autor também escreveu sobre a química de asfalto, e você pode se interessar em ler esse outro artigo. Por meio do índice de citações, é possível encontrar artigos relacionados e publicados *após* 1995.
- *Catálogos de biblioteca* listam o conteúdo da biblioteca, geralmente por tema e por autor, de forma que esta é uma maneira rápida de encontrar literatura relevante em sua biblioteca.

5.1.3 Organização

Ao organizar sua apresentação ou texto, a regra mais importante a seguir é

Conheça sua audiência

Novamente, imagine que você seja um engenheiro civil que busca aprimorar nossas estradas. Se você fosse convidado por uma escola primária para falar sobre seu trabalho para crianças de oito anos, você, certamente, faria uma apresentação diferente daquela que faria em um simpósio técnico sobre infra-estrutura de estradas.

Uma vez que você conheça sua audiência, o próximo passo é determinar os pontos mais importantes que você pretende abordar. Seja escrevendo ou falando, é, geralmente, impossível comunicar tudo o que você sabe sobre um tema, devido a limitações de espaço ou de tempo. Assim, você deve escolher cuidadosamente os pontos importantes e determinar a seqüência mais lógica para que as idéias fluam suavemente. Um planejamento é muito útil para atingir esse objetivo.

Ao estruturar seu texto ou apresentação oral, você pode querer empregar as seguintes estratégias:

- Uma **estratégia cronológica** dá a descrição histórica de um assunto. Mais uma vez, imaginando que você seja um engenheiro civil, você pode apresentar uma história das estradas descrevendo, seqüencialmente, trilhas simples e sujas, estradas de terra, ruas pavimentadas com pedras, estradas asfaltadas e auto-estradas de concreto, e múltiplas pistas.
- Uma **estratégia espacial** descreve as peças componentes de um objeto. No caso de uma estrada, você pode descrever suas diversas características (subcamadas de brita, superfície de asfalto, sistema de drenagem).
- Uma **estratégia de debate** descreve os prós e os contras de uma abordagem em particular. Por exemplo, você poderia descrever as vantagens e desvantagens das pistas de asfalto e de concreto, com o objetivo de escolher a melhor para uma dada situação.
- Uma **estratégia do geral para o particular** apresenta, inicialmente, informação geral e, a seguir, informação mais detalhada e exemplos específicos. Por exemplo, como um engenheiro civil descrevendo métodos para estabelecer uma junção entre duas pistas, você poderia começar com considerações genéricas (p. ex., número de pistas, velocidade dos veículos, volume de tráfego) e, depois, descrever tipos específicos de entroncamentos (cruzamentos

com sinais de parada obrigatória, rotatórias, semáforos, acessos e saídas no formato de folhas de trevo, etc.). Em alguns casos, uma estratégia *particular-geral* pode ser uma maneira mais eficiente de comunicação.

- Uma **estratégia problema-solução** é uma efetiva forma de comunicação com engenheiros, pois estes são treinados na solução de problemas. Por exemplo, uma estrada pela qual você é responsável pode ter um número muito grande de buracos. Em uma apresentação para seu chefe, você poderia primeiro descrever esse problema e, então, oferecer uma variedade de soluções (empregar asfalto de alta qualidade, aumentar a espessura das subcamadas, melhorar o sistema de drenagem, banir carretas pesadas).
- Uma **estratégia motivadora** é freqüentemente empregada por engenheiros de venda. Por exemplo, imagine que você venda um asfalto de alta qualidade que aumenta a vida útil das estradas. Sua apresentação poderia ter os seguintes componentes:

1. Você pode prender a *atenção* de seu cliente, mostrando a imagem de um buraco engolindo um automóvel.
2. Você pode criar uma *necessidade* para seu produto, mostrando quanto dinheiro seu cliente gasta consertando buracos.
3. Você pode *satisfazer* a necessidade, mostrando que seu produto reduz a formação de buracos.
4. Você pode ajudá-lo a *visualizar* um mundo melhor, sem buracos.
5. Você pode fazer com que ele *aja,* assinando um contrato de compra de seu asfalto.

Não importa que estratégia você empregue; sua apresentação deve ter introdução, corpo e conclusão.

5.2 APRESENTAÇÕES ORAIS

Quando se tornar um engenheiro, você fará apresentações orais em diversas situações – você pode precisar fazer propostas a clientes em potencial, explicar por que sua companhia deve ser autorizada a construir uma nova instalação em uma comunidade, explicar ao seu chefe os resultados de uma análise recente, ou apresentar resultados de pesquisa em uma conferência. Adquirir desenvoltura em apresentações orais aumentará suas chances de ser promovido a posições de alta visibilidade dentro de sua companhia.

5.2.1 Introdução

Durante a introdução de sua apresentação oral, seu objetivo é cativar a audiência. Se você não conseguir fazê-lo nos poucos minutos iniciais, você nunca o conseguirá. Piadas são uma forma clássica de cativar a audiência; se você tiver talento para contar piadas, use-as. Entretanto, se você não tiver, procure cativar a audiência de outras maneiras; não há melhor maneira de perder a audiência que contar mal uma piada. Mas, você pode cativar a audiência usando anedotas, particularmente se forem pessoais.

Durante a introdução, você deve conectar os ouvintes ao seu mundo. Eles podem não ter pensado sobre seu tema anteriormente, de modo que você deve prender sua atenção. Busque um aspecto de seu tema com o qual todos possam se relacionar. Por exemplo, todos podem se relacionar com buracos; assim, esta é uma boa maneira de introduzir o tema de asfalto de alta qualidade.

Comumente, o primeiro *slide* de uma apresentação é o título. Não há nada errado com essa abordagem; no entanto, isso pode não ajudar a conquistar a audiência. Há pouco que você pode fazer em relação ao título, a não ser lê-lo para a audiência, o que é um insulto à inteligência dos presentes. Além disso, muitas apresentações de engenharia possuem títulos com frases técnicas que são ininteligíveis para a maioria dos membros da audiência. A forma mais efetiva de abertura é encontrar um aspecto de seu tema com o qual todos possam se relacionar e você os conquistará imediatamente. Portanto, apresente a eles informação suficiente para que possam entender cada palavra do título. Assim, o *slide* com o título pode aparecer alguns minutos mais tarde. Isso pode parecer esquisito — mas, quantos programas de televisão começam com o título? É muito mais comum começar com um esquete de abertura que conquiste a audiência e a convença a não mudar de canal. Após o esquete, o título é mostrado. Essa abordagem é muito bem-sucedida na televisão e, também, pode ser efetiva para você.

Freqüentemente, um orador inclui um roteiro da apresentação imediatamente após o *slide* com o título. Tecnicamente, isso não está errado; entretanto, pouco ajuda a conquistar a audiência. É difícil tornar um roteiro interessante, particularmente se contiver palavras técnicas que poucos membros da audiência entendem. Em vez disso, use designadores de "capítulos", que descreveremos a seguir.

5.2.2 Corpo

O corpo é o coração da apresentação, com o qual você gastará a maior parte do tempo. O corpo representa cerca de 80% de uma apresentação, sendo 15% dedicados à introdução e 5%, às conclusões.

No corpo de sua apresentação, use designadores de "capítulos", para que a audiência perceba quando você mudar de tópico. Suponha que você dividiu sua apresentação sobre a construção de estradas nos seguintes tópicos: agrimensura, terraplenagem, preparação das subcamadas e asfaltamento. Em vez de listar esses tópicos no início da apresentação, é mais eficaz ter um designador de capítulo com a única palavra "Agrimensura" em letras grandes. Isso permite que a audiência saiba que os próximos *slides* se referem a esse tópico. Assim, tenha um designador de capítulo com a palavra "Terraplenagem" em letras grandes para que a audiência perceba que você mudou de tópico. Dessa forma você pode passar seqüencialmente pelos vários tópicos de sua apresentação. Uma abordagem alternativa é indicar todos os tópicos em uma lista, destacando o tópico específico sendo considerado em um dado capítulo; assim, a mesma lista aparece inúmeras vezes ao longo da apresentação, mas cada tópico é destacado na lista somente uma vez. Se você organizar sua apresentação de acordo com uma estratégia espacial, um eficiente designador de capítulo é uma imagem gráfica do objeto sendo descrito. Cada capítulo da apresentação começaria com uma porção da imagem gráfica destacada. Por exemplo, você poderia mostrar uma vista em corte da estrada indicando o solo, camadas de brita e superfície de asfalto. Você pode começar cada capítulo destacando a característica específica da estrada que você discutirá em seguida.

5.2.3 Conclusão

Na conclusão, você fecha sua apresentação e resume os pontos importantes. Ao preparar sua conclusão, pense seriamente sobre que mensagem você quer deixar para a audiência; isto é, caso a audiência se lembre apenas de uma ou duas coisas de sua apresentação, o que você quer que seja lembrado?

5.2.4 Recursos Visuais

A Tabela 5.1 lista os resultados de um estudo no qual os participantes assistiram a uma apresentação e, posteriormente, foram testados para determinar seu grau de retenção da informação. Esse estudo mostra claramente que combinar recursos visuais com comentários orais é a melhor abordagem.

Ao preparar seus recursos visuais, empregue o princípio BASES (Busque A SimplicidadE, Sempre). Cada recurso visual deve comunicar sua idéia rapidamente; senão, a audiência gastará muito tempo interpretando seu recurso visual, em vez de ouvir seus comentários. Obviamente, você gostaria de fazer seus recursos visuais tão interessantes quanto possíveis, para manter a audiência atenta. Às vezes, você pode conseguir isso, usando um certo exagero. Tanto quanto possível, use imagens gráficas em vez de palavras. Como orador, você pode criar *slides* con-

TABELA 5.1
Retenção da mensagem

Apresentação	Testado Após 3 Horas (%)	Testado Após 3 Dias (%)
Apenas oral	70	10
Apenas visual	72	20
Oral e visual	85	65

Fonte: Casagrande, D. O. e R. D. Casagrande, *Oral Communication in Technical Professions and Businesses* (Belmont, CA: Wadsworth Publishing, 1986).

tendo somente palavras; entretanto, a audiência precisa ler as palavras para formar uma imagem mental, enquanto escuta seus comentários. Muito provavelmente, você perderá sua atenção.

Entre os muitos tipos de recursos visuais estão os seguintes:

- **Quadros de palavras** transmitem informação usando frases curtas, ou mesmo palavras isoladas. Use marcadores quando a ordem não for importante; use uma lista numerada quando a ordem for importante. A Tabela 5.2 mostra o exemplo de um quadro de palavras com marcadores. Note que não há frases completas; o importante é usar poucas palavras, de modo que a audiência possa lê-las em poucos segundos e, então, voltar a atenção a seus comentários orais.
- *Tabelas* apresentam dados numéricos. A Tabela 5.3 é um exemplo de tabela; note que tanto o título quanto as unidades são incluídos. Por ser difícil visualizar as informações na forma tabular, é melhor converter os dados em diagramas ou gráficos, quando possível.

TABELA 5.2
Exemplo de um quadro de palavras

Tipos de Transferência de Calor
• Condução
• Irradiação
• Convecção
– Convecção natural
– Convecção forçada

TABELA 5.3
Exemplo de uma tabela

Condutividade Térmica Típica	
Material	**Condutividade Térmica (W/(m·K))**
Líquido	0,1–0,6
Sólido não-metálico	0,04–1,2
Sólido metálico	15–420

- *Diagramas* e *gráficos* são imagens que transportam informação numérica rapidamente. A Figura 5.1 mostra o exemplo de um diagrama em colunas, outro no formato de pizza, e um gráfico. Observe que cada um tem um título, e unidades são indicadas para as quantidades representadas.
- *Fotografias* são uma maneira muito eficiente de comunicar imagens estáticas, enquanto *vídeos* ou *filmes* são necessários para transmitir imagens em movimento. Tudo isso pode acrescentar um verdadeiro apelo à apresentação.
- *Esquemas* (Figura 5.2) são desenhos de objetos ou processos, enquanto *ilustrações* (Figura 5.3) são imagens gráficas usadas para explicar conceitos.
- *Mapas* (Figura 5.4) comunicam informações geográficas rapidamente.
- *Objetos físicos* podem ser muito eficazes em apresentações. As pessoas se interessam em examinar objetos físicos (talvez porque isto reavive memórias de infância de brincadeiras do tipo mostre e conte) e em transformar o abstrato em concreto. No entanto, circular o objeto entre os membros da audiência pode distrair a atenção, de modo que essa estratégia funciona melhor com audiências menores, ou durante o período de perguntas e respostas.

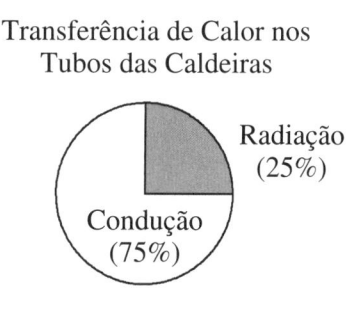
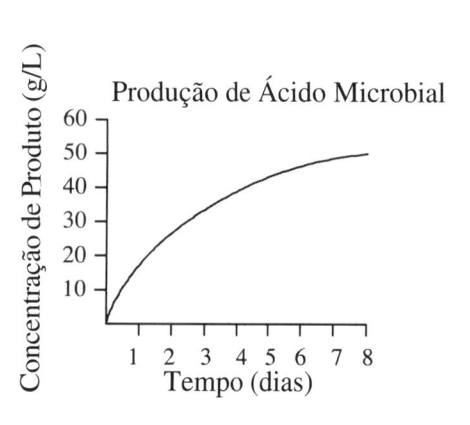

FIGURA 5.1

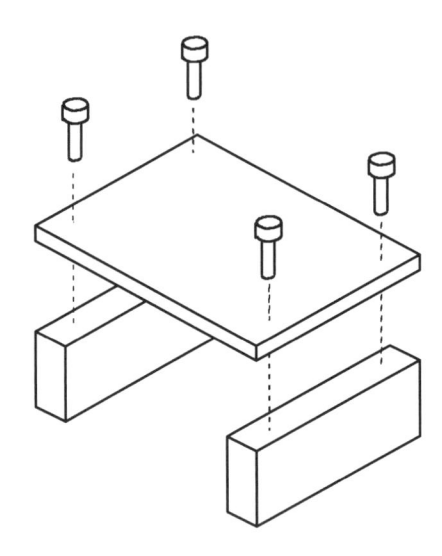

FIGURA 5.2
Exemplo de um esquema.

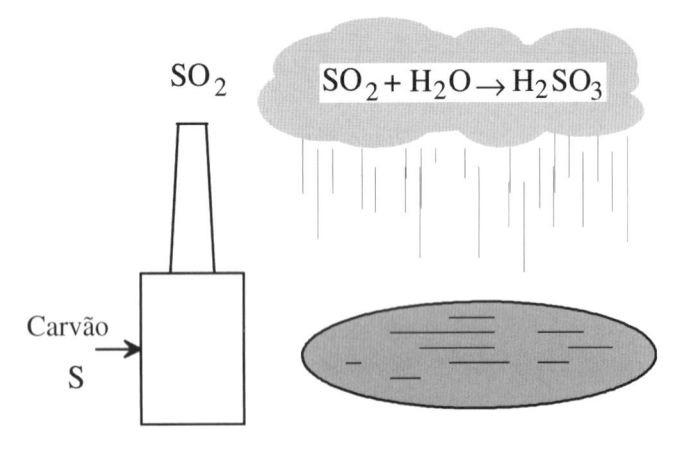

FIGURA 5.3
Exemplo de uma ilustração mostrando como chuva ácida é produzida a partir do enxofre contido no carvão.

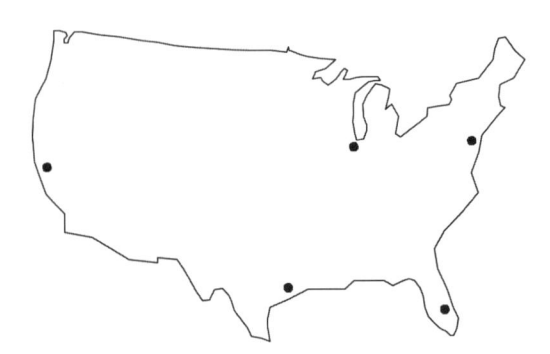

FIGURA 5.4
Mapa mostrando a localização de fábricas.

A mídia visual que você selecionar pode ter um grande impacto em sua apresentação oral. Aqui estão algumas opções:

- *Transparências* têm a vantagem de serem reproduzidas rapidamente, a baixo custo, com uma copiadora ou impressora de computador. Além disso, a informação é acessível de forma randômica, permitindo que uma transparência qualquer seja facilmente selecionada em um dado momento da apresentação. Em geral, as transparências coloridas não são tão impactantes quanto os *slides*.
- *Slides* têm cores e resolução espetaculares, de modo que são a mídia visual preferencial. Entretanto, requerem maior tempo de preparação, e a informação é acessível apenas de forma seqüencial, dificultando a seleção de um *slide* em particular, em um dado momento da apresentação.
- *Projeções de computador*, usando programas como *PowerPoint*, são muito versáteis; você pode alterar a apresentação até minutos antes da palestra. Além disso, você pode incluir na apresentação fantásticos efeitos visuais, efeitos sonoros e, até mesmo, imagens em movimento. No entanto, a resolução da imagem projetada não é tão boa quanto a de *slides*. Além disso, dada a complexidade da tecnologia de computadores, problemas inesperados podem ocorrer no meio de sua apresentação e desviar a atenção da audiência. Geralmente, as pessoas que usam projeções de computador também levam *slides* como *backup*, caso haja alguma falha no computador.
- *Quadros de giz*, mesmo sendo a forma mais antiga, são efetivos na interação espontânea com a audiência. Entretanto, devido ao tempo necessário para se desenhar em um quadro, ele não é efetivo na transmissão rápida de informação. Além disso, não há um registro permanente da informação no quadro. E, como você fica de costas para a audiência quando escreve, ao utilizar o quadro em excesso você estará prejudicando a interação com a audiência.
- *Folhas de papel*, de tamanho grande, montadas em um cavalete permitem uma interação espontânea com a audiência e têm a vantagem adicional de oferecer um registro permanente do que foi discutido. Apresentações preparadas antecipadamente nessas folhas de papel permitem uma rápida transferência da informação. O cavalete com folha de papel é a mídia visual de preferência em sessões de *brainstorming*.
- *Folhetos* da apresentação são freqüentemente usados com audiências pequenas e importantes. Por exemplo, ao fazer uma apresentação de vendas, prepare cópias desta para os clientes, de modo que possam prestar atenção em você, em vez de ficarem distraídos fazendo longas anotações.

5.2.5 Ansiedade de Falar em Público

Em 1974, *O Relatório Bruskin*[1] revelou que alguns adultos têm mais medo de falar em público do que de problemas financeiros, solidão e, até mesmo, da morte. Por que as pessoas prefeririam morrer a falar em público? Muito provavelmente, a razão é que, pelo menos uma vez na vida, cada um de nós ficou embaraçado na frente de um grupo. A experiência pode ter sido tão humilhante que o corpo não deseja repeti-la. Entre as respostas fisiológicas incontroláveis à ansiedade de falar em público estão o suor, as pernas bambas, o desconforto estomacal e o aumento do rítmo dos batimentos cardíacos e da respiração.

Como você deveria responder à ansiedade de falar em público? Bem, você pode se entregar a ela e se transformar em uma bola cada vez que tiver de falar em público, ou você pode se recusar a dar palestras públicas. Nenhuma dessas é uma opção viável para um engenheiro iniciante como você; seu trabalho exigirá que você faça apresentações orais. Você pode tentar ignorar os sintomas fisiológicos, mas, algumas vezes, eles são simplesmente muito fortes para serem ignorados. Além disso, você pode aprender a guiar a energia que resulta da ansiedade de falar em público e direcioná-la à sua apresentação.

Há alguns truques que você pode usar para superar a ansiedade de falar em público:

- O truque mais poderoso é estar bem-preparado; aqueles que estão malpreparados têm bons motivos para ficarem nervosos.

---

[1]"What are Americans Afraid of?" *The Bruskin Report* (Nova Brunswick, N.J.: R. H. Bruskin Associates, julho de 1973), p. 1.

- Os poucos minutos iniciais de uma apresentação são os mais importantes. Lembre que esse é o momento crítico em que você tenta conquistar a audiência. É, também, o momento em que você estará mais nervoso, à medida que a transição entre ser um membro anônimo da audiência e se tornar o centro da atenção pesa sobre seu corpo. A melhor maneira de sobreviver a esse período inicial é memorizar as primeiras frases, de forma que você possa dizê-las no modo de "piloto automático". Tente também acalmar seus nervos, respirando fundo antes de pronunciar as primeiras palavras.
- Se você encontrasse cada membro da audiência individualmente, você se tornaria seu amigo; assim, pense neles coletivamente como seus amigos. Você pode reforçar essa noção escolhendo algumas faces amigáveis nos diferentes cantos da sala e falando para elas. Não olhe para pessoas que estão visivelmente entediadas ou desinteressadas; elas sugarão sua energia.
- Permita-se cometer erros. Todos nós engasgamos com palavras ou nos esquecemos de coisas. Muitas pessoas na audiência filtrarão seus erros e nem mesmo os notarão; por outro lado, elas notarão se você responder a seus próprios erros ficando agitado ou se confundindo.
- As manifestações fisiológicas da ansiedade de falar em público se baseiam na resposta "lute ou fuja". Quando seu corpo se encontra em uma situação estressante, ele está preparado para lutar ou fugir. A adrenalina invade seu corpo, deixando os nervos à flor da pele e retesando os músculos. Você pode combater esses efeitos com endorfinas, que são liberadas com exercício físico intenso, como uma corrida. Ao se exercitar uma ou duas horas antes de sua apresentação, você se sentirá menos nervoso, o que contribuirá para o bom andamento de sua palestra. Depois que você tiver diversas experiências positivas de falar em público, você perceberá que fica cada vez menos ansioso, e a necessidade de endorfinas eventualmente desaparecerá.

5.2.6 Estilo

De acordo com o *Estudo de Mehrabian*,[2] somente 7% daquilo que você comunica é verbal. O restante é comunicação não-verbal, como linguagem corporal (55%) e tom de voz (38%). Ou seja, você pode estar bem-preparado e, ainda assim, fazer uma má apresentação se sua comunicação não-verbal for pobre. Algumas sugestões para comunicação não-verbal são dadas a seguir:

- Olhe nos olhos os membros da audiência. Já foi dito que os olhos são os portões da alma. Se você não olhar os membros da audiência nos olhos, você será visto como mentiroso ou covarde; nenhuma dessas opções é desejável. Se você estiver nervoso, você pode fitar suas testas; eles nunca perceberão a diferença.
- À medida que você fala, faça uma varredura com os olhos pela audiência, para que você não se pegue falando apenas para uma face amiga. Você deseja que todos se envolvam com sua apresentação.
- Fale com voz alta e confiante. Use sua voz de cantor, que é suportada pelo diafragma. Não fale pela garganta; isso torna sua voz rouca. Se você falar baixo, a audiência pode não ouvi-lo, e pode até vê-lo como inseguro.
- Use um ponteiro para direcionar a atenção da audiência a uma parte específica de sua mídia visual. Se você quiser que a audiência deixe de olhar a mídia visual e volte a atenção para você, afaste-se da mídia visual.
- Não bloqueie a visão da audiência com seu corpo. Se você usar uma transparência, não aponte diretamente na transparência, pois isso geralmente bloqueia a visão de alguém. Aponte diretamente na tela.
- Evite hábitos distrativos, como sacudir moedas em seu bolso. Não abuse de frases distrativas, como "entende" ou "ummm".
- Observe sua linguagem corporal. Não fique duro, o que significa que você está apavorado; nem fique excessivamente relaxado, o que significa que você não se importa. Para mostrar respeito pela audiência, use roupas decentes e esteja bem-arrumado.

---

[2]Albert Mehrabian, *Nonverbal Communication* (Chicago, IL: Aldine Publishing Company, 1972), p. 182; Albert Mehrabian, *Silent Messages* (Belmont, CA: Wadsworth Publishing Co., 1971), pp. 43-44.

- Seja entusiástico. Se você não se importar com sua própria apresentação, por que a audiência se importaria?

5.3 ESCREVENDO

Os engenheiros empregam uma linguagem técnica, que é muito diferente da linguagem literária que você aprendeu em suas aulas de português. Considere esta passagem:

Corpo de fascinar, alma de querubim;
Era assim: fronte altiva e gesto soberano
Um porte de rainha a um tempo meigo e ufano
Em olhos senhoris uma luz tão serena,
E grave como Juno, e belo como Helena!
Era assim a mulher que extasia e domina
A mulher que reúne a terra e o céu: Corina!
Machado de Assis

Para expressar essas idéias em linguagem técnica, nós diríamos simplesmente

Ele pensa que Corina é bonita.

Embora a linguagem técnica não extraia as emoções da passagem de Machado de Assis, este não é nosso objetivo. Em vez disso, a linguagem técnica tem como objetivo ser

- *Precisa*. Em engenharia, é essencial que a informação esteja correta.
- *Breve*. Leitores de textos técnicos são ocupados e não têm tempo para filtrar muitas palavras.
- *Clara*. Assegure que seu texto técnico pode ser interpretado de uma única forma.
- *Fácil de entender*. Seu objetivo é expressar, não impressionar.

5.3.1 Organização

Em engenharia, os tipos usuais de comunicação escrita são cartas comerciais (despachadas para fora da companhia), memorandos (despachados dentro da companhia), propostas (solicitações de financiamento), relatórios técnicos (usados internamente) e artigos técnicos (publicados na literatura aberta). A Tabela 5.4 apresenta um resumo do conteúdo de cada tipo de documento. A ordem específica do conteúdo e o formato dependem da companhia para a qual você está escrevendo.

TABELA 5.4
Conteúdo típico de documentos de engenharia

Carta Comercial	Memorando	Proposta	Relatório Técnico	Artigo Técnico
Data	Para:	Página de título	Página de título	Página de título
Endereço do destinatário	Por meio de:	Índice	Índice	Resumo
Saudação (Ilmo. Sr. ...)	De:	Histórico	Lista de figuras	Texto
Texto	Data:	Escopo do trabalho	Lista de tabelas	Introdução
Introdução	Assunto:	Métodos	Sumário executivo	Deduções matemáticas
Corpo	Texto	Cronograma	Texto	Métodos
Conclusão	Introdução	Referências	Introdução	Resultados
Encerramento (Atenciosamente)	Corpo	Apêndices	Deduções matemáticas	Conclusões
Assinatura	Conclusão	Infra-estrutura	Métodos	Agradecimentos
Endereço do remetente	Anexos	Orçamento	Resultados	Nomenclatura
Anexos		Participantes	Conclusões	Referências
		Cartas de apoio	Recomendações	Apêndices
			Agradecimentos	
			Nomenclatura	
			Referências	
			Apêndices	
			Resultados	
1-5 páginas sem anexos	1-5 páginas sem anexos	1-1000 + páginas	5-1000 + páginas	1-40 páginas

5.3.2 Recursos Estruturais

Em sua comunicação escrita, tenha o cuidado de empregar cabeçalhos e subtítulos; esses itens dividem o documento em trechos digeríveis e permitem que o leitor perceba quando você mudar de tópico. Os parágrafos devem começar com uma frase objetiva, para informar ao leitor o assunto tratado. Em geral, os parágrafos devem conter mais de uma frase, a menos que apresente uma idéia particularmente enfática. Ao conectar idéias em um parágrafo, use palavras de transição, como *mas, entretanto, adicionalmente*, e outras.

5.3.3 Tornando-se um Bom Escritor

Todos enfrentam problemas ao escrever; os problemas diferem somente em grau. Diferente de problemas de engenharia, os quais você pode solucionar aplicando um algoritmo que sempre resulta na resposta correta, não há algoritmos que garantam uma boa escrita. Em vez disso, você aprende a escrever por tentativa e erro e lendo exemplos de boa escrita. Aprender a escrever adequadamente exige um compromisso de toda a vida. Lentamente, ao longo dos anos e com a prática, essa habilidade se cristaliza.

A boa escrita exige editoração; raramente um documento bem escrito emerge de forma improvisada. Na verdade, o autor deve vestir duas roupas: a de escritor e a de leitor. Após escrever uma passagem, você deve liberar sua mente e lê-la com os olhos de seus leitores, levando em consideração a formação, preconceitos e conhecimentos destes. (Lembre-se: Conheça sua audiência.) Você consegue, segundo o ponto de vista do leitor, entender o que foi escrito? Isso não é fácil de conseguir; afinal, você acabou de escrever a passagem, e você sabe o que está *tentando* comunicar. Se você tiver tempo, deixe a escrita de lado temporariamente, para esquecer-se do que estava tentando dizer, e depois veja o que realmente escreveu. Você pode, também, pedir a alguém que leia seu trabalho.

Diferente das leis naturais, que são válidas todo o tempo e em qualquer lugar, as "leis" da linguagem evoluem constantemente. Embora algumas regras gramaticais sejam razoavelmente fixas (p. ex., terminar uma frase com um ponto final), outras mudam com o tempo e local ("injeção" no Brasil, "injecção" em Portugal). A língua francesa tem *L'Académie Française* para definir o que é o francês correto, mas não existe um órgão regulador correspondente para o português. Isso é bom e ruim. A língua portuguesa adota livremente palavras de todo o mundo, permitindo muitas nuances sutis de significado; mas há o risco de inconsistência de ortografia. Sem um órgão regulador, a linguagem se torna uma questão de convenção. Algumas das convenções são arbitrárias — e algumas são absurdas — mas, muitas permitem que o cérebro traduza as palavras rapidamente, sem ambigüidade, em entendimento. Para impor alguma ordem na linguagem caótica, diversas companhias empregam um manual de estilo. Aqui, descrevemos algumas das convenções mais comuns; entretanto, você certamente encontrará exceções, à medida que se aventurar pelo mundo.

5.3.4 Construindo Melhores Frases

Ao construir frases, considere os seguintes aspectos:

1. *Use construção paralela*. **Quando comparar idéias, use uma construção similar de frases.**

Incorreto   Cientistas adquirem conhecimento, e engenheiros se preocupam em aplicar o conhecimento.

Correto   Cientistas se preocupam em adquirir conhecimento, enquanto engenheiros se preocupam em aplicar o conhecimento.

Empregue, também, construção paralela com listas.

Incorreto   Engenheiros civis constroem estradas, edificação de prédios e planejamento de sistemas hidráulicos.

Correto   Engenheiros civis constroem estradas, edificam prédios e planejam sistemas hidráulicos.

2. *Evite frases fragmentadas*. **Use frases completas em sua escrita.**

Incorreto   Associar-se a uma sociedade profissional, importante para o futuro de sua carreira.

Correto   Associar-se a uma sociedade profissional é importante para o futuro de sua carreira.

3. *Use referências claras a pronomes*. Assegure-se de que o substantivo referenciado pelo pronome esteja claro.

Incorreto   O Procedimento A é usado para uma amostra de alta concentração. *Isso* resulta dos benefícios da tecnologia moderna.

Correto   O Procedimento A é usado para uma amostra de alta concentração. *Esse procedimento* resulta dos benefícios da tecnologia moderna.

Correto   O Procedimento A é usado para uma amostra de alta concentração. *Essa amostra* resulta dos benefícios da tecnologia moderna.

4. *Evite frases longas*. Quebre frases muito longas em várias frases curtas.

Incorreto   O procedimento para operar o reator químico começa com a abertura da Válvula A girando o botão no sentido anti-horário ao olhá-lo pela parte de cima, e então ligando a Bomba A e esperando 15 min enquanto simultaneamente observando o medidor de temperatura para assegurar que o reator não superaqueça; nesse caso, abrir a Válvula B, que introduz água de resfriamento para esfriar o reator.

Correto   O procedimento para operar o reator químico é o seguinte: Primeiro, abrir a Válvula A girando o botão no sentido anti-horário, olhando o botão pela parte de cima. A seguir, ligar a Bomba A e esperar 15 min, observando, simultaneamente, o medidor de temperatura. Caso o reator superaqueça, abrir a Válvula B, que introduz água de resfriamento para esfriar o reator.

5. *Evite frases curtas*. Combine frases curtas em frases longas que fluam mais suavemente.

Incorreto   O procedimento para operar o reator químico segue: Primeiro, abrir a Válvula A. Abrir a Válvula A girando o botão no sentido anti-horário. A posição correta de olhar o botão é pela parte de cima. Então, ligar a Bomba A. Esperar 15 min. Simultaneamente, observar o medidor de temperatura. Caso o reator superaqueça, abrir a Válvula B. A abertura da Válvula B introduz água de resfriamento. A água de resfriamento esfria o reator.

Correto   (Veja o item anterior.)

(*Nota:* Ocasionalmente, o uso de frases curtas pode tornar a escrita mais interessante e variada.)

6. *Use a voz ativa*. Frases ativas requerem menos palavras e são de leitura mais interessante.

Incorreto   A temperatura é dependente do calor de entrada.

Correto   A temperatura depende do calor de entrada.

Outros exemplos são mostrados na tabela a seguir:

Incorreto	Correto	Incorreto	Correto
dá ênfase a	enfatiza	é uma indicação de	indica
concordando com	concorda com	é uma representação de	representa

7. *Evite palavras vagas*. Use palavras precisas em substituição a palavras genéricas.

Incorreto   O sensor marcava 66ºC.

Correto   O termômetro marcava 66ºC.

Incorreto   A comunidade sofreu um período de dificuldades econômicas.

Correto   Durante cinco anos, a comunidade teve uma taxa de desemprego maior que 10%.

8. *Use menos preposições*. O uso excessivo de preposições (*de, em, com, por, sobre, para, sob,* etc.) dificulta o entendimento.

Incorreto   O estabelecimento de um painel de especialistas em segurança foi necessário para a investigação de acidentes com mineiros na Pensilvânia.

Correto   Um painel de especialistas foi estabelecido para investigar acidentes com mineiros na Pensilvânia.

9. *Elimine redundâncias.* Palavras em excesso tomam tempo e podem dar origem a confusão.

Incorreto O valor do pH foi de 7,2.
Correto O pH foi de 7,2.

10. *Evite linguagem burocrática.* A tabela a seguir mostra que frases burocráticas podem ser substituídas por poucas palavras:

Incorreto	Correto
por meio de	por
no caso de	se
pelo motivo que	porque
com relação a	sobre

11. *Evite linguagem informal.* O uso de linguagem informal é análogo ao uso de jeans e camiseta ao fazer uma importante apresentação de vendas.

Incorreto Nós botamos números na equação.
Correto Nós substituímos números na equação.
Incorreto O eixo não pode girar pra direita. (Contrações são consideradas linguagem informal.)
Correto O eixo não pode girar para a direita.

12. *Evite linguagem pomposa.* Não use uma palavra de 10 reais quando uma de 1 real dá conta do serviço.

Incorreto	Correto	Incorreto	Correto
antecedente a	antes de	pessoal	pessoas
utiliza	usa	subseqüente	próximo
prolegômenos	introdução	epílogo	conclusão

13. *Evite linguagem sexista.* No passado, se o sexo de uma pessoa era indeterminado, o gênero padrão era "ele". Atualmente, a designação "ele ou ela" se tornou comum, embora isso possa levar a frases tortuosas. Uma abordagem alternativa é misturar "ele" e "ela" ao longo de seu texto, ou, se cabível, referir-se a "pessoa" ou "pessoas".

14. *Evite modificadores implícitos. Modificadores implícitos* são palavras ou frases que descrevem algo que foi deixado de fora.

Incorreto Concluindo que o experimento foi um fracasso, todo o projeto foi cancelado.
Correto Concluindo que o experimento foi um fracasso, o gerente do projeto o cancelou.
Correto Como o experimento foi um fracasso, todo o projeto foi cancelado.

15. *Evite infinitivos modificados por advérbios. Infinitivos* são tempos verbais terminados pela letra *r*. Muitas vezes, é melhor manter as duas palavras separadas.

Indesejável Eduardo decidiu descer rapidamente a rua.
Preferível Eduardo decidiu descer a rua rapidamente.

Entretanto, para dar ênfase, um infinitivo pode ser modificado.

Exemplo Para passar no curso, Edna precisou estudar profundamente as notas de aula.

Infinitivos modificados por advérbios são cada vez mais aceitos, a menos que se tornem confusos ou ambíguos. Este é um exemplo de uma regra gramatical que está mudando.

5.3.5 Pontuação

Embora a pontuação possa parecer insignificante, quando aplicada de forma inadequada pode levar a sérios mal-entendidos.

1. *Hifens*. **Use hífen em vocábulos compostos.**

Incorreto A especificação pedia um pára choque metálico.
Correto A especificação pedia um pára-choque metálico.

Use hífen nas formas verbais com pronomes enclíticos ou mesoclíticos.

Exemplo Apresentou-me o relatório completo.
Exemplo Completá-lo-ei amanhã.

Use hífen em vocábulos formados por prefixos que representam formas adjetivas.

Exemplo O telégrafo-postal foi um importante meio de comunicação.

Use hífen em adjetivos compostos em que o primeiro sofre redução.

Exemplo A condição sócio-econômica da população melhorou.

Use hífen para indicar paralelismo ou simetria.

Exemplo O acordo Brasil-Estados Unidos contribuirá para o avanço da tecnologia.

Use hifens para criar unidades compostas.

Exemplo A taxa de acidentes é relatada por pessoa-km.

2. *Dois-pontos*. **Use dois-pontos para introduzir uma lista.**

Exemplo As seguintes habilidades são usadas por engenheiros: análise, criatividade e comunicação.

Dois-pontos podem ser usados para introduzir equações, desde que uma frase completa os preceda.

Exemplo A seguinte equação resulta da lei de Newton:

$F = ma$

onde

$F =$ força
$m =$ massa
$a =$ aceleração

Note que os dois-pontos não aparecem após a palavra *onde*. Da mesma forma, não use dois-pontos após as seguintes palavras: *quando*, *se*, *por*, *portanto*, *é*, *são*, *tal como* e *incluindo*.

3. *Vírgulas*. **Use vírgulas para separar itens em uma lista de três ou mais itens.**

Exemplo As principais ferramentas de um engenheiro são um lápis, uma calculadora e um computador.

Use vírgulas para separar orações não-essenciais ou não-restritivas, isto é, orações que seriam parentéticas ou poderiam ser eliminadas sem alterar o significado da frase.

Exemplo A vedação do eixo, que deveria trabalhar a altas velocidades, falhou.

Use vírgulas para separar orações independentes ligadas por *mas*.

Exemplo Os Estados Unidos usam o sistema de unidades inglês, mas estão passando a adotar o sistema internacional.

Use vírgulas para separar orações introdutórias.

Exemplo Antes de ligar o amplificador, verifique se está aterrado.

Use vírgulas para separar termos coordenados.

Exemplo O automóvel tem uma cor vermelha, brilhante, forte.

4. *Parênteses*. **Use parênteses para separar listas, esclarecimentos, acrônimos, abreviações ou notas.**

Exemplo Os cursos técnicos de Ellen (transferência de calor, mecânica dos fluidos e termodinâmica) foram cancelados.

Exemplo Mike sugeriu que usássemos um tanque de maior capacidade (2000 litros, em vez de 1000 litros).

Exemplo As unidades de medidas são regulamentadas pelo Instituto Nacional de Metrologia, Normalização e Qualidade Industrial (Inmetro).

(*Nota:* Sempre escreva uma abreviatura por extenso na primeira vez que usá-la.)

5. *Travessão*. Use — para enfatizar orações parentéticas. (O símbolo apropriado é — , mas – – também é aceitável.)

Exemplo Abra a válvula de vapor – a que tem o botão vermelho, não o botão azul – girando-a no sentido anti-horário.

Exemplo Abra a válvula de vapor - - a que tem o botão vermelho, não o botão azul -- girando-a no sentido anti-horário.

6. *Ponto-e-vírgula*. Não use vírgula para separar duas frases que poderiam ser independentes; em vez disso, use ponto-e-vírgula.

Incorreto O estudante de engenharia dedicou-se arduamente aos estudos, portanto conseguiu um bom emprego.

Correto O estudante de engenharia dedicou-se arduamente aos estudos; portanto, conseguiu um bom emprego.

Use ponto-e-vírgula para separar frases que possuem vírgulas.

Exemplo Os seguintes indivíduos participaram da reunião: Martin Fields, vice-presidente, Ford Motor Company; Alfred Reno, diretor geral, General Motors; e Jennifer Anderson, presidente, Chrysler.

7. *Apóstrofo*. O apóstrofo tem aplicação restrita em português, com a única finalidade de indicar supressão de letras. Na escrita técnica, deve ser usado apenas em certas palavras compostas em que aparece a preposição *de*.

Exemplo Não cabia nem mesmo mais um copo d'água no tanque.

8. *Aspas*. Use aspas para identificar citações.

Exemplo As palavras exatas do astronauta foram: "Houston, temos um problema."

As aspas também identificam uma palavra ou frase que é empregada de forma não-convencional.

Incorreto Com esse processador de texto, pressione entra para iniciar uma nova linha.

Correto Com esse processador de texto, pressione "entra" para iniciar uma nova linha.

5.3.6 Palavras Enganadoras

"Palavras enganadoras" têm significado ou ortografia semelhante e são, freqüentemente, confundidas uma com a outra.

1. *Causa (s.f.)*: razão, motivo, origem
**   *Causar (v.t.)*: motivar; originar; produzir**

Exemplo A causa dos danos nos ouvidos é o ruído de alta intensidade.
Exemplo Ruído de alta intensidade causa danos nos ouvidos.

2. *Cumprimento (s.m.)*: elogio, louvor, gabo
**   *Comprimento (s.m.)*: dimensão longitudinal de um objeto**

Exemplo Mary recebeu um cumprimento de seu chefe pela ótima apresentação.
Exemplo O comprimento do tubo não depende de seu diâmetro.

3. *Contínuo*: não-interrompido

**   *Contínuo*: recorrente**

Exemplo Como deve funcionar 24 horas por dia, o motor elétrico foi projetado para operação contínua.

Exemplo Embora funcionasse a maior parte do tempo, o motor era afetado por superaquecimento contínuo.

4. *Campus:* **grupo de edifícios e terrenos de uma universidade**

Campi: **múltiplos grupos de edifícios e terrenos de uma universidade**

Exemplo O campus da universidade local é amplo.

Exemplo Os campi das duas universidades são vizinhos.

5. *Pouco:* **em pequena quantidade**
Menos: **em número ou quantidade menor**

Exemplo Como vendemos poucos automóveis, nossa companhia lucrou menos que no mês passado.

6. *Distante:* **afastado, remoto, a uma certa distância**
Adiante: **na frente de, na dianteira, posteriormente**

Exemplo O Sol é mais distante da Terra que a Lua.

Exemplo A investigação mostrou adiante que o engenheiro não estava qualificado para assinar a autorização de construção.

7. *i. e.:* **abreviatura do latim** *id est* **(isto é)**
e. g.: **abreviatura do latim** *exempli gratia* **(por exemplo)**

Exemplo Os engenheiros são melhores amantes: *i. e.,* eles têm menos divórcios que muitos outros profissionais.

Exemplo Um engenheiro mecânico deve fazer cursos técnicos (*e. g.,* transferência de calor, mecânica de fluidos, projeto).

Nota: Usa-se sempre uma vírgula após *i.e.* ou *e.g.*

8. *Princípio* **(s.m.): regra, lei, preceito moral**
Principal **(adj.): o mais importante**
Principal **(s.m.): líder, comandante, chefe**

Exemplo BASES (Busque a SimplicidadE, Sempre) é um princípio básico da engenharia.

Exemplo John é o principal pesquisador do projeto.

Exemplo Por causa de seu comportamento, Joyce foi levada ao principal da corporação.

9. *Este:* **parte do horizonte onde nasce o Sol**
Este: **momento, fato atual**

Exemplo O vento vem do este.

Exemplo Este vento é frio.

10. *Onde:* **em que lugar**
Aonde: **a que lugar**

Exemplo O estudante gosta da faculdade onde estuda.

Exemplo Aonde ele for estudar, terá sucesso.

11. *Aquele:* **coisa ou pessoa antes mencionada**
Qual: **coisa ou pessoa, entre duas ou mais**

Exemplo Difícil curso aquele que você fez.

Exemplo Qual deles, termodinâmica ou resistência dos materiais?

12. *Por que:* **por que razão, por qual motivo**
Porque: **em razão de, pelo motivo de**

Exemplo O gerente quis saber por que o projeto fracassou.

Exemplo O projeto fracassou porque foi malplanejado.

13. *Por quê:* **por que razão, por qual motivo, terminando a oração**
Porquê **(s.m.): motivo, causa, razão**

Exemplo O projeto fracassou e o gerente quis saber por quê.

Exemplo A equipe não entendeu o porquê do fracasso do projeto.

14. *Enquanto:* **no tempo em que, ao passo que**
    Conquanto: **ainda que, embora, não obstante**

Exemplo Enquanto o engenheiro verificava os cálculos, o artesão preparava o material.

Exemplo Conquanto o engenheiro terminasse os cálculos a tempo, não foi possível completar o trabalho.

15. *Respectivamente:* **relativamente a, com respeito a, na devida ordem**
    Respeitosamente: **mostra respeito ou acatamento**

Exemplo Os Experimentos 1, 2 e 3 foram realizados na terça-feira, na quarta-feira e na quinta-feira, respectivamente.

Exemplo Respeitosamente, não concordo com sua conclusão.

5.3.7 Equações e Números

Para facilitar o entendimento, separe as equações do texto, da seguinte forma:

$$F = \frac{Q\rho}{A}$$

Note que o numerador é escrito sobre o denominador. Embora essa equação possa ser escrita $F = Q\rho/A$, isso deve ser feito somente se a equação for incorporada à linha de texto.

O uso apropriado de tipos itálicos ajuda a destacar os símbolos matemáticos. A tabela seguinte mostra quando itálicos devem ou não devem ser usados.

Itálico	Normal
Letras latinas (*a, A, b, B,* etc.)	Letras gregas (α, β, γ, etc.)
	Abreviações (*e.g.,* Ltda.)
	Unidades (m, kg, s)
	Números
	Palavras
	Funções matemáticas (*e.g.,* sen, cos)
	Fórmulas químicas (*e.g.,* NaCl)
	Parênteses ( ) e colchetes [ ]

Consulte o Capítulo 8, que trata do sistema SI, para outras regras de unidades.

Para números decimais menores que um, use o zero à esquerda.

Incorreto ,756

Correto 0,756

Um dilema comum na escrita técnica é decidir se um número deve ser representado por algarismos arábicos, ou escrito por extenso. Para tratar desse dilema, consulte as tabelas a seguir:

Números Arábicos	Exemplos
Com unidades de medida	A reação dura 4 min. A massa é de 5 g.
Em contextos matemáticos ou técnicos	A tensão é 3 ordens de grandeza maior. A velocidade aumentou 2 vezes.
Para itens de uma seção	Use Alicate 3 para apertar o tubo. A Figura 7 mostra uma seção transversal.
Para objetos numerados (*e.g.,* tabelas, figuras, experimentos)	Use os dados do Experimento 3. Refira à Figura 4 para ver a correlação. A Tabela 2 lista as fórmulas químicas.
Para todos os números em uma série, mesmo que alguns números normalmente fossem escritos por extenso	Os testes envolveram 3, 8 ou 15 amostras.
Numerais ordinais iguais a 10 ou maiores	Esta é a 11.ª explosão do ano.

Escreva por Extenso	Exemplos
Inteiros abaixo de 10 sem unidades associadas	Vendemos oito válvulas hoje.
Numerais ordinais abaixo de 10	Esta é a quinta vez que ele bateu com o carro.
Inteiros abaixo de 10, com unidades, fora de contexto matemático ou técnico	Levei sete anos para escrever este livro.
Frações comuns	Na aula de hoje, metade dos alunos dormiram.
Números que iniciam orações*	Quinze válvulas foram vendidas hoje.
Expressões numéricas consecutivas*	Foram necessários dois pesos de 1 kg para equilibrar a carga.

*Algumas vezes, uma oração pode ser reformulada para evitar o uso dessas regras.

5.3.8 Concordância Sujeito/Verbo

Um erro comum na escrita técnica é quando sujeitos e verbos não concordam.

Incorreto O telescópio e o equipamento associado é a ferramenta mais importante dos astrônomos.

Correto O telescópio e o equipamento associado são as ferramentas mais importantes dos astrônomos.

A tabela a seguir mostra as convenções para a concordância sujeito/verbo.

Plural	Exemplos
Sujeitos compostos (ligados por *e*)	Vaca e bode são animais ruminantes.
Construções com *ou*, *nem* envolvendo substantivos no plural	Ou cientistas ou engenheiros voarão no ônibus espacial.

Singular	Exemplos
Sujeitos compostos que parecem uma unidade	Pesquisa e desenvolvimento é a atividade principal.
Sujeitos modificados por *cada* ou *todo/toda*	Cada uma das porcas é feita de titânio.
Quando o sujeito é um dos pronomes *um, nenhum, algum, cada, alguém, qualquer*	Nenhum dos animais sobreviveu.
Substantivos coletivos	O quadro de engenheiros ganhou um aumento.
Unidades de medida	À proveta, adicione 5 g de sal.
Construções com *ou*, *nem* envolvendo substantivos no singular	Ou um cientista ou um engenheiro voará no ônibus espacial.
Orações que são sujeitos	O que as escolas precisam é de doações.

5.3.9 Temas Variados

1. *Tempos de Verbos*. **Na escrita técnica, o presente é preferido. Use o pretérito somente para coisas que você fez no passado. Considere os seguintes exemplos:**

Presente A correlação na Figura 3 mostra que o custo de torneamento aumenta para menores tolerâncias.

Pretérito O frasco foi limpo com ácido crômico.

2. *Primeira pessoa*. **Na escrita formal, o uso da primeira pessoa é desestimulado.**

Informal Nós estudamos a combustão do metano.

Formal A combustão do metano foi estudada.

Entretanto, evitar o uso da primeira pessoa impede o emprego da voz ativa. Por isso, alguns manuais permitem o uso da primeira pessoa, mesmo na escrita formal.

3. *Letras maiúsculas*. **Somente nomes próprios são escritos com letras maiúsculas.**

Incorreto Eu quero me tornar um Engenheiro Mecânico.

Correto Eu quero me tornar um engenheiro mecânico.

Incorreto Para aprender mais sobre esse assunto, visite o departamento de engenharia mecânica.

Correto Para aprender mais sobre esse assunto, visite o Departamento de Engenharia Mecânica.

Incorreto Como um recém-contratado, você deve visitar o Presidente da companhia.
Correto Como um recém-contratado, você deve visitar o presidente da companhia.
Incorreto Nosso novo líder é o presidente James Garland.
Correto Nosso novo líder é o Presidente James Garland.

Denominar um substantivo comum transforma-o em um substantivo próprio. Estude os seguintes exemplos:

Exemplo O procedimento tem cinco etapas.
Exemplo Neste novo procedimento, a Etapa 1 deve ser alterada.
Exemplo John é tão eficiente que completou quatro experimentos em um único dia.
Exemplo Os resultados mais interessantes foram relatados no Experimento 3.
Exemplo O reator tem 10 válvulas.
Exemplo Água de resfriamento foi introduzida abrindo a Válvula C.

4. *Itálicos*. Tipos itálicos são usados para palavras estrangeiras empregadas em frases em português, nomes científicos de organizações, palavras definidas e nomes de publicações. (Títulos de livros e de revistas são escritos em itálico; títulos de artigos ficam entre aspas.)

Exemplo Bem, como dizem na França, *vive la différence*.
Exemplo Seus problemas intestinais foram causados por uma nova variedade de *E. coli*.
Exemplo Um *heptágono* é um polígono de sete lados.
Exemplo Ed ficou muito contente quando seu artigo foi aceito na prestigiosa revista *Science*.

5. *Artigos*. O, a, os, as são usados para um substantivo específico.

Exemplo O avião estava superlotado quando decolou e, por isso, caiu.

Um, uma, uns, umas exprimem indefinição, incerteza, desconhecimento, generalização.

Exemplo Se um avião estiver superlotado, poderá cair.

6. *Figuras e Tabelas*. Figuras e tabelas devem ser descritas e referenciadas no texto. Posicione a figura ou a tabela imediatamente após fazer referência a elas.

Exemplo Na página seguinte, a Figura 1 mostra que os custos aumentam exponencialmente com tolerâncias mais rígidas.

7. *Listas*. Inicie as listas com itens simples e prossiga com itens mais complexos.

Exemplo Rosa possui os seguintes veículos: uma bicicleta, uma motoneta e um Mercedes vermelho com teto solar.

8. *Ortografia*. Use um dicionário para verificar sua ortografia. Processadores de textos podem verificar a ortografia, mas não são perfeitos. Considere a seguinte frase pinçada do relatório de um aluno:

Exemplo Foi verificada a existência de moças na calda do avião.

9. *Referências*. Cada publicação tem seus próprios padrões para citar referências. Alguns exemplos são apresentados a seguir:

Exemplo Mifflin. W. B., e R. L. Jones (1978) *Engineering Design*, Nova York: McGraw-Hill, pp. 32-78.
Exemplo Mifflin, W. B. e R. L. Jones (1978) *Journal of Engineering Design* 33, 45-64.

10. *Consistência*. Algumas vezes, regras gramaticais são obscuras ou arbitrárias. Nesses casos, escolha aquela que você pensa que é melhor e seja consistente ao longo de todo o seu documento.

5.4 RESUMO

O domínio da comunicação de engenharia é essencial. Isso não apenas o ajudará em sua carreira, mas também poderá evitar desastres. Imagine as possíveis consequências, se o manual de operação de uma usina nuclear for inadequadamente escrito.

Antes de começar a escrever ou preparar sua apresentação, você deve selecionar um tema, fazer uma pesquisa e organizar suas idéias. Ao se organizar, lembre-se de que a questão principal é: "Conheça sua audiência". Não importa se sua comunicação é oral ou escrita; ela terá uma introdução, um corpo e uma conclusão.

Para uma palestra, você deve prover recursos visuais para comunicar suas idéias. O ponto importante é que os recursos visuais sejam claros e objetivos para uma rápida comunicação, de modo que a audiência possa ater-se no que você diz; a audiência não consegue decifrar um *slide* complexo e ouvir sua fala ao mesmo tempo. Como imagens gráficas são processadas mais rapidamente pela audiência, comunique suas idéias graficamente, se possível, em vez de fazê-lo com texto escrito. Nas apresentações orais, as palavras comunicam apenas uma parte de sua mensagem; a linguagem corporal e o tom de voz comunicam a maior parte da informação.

Na escrita técnica, os objetivos são precisão, brevidade, clareza e facilidade de entendimento. Com esses objetivos, você ainda tem a felicidade de usar o português. A língua portuguesa é muito rica, permitindo que aqueles que a dominam comuniquem facilmente sutis variações de significado. Como em qualquer outra língua, existem inúmeras regras e convenções que caracterizam a boa escrita. Aqueles que ignoram essas regras transmitem a imagem de serem pensadores relaxados. Se um relatório de engenharia for mal escrito, o leitor pode concluir que um autor que não consegue dominar as regras da gramática, provavelmente não consegue dominar a tecnologia. Essa conclusão invalida todo o relatório.

Bibliografia Complementar

Casagrande, D. O., and R. D. Casagrande. *Oral Communication in Technical Professions and Business.* Belmont, CA: Wadsworth, 1986.

Eisenberg, A. *Effective Technical Communication.* New York: McGraw-Hill, 1992.

————. *A Beginner's Guide to Technical Communication.* New York: McGraw-Hill, 1998.

Elliot, R. *Painless Grammar.* Hauppauge, NJ: Barron's, 1997.

Fogiel, M. *REA's Handbook of English: Grammar, Style, and Writing.* Piscataway, NJ: Research and Education Association, 1995.

Rozakis, L. *The Complete Idiot's Guide to Grammar and Style.* New York: Alpha Books, 1997.

Strunk, W., and E. B. White. *The Elements of Style.* 3rd ed. Boston: Allyn and Bacon, 1979.

Williams, J. M. *Style: Ten Lessons in Clarity & Grace.* Glenview, IL: Scott, Foresman and Company, 1981.

EXERCÍCIOS

5.1 Edite as seguintes frases para melhorar a gramática e o estilo.

(a) A CIA tem espiões.

(b) Alta temperatura afeta adversamente a resistência dos materiais.

(c) Algumas espécies de plantas (*i. e.,* Drosera, Sarracenia e Urticalaria) são carnívoras.

(d) Estes dados indicam que nosso reator explodirá em 9,0 segundos.

(e) Você violou um principal econômico fundamental.

(f) Por favor verifique os registros da companhia para determinar quando o despacho foi feito.

(g) O pássaro cantou a canção dele.

(h) Nós temos os seguintes metais preciosos em nosso cofre: ouro, prata e platina.

(i) 7 carros estão no estacionamento.

(j) Cinqüenta em cinco centenas de notas recebidas do banco eram de cinco dólares.

(k) Nós precisamos de uma bomba de variável velocidade para esta aplicação.

(l) Ele dirige um carro de quatro portas vermelho.

(m) No passado a indústria química era baseada no acetileno e não no etileno.

(n) O contador, o advogado, o engenheiro, e o médico são todos profissionais.

(o) Larry trabalhou para Ford e General Motors. Eles aumentaram seu salário.

(p) Abra o painel traseiro. Afrouxe o parafuso. Gire o parafuso no sentido anti-horário. Use uma chave de fenda Phillips.

(q) Durante nossa observação noturna, uma estrela cadente foi observada.

(r) O indicador mostrou que o carro estava indo a 90 km/h.

(s) Do ponto de vista de John, este projeto fracassará.

(t) Por meio de uma pesquisa, o engenheiro industrial melhorou a eficiência dos trabalhadores.

(u) Nós jogamos estes números na fórmula de Einstein.

(v) Subseqüente a isso, nós iniciamos um programa para determinar qual pessoal poderia ser desligado em sua função atual de trabalho e utilizado em funções alternadas de trabalho.

(w) Nós usamos um programa de computador conjuntamente-desenvolvido.

(x) Aqui, você deve usar alicate 6".

(y) Julius sempre desejou ser um Engenheiro Elétrico.

(z) Afirmando sua urgência, as partes serão enviadas por correio expresso.

(aa) Estudo diligente sendo o principal fator no sucesso do aluno.

(bb) Na faculdade, Mary foi excelente em termodinâmica, portanto, ela projeta motores de avião como uma engenheira profissional.

(cc) Por causa da greve, nós produzimos poucos computadores mês passado.

(dd) Entre as disciplinas as quais George estudou na faculdade, ele achou termodinâmica como sendo mais útil.

(ee) Como o parafuso era muito largo, não coube no fuso.

(ff) Engenheiros de petróleo são responsáveis por encontrar e produzir petróleo enquanto engenheiros químicos refinam petróleo em uma variedade de produtos.

(gg) Sua massa é, 789 kg.

(hh) No circuito mostrado na figura 1, resistor A é um resistor variável.

(ii) Larry encontrou os seguintes itens em sua mochila: um livro de cálculo com páginas rasgadas, uma régua, e uma calculadora.

5.2 Um princípio básico da escrita eficiente é a eliminação de palavras desnecessárias. As seguintes amostras de escrita foram pinçadas de provas de alunos. Edite-as para reduzir o número de palavras. Além disso, corrija os problemas gramaticais, caso os encontre.

(a) Uma baixa taxa de circulação reduzirá a carga no ciclone e diminuirá atrição catalítica. Isso pode levar a muito maior retenção catalítica.

(b) A uma temperatura de 204ºC, o enxofre é muito viscoso. Isso pode ser um problema no primeiro condensador, causando entupimento dos tubos.

(c) Após prolongada exposição, o catalisador acumula depósitos de coque, e se deixado sem tratamento, se torna desativado. No processo, catalisador com algum depósito de coque é retirado do reator e enviado ao regenerador catalítico contínuo.

(d) Os aceleradores usados presentemente são aceleradores lineares e cíclotrons. Aceleradores lineares e cíclotrons são aceleradores de alvo fixo. Esses tipos de aceleradores usam uma única partícula acelerada no sentido de um alvo fixo.

(e) As espiras são arranjadas ao longo das paredes e do teto da câmara de combustão. Na câmara de combustão, o calor é primeiramente transferido por radiação.

(f) Essa fábrica de amônia está atualmente produzindo um produto de amônia. Ela poderia, no entanto, estar produzindo mais produtos a menos custo.

(g) Quanto mais "biobolas" estiverem no filtro, mais efetiva é a filtragem, portanto, a seção de filtragem biológica é a maior do filtro.

(h) Embora esse dispositivo trabalhará igualmente bem quando medindo a pressão de um gás ou líquido, a matéria no estado líquido será suposta na discussão seguinte.

(i) Há duas amplas áreas de Controle Estatístico de Processos; a primeira trata da aplicação de técnicas estatísticas ao monitoramento e controle de processos industriais e a segunda trata da inspeção e aceitação de material de entrada, produtos finalizados e produtos em progresso.

(j) A medida da pressão no tubo seria proporcional à expansão do balão.

(k) O terceiro sensor discutido foi um sensor envolvendo um tubo conectando a linha de alimentação a uma hélice, a qual, por sua vez, foi conectada a um eixo em uma câmara isobárica.

(l) A lei de Hooke é geralmente aplicada a sistemas mecânicos envolvendo molas, e ela afirma que a força exercida por uma mola é diretamente proporcional ao comprimento em que é comprimida.

(m) Durante este período, a pressão do hidrogênio deve ser mantida na pressão apropriada de modo a evitar quaisquer possíveis falhas. Um dispositivo sensor localizado nesse tubo para medir a pressão asseguraria a manutenção de uma pressão adequada. Esse sensor de pressão enviaria um sinal elétrico ao computador de controle do processo.

(n) Os engenheiros mecânicos têm muitos possíveis caminhos para seguir com suas carreiras.

(o) Enquanto trabalhando eles serão solicitados a fazer diversos tipos de tarefas. Eles podem ser solicitados a trabalhar nas áreas de projeto e análise.

(p) Para a maioria das pessoas, a engenharia aeroespacial é tida como trabalhar em naves espaciais. O trabalho de um engenheiro espacial é muito mais que isso.

(q) A engenharia assistida por computador está afetando a profissão inteira porque com o uso de computadores leva-se menos tempo para projetar e corrigir um problema, e é mais preciso que fazer tudo a mão.

(r) Durante o último ano de estudo do aluno, o aluno foca em suas eletivas direcionadas e técnicas, o que permite que eles escolham uma especialização no campo aeroespacial. Essas especializações incluem aerodinâmica e mecânica de fluidos, estruturas e materiais, dinâmica, controle e mecânica de vôo, e propulsão.

(s) Operações no campo de engenharia biomédica é a supervisão do uso de tecnologia no ambiente médico. A maior parte desse tipo de engenharia biomédica é chamada de "engenharia clínica".

(t) O futuro ambientalmente aceitável não será alcançado sem um aumento no uso de engenharia nuclear. Há muitas partes nesse específico tipo de engenharia. Engenheiros nucleares trabalham na área médica, segurança alimentar e suprimento, uma grande variedade de aplicações industriais, e criação de energia.

Glossário

anais de conferência A coleção de artigos escritos por autores que se apresentam em um encontro dedicado a um tema específico.

estratégia cronológica A estratégia que apresenta um resumo histórico do tema.

estratégia de debate A estratégia que descreve os prós e os contras de uma abordagem em particular.

estratégia espacial A estratégia que descreve as partes que compõem um objeto.

estratégia geral-particular A estratégia que, primeiro, apresenta informação genérica, e, posteriormente, apresenta informação cada vez mais detalhada e exemplos específicos.

estratégia motivadora A estratégia que descreve um problema, oferece uma solução e motiva o cliente a agir.

estratégia problema-solução A estratégia que descreve o problema e oferece uma variedade de soluções.

infinitivos Verbos que terminam com a letra *r*.

quadro de palavras Um quadro que comunica informação usando frases curtas ou palavras isoladas.

revista técnica Uma publicação dedicada a um único tema.

CAPÍTULO 6

Números

Enquanto você prossegue com seus estudos de engenharia, você certamente notará que os números estão por toda parte. Os engenheiros têm obsessão por números e querem quantificar tudo. Se uma pessoa típica fosse descrever seu carro novo, talvez descreveria a cor, o estofamento e o som estéreo. Um engenheiro, ao contrário, muito provavelmente, descreveria a potência do motor, a capacidade de aceleração e o peso, grandezas que podem ser quantificadas com números.

Assim como um escritor se preocupa com a comunicação precisa através das palavras, os engenheiros se preocupam com a comunicação precisa através dos números. Neste capítulo são descritas as formas apropriadas de uso dos números.

6.1 NOTAÇÃO NUMÉRICA

O sistema decimal padrão dos Estados Unidos é

4,378.1 (Padrão decimal dos Estados Unidos)

onde a vírgula indica três ordens de grandeza, e o ponto indica decimais. No entanto, no Brasil e na Europa, a vírgula substitui o ponto para indicar decimais, e o ponto substitui a vírgula para indicar três ordens de grandeza:

4.378,1 (Notação decimal do Brasil e da Europa)

Para evitar confusão, uma convenção aceitável é usar espaço em vez do ponto para indicar três ordens de grandeza:

4 378,1 (Convenção aceitável)

Os números escritos dessas formas são adequados à maioria das grandezas que encontramos em nossa vida cotidiana. Entretanto, muitos números na ciência e na engenharia são demasiadamente grandes ou pequenos para serem registrados na notação decimal. Por exemplo, o número de Avogadro (o número de moléculas em um mol) seria

602.213.670.000.000.000.000.000

Como esse número é muito grande, a **notação científica** é geralmente usada para representar o número de Avogadro:

$6,0221367 \times 10^{23}$

Em computadores, a notação científica é freqüentemente representada com um zero à esquerda:

$0,60221367 \times 10^{24}$

Ao se utilizarem dados retirados de tabelas e de publicações estrangeiras cuja notação de números decimais emprega o ponto, é mandatório fazer a conversão do ponto decimal para vírgula. Não se esquecer, ainda, de que em alguns documentos estrangeiros o zero à esquerda do ponto decimal é erroneamente omitido.

6.2 SIMPLES ANÁLISE DE ERRO

Utilizam-se números para contar coisas. Por exemplo, se alguém perguntasse: "Quantas bolinhas de gude existem na figura a seguir?" A resposta seria, obviamente, o *inteiro* 8. Admitindo que não tenha havido qualquer engano ao fazer a conta, a resposta pode ser conhecida exatamente, sem erro.

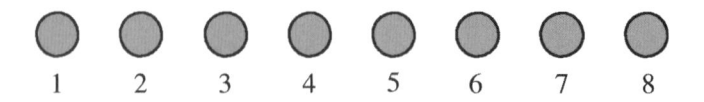

Outro uso dos números é para medir propriedades contínuas. Suponha que alguém pergunte: "Qual é o comprimento da barra mostrada a seguir?"

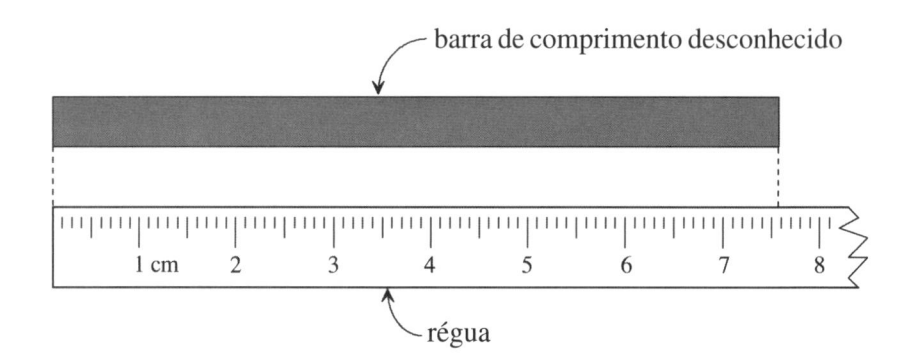

A forma de responder a essa pergunta é comparar o comprimento desconhecido do cilindro com o comprimento conhecido de uma régua. Dependendo do cuidado com que o comprimento do cilindro é medido, a resposta pode ser dada usando os seguintes *números reais*:

O cilindro está entre as marcas de 7 e 8 cm, de modo que o comprimento é de 7,5 ± 0,5 cm.
O cilindro está entre as marcas de 7,5 e 7,6 cm, de modo que o comprimento é de 7,55 ± 0,05 cm.
O cilindro está entre as marcas de 7,57 e 7,59 cm, de modo que o comprimento é de 7,58 ± 0,01 cm.

Se você realmente tiver necessidade de conhecer o comprimento com precisão, você pode utilizar métodos de medida mais sofisticados, como paquímetros ou, até mesmo, feixes de *laser*. O ponto essencial aqui é que ninguém pode conhecer o comprimento exato do cilindro, pois isso exigiria um número infinito de dígitos. Sempre haverá algum erro no *número real* registrado.

A distinção entre *inteiros* e *números reais* é muito importante em computadores. Os computadores podem representar inteiros exatamente, desde que o número não exceda os limites da máquina. Entretanto, quando os computadores manipulam números reais (no jargão de computadores, o computador efetua "operações em ponto flutuante"), há erros inerentes, pois um número infinito de dígitos é necessário para representar um número real exatamente.

Sempre que medidas são feitas, surgem distinções importantes, como **acurácia** versus **precisão, erros sistemáticos** versus **erros aleatórios** (ou **randômicos**) e **incerteza** versus **erro**. As diferenças entre esses conceitos são uma fonte de confusão.

- *Acurácia* é a extensão em que o valor registrado se aproxima do valor "verdadeiro" e é livre de erro (Figura 6.1).
- *Precisão* é a extensão em que a medida pode ser repetida e a mesma resposta é obtida (Figura 6.1).

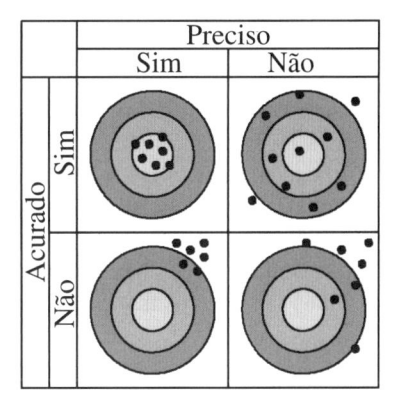

FIGURA 6.1
Acurácia e precisão de balas atingindo um alvo.

- *Erros aleatórios* resultam de diversas fontes, tais como o ruído aleatório em circuitos eletrônicos e a inabilidade de ler instrumentos de forma reprodutível. Por exemplo, é muito difícil ler uma régua com o mesmo resultado todas as vezes. Mesmo que você feche um olho e tente ler a escala numérica de uma posição perpendicular, cada vez você relatará uma medida ligeiramente diferente.
- *Erros sistemáticos* resultam de um método de medida que é inerentemente incorreto. Considere o caso de um engenheiro que encontra uma velha balança feita de aço e ferro. Ele pede que um técnico limpe a balança, calibre-a e certifique-se de que ela pese corretamente um conjunto de pesos padronizados. O engenheiro usa a balança por muitos meses e passa a confiar em suas medidas. Um dia, ao medir o peso de um ímã muito forte, ele nota que a balança indica um valor extremamente alto. Ele se dá conta de que há um erro sistemático; o ímã é atraído pelos componentes de ferro e aço da balança, causando a leitura elevada. Para eliminar o erro sistemático, o engenheiro deve usar uma balança construída de materiais nao-magnéticos, como plástico ou aço inoxidável.
- *Incerteza* resulta de erros aleatórios e descreve a falta de precisão. A incerteza na medida da barra pode ser expressa de forma fracionária ou percentual:

$$\text{Incerteza fracionária} = \frac{\text{incerteza}}{\text{melhor valor}} = \frac{0,01 \text{ cm}}{7,58 \text{ cm}} = 0,0013 \tag{6-1}$$

$$\text{Incerteza percentual} = \frac{\text{incerteza}}{\text{melhor valor}} \times 100\% = \frac{0,01 \text{ cm}}{7,58 \text{ cm}} \times 100 = 0,13\% \tag{6-2}$$

Note que o comprimento da barra tem precisão de cerca de 1 parte em 1000, valor típico da maioria das medidas que fazemos.

- *Erro* pode ser definido como a diferença entre o valor registrado e o valor verdadeiro:

$$\text{Erro} = \text{valor registrado} - \text{valor verdadeiro} \tag{6-3}$$

O erro resulta de erros sistemáticos e descreve a falta de acurácia. Para determinar o valor verdadeiro, é necessário corrigir o erro sistemático. O erro pode ser registrado como erro fracionário ou erro percentual:

$$\text{Erro fracionário} = \frac{\text{erro}}{\text{valor verdadeiro}} \tag{6-4}$$

$$\text{Erro percentual} = \frac{\text{erro}}{\text{valor verdadeiro}} \times 100\% \tag{6-5}$$

EXEMPLO 6.1

Enunciado do Problema: Uma pesquisadora do Ártico mede o comprimento de um cilindro a $-60°C$. Ela registra o comprimento como sendo de 7,58 cm. Seu assistente nota um erro sistemático, pois a régua de alumínio havia sido calibrada à temperatura ambiente (20°C), e não $-60°C$. Como a régua encolheu, à baixa temperatura, o real comprimento do cilindro é, na verdade, menor que 7,58 cm. O assistente procura um manual e aprende que o alumínio encolhe $23,6 \times 10^{-6}$ cm/cm a cada grau centígrado a menos na temperatura.

Ele calcula que o cilindro encolheu 0,0143 cm, de modo que o real comprimento do cilindro é de 7,57 cm. Quais são os erros fracionário e percentual?

Solução:

$$\text{Erro fracionário} = \frac{0,0143 \text{ cm}}{7,57 \text{ cm}} = 0,0019$$

$$\text{Erro percentual} = \frac{0,0143 \text{ cm}}{7,57 \text{ cm}} \times 100\% = 0,19\%$$

Problemas com o Telescópio Hubble

Hubble é um telescópio espacial projetado para observar galáxias distantes sem a interferência da atmosfera da Terra. Logo após entrar em operação, os astrônomos ficaram desapontados com suas imagens borradas. Eles tinham grandes expectativas em relação a esse telescópio; o espelho de 2,4 m (94,5 polegadas) de diâmetro havia sido **precisamente** polido, com uma tolerância de 9,7 nm (0,00000038 polegada). Para se ter uma idéia de quão lisa era a superfície do espelho, se este fosse do tamanho do Golfo do México cada ondulação em sua superfície teria somente 0,5 cm (0,2 polegada) de altura.

O principal problema com o Hubble foi provocado por um **erro sistemático**. Durante a fabricação do espelho, o corretor de zero (um instrumento que mede a geometria do espelho) foi inadequadamente posicionado. Supunha-se que o espelho estivesse sobre a superfície de uma hipérbole perfeita. Entretanto, como a superfície não havia sido construída de forma **acurada**, sua forma se desviava ligeiramente da de uma hipérbole perfeita; as bordas eram μm mais baixas, tornando-a excessivamente plana. Se fosse uma hipérbole perfeita, toda a luz seria focalizada em um coletor de luz (veja a figura); mas, por causa do defeito, a luz não era focada adequadamente, reduzindo consideravelmente a luz coletada e dando "halo" às imagens das estrelas. Assim, o espelho do Hubble tinha uma **precisa falta de acurácia**. Mas, justamente por ter sido o espelho construído com precisão, a distorção pôde ser corrigida, modificando o corretor de luz.

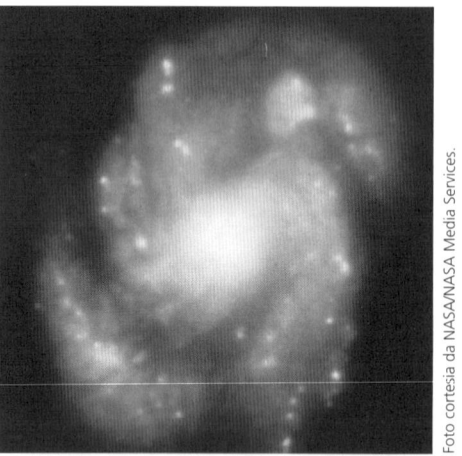

Foto cortesia da NASA/NASA Media Services.

Foto cortesia da NASA/NASA Media Services.

Imagens do núcleo galáctico M100 fornecidas pelo telescópio Hubble. Imagem superior: antes da correção; imagem inferior: após a correção.

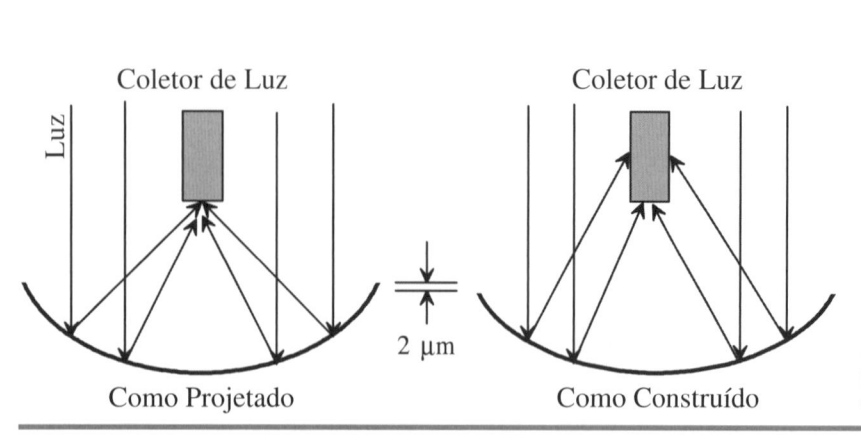

Luz — Coletor de Luz — Como Projetado — 2 μm — Coletor de Luz — Como Construído

Suponha que quiséssemos expressar o comprimento da barra em metros, em vez de centímetros. Lembrando que 1 metro é exatamente igual a 100 centímetros (por definição), podemos converter o comprimento medido em metros:

$$7{,}58 \text{ cm} \times \frac{1 \text{ metro}}{100 \text{ cm}} = 0{,}0758 \text{ m}$$

Observe que o valor original tinha duas casas decimais, enquanto o novo tem quatro casas decimais. Obviamente, o novo valor não é mais acurado que o original, de modo que o número de casas decimais é completamente irrelevante como medida de acurácia. Para não descrever acurácia de acordo com o número de casas decimais (como é freqüente e erroneamente feito), o conceito de **algarismos significativos** é introduzido. Ambos os números anteriores possuem três algarismos significativos e, portanto, comunicam o mesmo grau de acurácia.

6.3 ALGARISMOS SIGNIFICATIVOS

O conceito de *algarismos significativos* está essencialmente associado à forma com que usamos os números e quanto confiamos neles. Uma pergunta comum é: Quantos algarismos significativos devo usar ao registrar um número? A resposta a essa pergunta depende de quão bem você conhece o número. A tabela a seguir deve ajudá-lo a decidir.

Se Você Conhece o Número até:	Então Registre Esse Número de Algarismos Significativos:
1 parte em 10	1
1 parte em 100	2
1 parte em 1000	3
1 parte em 10.000	4
1 parte em 100.000	5
1 parte em 1.000.000	6
etc.	etc.

A incerteza na medida do comprimento da barra foi de cerca de 1 parte em 1000, de modo que três algarismos significativos são apropriados. A convenção usual é de que o último dígito registrado tem algum erro, enquanto os primeiros dígitos são conhecidos com exatidao.

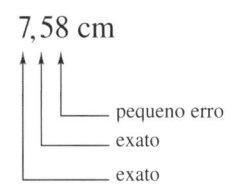

7,58 cm

— pequeno erro
— exato
— exato

A seguinte regra empírica deve ajudá-lo a decidir quantos algarismos significativos registrar:

Diversas medidas de engenharia têm acurácia de 1 parte em 1000, de modo que três algarismos significativos são apropriados. Para estimativas, somente um ou dois algarismos significativos devem ser registrados. Se uma medida for feita usando instrumentos extremamente acurados, então quatro ou cinco algarismos significativos ficam garantidos.

Para determinar a quantidade de algarismos significativos em um número, use a seguinte regra:

- Um *algarismo significativo* é um dígito acurado, embora seja aceitável que o último dígito tenha algum erro.
- O número de algarismos significativos não inclui os zeros necessários para posicionar a vírgula decimal.

A última regra causa alguma confusão. Ao olhar um número, nem sempre é possível determinar se os zeros são realmente significativos, ou se seu papel é simplesmente posicionar a vírgula decimal. Considere estes exemplos:

Número	Número de Algarismos Significativos
0,00342	3
342	3
340	2 ou 3

Os dois primeiros números claramente possuem três algarismos significativos, enquanto o último é ambíguo. É impossível determinar se o último zero é realmente significativo, ou se é necessário para posicionar a vírgula decimal. Para evitar ambigüidade, a notação científica deve ser usada.

Número	Número de Algarismos Significativos
$3,42 \times 10^{-3}$	3
$3,42 \times 10^{2}$	3
$3,40 \times 10^{2}$	3
$3,4 \times 10^{2}$	2

Dois aspectos importantes de algarismos significativos devem ser mencionados:

1. Definições exatas têm um número infinito de algarismos significativos. Por exemplo, 1 polegada é **definida** como sendo **exatamente** 2,54 centímetros.

$$1,00000000000^{+} \text{ polegada} \equiv 2,5400000000000^{+} \text{ centímetros}$$

onde o sobrescrito "+" indica que há um número infinito de zeros. Geralmente, os zeros não seriam escritos; é entendido que há um número infinito deles.

2. Números resultando de relações matemáticas exatas têm um número infinito de algarismos significativos. Por exemplo, a área A de um círculo pode ser calculada a partir do raio r como:

$$A = \pi r^2$$

O raio é exatamente a metade do diâmetro; portanto,

$$A = \pi \left(\frac{D}{2} \right)^2 = \frac{\pi}{4} D^2$$

Nessa fórmula, o 4 é equivalente a $4,0000000^{+}$ e o 2 é equivalente a $2,0000000^{+}$.

Os números são *arredondados* quando há mais dígitos do que o apropriado. Por exemplo, as calculadoras geralmente podem mostrar muito mais dígitos que os significantes, de modo que a resposta final deve ser arredondada. A seguinte regra determina como arredondar adequadamente:

- Arredonde para cima se o número após o corte estiver entre 5 e 9.
- Não faça nada, se o número após o corte estiver entre 0 e 4.

Essas regras ficam mais bem entendidas considerando os exemplos a seguir:

Visor da Calculadora	Número Desejado de Algarismos Significativos	Número Registrado
5.937.458	3	5.940.000
0,23946	3	0,239
0,23956	3	0,240

Vale enfatizar que o arredondamento somente deve ser feito quando a resposta final for registrada. Não arredonde durante os cálculos intermediários. Alguns alunos realizam arredondamentos conscientes a cada etapa do cálculo, introduzindo, assim, tanto erro, que a resposta final fica errada. Isso é chamado de **erro de arredondamento**.

O erro de arredondamento é freqüentemente encontrado em cálculos feitos com computador, pois os computadores representam um número real com um número finito de dígitos. O efeito adverso do erro de arredondamento pode ser reduzido, declarando as variáveis como de "dupla precisão", significando que será utilizado duas vezes o número normal de dígitos para representar os números reais. Algumas linguagens de programação suportam "precisão variável", permitindo que o usuário represente números reais com quantos dígitos forem necessários.

Quando números reais são usados em cálculos, a incerteza na resposta final é ditada pelo número real de maior incerteza. Há técnicas sofisticadas para determinar como as incertezas (ou erros) se propagam no cálculo. Aqui, apresentamos algumas regras simples para ajudar você a determinar quantos algarismos significativos podem ser registrados na resposta final.

Algarismos Significativos: Multiplicação/Divisão

Considere o seguinte exemplo para $A \times B = C$:

		Visor da Calculadora	Valor Registrado
Limite inferior	$4{,}9 \times 10{,}623 =$	52,0527	
"Melhor" valor	$5{,}0 \times 10{,}624 =$	53,1200	53 ± 1
Limite superior	$5{,}1 \times 10{,}625 =$	54,1875	

Desse exemplo, fica claro que o número de dois dígitos limita o valor final registrado a dois algarismos significativos. O procedimento apropriado para multiplicar/dividir números é o seguinte:

1. Indique o número de algarismos significativos para cada número.
2. Calcule a resposta.
3. Arredonde a resposta para ter o mesmo número de algarismos significativos que o número de menor precisão.

$$(2) \qquad (5) \qquad\qquad (2)$$

$$5{,}0 \times 10{,}624 = 53{,}120 \Rightarrow 53$$

Algarismos Significativos: Adição/Subtração

Considere o seguinte cálculo para $A + B = C$:

		Visor da Calculadora	Valor Registrado
Limite inferior	$4{,}9 + 14{,}696 =$	19,596	
"Melhor" valor	$5{,}0 + 14{,}697 =$	19,697	$19{,}7 \pm 0{,}1$
Limite superior	$5{,}1 + 14{,}698 =$	19,798	

Desse exemplo, fica claro que o número de dois dígitos limita a acurácia do valor registrado. Mas note que o valor registrado tem, na verdade, *três* algarismos significativos. O procedimento apropriado para somar/subtrair números é o seguinte:

1. Alinhe as vírgulas decimais.
2. Marque o último algarismo significativo de cada número com uma seta.
3. Calcule a resposta.
4. A seta mais à esquerda indica o último algarismo significativo da resposta.

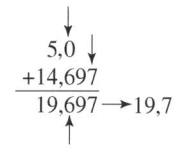

$$
\begin{array}{r}
5,0 \;\downarrow \\
+14,697 \\
\hline
19,697 \rightarrow 19,7
\end{array}
$$

6.4 RESUMO

Os números são indicados de acordo com uma variedade de convenções. No Brasil e na Europa, uma vírgula indica o decimal, e pontos marcam três ordens de grandeza. Essa convenção é invertida nos Estados Unidos. Números muito grandes e muito pequenos são freqüentemente escritos na notação científica. Números decimais entre $-1,0$ e $+1,0$ são indicados com um zero antes da vírgula.

Os números podem ser classificados como inteiros (usados para contar) ou reais (usados para medir propriedades contínuas). Os inteiros não têm erro se a contagem for feita corretamente. Em contrapartida, os números reais possuem erro, porque um número infinito de algarismos significativos é necessário para representá-los exatamente. Um número real é dito acurado se for muito próximo do valor verdadeiro, enquanto um número real é considerado preciso se puder ser obtido de repetidas medidas. Os erros aleatórios tornam um valor medido menos preciso. Mesmo que uma medida possa ser precisa, os erros sistemáticos podem diminuir sua acurácia. O erro (*i. e.*, a diferença entre o valor medido e o valor verdadeiro) resulta de erros sistemáticos. A incerteza resulta de erros aleatórios.

Quanto mais bem conhecido for um número, mais algarismos significativos devem ser registrados. Os números que resultam de definições exatas, ou de relações matemáticas exatas, têm um número infinito de algarismos significativos. Ao efetuar operações matemáticas com números reais, é importante registrar a resposta final com o número apropriado de algarismos significativos.

Bibliografia Complementar

Eide, A. R.; R. D. Jenison; L. H. Mashaw; and L. L. Northup. *Engineering Fundamentals and Problem Solving.* 3rd ed. New York: McGraw-Hill, 1997.

EXERCÍCIOS

6.1 Quantos algarismos significativos são registrados em cada um dos números seguintes?
(a) 385,35
(b) $0,385 \times 10^3$
(c) 40 001
(d) 40 000
(e) $4,00 \times 10^4$
(f) $0,400 \times 10^4$
(g) 389.592
(h) 0,0000053
(i) 345
(j) 3,45

6.2 Arredonde os números a seguir a três algarismos significativos.
(a) 356.309
(b) 0,05738949
(c) 0,05999999
(d) 583.689
(e) 3 556
(f) 0,004555
(g) 400.001
(h) 730 999

6.3 Efetue os seguintes cálculos e registre o correto número de algarismos significativos. Certifique-se de que a resposta registrada seja adequadamente arredondada.

(a) $39,4 \times 3,4$
(b) $39,4 \div 3,4$
(c) $39,4 + 3,4$
(d) $39,4 - 3,4$
(e) $(0,0134)(5,58 \times 10^2)$
(f) $(248.287 \text{ in}^2)(\text{ft}^2/144 \text{ in}^2)$
(g) $(452 \text{ cm})(\text{m}/100 \text{ cm})$
(h) $(34,7 - 49,0456)/7$
(i) $(0,00034)(48.579) - 345,984$
(j) $x^2 - 3,4x + 3,982$, onde $x = 9,4$
(k) $4,0568 \times 10^{-3} - 0,492 \times 10^{-2}$
(l) $8,9245 \times 10^4/6,832 \times 10^{-5}$

6.4 Um experiente engenheiro está projetando uma ponte sobre um rio. Ele precisa determinar a distância entre dois pontos fixos nas margens opostas do rio. Ele encarrega um jovem engenheiro de medir a distância entre esses dois pontos. O jovem engenheiro compra uma longa trena e prega uma das pontas em um dos pontos. Ele toma um barco e rema até a outra margem, puxando a trena. Quando chega à outra margem, ele encontra o segundo ponto, estica a trena tanto quanto pode, e mede a distância de 163 metros. Quando o engenheiro experiente fica sabendo como a medida foi realizada, ele ri e diz que a medida é completamente sem acurácia, pois a trena faz uma barriga no meio, por causa da gravidade. Não importa quão esticada a trena é; a barriga sempre introduzirá muito erro. O engenheiro experiente recomenda o uso de um medidor de distâncias a *laser*, que reflete um pulso de luz em um espelho posicionado na margem oposta e mede o tempo que o pulso leva para retornar. Como a gravidade tem efeito desprezível sobre a luz, esse método pode medir a distância em linha reta entre os dois pontos. O medidor a *laser* registra a distância como sendo de 138 metros. Quais são os erros fracionário e percentual da medida original?

6.5 Um medidor de distância a *laser* consiste de um *laser* e um receptor de luz. Ele funciona refletindo um pulso de *laser* em um espelho e medindo o "tempo de vôo", o tempo que o pulso leva para deixar o *laser*, ser refletido no espelho, e retornar ao receptor. A velocidade da luz no vácuo é exatamente 299.792.458 m/s; portanto, a acurácia da medida da distância depende fundamentalmente da acurácia da medida de tempo. Usando um medidor de distância a *laser*, um engenheiro mede o tempo de vôo como sendo $3,45 \pm 0,03$ μs. [*Nota*: Um microssegundo (μs) é 10^{-6} s.]

(a) Deduza uma fórmula para a distância entre o espelho e o *laser*/receptor, e calcule a distância usando o tempo de vôo medido.

(b) Qual é a incerteza fracionária e a incerteza percentual no tempo de vôo?

(c) Qual é a incerteza fracionária e a incerteza percentual na medida da distância?

(d) Qual é a incerteza (em metros) na distância entre o espelho e o *laser*/receptor?

(e) A velocidade da luz no ar é 0,02925% menor que no vácuo. Se uma correção fosse aplicada para levar esse fato em consideração, esta seria uma correção de erro aleatório ou de erro sistemático?

(f) Como a velocidade da luz no ar é ligeiramente menor que no vácuo, você acha necessário corrigir a medida de distância registrada?

6.6 Uma engenheira brasileira trabalha para uma montadora de automóveis americana. A engenheira mede o diâmetro de um eixo usando um paquímetro, um aparelho de medida acurado. O paquímetro indica 2,0573. Quando ela registra a medida, instintivamente escreve "2,0573 cm". Um engenheiro americano verifica o trabalho da brasileira e encontra um erro; o paquímetro mede polegadas, não centímetros. Qual é o erro fracionário e o erro percentual no diâmetro registrado pela engenheira brasileira?

6.7 O número de Avogadro é medido determinando o número de átomos em exatamente 0,012 kg de carbono 12. Como você pode imaginar, é muito difícil contar átomos individualmente, de modo que necessariamente há um erro no valor registrado. Outras fontes de erro são impurezas no carbono 12 e a dificuldade para medir exatamente 0,012 kg. O valor registrado é $6,0221367 \times 10^{23}$. O valor "verdadeiro" provavelmente está entre $6,0221295 \times 10^{23}$ e $6,0221439 \times 10^{23}$. (Há somente uma chance, em vinte, de que o valor verdadeiro esteja fora desse intervalo.) Qual é a incerteza fracionária e a incerteza percentual no valor registrado para o número de Avogadro?

6.8 Escreva um programa de computador que permita que o usuário entre com o valor "verdadeiro" e o valor "registrado". O programa calcula e registra o erro fracionário e o erro percentual. Use os dados apresentados no Exercício 6.4.

6.9 Escreva um programa de computador que multiplique dois números reais A e B e calcule a resposta C. As duas entradas A e B podem ter um número arbitrário de algarismos significativos (até 8). A resposta registrada C deve ter o número correto de algarismos significativos, como determinado pela regra para multiplicação/divisão. O programa pode perguntar ao usuário quantos algarismos significativos há em A e B, mas deve calcular o número de algarismos significativos em C.

6.10 Escreva um programa de computador que execute a mesma tarefa do Exercício 6.9, mas o programa não pode perguntar quantos algarismos significativos há em A e B. O programa deve determinar o número de algarismos significativos das entradas fornecidas pelo usuário. Por exemplo, se o usuário diz que A é 89,43, o programa deve determinar que há quatro algarismos significativos.

6.11 Escreva um programa de computador que some dois números reais A e B e calcule a resposta C. As duas entradas A e B podem ter um número arbitrário de algarismos significativos (até 8). A resposta registrada C deve ter o número correto de algarismos significativos, como determinado pela regra para adição/subtração. O programa pode perguntar ao usuário quantos algarismos significativos há em A e B, mas deve calcular o número de algarismos significativos em C.

6.12 Escreva um programa de computador que execute a mesma tarefa do Exercício 6.11, mas o programa não pode perguntar quantos algarismos significativos há em A e B. O programa deve determinar o número de algarismos significativos das entradas fornecidas pelo usuário. Por exemplo, se o usuário diz que A é 63, o programa deve determinar que há dois algarismos significativos.

Glossário

acurácia A extensão em que o valor registrado se aproxima do valor "verdadeiro" e é livre de erro.

algarismo significativo Um dígito acurado, excluindo o zero necessário para posicionar a vírgula decimal.

erro A diferença entre o valor registrado e o valor verdadeiro.

erro aleatório ou randômico Um erro não resultante de um método de medida inerentemente errado.

erro de arredondamento Arredondamento em passos intermediários de cálculo, resultando em uma resposta final errada.

erro sistemático Um erro resultante de um método de medida inerentemente errado.

incerteza Resultado de erros aleatórios e descreve a falta de precisão.

notação científica Números expressos em termos de um número decimal entre 1 e 10 multiplicado por potências de 10.

notação de engenharia O uso do zero antes da vírgula decimal para números menores que 1.

precisão A extensão em que uma medida pode ser repetida e a mesma resposta é obtida.

CAPÍTULO 7

Tabelas e Gráficos

Muitas profissões, como advocacia, se baseiam totalmente na palavra escrita e oral. Embora os engenheiros também devam escrever e falar bem, isso, apenas, não é suficiente para comunicar uma informação complexa de engenharia. Para isto, uma comunicação gráfica ou visual é recomendada. Um gráfico bem preparado pode, em poucos segundos, comunicar com exatidão uma informação que exigiria muitas páginas de um texto escrito. Além disso, o gráfico pode fornecer aos leitores uma visão que eles não poderiam obter de outra forma. Os gráficos são preparados a partir de dados tabulados, de modo que a compreensão das tabelas é condição necessária para o entendimento dos gráficos.

Apresentar informação gráfica de maneira coerente e visualmente atraente é uma das artes da engenharia. O domínio dessa arte em muito ajudará você na sua carreira. Embora estilo e gosto pessoais afetem as apresentações gráficas, suas regras e modelos, aceitos quase universalmente, serão apresentados a seguir.

7.1 VARIÁVEIS DEPENDENTES E INDENPENDENTES

Geralmente entendemos que a natureza trabalha na forma causa/efeito. Quando o engenheiro estuda um sistema, em geral ele classifica algumas variáveis como *independentes* (*i.e.*, causa) e outras como *dependentes* (*i.e.*, efeito). Por exemplo, suponhamos que um engenheiro esteja estudando um automóvel (o sistema) e esteja interessado nos fatores que afetam sua velocidade. Neste caso, a **variável dependente** é a velocidade s. Algumas **variáveis independentes** que afetam a velocidade são a taxa f de combustível entrando no motor; a pressão dos pneus p; a temperatura do ar T; a pressão do ar P; a inclinação da estrada, representada por um grau r; a massa do carro m; a área frontal A; e o coeficiente de arrasto C_d. Essa dependência pode ser representada matematicamente como

$$s = s(f, p, T, P, r, m, A, C_d) \qquad (7\text{-}1)$$

o que indica que a velocidade do automóvel depende de variáveis como a taxa de combustível, a pressão dos pneus, e assim por diante. Obviamente, como o automóvel é um sistema complexo, uma fórmula algébrica simples não será capaz de descrever a relação funcional entre as variáveis dependentes e independentes. Modelos computacionais complexos ou experimentos elaborados serão necessários para isso.

7.2 TABELAS

A tabela é uma maneira conveniente de listar variáveis dependentes e independentes. Usualmente, a(s) variável(is) independente(s) é(são) listada(s) nas colunas da esquerda, e a(s) variável(is) dependente(s), nas colunas da direita. Os valores correspondentes são dados em uma linha.

Por exemplo, suponhamos que o engenheiro efetivamente realizou um experimento com um carro. Ele mediu a velocidade do carro em diferentes taxas de combustível e graus de estradas. Todos os outros parâmetros foram mantidos constantes. Uma tabela construída adequadamen-

TABELA 7.1
Tabela adequadamente construída

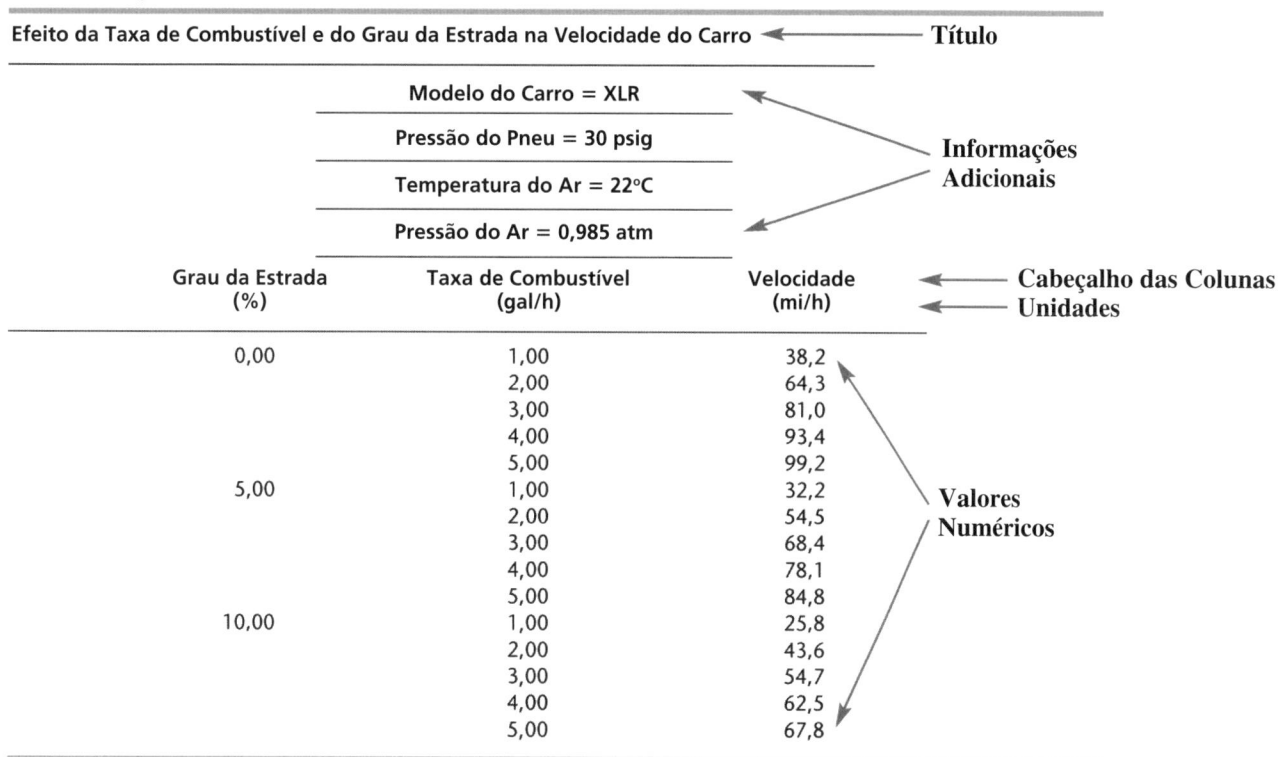

Grau da Estrada (%)	Taxa de Combustível (gal/h)	Velocidade (mi/h)
0,00	1,00	38,2
	2,00	64,3
	3,00	81,0
	4,00	93,4
	5,00	99,2
5,00	1,00	32,2
	2,00	54,5
	3,00	68,4
	4,00	78,1
	5,00	84,8
10,00	1,00	25,8
	2,00	43,6
	3,00	54,7
	4,00	62,5
	5,00	67,8

te é mostrada na Tabela 7.1. As variáveis independentes (grau da estrada e taxa de combustível) são listadas nas duas colunas da esquerda, e a variável dependente (velocidade) é listada na coluna da direita. Os dados foram obtidos, dirigindo o carro em três estradas: uma plana (grau de 0%) e duas em colinas (graus de 5% e 10%). Em cada estrada, o pedal do acelerador foi ajustado para propiciar várias taxas de combustível, entre 1 e 5 gal/h,[1] registradas por um medidor eletrônico de fluxo instalado na mangueira de combustível. A velocidade foi medida por um instrumento eletrônico que registra a velocidade com uma acurácia de 0,1 mi/h. O objetivo é produzir uma tabela que seja auto-suficiente, de modo que o leitor não tenha de ler qualquer texto explicativo para entender completamente o experimento. Portanto, outros parâmetros relevantes são especificados na tabela. Por exemplo, o modelo do carro é identificado, o que define a área frontal, o coeficiente de arrasto e a massa. A pressão dos pneus, a temperatura do ar e a pressão do ar também são registradas.

Note que os números apresentados na tabela têm um número adequado de algarismos significativos. Os instrumentos têm capacidade para registrar três algarismos significativos, o que é típico da maioria dos instrumentos de engenharia. A vírgula decimal é alinhada verticalmente, facilitando a leitura dos números. Outra característica importante é que os números são registrados **com suas unidades**. Se as unidades fossem omitidas, os números não teriam qualquer significado, e o esforço do engenheiro teria sido completamente em vão.

7.3 GRÁFICOS

As tabelas são úteis para apresentação de informações técnicas, pois os números podem ser facilmente fornecidos a um programa de computador ou calculadora. No entanto, é muito difícil interpretar dados tabulados. Para isso, os gráficos são muito mais adequados. Existe grande variedade de gráficos para a visualização de dados. Apresentar dados graficamente é verdadei-

---

[1]Para que você treine a conversão de unidades, neste exemplo são mantidas as unidades do sistema de medidas americano. (N.T.)

ramente uma forma de arte; aqueles que têm esse talento específico são, em geral, capazes de ver aspectos dos dados que escapam a outras pessoas.

Um gráfico bem construído é auto-suficiente, assim como uma tabela bem construída. Além disso, um gráfico bem construído deve comunicar informação de forma acurada e rápida. Esses objetivos são alcançados com o uso de títulos, legendas nos eixos (incluindo unidades), tipos legíveis de caracteres e símbolos. Isso ficará mais claro à medida que você avançar na leitura do capítulo.

A Figura 7.1 mostra os dados de velocidade do carro, listados na Tabela 7.1, em diferentes formatos: (a) curvas com eixos lineares; (b) curvas com eixos semilog; (c) curvas com eixos log-log; (d) superfície tridimensional; e (e) gráfico de colunas. Para dados que somam 100%, os chamados gráficos de pizza são muito populares. A Figura 7.1(f) mostra um gráfico de pizza indicando a porcentagem de energias emitidas pela fissão de urânio 235. Note que é empregada uma legenda, na qual o sombreado indica o tipo de energia emitida.

Nas Figuras 7.1(a) a 7.1(c), as curvas correspondentes aos três graus de estrada são identificadas diretamente. De forma alternativa, uma legenda poderia ser usada, indicando que os quadrados cheios correspondem a grau de 0%, losangos vazios são para grau de 5%, e círculos cheios, para grau de 10%. Em situações onde diversos casos correspondem a uma única curva que passa por todos os dados, uma legenda é necessária. Entretanto, quando os dados associados aos casos individuais são bem separados [como nas Figuras 7.1(a) a 7.1(c)], é preferível identificar as curvas diretamente. Isso reduz o esforço mental exigido para casar os símbolos da legenda com os símbolos que aparecem nas curvas.

Gráficos (e tabelas) devem ter um título descritivo. Nenhuma informação é acrescida ao gráfico se a este for dado o título "Velocidade do Carro versus Consumo de Combustível", pois isso já fica aparente nos eixos. Um título completo deve ser mais específico e prover informação adicional. Um título apropriado poderia ser o seguinte:

FIGURA 7.1　　Efeito da taxa de combustível e grau da estrada na velocidade do carro. (Modelo do carro = XLR, Pressão dos pneus = 30 psig; Temperatura do ar = 22°C; Pressão do ar = 0,985 atm)

Esse título é apropriado para descrever as Figuras 7.1(a) a 7.1(e). (*Nota*: Para reduzir a redundância e economizar espaço, esse título não é mostrado na Figura 7.1.)

A variável dependente é tradicionalmente mostrada no eixo das **ordenadas** (eixo y), e a variável independente, no eixo das **abscissas** (eixo x). (*Nota*: Essa convenção é usualmente seguida nas ciências e engenharia, mas é invertida em economia.) Ao descrever o gráfico, dizemos que a variável dependente é mostrada versus a (ou, em função da) variável independente. Por exemplo, diríamos: "A Figura 7.1 mostra a velocidade do carro versus o consumo de combustível". Os eixos das ordenadas e abscissas devem ter legendas **com unidades**. As unidades são indicadas entre parênteses, ou separadas da legenda por uma vírgula.

Cada eixo é graduado com *marcas*. É preferível que as marcas apareçam fora da área do gráfico, para que não interfiram nos dados.

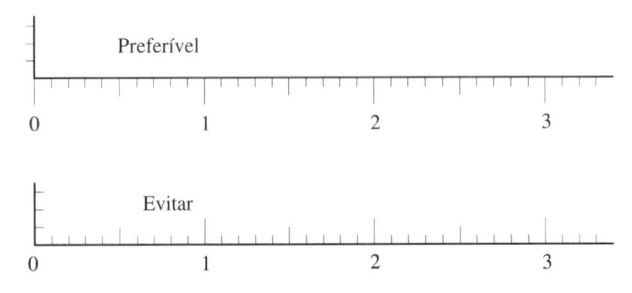

Os números nos eixos devem ser espaçados para que possam ser lidos com facilidade. Compare os dois eixos a seguir. Obviamente, o primeiro é de leitura mais fácil.

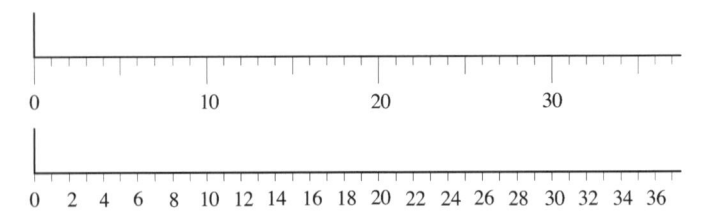

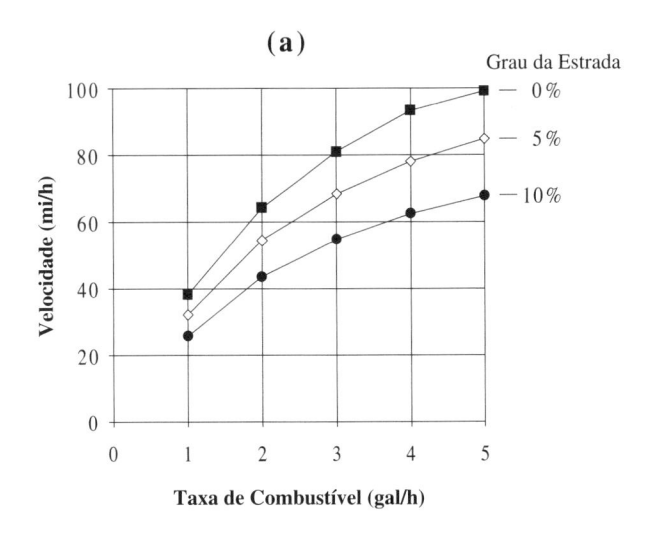

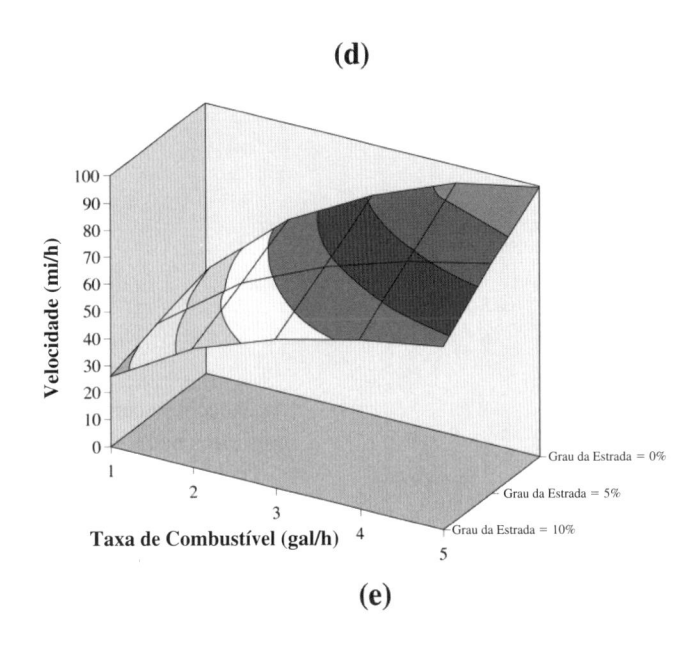

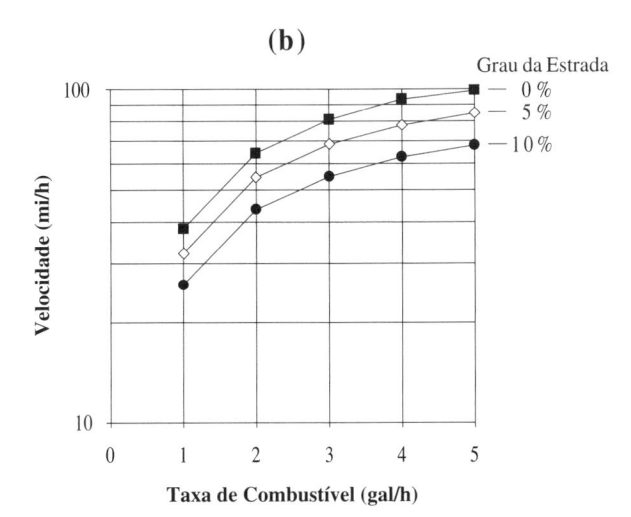

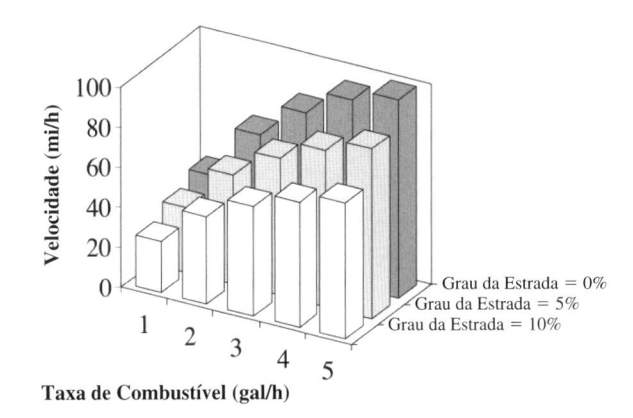

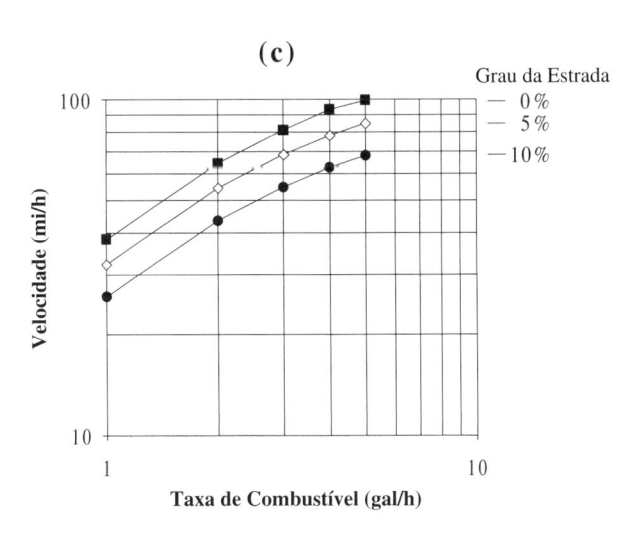

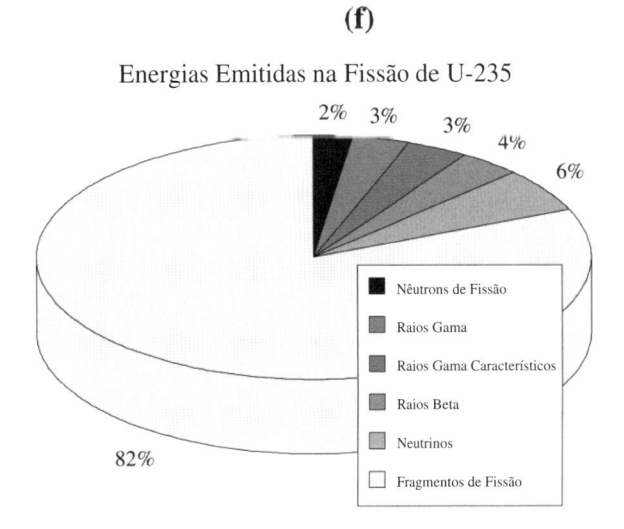

FIGURA 7.1

Exemplos de gráficos. [*Nota*: Veja o texto para os títulos das Figuras (a) a (e).]

A menor graduação da escala deve ser selecionada de acordo com a *regra 1, 2, 5*, o que significa que, se o número fosse escrito em notação científica, a mantissa seria 1, 2 ou 5. Os eixos a seguir mostram alguns exemplos de graduações aceitáveis e não-aceitáveis:

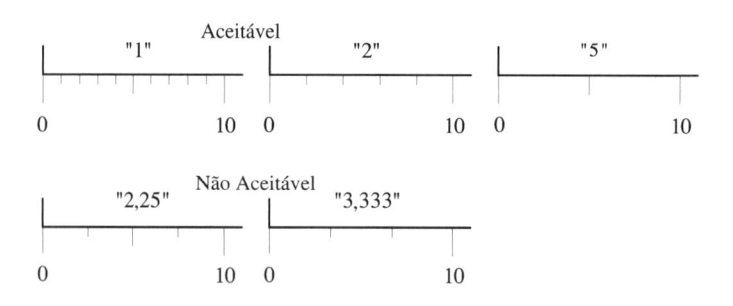

As exceções aceitáveis à regra 1, 2, 5 incluem unidades de tempo (dias, semanas, anos, etc.), pois estes não são números decimais.

Problemas poderão resultar se os números nos eixos forem extremamente grandes ou pequenos, porque ficam muito próximos.

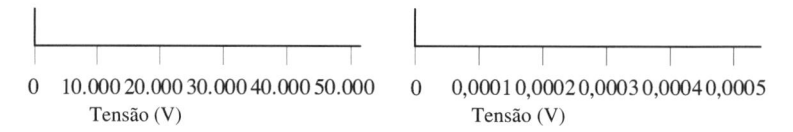

Esse problema pode ser solucionado de diferentes maneiras. O melhor método é usar os prefixos do sistema SI (veja o Capítulo 8). No sistema SI, "k" significa "1000 ×" e "m" significa "0,001 ×". Portanto, esses eixos podem ser melhorados, da seguinte forma:

É **extremamente** importante prestar atenção se os prefixos e as unidades são escritos em letras maiúsculas ou minúsculas. Por exemplo, se a caixa alta "M" for usada em vez da caixa baixa "m", o significado ficará totalmente alterado. "M" significa "1.000.000 ×", de modo que o significado seria alterado em 9 ordens de grandeza!

O uso dos prefixos SI é uma forma conveniente de solucionar o problema de números muito próximos em um gráfico. No entanto, muitas unidades de engenharia não têm prefixos ou multiplicadores; além disso, por tradição, algumas unidades do SI não têm prefixos (p. ex., °C). Há duas convenções que resolvem esse problema. Essas convenções não são universalmente aceitas ou entendidas; portanto, cabe ao leitor buscar o significado no contexto.

A primeira convenção usa números ou palavras como prefixos, em vez de símbolos do SI.

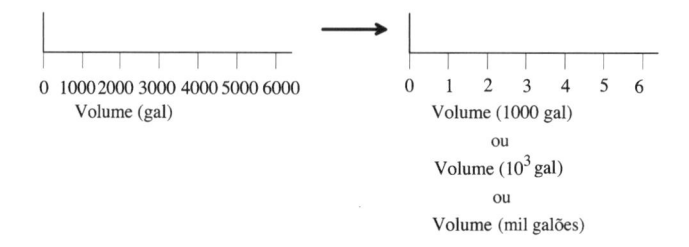

A segunda convenção é tomar o valor em questão e multiplicá-lo por um fator apropriado, de modo que o valor registrado tenha um menor número de dígitos.

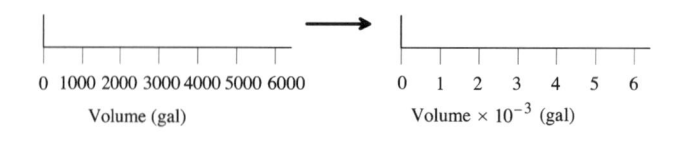

Note que aqui multiplicamos o volume real por dez a **menos** três, para que o número registrado no eixo fosse três ordens de grandeza menor. A tendência natural do leitor é multiplicar o valor lido por 10^{-3}, resultando em "miligalão" (se tal unidade existisse). O leitor erraria por seis ordens de grandeza! Como essas duas convenções são muito parecidas, é fácil o leitor (ou autor) se confundir. É melhor verificar o número no contexto e determinar se faz sentido. Se um erro ocorrer, será muito grande; erros dessa magnitude usualmente podem ser identificados usando bom senso.

Outro problema freqüentemente encontrado em gráficos é como representar números que abrangem várias ordens de grandeza. Por exemplo, como você faria se quisesse mostrar os seguintes números na abscissa (eixo x):

2, 23, 467, 3876 e 48.967

Esse problema é solucionado usando uma escala logarítmica em vez de uma escala linear.

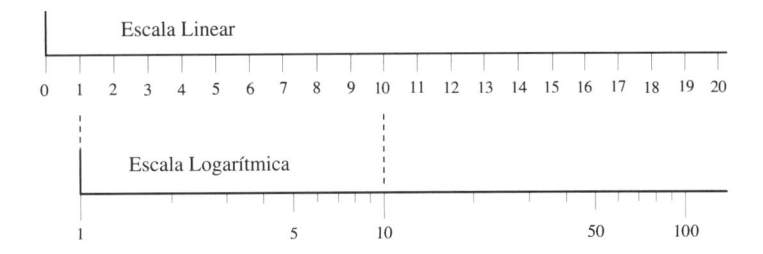

Essa escala logarítmica em particular tem duas ordens de grandeza e, por isso, é chamada de escala logarítmica de *dois ciclos*. Se tivesse três ordens de grandeza, seria chamada de escala logarítmica de *três ciclos*. Note que a escala logarítmica não tem zero; esse zero ocorre, na escala linear, em menos infinito.

Os pontos de dados são, usualmente, marcados por símbolos. Os seguintes símbolos são comumente usados:

 Sim

Símbolos complexos, como os mostrados a seguir, devem ser evitados:

Não

O leitor deve olhar para esses símbolos complexos com muito cuidado para conseguir distingui-los. Isso é difícil, pois os gráficos usualmente são impressos em formato pequeno. Além disso, muitas fotocopiadoras borram a imagem, dando origem a confusão. O tamanho dos símbolos também é muito importante. Eles devem ser suficientemente grandes para que o leitor possa facilmente distinguir um do outro, mas não tão grandes que fiquem colados um no outro.

Um símbolo diferente deve ser usado para cada conjunto de dados. Por exemplo, os dados de velocidade do carro foram obtidos em estradas com três diferentes graus de inclinação; assim, é recomendável usar três símbolos diferentes, um para cada grau de inclinação.

Os pontos de dados são freqüentemente unidos por linhas. Diferentes estilos são comumente encontrados:

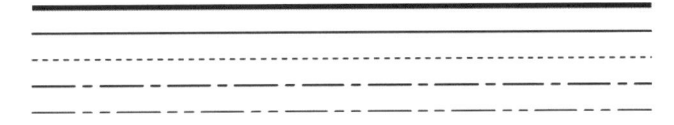

Embora o estilo de linha possa também ser usado para diferenciar conjuntos de dados, o procedimento preferível é diferenciar os conjuntos de dados por símbolos e conectar os símbolos por linhas cheias, de largura uniforme. Deve ser observado que linhas não devem cruzar símbolos vazios, porque poderiam ser confundidos com símbolos cheios.

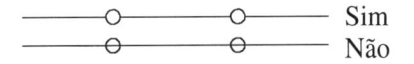 Sim
Não

O significado dos símbolos e linhas deve ser identificado no gráfico. Geralmente, isso é feito de uma destas três maneiras: (1) no título da figura; (2) em uma legenda; ou (3) adjacente às linhas. O terceiro método é o preferido, pois o leitor pode identificar instantaneamente o significado dos símbolos/linhas, sem ter de fazer conexão entre os símbolos listados na legenda ou no título da figura e aqueles apresentados no gráfico.

Os dados podem ser classificados como: de observação, empíricos, ou teóricos. Os dados *de observação* são freqüentemente apresentados de forma simples, sem qualquer tentativa de suavizar a curva resultante ou de correlacioná-los com um modelo matemático [Figura 7.2(a)]. Os dados *empíricos* são apresentados com uma curva suave, que pode ser determinada por um modelo matemático, ou talvez pela avaliação do autor de como seria a curva caso não houvesse erros no experimento [Figura 7.2(b)]. Os dados *teóricos* são gerados por modelos matemáticos [Figura 7.2(c)]. Observe que pontos são mostrados para dados de observação e empíricos, mas **não** para dados teóricos. Nenhum ponto é indicado com dados teóricos porque os pontos calculados são completamente arbitrários e sem interesse para o leitor.

7.4 EQUAÇÕES LINEARES

A Figura 7.3 mostra que os dois pontos distintos (x_1, y_1) e (x_2, y_2) definem uma linha reta. O ponto *(x, y)* é um ponto arbitrário na reta.

A **inclinação**, m, dessa reta é definida como "altura sobre largura", isto é,

$$m = \frac{y_2 - y_1}{x_2 - x_1}$$

(7-2)

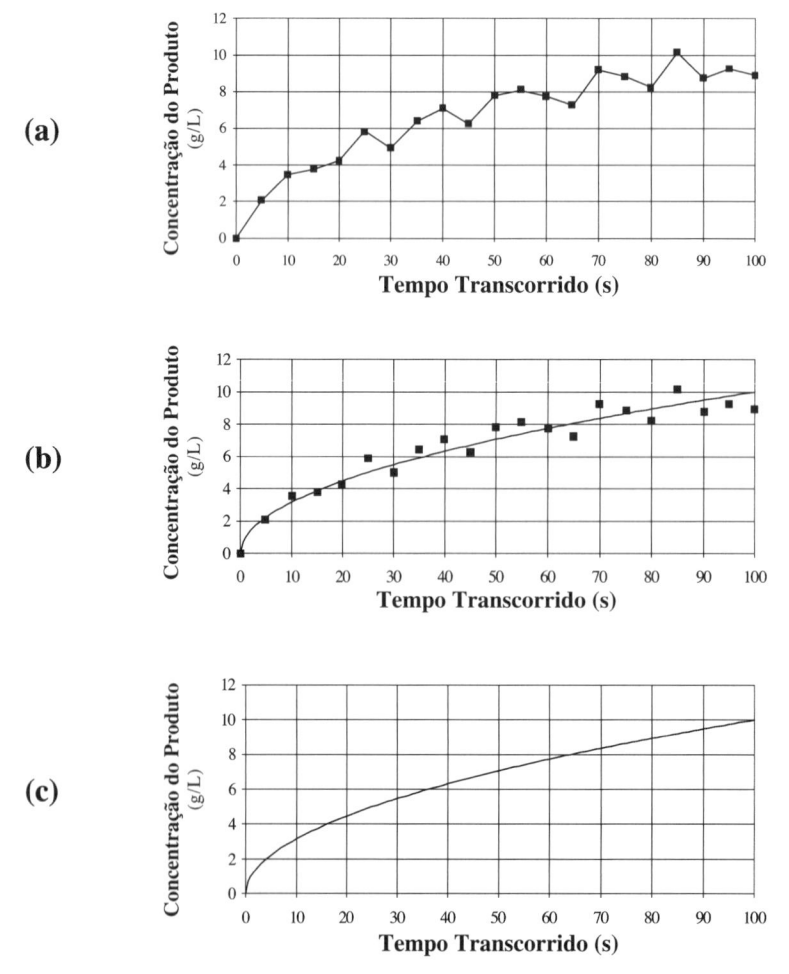

(a)

(b)

(c)

FIGURA 7.2
Dados relativos a uma reação química: (a) observados, (b) empíricos e (c) teóricos.

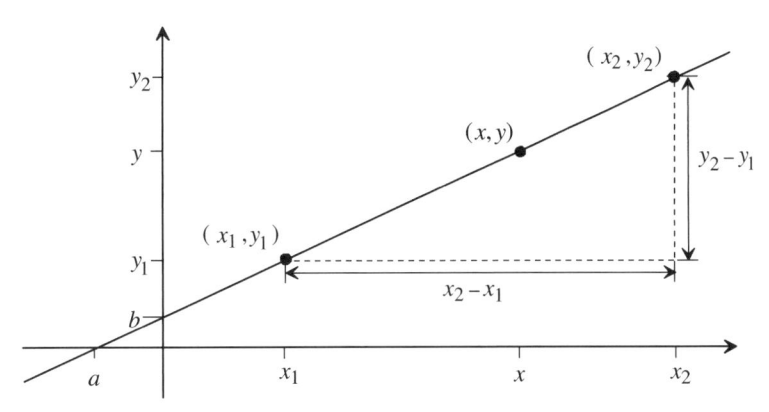

FIGURA 7.3
Linha reta estabelecida pelos pontos (x_1, y_1) e (x_2, y_2).

Como todas as quantidades nessa equação são conhecidas, a inclinação pode ser calculada. (*Nota*: Essa equação só é válida para $x_2 \neq x_1$, para evitar divisão por zero. Se $x_2 = x_1$, então a reta é vertical, com a equação $x = x_1 = x_2$.)

A equação para a inclinação pode também ser escrita usando o ponto arbitrário (x, y):

$$m = \frac{y - y_1}{x - x_1} \tag{7-3}$$

Ambos os lados dessa equação podem ser multiplicados por $(x - x_1)$, resultando

$$y - y_1 = m(x - x_1) = mx - mx_1 \tag{7-4}$$

$$y = mx + y_1 - mx_1 \tag{7-5}$$

Se a constante b for definida como $(y_1 - mx_1)$, essa equação se torna

$$y = mx + b \tag{7-6}$$

A constante b é interpretada como a **interseção** com o eixo y, pois $x = 0$ quando $y = b$. A *interseção* como o eixo x, a, ocorre onde $y = 0$. Pela Equação 7-6, é simples mostrar que

$$a = -\frac{b}{m} \tag{7-7}$$

7.5 EQUAÇÕES DE POTÊNCIA

Uma **equação de potência** tem a forma

$$y = kx^m \tag{7-8}$$

Aplicando-se o logaritmo dos dois lados, a equação de potência se torna linear:

$$\log y = \log (kx^m) = \log (x^m k)$$

$$\log y = \log x^m + \log k$$

$$\log y = m \log x + \log k \tag{7-9}$$

Assim, um gráfico de $\log y$ versus $\log x$ será representado por uma linha reta com inclinação m e interseção em y igual a $\log k$, que é análogo a b na Equação 7-6. Essa equação pode ser obtida usando qualquer base logarítmica (2, e ou 10).

Se o expoente m for positivo, então a equação de potência pode ser representada pela curva de uma *parábola*. A Figura 7.4(a) mostra um gráfico de

$$y = 2x^{0,5} \tag{7-10}$$

(a)

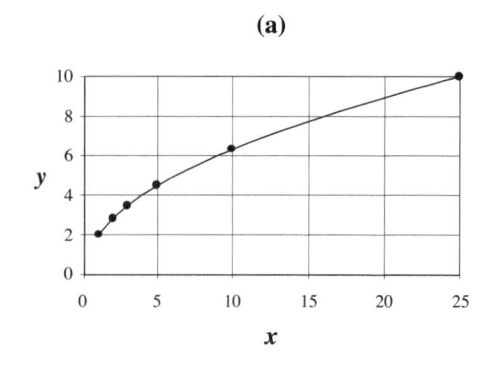

(b)

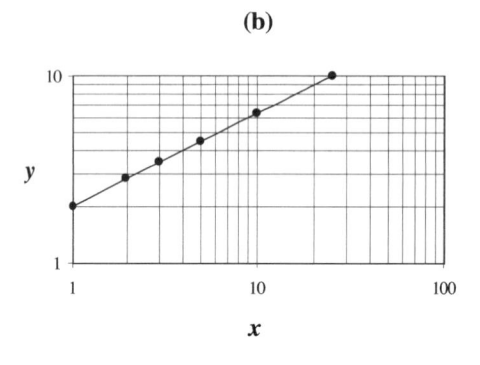

(c)

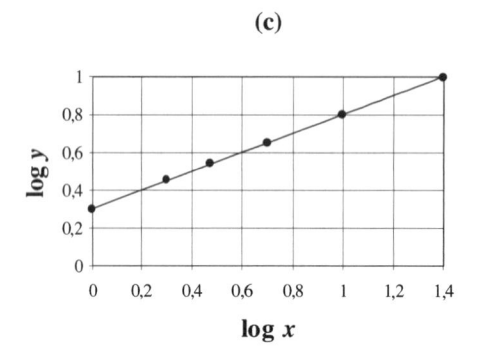

FIGURA 7.4
Representações da equação parabólica $y = 2x^{0,5}$.

usando eixos lineares. Essa equação se torna linear aplicando-se logaritmo dos dois lados:

$$\log y = 0,5 \log x + \log 2 \tag{7-11}$$

A tabela a seguir lista alguns valores selecionados de x e y, junto com os correspondentes logaritmos.

x	y	$\log x$	$\log y$
1	2,000	0,000	0,301
2	2,828	0,301	0,452
3	3,464	0,477	0,540
5	4,472	0,699	0,651
10	6,325	1,000	0,801
25	10,000	1,398	1,000

Ao representar esses dados em um gráfico, temos uma escolha. Podemos representar y versus x diretamente em um **gráfico log-log** [Figura 7.4(b)], ou podemos representar log y versus log x em um **gráfico retilíneo** [Figura 7.4(c)]. A vantagem de um gráfico log-log é que os valores de x e y podem ser lidos diretamente dos eixos. Além disso, a necessidade de calcular logaritmos é eliminada; na verdade, o eixo logarítmico faz esse cálculo. **Infelizmente, a inclinação de um gráfico log-log não tem qualquer significado.** (Verifique isso você mesmo. Determine a inclinação em dois pontos da curva, e você obterá valores diferentes.) A vantagem do gráfico retilíneo é que a inclinação tem significado. Um gráfico retilíneo é particularmente útil para a representação de dados experimentais; o expoente m é determinado pela medida da inclinação e a constante k, da interseção com o eixo y.

Leitores atentos notarão que, na Figura 7.4, os pontos de "dados" correspondem aos números **calculados** da tabela. Formalmente, como explicado na Seção 7.3, esses pontos de dados não deveriam ser indicados, pois números calculados não são dados verdadeiros. Aqui, para fins ilustrativos, violamos essa regra para mostrar a você como os números da tabela são representados no gráfico.

Se o expoente m for negativo, então a equação de potência representará uma *hipérbole*. A Figura 7.5(a) mostra a curva de

$$y = 10x^{-0,8} \tag{7-12}$$

(a)

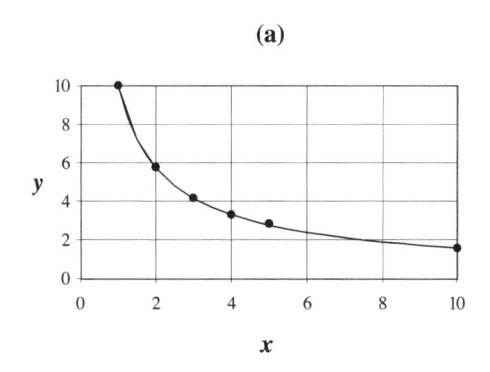

(b)

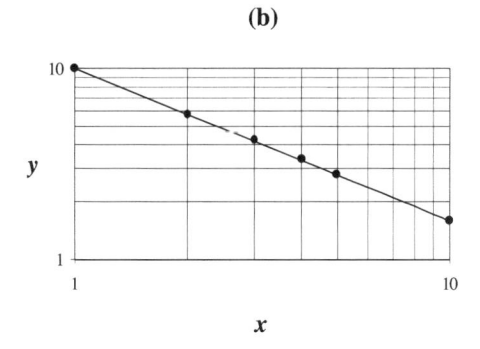

(c)

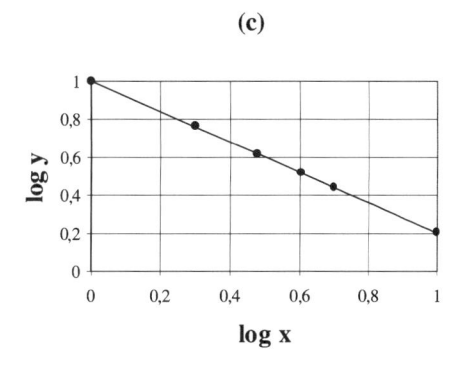

FIGURA 7.5
Representações da equação hiperbólica $y = 10x^{-0,8}$.

usando eixos lineares. Essa equação se torna linear quando o operador logaritmo é aplicado dos dois lados.

$$\log y = -0,8 \log x + \log 10 \tag{7-13}$$

A tabela a seguir lista alguns valores selecionados de x e y e seus correspondentes logaritmos.

x	y	$\log x$	$\log y$
1	10,000	0,000	1,000
2	5,743	0,301	0,759
3	4,152	0,477	0,618
4	3,299	0,602	0,518
5	2,759	0,699	0,441
10	1,585	1,000	0,200

A Figura 7.5(b) mostra y versus x em um gráfico log-log, e a Figura 7.5(c) mostra $\log y$ versus $\log x$ em um gráfico retilíneo.

7.6 EQUAÇÕES EXPONENCIAIS

Uma **equação exponencial** tem a forma

$$y = kB^{mx} \tag{7-14}$$

onde B é a base desejada (p. ex., 2, e ou 10). Admitindo a base 10, essa equação se torna

$$y = k10^{mx} \tag{7-15}$$

O logaritmo (na base 10) de ambos os lados fornece a equação linear:

$$\log y = \log (k10^{mx}) = \log (10^{mx}k)$$

$$\log y = \log 10^{mx} + \log k$$

$$\log y = mx + \log k \tag{7-16}$$

Assim, um gráfico de $\log y$ versus x resulta em uma linha reta, com inclinação m e interseção $\log k$, que é análoga a b na Equação 7-6.

A Figura 7.6(a) mostra uma curva de

$$y = 6 \times 10^{-0,5x} \tag{7-17}$$

usando eixos lineares. A curva se torna retilínea quando logaritmos são aplicados dos dois lados:

$$\log y = -0,5x + \log 6 \tag{7-18}$$

A tabela a seguir lista alguns valores selecionados de x e y e os correspondentes valores de $\log y$.

x	y	$\log y$
0	6,000	0,778
1	1,897	0,278
2	0,600	−0,222
3	0,190	−0,722
4	0,060	−1,222
5	0,019	−1,722

A Figura 7.6(b) mostra y versus x em um **gráfico semilog**, e a Figura 7.6(c) mostra $\log y$ versus x em um gráfico retilíneo. O gráfico semilog tem a vantagem de que y pode ser lido diretamente e de não haver a necessidade de calcular $\log y$, pois o eixo faz esse cálculo. No

(a)

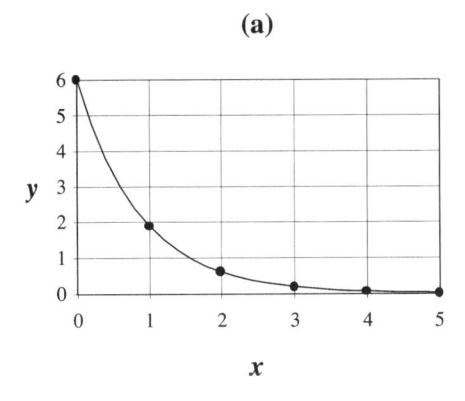

(b)

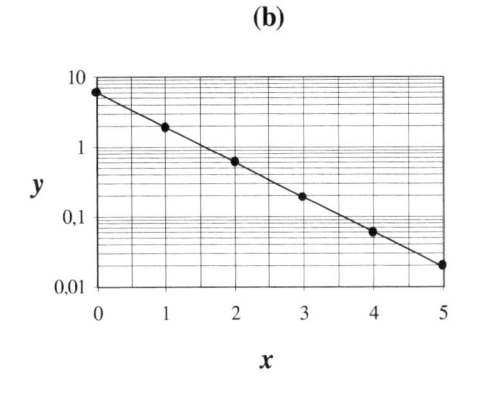

(c)

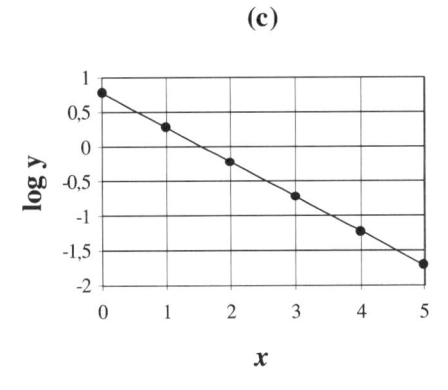

FIGURA 7.6
Representações da equação exponencial $y = 6 \times 10^{-0,5x}$.

entanto, a inclinação da curva é desprovida de significado (como em gráficos log-log). Se dados experimentais estiverem sendo representados para determinar a inclinação e interseção, será necessário que os dados sejam representados em um gráfico retilíneo.

TABELA 7.2
Transformando equações não-lineares em equações lineares

Equação Original	Equação Redefinida				Gráfico
	y	m	x	b	
$c = a \operatorname{sen} q + d$	c	a	$\operatorname{sen} q$	d	
$c = aq^2 + f/g$	c	a	q^2	f/g	
$\dfrac{1}{c} = \dfrac{q^2 - 3}{a} + f/g$	$\dfrac{1}{c}$	$\dfrac{1}{a}$	$q^2 - 3$	f/g	
$c = \dfrac{1}{aq^2 + f}$	$\dfrac{1}{c}$	a	q^2	f	

7.7 TRANSFORMANDO EQUAÇÕES NÃO-LINEARES EM EQUAÇÕES LINEARES

Para o engenheiro, há algo especial em relação a uma linha reta. Com uma curva, sempre se pode perguntar se ela corresponde a esta equação ou àquela. Com uma linha reta, não há dúvida; uma linha reta é uma linha reta. Portanto, os engenheiros devem, sempre que possível, transformar equações não-lineares em uma forma linear, como você acabou de ver com equações de potência e exponenciais.

A Tabela 7.2 lista alguns exemplos de equações não-lineares que podem ser transformadas em equações lineares por meio de manipulação apropriada.

EXEMPLO 7.1

Enunciado do Problema: Se um líquido e vapor coexistirem em um mesmo vaso e atingirem o equilíbrio (*i.e.*, a temperatura e a pressão são as mesmas em todos os pontos no vaso e não se alteram com o tempo), a pressão no vaso é chamada de **pressão de vapor** (Figura 7.7).

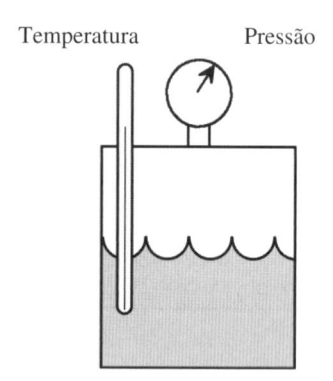

Temperatura   Pressão

FIGURA 7.7
Pressão de vapor exercida por um líquido.

Uma equação não-linear prediz a pressão de vapor,

$$P = 10^{A - B/T} \tag{7-19}$$

onde P é a pressão de vapor, T é a temperatura absoluta, e A e B são constantes. A Figura 7.8(a) mostra dados da pressão de vapor para água (vapor) em função da temperatura. Manipule essa equação para que possa ser representada em um gráfico retilíneo.

Solução: Podemos transformar essa equação em uma equação linear aplicando o logaritmo nos dois lados, escrevendo

$$\log P = A - \frac{B}{T} = A - B\left(\frac{1}{T}\right) \tag{7-20}$$

Assim, um gráfico de $\log P$ versus $1/T$ será retilíneo [Figuras 7.8(b) e (c)], com inclinação $-B$ e interseção A.

7.8 INTERPOLAÇÃO E EXTRAPOLAÇÃO

A **interpolação** é a extensão entre os dados, e a **extrapolação** é a extensão além dos dados (Figura 7.9). A curva suave unindo os pontos de dados é, na verdade, uma interpolação, pois não há dados entre os pontos. Desde que haja um número suficientemente grande de pontos espaçados por um pequeno intervalo, a interpolação é confiável. A extrapolação, por outro lado, pode não ser confiável, especialmente no caso de estender-se muito além dos dados.

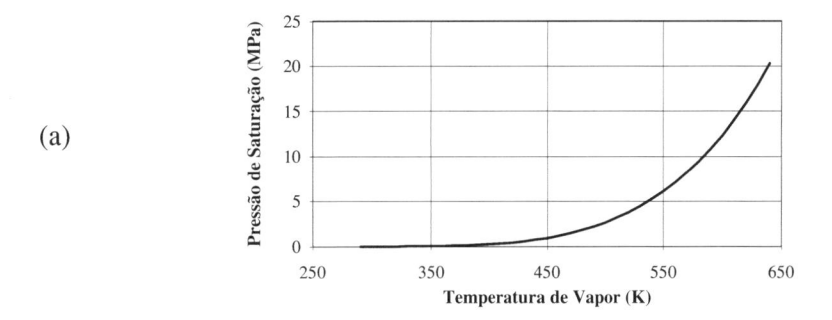

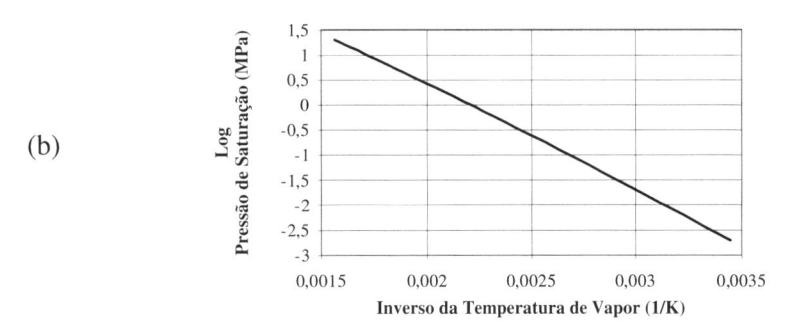

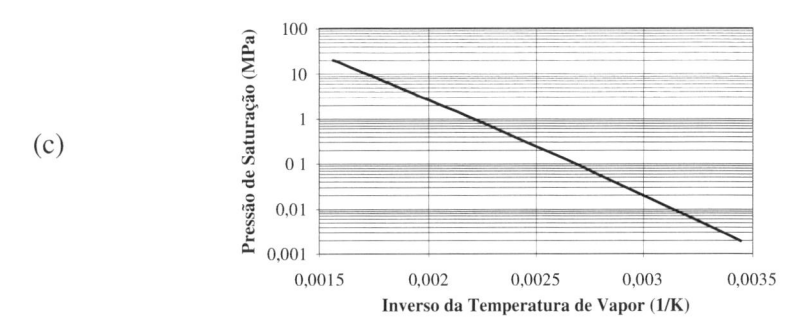

FIGURA 7.8
Pressao do vapor da água.

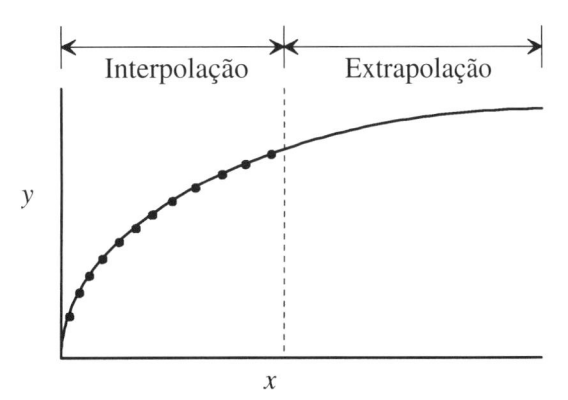

FIGURA 7.9
Interpolação e extrapolação.

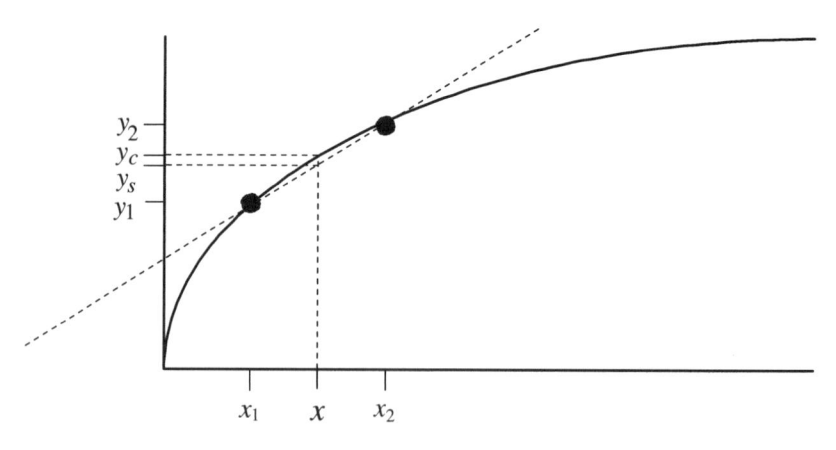

FIGURA 7.10
Interpolação linear.

A **interpolação linear** aproxima uma curva por meio de uma linha reta (Figura 7.10). Uma linha reta passa pelos pontos (x_1, y_1) e (x_2, y_2) que estão sobre a curva. Desde que esses pontos sejam próximos um do outro e a curva seja contínua, o segmento de reta é uma boa aproximação da curva. Podemos ser mais explícitos e dizer que, para um ponto arbitrário x posicionado entre x_1 e x_2, o valor correspondente de y sobre a curva (y_c) é muito próximo ao valor de y sobre o segmento de reta (y_s). Os valores de y sobre segmento de reta são facilmente calculados pela equação de uma linha reta.

$$y_s = mx + b \tag{7-21}$$

A inclinação m é facilmente determinada a partir de dois pontos sobre a curva,

$$m = \frac{y_2 - y_1}{x_2 - x_1} \tag{7-22}$$

A interseção em y é determinada substituindo essa expressão para a inclinação e resolvendo a equação da reta para b no ponto conhecido (x_1, y_1).

$$y_1 = \left(\frac{y_2 - y_1}{x_2 - x_1}\right)x_1 + b \tag{7-23}$$

$$b = y_1 - \left(\frac{y_2 - y_1}{x_2 - x_1}\right)x_1 \tag{7-24}$$

Como agora temos equações para a inclinação e para a interseção com o eixo y em termos de quantidades conhecidas, podemos substituí-las na equação da reta e obter uma fórmula para y_s em termos de um x arbitrário.

$$y_s = \left(\frac{y_2 - y_1}{x_2 - x_1}\right)x + \left(y_1 - \frac{y_2 - y_1}{x_2 - x_1}x_1\right) \tag{7-25}$$

$$y_s = y_1 + \left(\frac{y_2 - y_1}{x_2 - x_1}\right)(x - x_1) \tag{7-26}$$

Essa expressão final permite o cálculo de y_s, que é aproximadamente igual ao valor desejado y_c.

A interpolação linear pode também ser feita com dados tabulados. Suponha que uma tabela liste os dados no intervalo de interesse, mas que o valor específico que você procura não esteja listado. Você conhece a variável independente x e busca o valor da variável dependente y.

$$
\begin{array}{cc}
\text{Variável} & \text{Variável} \\
\text{Independente} & \text{Dependente}
\end{array}
$$

Variável Independente:
x_1
x ← diferença fracionária
x_2

Variável Dependente:
y_1 ← mesma
y ← diferença fracionária
y_2

$$x_3 \qquad\qquad y_3$$
$$\vdots \qquad\qquad \vdots$$

Usando interpolação linear, podemos dizer que a diferença fracionária entre as variáveis dependentes é a mesma que entre as variáveis independentes. Matematicamente, isso é posto como

$$\text{Diferença fracionária} = \frac{x - x_1}{x_2 - x_1} = \frac{y - y_1}{y_2 - y_1} \tag{7-27}$$

Essa equação pode ser resolvida explicitamente para y:

$$y = y_1 + \left(\frac{y_2 - y_1}{x_2 - x_1}\right)(x - x_1) \tag{7-28}$$

Observe que essa equação é idêntica àquela obtida na abordagem gráfica para a interpolação linear (Equação 7-26).

EXEMPLO 7.2

Enunciado do Problema: As *tabelas de vapor* listam as propriedades da água (vapor) para diferentes valores de temperatura e pressão. Como a água é uma das substâncias mais comuns na Terra, essas tabelas são amplamente utilizadas por inúmeros engenheiros. Entre as propriedades listadas nas tabelas de vapor está a pressão de vapor da água em várias temperaturas. Suponha que você queira conhecer a pressão de vapor da água a 46°C. Embora essa temperatura não seja explicitamente listada na tabela, faça uma estimativa de seu valor usando interpolação linear.

Temperatura (°C)	Pressão (psia)
44,4	1,350
45,5	1,429
46,7	1,512
47,8	1,600
48,9	1,692

Solução: $P = 1{,}429 + \dfrac{1{,}512 - 1{,}429}{46{,}7 - 45{,}5}(46 - 45{,}5) = 1{,}464 \text{ psia}$

7.9 REGRESSÃO LINEAR

Na matemática, normalmente temos uma fórmula, com a qual desejamos calcular números. Se invertermos esse processo (*i.e.*, determinar a fórmula a partir dos números), o procedimento é chamado de **regressão**, significando "caminhar para trás". Se a fórmula que procuramos for a equação de uma reta, o processo é chamado de **regressão linear**. (*Regressão não-linear* busca uma equação que não é a de uma reta. Esse é um tema avançado e além do escopo deste livro. Diversos programas de computador para efetuar regressão não-linear são disponíveis comercialmente.)

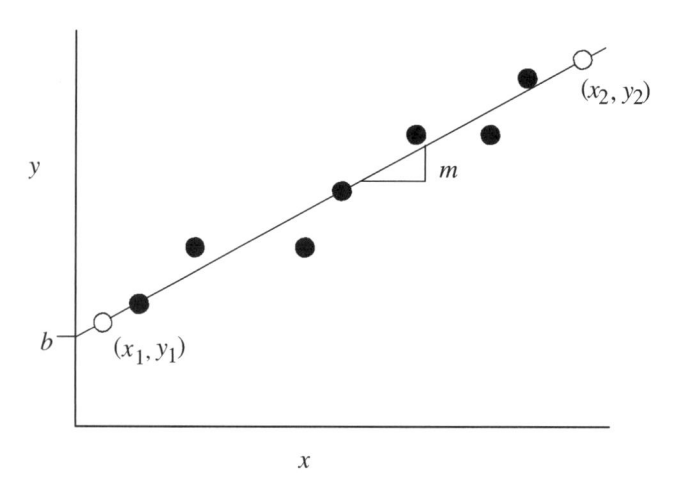

FIGURA 7.11
Método dos pontos selecionados.

Um problema de regressão linear pode ser enunciado como a seguir: Para um conjunto de dados, quais são os valores da inclinação e da interseção com o eixo y que os descreve da melhor forma? Duas abordagens são geralmente seguidas: o *método dos pontos selecionados* e a **regressão linear de mínimos quadráticos**.

O *método dos pontos selecionados* se inicia representando os dados em um gráfico (Figura 7.11) e traçando manualmente uma linha reta que melhor descreva os dados, segundo o julgamento da pessoa que os analisa. Na verdade, a pessoa que analisa os dados tenta traçar uma reta que seja próxima de **todos** os dados, e não de alguns poucos. Dois pontos arbitrários são selecionados em extremos opostos da reta. (*Nota*: Esses pontos **não** são necessariamente pontos dos dados; eles podem ser meramente dois pontos convenientes quaisquer sobre a reta.) Esses dois pontos selecionados (x_1, y_1) e (x_2, y_2) são substituídos nas Equações 7-22 e 7-24 para que os valores da inclinação e interseção com y possam ser calculados.

A deficiência do método dos pontos selecionados é o fato de ser baseado no julgamento da pessoa que analisa os dados. Se 100 pessoas analisassem os dados, provavelmente haveria 100 valores diferentes para a inclinação e 100 valores diferentes para a interseção com y. O método descrito a seguir não é afetado pelas características da pessoa que o utiliza, e a "melhor reta" obtida será sempre a mesma, isto é, a mesma inclinação e a mesma interseção com o eixo y.

A *regressão linear de mínimos quadráticos* usa um rigoroso procedimento matemático para determinar uma reta que seja próxima de todos os pontos de dados (Figura 7.12). A diferença entre um verdadeiro ponto de dado y_i e o ponto y_s previsto pela linha reta é o resíduo d_i:

$$d_i = y_i - y_s \tag{7-29}$$

$$d_i = y_i - (mx_i + b) \tag{7-30}$$

O resíduo assumirá valores positivos e negativos, dependendo se o ponto de dado estiver acima ou abaixo da linha reta; entretanto, o quadrado do resíduo d_i^2 é sempre um número positivo. A linha reta que "melhor" descreve os pontos de dados é aquela que tiver o menor resíduo d_i^2 possível. Isso é rigorosamente enunciado como "encontre m e b de modo que a soma de todos os resíduos d_i^2 seja um mínimo".

$$\text{Soma} = \sum_{i=1}^{n} d_i^2 = \sum_{i=1}^{n} [y_i - (mx_i + b)]^2 \tag{7-31}$$

onde n é o número de pontos de dados. O cálculo desse mínimo é um problema de cálculo diferencial e está além do escopo deste livro. Aqui, os resultados são diretamente apresentados para dois casos:

1. Melhor reta: $y = mx + b$

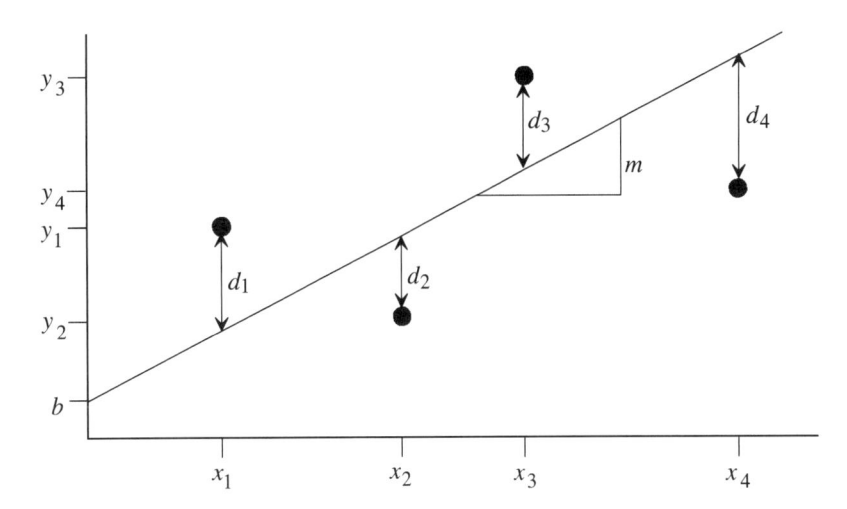

FIGURA 7.12
Regressão linear dos mínimos quadráticos.

$$m = \frac{n(\Sigma x_i y_i) - (\Sigma x_i)(\Sigma y_i)}{n(\Sigma x_i^2) - (\Sigma x_i)^2} \tag{7-32}$$

$$b = \frac{\Sigma y_i - m(\Sigma x_i)}{n} \tag{7-33}$$

2. Melhor reta passando pela origem: $y = mx$

$$m = \frac{\Sigma x_i y_i}{\Sigma x_i^2} \tag{7-34}$$

O *coeficiente de correlação r* é usado para determinar quão bem os dados são representados pela linha reta. Esse coeficiente é definido como

$$r \equiv \pm \sqrt{1 - \frac{\Sigma(y_i - y_s)^2}{\Sigma(y_i - \overline{y})^2}} \tag{7-35}$$

onde $\overline{y}$ é o valor médio de y, definido como

$$\overline{y} \equiv \frac{\Sigma y_i}{n} \tag{7-36}$$

Na Equação 7-35, o sinal positivo é usado para uma reta com inclinação positiva, e o sinal negativo, para uma reta com inclinação negativa. Se todos os dados estiverem precisamente sobre uma reta, então $\Sigma(y_i - y_s)^2 = 0$ e $r = -1$ (reta com inclinação positiva) ou $r = -1$ (reta com inclinação negativa). Se os dados estiverem espalhados aleatoriamente e não sobre uma linha reta, então $\Sigma(y_i - y_s)^2 = \Sigma(y_i - \overline{y})^2$ e $r = 0$.

Embora a Equação 7-35 seja útil para entender o significado de r, seu uso é inconveniente. A seguinte equação é uma versão alternativa para r, de uso mais conveniente:

$$r \equiv \frac{n(\Sigma x_i y_i) - (\Sigma x_i)(\Sigma y_i)}{\sqrt{n(\Sigma x_i^2) - (\Sigma x_i)^2} \sqrt{n(\Sigma y_i^2) - (\Sigma y_i)^2}} \tag{7-37}$$

EXEMPLO 7.3

Enunciado do Problema: Um grupo de alunos de engenharia que estudam juntos decidiu usar seu tempo de forma mais eficiente. Como eles têm muitas aulas, devem alocar seu tempo de estudo para cada aula de uma maneira ótima. Eles decidem que uma equação que relacione as notas de suas provas com base nas horas de estudo os ajudará a alocar o tempo de forma mais eficiente. Eles prepararam a Tabela 7.3 com base em seu desempenho no último exame. Que equação linear correlaciona o desempenho dos estudantes? Qual é o valor do coeficiente de correlação?

TABELA 7.3
Efeito do tempo de estudo nas notas das provas

Aluno	Horas de Estudo (x_i)	Nota (y_i)	(y_i^2)	(x_iy_i)	(x_i^2)
1	5	63	3969	315	25
2	10	91	8281	910	100
3	2	41	1681	82	4
4	8	75	5625	600	64
5	6	69	4761	414	36
6	12	95	9025	1140	144
7	0	32	1024	0	0
8	4	50	2500	200	16
9	8	80	6400	640	64
$n = 9$	$\sum x_i = 55$	$\sum y_i = 596$	$\sum y_i^2 = 43.266$	$\sum x_iy_i = 4301$	$\sum x_i^2 = 453$

Solução:

$$m = \frac{9(4301) - (55)(596)}{9(453) - (55)^2} = 5,64 \qquad \text{(Equação 7-32)}$$

$$b = \frac{(596) - 5,64(55)}{9} = 31,8 \qquad \text{(Equação 7-33)}$$

$$r = \frac{9(4301) - (55)(596)}{\sqrt{9(453) - (55)^2}\,\sqrt{9(43.266) - (596)^2}} = 0,98878 \qquad \text{(Equação 7-37)}$$

Como você pode observar, o cálculo é trabalhoso. Felizmente, muitas calculadoras eletrônicas com pacotes estatísticos podem efetuar a regressão linear em poucos passos.

EXEMPLO 7.4

Enunciado do Problema: Um engenheiro determina a constante de mola k de uma mola aplicando uma força F, fazendo com que a mola seja comprimida (encolhida) de uma deformação d. O engenheiro correlaciona os dados utilizando a equação

$$F = kd \qquad (7\text{-}38)$$

O engenheiro determinará, então, a melhor reta que passa pela origem. Ele coletou os dados listados na Tabela 7.4. Qual é o melhor valor para a constante de mola? Qual é o valor do coeficiente de correlação?

Solução:

$$k = m = \frac{2150,2}{204,0} = 10,5 \text{ kN/mm} \qquad \text{(Equação 7-34)}$$

TABELA 7.4
Deformação de uma mola devido à força aplicada

Medida	Deformação[†] (mm) (x_i)	Força[†] (kN) (y_i)	(y_i^2)	(x_iy_i)	(y_i^2)
1	1,00	10,3	106,09	10,3	1,00
2	2,00	20,8	432,64	41,6	4,00
3	3,00	31,3	979,69	93,9	9,00
4	4,00	42,1	1772,41	168,4	16,0
5	5,00	52,7	2777,29	263,5	25,0
6	6,00	63,2	3994,24	379,2	36,0
7	7,00	73,9	5461,21	517,3	49,0
8	8,00	84,5	7140,25	676,0	64,0
$n = 9$	$\sum x_i = 36,00$	$\sum y_i = 378,8$	$\sum y_i^2 = 22633,82$	$\sum x_iy_i = 2150,2$	$\sum x_i^2 = 204,0$

†Experimentalmente, a força é a variável independente, e a deformação, a variável dependente.
Entretanto, a Equação 7-38 trata a deformação como sendo a variável independente, e a força, como variável dependente; portanto, a deformação é mostrada na coluna da esquerda, e a força, na coluna da direita.

$$r = \frac{8(2150,2) - (36,00)(378,8)}{\sqrt{8(204,0) - (36,00)^2} \ \sqrt{8(22.663,82) - (378,8)^2}} = 0,999996 \qquad \text{(Equação 7-37)}$$

7.10 RESUMO

As tabelas listam as correspondentes variáveis independentes e dependentes na mesma linha. Uma tabela adequadamente construída tem um título descritivo e colunas identificadas com cabeçalho e unidades. Embora as tabelas sejam muito úteis para a entrada de dados em um computador ou calculadora, elas são de difícil compreensão e interpretação; para isso, gráficos são necessários.

Um gráfico adequadamente construído possui um título descritivo e eixos identificados com título e unidades. Em geral, os engenheiros constroem três tipos de gráficos: retilíneo, semilog e log-log. Uma equação linear é representada por uma linha reta nos gráficos retilíneos; uma equação exponencial é representada por uma linha reta nos gráficos semilog; uma equação de potência é representada por uma linha reta nos gráficos log-log. Ao fazer a regressão de dados (*i.e.*, determinar uma equaçao a partir dos dados), é melhor usar gráficos retilíneos. Se os dados corresponderem a uma equação linear, a representação de y versus x será uma linha reta; se os dados corresponderem a uma equação exponencial, a representação de log y versus x será uma linha reta; se os dados corresponderem a uma equação de potência, a representação de log y versus log x será uma linha reta. (*Nota*: Alternativamente, o logaritmo natural pode ser usado.) Muitas outras equações poderão ser representadas por retas em gráficos retilíneos se as variáveis forem manipuladas adequadamente. Por exemplo, a representação de log P versus $1/T$ será uma reta se P for a pressão absoluta do vapor, e T a temperatura absoluta de um líquido em equilíbrio com vapor.

A interpolação é o processo de extensão entre os pontos de dados, e a extrapolação é o processo de extensão além dos pontos de dados. Embora a extrapolação possa não ser confiável, a interpolação geralmente o é. A interpolação linear é mais comumente empregada.

A regressão linear é um processo utilizado para a obtenção da reta que melhor represente os dados. O método dos pontos selecionados pode ser usado para "olhar" os dados e encontrar a melhor linha reta. O método de regressão linear dos mínimos quadráticos é mais rigoroso.

Bibliografia Complementar

Eide, A. R.; R. D. Jenison; L. H. Mashaw; and L. L. Northup. *Engineering Fundamentals and Problem Solving*. 3rd ed. New York: McGraw-Hill, 1997.

Felder, R. M., and R. W. Rousseau. *Elementary Principles of Chemical Processes*. New York: Wiley, 1986.

EXERCÍCIOS

7.1 O *resistor* é um dispositivo que converte energia elétrica em calor ao passar corrente elétrica por um mau condutor de eletricidade (p. ex., carbono), em vez de um bom condutor (p. ex., cobre). Os elétrons (*i.e.*, corrente elétrica) fluirão através do resistor quando uma tensão, como a de uma bateria, for aplicada (Figura 7.13).

A corrente I no resistor é proporcional ao diferencial de tensão aplicada V:

$$I = \left(\frac{1}{R} \right) V$$

onde a resistência inversa, $1/R$, é a constante de proporcionalidade.

Uma única célula de bateria tem uma saída de 1,5 volt. Ao colocar células de baterias em série (conectando-as uma à outra), é possível obter valores de tensão que são múltiplos de 1,5 V. As tensões e correntes na Tabela 7.5 foram medidas para um resistor de resistência desconhecida.

Represente os dados usando eixos retilíneos, com corrente no eixo y e tensão no eixo x. A inclinação dessa reta é a resistência inversa, $1/R$. Determine a inclinação, por dois métodos:

(a) Método dos pontos selecionados.

(b) Regressão linear dos mínimos quadráticos.

Qual é o valor da resistência? (*Nota*: A unidade de resistência elétrica é o ohm (Ω), que é idêntico a volt/ampère.) Qual é o coeficiente de correlação? Você pode usar uma planilha eletrônica, se quiser. (*Sugestão*: A corrente flui **somente** quando a tensão é aplicada.)

7.2 À medida que um carro fica mais pesado, o consumo de combustível aumenta por causa das maiores perdas por atrito nas rodas, e porque uma maior quantidade de energia cinética é convertida em calor cada vez que o carro freia até parar. Em resposta à crise de energia na década de 1970, os fabricantes de automóveis iniciaram um programa de redução em que os carros ficaram mais leves pela diminuição do tamanho e substituição do aço por alumínio ou plástico. Obviamente, outros fatores afetam o consumo de combustível, como a forma aerodinâmica e o projeto do motor.

Os dados na Tabela 7.6 foram obtidos de uma amostragem aleatória de automóveis. Usando eixos retilíneos, represente o consumo de combustível versus peso do carro. Determine a inclinação e a interseção com o eixo y de uma reta que correlacione os dados, usando:

(a) O método dos pontos selecionados.

(b) A regressão linear dos mínimos quadráticos.

Qual é o coeficiente de correlação? Você pode usar uma planilha eletrônica, se quiser.

7.3 O decaimento de um elemento radioativo é descrito pela equação

$$A = A_0 e^{-kt}$$

TABELA 7.5
Queda de tensão em um resistor

Tensão Aplicada (volt)	Corrente (ampère)
1,5	0,11
3,0	0,26
4,5	0,35
6,0	0,50
7,5	0,61
9,0	0,68
10,5	0,81
12,0	0,92
13,5	1,02

onde A é a quantidade no tempo t, A_0 é a quantidade no tempo zero, e k é a constante de decaimento. Os dados da Tabela 7.7 foram obtidos para o elemento altamente radioativo *balonium*[2]-245. Construa os seguintes gráficos:

(a) *Balonium* versus tempo, usando eixos retilíneos.

(b) Logaritmo neperiano de *balonium* versus tempo, usando eixos retilíneos (calcule o coeficiente de correlação).

(c) *Balonium* versus tempo em papel semilog.

Determine a constante de decaimento, k. (*Nota*: As unidades de k são dias^{-1}.) Você pode usar uma planilha eletrônica, se desejar.

A *meia-vida* é definida como o tempo necessário para que a metade de *balonium*-245 decaia. De modo alternativo, poderíamos dizer que é o tempo no qual metade do *balonium*-245 ainda permanece, ou $A/A_0 = 0{,}5$. Qual é a meia-vida do *balonimum*-245?

7.4 John, um cético estudante de engenharia, lê em um livro de física que "qualquer objeto, independente de sua massa, tem a mesma aceleração a_0 quando cai sob o efeito da gravidade da Terra, na ausência de outras forças. Com o objeto inicialmente em repouso, sua posição x em função do tempo t é dada pela equação $x = \frac{1}{2} a_0 t^2$". O engenheiro duvida dessa afirmação porque sabe que, se deixar cair uma rocha e uma folha, da mesma altura, a rocha chegará ao solo primeiro.

Para testar a afirmação feita pelo livro de física, o engenheiro decide fazer um experimento. Ele pede a ajuda de seis amigos. Após muita

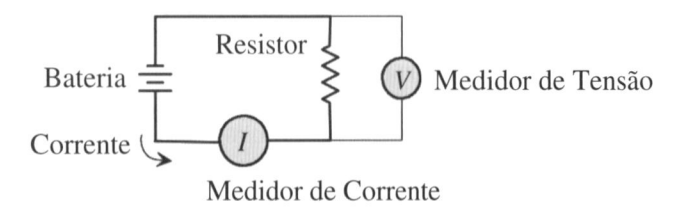

Bateria — Resistor — V Medidor de Tensão — Corrente — I — Medidor de Corrente

FIGURA 7.13
Circuito elétrico no qual corrente flui através de um resistor.

TABELA 7.6
Efeito da massa de um automóvel no consumo de combustível

Massa do Automóvel (lb_m)	Consumo de Combustível (milhas por galão)
2534	24,3
3023	15,9
2294	30,7
3797	12,5
2876	20,4
2382	35,8
3498	22,8
2475	40,3
2103	45,5

---

[2]Um elemento fictício usado na língua inglesa para descrever algo como impossível ou sem sentido. (N.T.)

TABELA 7.7
Decaimento do *balonium*-245

Tempo (dia)	Balonium-245 (gramas)
0,00	45,3
0,05	30,4
0,10	20,9
0,15	14,1
0,20	9,4
0,25	6,1
0,30	4,1
0,35	3,0
0,40	2,0

discussão, eles decidem que a maneira mais prática para fazer as medidas é deixar uma bola de tênis e uma bala de canhão caírem no vão da escada do dormitório. Cada amigo ficaria com um cronômetro em um andar diferente. Quando John soltasse a bola do último andar, ele gritaria "AGORA", e cada amigo dispararia seu cronômetro. Cada amigo concordou em parar seu cronômetro quando a bola passasse por seus pés. (Eles pretendiam parar o cronômetro quando a bola passasse pela altura de seus olhos; mas, como eles tinham alturas diferentes, eles se deram conta de que isso introduziria um erro sistemático nas medidas.) Com uma trena, eles determinaram que os andares eram separados por 3,60 m. Após praticarem algumas vezes, eles coletaram os dados na Tabela 7.8.

TABELA 7.8
Distância percorrida por uma bola de tênis e por uma bala de canhão em queda livre

Distância (m)	Bola de Tênis tempo (s)	Bala de Canhão tempo (s)
3,6	0,85	0,87
7,2	1,24	1,22
10,8	1,43	1,55
14,4	1,73	1,75
18,0	1,93	1,93
21,6	2,20	2,15

Usando os dados de John, prove a você mesmo que a equação física está correta, fazendo o seguinte:

(a) Represente distância versus tempo, usando eixos retilíneos.
(b) Represente distância versus tempo em papel log-log.
(c) Represente $\log_{10}$ distância versus $\log_{10}$ tempo, usando eixos retilíneos (calcule o coeficiente de correlação para os dados referentes à bola de tênis e à bala de canhão).
(d) Represente ln distância versus ln tempo, usando eixos retilíneos.
(e) Determine a aceleração e o expoente para o tempo, usando o método dos pontos selecionados.
(f) Determine a aceleração e o expoente para o tempo, usando regressão linear de mínimos quadrados.

Você pode usar uma planilha eletrônica para fazer os gráficos, se desejar.

Com base nos resultados do experimento, você concorda com o livro de física que diz que todos os objetos têm a mesma aceleração sob o efeito da gravidade da Terra, independente de suas massas? Se John realizasse o experimento com uma rocha e uma folha, que resultados você esperaria e por quê?

7.5 Após realizar o experimento descrito no Exercício 7.4, John acredita que a equação dada no livro de física está correta. Ele gostaria de revisar sua estimativa da aceleração, interpretando os dados com o ex-

poente do tempo exatamente igual a 2. Ele não sabe como fazer isso e pede sua ajuda. Como você representaria os dados? Usando essa nova abordagem, qual é o valor revisado da aceleração devida à gravidade?

7.6 Nas equações seguintes, y é a variável dependente, x é a variável independente, a e b são constantes. Indique que tipo de gráfico (retilíneo, semilog, log-log) você usaria para obter uma linha reta. Além disso, indique o que será representado nos eixos das ordenadas e das abscissas.

(a) $y = ax$
(b) $1/y = ax + b$
(c) $y = (ax + b)^{-1}$
(d) $y = (ax + b)^{-2}$
(e) $y = (ax + b)^2 + 5$
(f) $y = a10^{bx}$
(g) $y = ae^{bx}$
(h) $y = a2^{bx}$
(i) $y^2 = 3 + a10^{b(x-4)}$
(j) $y = \left[3 + \left(ae^{\frac{b}{x-4}} \right) \right]^{-2}$
(k) $y = ax^b$
(l) $y = [a(x - 5)^b]^{-1}$
(m) sen $y = ax^b$
(n) $y = a(\cos x)^{-b}$
(o) $y = [ax^b]^{-1/2}$
(p) $y = 4 - \left(\dfrac{1}{ax^b} \right)$

7.7 As seguintes variáveis são representadas linearmente em um gráfico log-log. Desenvolva equações que relacionem as variáveis.

(a) y versus x (Resposta: $y = ax^b$, onde a e b são constantes.)
(b) $1/y$ versus $1/x$
(c) $1/(y - 3)$ versus x
(d) sen y versus $1/x$
(e) $1/y^2$ versus x

7.8 As seguintes variáveis são representadas linearmente em um gráfico semilog. Desenvolva uma equação que relacione as variáveis.

(a) y versus x (Resposta: $y = ae^{bx}$ ou $y = a10^{bx}$, onde a e b são constantes.)
(b) $1/y$ versus $1/x$
(c) $1/(y - 3)$ versus x
(d) sen y versus $1/x$
(e) $1/y^2$ versus x

7.9 Determine a equação $y = f(x)$ para cada um dos casos seguintes. Registre a equação em sua forma mais simples. Todos os gráficos são lineares. Todas as coordenadas são indicadas com a abscissa em primeiro lugar e a ordenada em segundo, *i.e.*, (x, y).

(a) y versus x em um gráfico retilíneo passando pelos pontos (5, 7) e (2, 3)
(b) ln y versus ln x em um gráfico retilíneo passando pelos pontos (5, 7) e (2, 3).
(c) log y versus log x em um gráfico retilíneo passando pelos pontos (5, 7) e (2, 3).
(d) y versus x em um gráfico log-log passando pelos pontos (5, 7) e (2, 3).
(e) ln y versus ln x em um gráfico retilíneo passando pelos pontos (2, 3) e (4, 6).
(f) log y versus log x em um gráfico retilíneo passando pelos pontos (2, 3) e (4, 6).
(g) y versus x em um gráfico semilog passando pelos pontos (2, 3) e (4, 6).
(h) y^2 versus x em um gráfico retilíneo passando pelos pontos (3, 2) e (6, 4).
(i) $\sqrt{y}$ versus x em um gráfico retilíneo passando pelos pontos (3, 2) e (6, 4).
(j) y^2 versus x em um gráfico log-log passando pelos pontos (3, 2) e (6, 4).
(k) $\sqrt{y}$ versus x em um gráfico log-log passando pelos pontos (3, 2) e (6, 4).

TABELA 7.9
Propriedades termodinâmicas da água

T (°C)	P (bar)	$\hat{V}$ (m³/kg)		$\hat{U}$ (kJ/kg)		$\hat{H}$ (kJ/kg)	
		Líquido	Vapor	Líquido	Vapor	Líquido	Vapor
28	0,0378	0,001004	36,7	117,3	2414,0	117,3	2552,7
30	0,0424	0,001004	32,9	125,7	2416,7	125,7	2556,4
32	0,0475	0,001005	29,6	134,0	2419,4	134,0	2560,0
34	0,0532	0,001006	26,6	142,4	2422,1	142,4	2563,6

(l) y^2 versus x em um gráfico semilog passando pelos pontos (3, 2) e (6, 4).

(m) $\sqrt{y}$ versus x em um gráfico semilog passando pelos pontos (3, 2) e (6, 4).

(n) $(y - 2)^2$ versus x em um gráfico retilíneo passando pelos pontos (1, 2) e (3, 4).

(o) $(y - 2)^2$ versus x em um gráfico log-log passando pelos pontos (1, 2) e (3, 4).

(p) $(y - 2)^2$ versus x em um gráfico semilog passando pelos pontos (1, 2) e (3, 4).

7.10 A Tabela 7.9 lista algumas das propriedades termodinâmicas da água. Determine a pressão de vapor P, o volume específico de líquido e vapor $\hat{V}$, a energia interna específica de líquido e vapor $\hat{U}$, e a entalpia específica de líquido e vapor $\hat{H}$ a 31,3°C.

7.11 Manualmente, ou usando uma planilha, represente a equação de potência $y = 5x^4$ em um gráfico retilíneo, no intervalo de $x = 0$ a $x = 4,5$.

(a) Na representação da equação de potência, mostre a reta que passa pelos pontos (2, 80) e (4, 1280). Por meio de interpolação linear, use essa linha reta para estimar o valor da equação de potência em $x = 3$. Quais são os erros fracionário e percentual?

(b) Em outro gráfico, represente a equação de potência no intervalo de $x = 2,5$ a $x = 3,5$. Mostre a reta que passa pelos pontos (2,9; 353,64) e (3,1; 461,76). Por meio de interpolação linear, use essa linha reta para estimar o valor da equação de potência em $x = 3$. Quais são os erros fracionário e percentual?

(c) Comparando os erros nos Itens (a) e (b), o que você conclui?

7.12 Escreva um programa de computador que permita que o usuário entre com um número arbitrário de valores de x e y que possam ser correlacionados pelas equações $y = mx + b$, ou $y = mx$. O programa deve perguntar ao usuário que equação deve ser usada para correlacionar os dados. O programa calculará as melhores inclinação e interseção com o eixo y (se houver uma), de acordo com a regressão linear de mínimos quadráticos. O programa também calculará o coeficiente de correlação. Teste o programa com os dados dos Exercícios 7.1 e 7.2.

7.13 Escreva um programa de computador que faça o mesmo que o Exercício 7.12, mas que leia os dados de um arquivo, em vez de serem digitados pelo usuário.

7.14 Escreva um programa de computador que faça interpolação linear entre dois pares de dados.

Glossário

abscissa   O eixo x.

equação de potência $y = kx^m$

equação exponencial $y = kB^{mx}$

extrapolação   Extensão além dos pontos de dados.

gráfico log-log   Um gráfico em que os dois eixos são logarítmicos.

gráfico retilíneo   Um gráfico em que os dois eixos são lineares.

gráfico semilog   Um gráfico em que um dos eixos é logarítmico e o outro é linear.

inclinação   Altura sobre largura.

interpolação   Extensão entre os pontos de dados.

interpolação linear   A aproximação de uma curva por uma linha reta.

interseção   O valor onde uma curva intercepta um eixo de coordenada.

ordenada   O eixo y.

pressão de vapor   A pressão do vapor em equilíbrio com o líquido ou sólido.

regressão   Caminhando para trás, dos dados para a equação.

regressão linear   O processo de encontrar a equação de uma linha reta que melhor represente os dados.

regressão linear de mínimos quadráticos   Um rigoroso procedimento matemático que é usado para determinar a reta que melhor descreve todos os dados.

variável dependente   A variável cujo valor não pode ser arbitrariamente selecionado e é determinado pelo valor da variável independente.

variável independente   A variável cujo valor pode ser selecionado arbitrariamente.

CAPÍTULO 8

Sistema de Unidades SI

Você provavelmente conhece o **Sistema de Unidades SI** (*Le Système International d'Unités*) como o "sistema métrico". Esse sistema é usado em todo o mundo, exceto nos Estados Unidos, Libéria e Myanmar (Burma). É o sistema preferido pela ciência, de modo que você, indubitavelmente, foi apresentado a ele em seus cursos de ciência.

8.1 HISTÓRICO

A necessidade de unidades de medidas ficou evidente, assim que se iniciou o comércio entre humanos. Se dois fazendeiros quisessem trocar grãos por um bode, eles necessitavam medir a quantidade de grãos e o peso do bode. No comércio primitivo, as unidades de medidas eram baseadas em itens comumente disponíveis. Por exemplo, o cesto[1] usado para transportar grãos se tornou uma unidade de medida. (Na Grã-Bretanha, *bushel* foi, ao fim, padronizado como igual a oito galões imperiais.[2]) O peso do bode podia ser medido colocando o animal em uma balança e determinando o número de pedras[3] necessário para contrabalançar o animal. (Na Grã-Bretanha, o *stone* foi, por fim, definido como igual a 14 libras.) A unidade de comprimento baseada no pé humano é usada na Grã-Bretanha há mais de mil anos. Rapidamente, ficou evidente que unidades de medidas tinham de ser subdivididas. Diversos sistemas de medidas primitivos eram baseados em frações da unidade, como metades, terços e quartos. Assim, a unidade foi subdividida em um número de segmentos que é facilmente divisível em frações. Por exemplo, o pé[4] foi dividido em 12 polegadas, que podem ser divididas por 2, 3, 4 e 6, sem deixar resto.

Para as unidades de medidas serem úteis, devem ser padronizadas, de modo que operações comerciais possam ser feitas sem ambigüidade. Os governos ficaram responsáveis pelo estabelecimento de unidades oficiais de medidas. Por exemplo, o **Côvado** Real Egípcio era equivalente à distância entre o cotovelo do Faraó e a ponta de seu dedo médio (20,62 polegadas). Um bloco de granito foi cortado com esse comprimento para se tornar um padrão. (Afinal, o Faraó era demasiadamente ocupado para ajudar os carpinteiros a medir o comprimento de tábuas.) Esse padrão foi dividido em larguras de dedo, palmos, mãos, *remens* (20 larguras de dedos) e em um côvado curto (18 polegadas), igual a seis palmos (3 polegadas). O côvado curto era largamente usado em construções, e cópias em madeira ou granito foram feitas, as quais eram regularmente comparadas com o padrão. Nós continuamos a usar o sistema de medidas do Faraó — nos Estados Unidos, a altura de cavalos é, freqüentemente, medida em **mãos**, agora definidas como sendo exatamente quatro polegadas.

---

[1] *Bushel basket*, em inglês. Um recipiente que pode ser feito de aduelas e arcos, como um tonel, ou de verga, fibra, etc., entrançada, como um cesto. (N.T.)

[2] 1 galão imperial = 4,546 litros. (N.T.)

[3] *Stones*, em inglês. (N.T.)

[4] *Foot*, em inglês. (N.T.)

No século XVI, sistemas decimais foram criados, nos quais as unidades de medidas foram divididas em 10 partes, 100 partes, 1000 partes, e assim por diante, e não em divisões fracionárias. Isso permitia maior acurácia e facilitava a subdivisão; entretanto, como não havia padrões, a confusão se estabeleceu. Em 1790, a Academia Nacional Francesa solicitou que a Academia Francesa de Ciências estabelecesse um sistema de unidades que pudesse ser adotado em todo o mundo. O sistema usava o metro como unidade de comprimento e o grama como unidade de massa. Esse sistema foi legalizado nos Estados Unidos em 1866.

Em 1870, uma conferência internacional foi realizada em Paris, na qual 15 nações estiveram representadas.[5] Isso levou ao estabelecimento do Bureau Internacional de Pesos e Medidas nas cercanias de Paris. Foi acordado que a Conferência Geral de Pesos e Medidas seria realizada pelo menos a cada seis anos, para tomar decisões sobre temas relacionados a unidades de medidas. O Instituto Nacional de Padrões e Tecnologia (NIST — *National Institute of Standards and Technology*), anteriormente denominado Bureau Nacional de Padrões (NBS — *National Bureau of Standards*), representa os Estados Unidos nessas conferências.[6]

Qualquer sistema de medida deve estabelecer **unidades fundamentais** (ou unidades de base), a partir das quais outras unidades são derivadas. (Por exemplo, o volume é derivado da unidade fundamental de comprimento.) Em 1881, o tempo foi incluído como a terceira unidade fundamental, e o sistema centímetro-grama-segundo (CGS) foi estabelecido. Fora dos laboratórios, esse sistema era inconveniente, de modo que, por volta de 1900, o sistema metro-quilograma-segundo (MKS) foi adotado. Em 1935, medidas elétricas baseadas no **ampère** foram adicionadas. Assim, havia uma quarta unidade fundamental no sistema MKSA. Em 1954, unidades fundamentais para temperatura (kelvin) e intensidade luminosa (**candela**) foram adotadas, elevando o número de unidades fundamentais para seis. Em 1960, o sistema de medidas recebeu o nome formal de *Le Système International d'Unités*, que foi abreviado para SI. Em 1971, a quantidade de matéria (mol) foi incluída como uma unidade fundamental, elevando o total para sete.

8.2 DIMENSÕES E UNIDADES

A distinção entre uma **dimensão** e uma **unidade** é mais bem entendida por meio de exemplo. A *dimensão* de comprimento pode ser descrita por *unidades* de metro, pé, polegada, côvado, e assim por diante. Assim, *dimensão* é uma idéia abstrata, enquanto *unidade* é mais específica. A Tabela 8.1 mostra as dimensões comuns e as **unidades SI** correspondentes.

TABELA 8.1
Dimensões e unidades fundamentais SI

Dimensão	Símbolo	Unidades	Abreviação
Comprimento	[L]	metro	m
Massa	[M]	quilograma	kg
Tempo	[T]	segundo	s
Corrente elétrica	[A]	ampère	A
Temperatura termodinâmica	[θ]	kelvin	K
Intensidade luminosa	[I]	candela	cd
Quantidade de matéria	[N]	mol	mol

---

[5]No Brasil, a adoção do sistema métrico foi determinada por Dom Pedro II em 1862. Em 1875, o Brasil foi um dos vinte países que assinaram, em Paris, a Convenção do Metro. No entanto, a adoção do sistema métrico no país não foi imediata e nem pacífica. O livro de José Luciano de Mattos Dias, "Medida, Normalização e Qualidade: Aspectos da história da metrologia no Brasil" (Inmetro: Rio de Janeiro, 1998), expõe a história da adoção do sistema métrico no Brasil e das ações do governo no campo da metrologia. O livro encontra-se disponível em *www.inmetro.gov.br/infotec/livroMedida.asp*. (N.T.)

[6]No Brasil, o Instituto Nacional de Metrologia, Normalização e Qualidade Industrial — INMETRO — é responsável pelos padrões de medida. (N.T.)

8.3 UNIDADES SI

O SI inclui três tipos de unidades: suplementares, fundamentais e derivadas.

8.3.1 Unidades Suplementares SI

As **Unidades Suplementares SI** foram adicionadas em 1960. Elas são definições matemáticas necessárias à definição tanto de unidades fundamentais quanto de derivadas.[7]

1. Ângulo Plano (radiano)

A Figura 8.1 mostra um círculo no qual dois raios definem um **ângulo plano** θ. Se o comprimento do arco de circunferência subtendido por esse ângulo for igual ao raio do círculo, então o ângulo plano θ é igual a um radiano (1 **rad**).

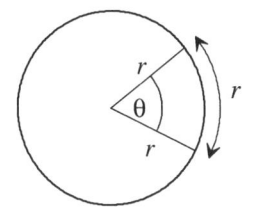

FIGURA 8.1
Ângulo plano.

Nascido na Revolução

O comportamento errante e a bancarrota de Luís XVI levaram à desintegração da ordem social francesa e culminaram com a tomada da Bastilha no dia 14 de julho de 1789. Esse evento iniciou a destruição do sistema feudal, à medida que camponeses foram encorajados a assaltar os *chateaux*, queimar contratos feudais, invadir terras e expulsar a nobreza. O poder político passou do rei para a Assembléia Nacional Francesa.

Em 1790, a Assembléia Nacional Francesa solicitou que a Academia Francesa de Ciências revisasse o sistema francês de pesos e medidas, que, sob a monarquia, era caótico, inconsistente e complexo. Eles aprovaram um painel de "notáveis" encabeçado por Jean Charles Borda (1733-1799). Convites para participar do comitê foram enviados à Grã-Bretanha e aos Estados Unidos, mas não foram aceitos.

O comitê decidiu que o sistema de medidas devia ter base 10, embora as bases 11 e 12 tivessem sido consideradas. A unidade de comprimento, o metro, seria um décimo milionésimo de um "quadrante de meridiano", isto é, a distância do pólo norte ao equador medida ao longo de um grande círculo passando pelos pólos. A unidade de massa, o grama, seria a massa de água, em sua densidade máxima (4ºC), ocupando um volume de 10^{-6} m³.

Dois astrônomos geodéticos franceses receberam a tarefa de medir a distância de Dunquerque, França, a um local próximo de Barcelona, Espanha; dessa distância o quadrante de meridiano poderia ser calculado. Eles gastaram sete anos para completar as medidas; seu trabalho sofreu impedimento porque eles foram presos por espionagem enquanto realizavam as medidas em países estrangeiros. Eles foram admiravelmente precisos, com um erro de apenas 2 partes em 10.000.

Em 1792, a recém-eleita Convenção Nacional proclamou a república na França. Eles cortaram todos os laços com o tradicional calendário gregoriano e estabeleceram aquele como o Ano 1 da República da França. Para criar um calendário racional, eles instituíram uma nova comissão que planejou um calendário de 12 meses, em que cada mês tinha exatamente 30 dias. Para completar os 365 e 1/4 dias em um ano, cada ano tinha um festival de 5 dias, exceto em ano bissexto, que tinha um festival de 6 dias. Em vez da tradicional semana de 7 dias, o mês foi dividido em três períodos de 10 dias. Em vez de nomear cada dia em honra de deuses e deusas, os dias eram numerados de um a dez. Esse calendário foi empregado por mais de 12 anos, até ser abandonado por Napoleão em 1806.

A comissão de calendário também propôs um sistema decimal de tempo. Cada dia era dividido em dez decidias (2,4 horas); unidades menores eram o milidia (86,4 segundos) e o microdia (0,0864 segundos). Em 1793, o sistema decimal de tempo foi introduzido, mas enfrentou forte resistência. Ao contrário de outros pesos e medidas empregados pela monarquia, o sistema para a medida de tempo era rigoroso, bem estruturado e universalmente seguido. Mudar todos os relógios seria caro. Além disso, o tempo é intimamente ligado à vida diária das pessoas, enquanto as medidas de comprimento e massa são menos rotineiras. Havia pouco incentivo para mudar, e, em 1795, o proposto sistema decimal de tempo foi "engavetado", e assim permaneceu desde então.

Em 1798, cientistas europeus foram convidados à França para prosseguir com o aprimoramento do novo "sistema métrico". Ao fim, este se tornou um sistema de medidas adotado por quase todo o mundo. É interessante observar que os Estados Unidos, que foram convidados a participar das primeiras reuniões, tiveram a maior dificuldade em adotar esse sistema de medidas.

Adaptado de: H. A. Klein, *The World of Measurements* (Nova Iorque: Simon e Schuster, 1974).

---

[7]Segundo um documento do INMETRO, *SI Sistema Internacional de Unidades* (disponível em *www.inmetro.gov.br*), a 20ª Conferência Geral de Pesos e Medidas eliminou, em 1995, a classe de unidades suplementares e as integrou à classe de unidades derivadas. (N.T.)

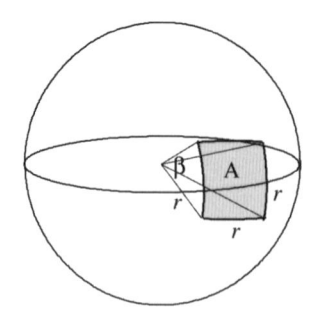

FIGURA 8.2
Ângulo sólido.

Qualquer ângulo plano θ é definido como o comprimento do arco de circunferência subtendido por esse ângulo dividido pelo raio:

$$\theta = \frac{\text{circunferência subtendida}}{\text{raio}} = \frac{[L]}{[L]} \tag{8-1}$$

Tanto o arco de círculo quanto o raio têm dimensão de comprimento, de modo que ângulos planos têm dimensão de [L/L]. No SI, a unidade de comprimento é o metro (m) e, portanto, a unidade SI de ângulo plano é m/m. Essas unidades cancelam uma a outra; por isso, ângulos planos são comumente escritos sem suas correspondentes unidades. Embora não seja formalmente exigido, algumas pessoas preferem incluir a abreviação *rad* após o ângulo plano.

2. Ângulo Sólido (esterradiano)

A Figura 8.2 mostra uma esfera na qual quatro raios definem uma superfície de área *A*. Se *A* = r^2, então o ângulo sólido β é igual a um esterradiano (1 sr).

Qualquer **ângulo sólido** é definido como a área subtendida na superfície da esfera dividida pelo quadrado do raio:

$$\beta = \frac{\text{superfície subtendida}}{(\text{raio})^2} = \frac{[L^2]}{[L]^2} \tag{8-2}$$

A área subtendida possui dimensão de comprimento ao quadrado. Raio tem dimensão de comprimento, mas, como o raio é elevado ao quadrado, o denominador também tem dimensão de comprimento ao quadrado. No SI, a unidade de comprimento é o metro (m); portanto, a unidade de SI para ângulo sólido é m²/m². Novamente, essas unidades se cancelam, e os ângulos sólidos são comumente escritos sem as correspondentes unidades. Embora não seja formalmente exigido, algumas pessoas preferem incluir a abreviação *sr* após o ângulo sólido.

8.3.2 Unidades Fundamentais SI

As unidades fundamentais são definidas como:

1. Unidade de Comprimento (metro)

O **metro** foi inicialmente definido em 1793 pela divisão do "quadrante de meridiano" (a distância do pólo norte ao equador medida ao longo de um grande círculo passando pelos pólos) em 10 milhões de partes. Após medir a Terra para determinar o comprimento do quadrante de meridiano, o metro foi reproduzido em três barras de platina e diversas barras de ferro. Devido a erros de medida, posteriormente foi descoberto que os comprimentos das barras não correspondiam exatamente à definição original. Em vez de alterar o comprimento das barras, a definição original foi abandonada. Como as barras de platina não são facilmente transportáveis e porque elas tinham de ser armazenadas a uma temperatura exata (*i.e.*, a temperatura de fusão do gelo) para manter um dado comprimento, elas deixaram de ser o padrão, em 1960. Atualmente, o metro é definido pela distância percorrida pela luz em um dado período de tempo.

O metro é o comprimento do trajeto percorrido pela luz no vácuo durante um intervalo de tempo de 1/299792458 do segundo.

Relógio atômico NIST-7 nos Laboratórios Boulder do Instituto Nacional de Padrões e Tecnologia, dos Estados Unidos.

Foto cortesia dos Laboratórios/Departamento de Comércio dos EUA.

2. Unidade de Massa (quilograma)

Em 1799, o **quilograma** foi definido como a massa de água pura à temperatura de sua máxima densidade (4°C) que ocupava um decímetro cúbico (0,001 m^3). Posteriormente, foi determinado que o volume padrão usado para medir a água era, na verdade, 1,000028 decímetro cúbico. Essa definição de quilograma foi abandonada em 1889.

O quilograma é definido por um protótipo cilíndrico composto de uma liga de platina e 10% de irídio, mantido sob condições de vácuo nas proximidades de Paris.

O quilograma é a única unidade fundamental que não é transportável. Foram feitas cópias que reproduzem a massa do original, com acurácia de pelo menos 1 parte em 10^8. Infelizmente, a metalurgia do século XIX não era sofisticada, de modo que impurezas na liga platina-irídio causam alterações detectáveis no protótipo de massa, da ordem de 0,5 parte por bilhão a cada ano. Assim, a definição de quilograma muda com o tempo.

3. Unidade de Tempo (segundo)

A unidade de tempo foi originalmente definida como 1/86400 do dia solar médio. Devido a irregularidades na rotação da Terra, a definição foi alterada para o "**segundo** de eféméride", *i.e.*, 1/31556925,9747 do ano tropical de 1900. Em 1967, essa definição foi substituída.

O segundo é a duração de 9.192.631.770 períodos da radiação correspondente à transição entre os dois níveis hiperfinos do estado fundamental do átomo de césio 133.

Essa definição é baseada no relógio atômico. Um dos melhores relógios atômicos (NIST-7) tem precisão de cerca de 1 segundo em 3 milhões de anos, ou 1 parte em 10^{14}. Relógios atômicos comercialmente disponíveis têm precisão de cerca de 3 partes em 10^{12}.

4. Unidade de Corrente Elétrica (ampère)

Quando a corrente elétrica flui através de um fio metálico, um campo magnético envolve o fio. O ampère foi definido em 1948 com base na força magnética de atração entre dois fios paralelos nos quais flui corrente elétrica.

O ampère é a intensidade de uma corrente elétrica constante que, se mantida em dois condutores retilíneos e paralelos, de comprimento infinito e seção reta circular desprezível, separados entre si pela distância de 1 metro no vácuo, produziria entre esses condutores uma força igual a 2×10^{-7} newton por metro de comprimento.

Isso pode ser mais bem entendido, considerando a Figura 8.3.

5. Unidade de Temperatura Termodinâmica (kelvin)

Temperatura, uma medida do movimento aleatório de átomos, não deve ser confundida com **calor**, fluxo de energia resultante da diferença de temperatura. Por favor, reveja o capítulo sobre termodinâmica se você não souber a diferença entre os dois conceitos.

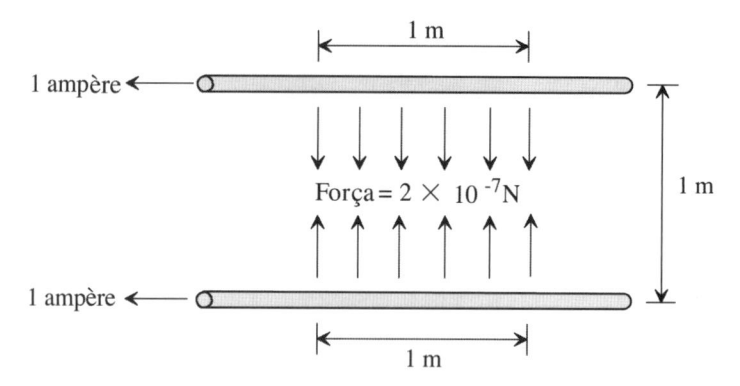

FIGURA 8.3
A definição do ampère.

A definição de temperatura é baseada no **diagrama de fase** para a água (Figura 8.4). As linhas líquido/sólido, líquido/vapor, e sólido/vapor se encontram no **ponto tríplice**, onde todas as três fases coexistem simultaneamente. Embora pareça difícil alcançar o ponto tríplice experimentalmente, pois a combinação de pressão e temperatura deve ser **exata**, este é, na verdade, facilmente alcançável. Um frasco de vidro é evacuado e, em seguida, parcialmente preenchido com água líquida, deixando um espaço de vapor acima do líquido. O frasco parcialmente cheio é, a seguir, congelado. À medida que o gelo derrete, as três fases coexistirão: gelo, líquido e vapor.

Como o ponto tríplice da água é facilmente obtido, ele se torna ideal para definir uma escala de temperatura. Por definição, ao ponto tríplice da água é associado o valor de 273,16 K, e ao **zero absoluto** é associado o valor de 0 K. A distância do zero absoluto ao ponto tríplice da água é dividida em 273,16 partes, que definem o tamanho da unidade **kelvin**.

O kelvin, unidade de temperatura termodinâmica, é a fração 1/273,16 da temperatura termodinâmica do ponto tríplice da água.

Uma escala auxiliar de temperatura foi aprovada, na qual a temperatura Celsius t (em °C) é relacionada à temperatura Kelvin T (em K) por

$$t = T - T_0 \tag{8-3}$$

onde $T_o = 273,15$ K. Na escala de temperatura Celsius, a água congela a 0°C e ferve a 100°C, desde que a pressão seja de 1 atm. Para a maioria dos trabalhos de engenharia, a escala de temperatura Celsius é mais conveniente que a escala de temperatura Kelvin.

Um instrumento é necessário para dividir o intervalo entre o zero absoluto e o ponto tríplice da água e estendê-lo. Na prática, o intervalo é dividido usando diferentes tipos de instrumentos (p. ex., termômetros a gás de volume constante, termômetros acústicos a gás, termômetros de

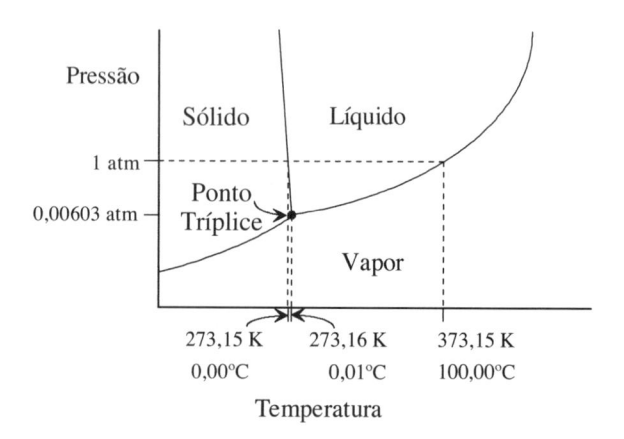

FIGURA 8.4
Diagrama de fase da água.

radiação espectral e total, e termômetros de ruído eletrônico). O instrumento de entendimento mais simples é o termômetro a gás de volume constante. A pressões muito baixas, os gases reais se comportam como gases perfeitos (ideais). A equação do gás perfeito (ideal) define a relação entre a pressão P, o volume V, a quantidade de gás em moles n, e a temperatura T,

$$PV = nRT \tag{8-4}$$

onde R é a constante universal dos gases. Ao encher um volume fixo com uma dada quantidade de gás, V e n são constantes. A equação do gás perfeito é simplificada para

$$P = \left(\frac{nR}{V}\right)T = kT \tag{8-5}$$

onde k é a constante de proporcionalidade. Assim, a pressão é diretamente proporcional à temperatura. Para ilustrar como essa relação poderia ser usada, imagine que realizemos um experimento em que a pressão no termômetro a gás de volume constante é 0,010000 atm no ponto tríplice da água. Se reduzirmos a temperatura, de modo que a pressão no termômetro se torne 0,0050000 atm, podemos calcular a temperatura como

$$k = \frac{P_1}{T_1} = \frac{P_2}{T_2} \tag{8-6}$$

$$T_2 = \frac{P_2}{P_1} T_1 = \frac{0,0050000 \text{ atm}}{0,010000 \text{ atm}} 273,16 \text{ K} = 136,58 \text{ K} \tag{8-7}$$

É muito difícil fazer medidas precisas e acuradas com termômetros. Os convenientes pontos de referência apresentados na Tabela 8.2 foram determinados por meio de termometria cuidadosa.

6. Unidade de Quantidade de Matéria (mol)

Em química, o número de moléculas é extremamente importante. Por exemplo, a equação do gás perfeito (Equação 8-4) tem o termo n, que descreve o número de moléculas de gás em termos de *moles*. O **mol** geralmente apresenta dificuldades para os estudantes, talvez devido a seu nome incomum. Esse termo tem sido usado desde 1902 e é uma abreviação de "**mol**écula-grama".

> *O mol é a quantidade de matéria de um sistema que contém tantas entidades elementares quantos forem os átomos em 0,012 quilograma de carbono 12. Quando se utiliza o mol, as entidades elementares devem ser especificadas, podendo ser átomos, moléculas, íons, elétrons, outras partículas, ou mesmo grupos específicos de tais partículas.*

Podemos visualizar o significado de mol imaginando o uso de algumas pinças diminutas para contar o número de átomos em 12 gramas (0,012 kg) de carbono 12. O número que obtemos é chamado *número de Avogadro* e é igual a $6,0221367 \times 10^{23}$. Da mesma forma que usamos o nome *dúzia* para descrever o número 12, damos um nome a esse importante número.

7. Unidade de Intensidade Luminosa (candela)

A unidade de **intensidade luminosa** é necessária para descrever a claridade da luz. Chamas de velas ou lâmpadas incandescentes foram originalmente usadas como padrões. O padrão atual

TABELA 8.2
Pontos de referência da Escala Internacional de Temperatura (ITS-90)

^{3}He	Ponto de ebulição	3,2 K	Ga	Ponto tríplice	302,9146 K
^{4}He	Ponto de ebulição	4,2 K	In	Ponto de congelamento	429,7845 K
H_2	Ponto tríplice	13,8033 K	Sn	Ponto de congelamento	505,078 K
H_2	Ponto de ebulição	20,3 K	Zn	Ponto de congelamento	692,677 K
Ne	Ponto tríplice	24,5561 K	Al	Ponto de congelamento	933,473 K
O_2	Ponto tríplice	54,3584 K	Ag	Ponto de congelamento	1234,93 K
Ar	Ponto tríplice	83,8058 K	Au	Ponto de congelamento	1337,33 K
Hg	Ponto tríplice	234,3156 K	Cu	Ponto de congelamento	1357,77 K
H_2O	Ponto tríplice	273,16 K			

Nota: Pontos de ebulição e congelamento medidos à pressão $P = 101,325$ kPa

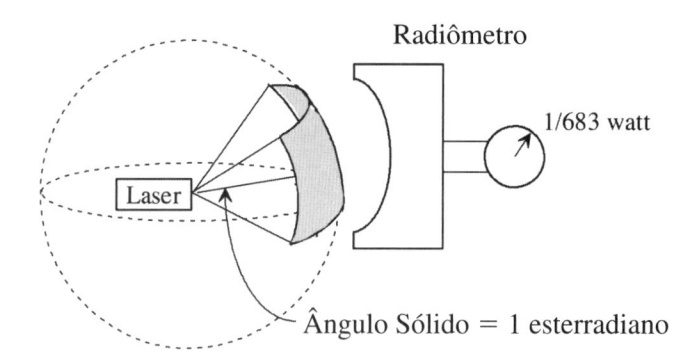

FIGURA 8.5
Representação esquemática do aparato para medir a intensidade da luz.

usa uma fonte de luz monocromática (*i.e.*, de uma só cor), tipicamente um *laser*, e um instrumento chamado *radiômetro* para medir a quantidade de calor gerado quando a luz é absorvida.

A candela é a intensidade luminosa, em uma dada direção, de uma fonte que emite uma radiação monocromática de freqüência 540 × 10¹² hertz e cuja intensidade de radiação nessa direção é 1/683 watt por esterradiano.

A Figura 8.5 mostra uma representação esquemática do sistema de medida da candela.

8.3.3 Unidades Derivadas SI

As unidades fundamentais podem ser combinadas nas unidades derivadas listadas na Tabela 8.3. Algumas unidades derivadas receberam nomes especiais (Tabela 8.4). Essas unidades derivadas com nomes especiais podem até mesmo ser cominadas com outras unidades para formar novas unidades derivadas (Tabela 8.5).

8.4 PREFIXOS SI

Como os cientistas e os engenheiros descrevem quantidades que abrangem várias ordens de grandeza (p. ex., do tamanho do núcleo atômico a distâncias entre galáxias), o SI inclui os multiplicadores listados na Tabela 8.6. Geralmente, o uso de multiplicadores apropriados é desejável para que os números caiam entre 0,1 e 1.000. (Por exemplo, é melhor escrever o comprimento 1340 m como 1,34 km.) As exceções são as seguintes:

1. Em aplicações específicas, o uso de uma única unidade pode ser comum. Por exemplo, desenhos de engenharia mecânica freqüentemente expressam todas as dimensões em milíme-

TABELA 8.3
Exemplos de unidades derivadas SI (Referência)

Quantidade	Unidades SI	
	Nome	**Símbolo**
Área	metro quadrado	m²
Volume	metro cúbico	m³
Velocidade	metro por segundo	m/s
Aceleração	metro por segundo ao quadrado	m/s²
Número de onda	metro recíproco	m⁻¹
Massa específica	quilograma por metro cúbico	kg/m³
Volume específico	metro cúbico por quilograma	m³/kg
Densidade de corrente	ampère por metro quadrado	A/m²
Intensidade de campo magnético	ampère por metro	A/m
Velocidade angular	radiano por segundo	rad/s
Aceleração angular	radiano por segundo ao quadrado	rad/s²
Concentração (quantidade de matéria)	mol por metro cúbico	mol/m³
Luminância	candela por metro quadrado	cd/m²

TABELA 8.4
Unidades derivadas SI com nomes especiais (Referência)

| Quantidade | Unidades SI | | | |
	Nome	Símbolo	Expressão em Termos de Outras Unidades SI	Expressão em Termos de Unidades Fundamentais SI
Freqüência	hertz	Hz		s^{-1}
Força	newton	N		$m \cdot kg \cdot s^{-2}$
Pressão, tensão	pascal	Pa	N/m^2	$m^{-1} \cdot kg \cdot s^{-2}$
Energia, trabalho, calor	joule	J	$N \cdot m$	$m^2 \cdot kg \cdot s^{-2}$
Potência, fluxo radiante	watt	W	J/s	$m^2 \cdot kg \cdot s^{-3}$
Carga elétrica	coulomb	C		$s \cdot A$
Potencial elétrico	volt	V	W/A	$m^2 \cdot kg \cdot s^{-3} \cdot A^{-1}$
Capacitância	farad	F	C/V	$m^{-2} \cdot kg^{-1} \cdot s^4 \cdot A^2$
Resistência elétrica	ohm	Ω	V/A	$m^2 \cdot kg \cdot s^{-3} \cdot A^{-2}$
Condutância elétrica	siemens	S	A/V	$m^{-2} \cdot kg^{-1} \cdot s^3 \cdot A^2$
Fluxo magnético	weber	Wb	$V \cdot s$	$m^2 \cdot kg \cdot s^{-2} \cdot A^{-1}$
Densidade de fluxo magnético	tesla	T	Wb/m^2	$kg \cdot s^{-2} \cdot A^{-1}$
Indutância	henry	H	Wb/A	$m^2 \cdot kg \cdot s^{-2} \cdot A^{-2}$
Temperatura Celsius	grau Celsius	°C		K
Fluxo luminoso	lúmen	lm		$cd \cdot sr$
Iluminância	lux	lx	lm/m^2	$m^{-2} \cdot cd \cdot sr$
Atividade (de um radionuclídeo)	becquerel	Bq		s^{-1}
Dose absorvida, energia específica aplicada	gray	Gy	J/kg	$m^2 \cdot s^{-2}$
Dose equivalente	sievert	Sv	J/kg	$m^2 \cdot s^{-2}$

TABELA 8.5
Exemplos de unidades derivadas SI expressas por meio de diferentes nomes (Referência)

| Quantidade | Unidades SI | | |
	Nome	Símbolo	Expressão em Termos de Unidades Fundamentais SI
Viscosidade dinâmica	pascal segundo	Pa·s	$m^{-1} \cdot kg \cdot s^{-1}$
Momento de uma força	newton metro	N·m	$m^2 \cdot kg \cdot s^{-2}$
Tensão superficial	newton por metro	N/m	$kg \cdot s^{-2}$
Densidade de fluxo de calor, irradiância	watt por metro quadrado	W/m^2	$kg \cdot s^{-3}$
Capacidade calorífica, entropia	joule por kelvin	J/K	$m^2 \cdot kg \cdot s^{-2} \cdot K^{-1}$
Capacidade calorífica específica, entropia específica	joule por quilograma kelvin	J/(kg·K)	$m^2 \cdot s^{-2} \cdot K^{-1}$
Energia específica	joule por quilograma	J/kg	$m^2 \cdot s^{-2}$
Condutividade térmica	watt por metro kelvin	W/(m·K)	$m \cdot kg \cdot s^{-3} \cdot K^{-1}$
Densidade de energia	joule por metro cúbico	J/m^3	$m^{-1} \cdot kg \cdot s^{-2}$
Intensidade de campo elétrico	volt por metro	V/m	$m \cdot kg \cdot s^{-3} \cdot A^{-1}$
Densidade de carga elétrica	coulomb por metro cúbico	C/m^3	$m^3 \cdot s \cdot A$
Densidade de fluxo elétrico	coulomb por metro quadrado	C/m^2	$m^{-2} \cdot s \cdot A$
Permissividade	farad por metro	F/m	$m^{-3} \cdot kg^{-1} \cdot s^4 \cdot A^2$
Permeabilidade	henry por metro	H/m	$m \cdot kg \cdot s^{-2} \cdot A^{-2}$
Energia molar	joule por mol	J/mol	$m^2 \cdot kg \cdot s^{-2} \cdot mol^{-1}$
Entropia molar, capacidade calorífica molar	joule por mol kelvin	J/(mol·K)	$m^2 \cdot kg \cdot s^{-2} \cdot K^{-1} \cdot mol^{-1}$
Intensidade de radiação	watt por esterradiano	W/sr	$m^2 \cdot kg \cdot s^{-3}$
Radiância esterradiano	watt por metro quadrado	W/(m²·sr)	$kg \cdot s^{-3}$
Exposição (raios X e γ)	coulomb por quilograma	C/kg	$kg^{-1} \cdot s \cdot A$
Taxa de dose absorvida	gray por segundo	Gy/s	$m^2 \cdot s^{-3}$

TABELA 8.6
Prefixos SI (Referência)

Múltiplos			Submúltiplos		
Fator	Prefixo	Símbolo	Fator	Prefixo	Símbolo
10^{24}	iota	Y	10^{-1}	deci	d†
10^{21}	zeta	Z	10^{-2}	centi	c†
10^{18}	exa	E	10^{-3}	mili	m
10^{15}	peta	P	10^{-6}	micro	μ
10^{12}	tera	T	10^{-9}	nano	n
10^{9}	giga	G	10^{-12}	pico	p
10^{6}	mega	M	10^{-15}	femto	f
10^{3}	quilo	k	10^{-18}	ato	a
10^{2}	hecto	h†	10^{-21}	zepto	z
10^{1}	deca*	da†	10^{-24}	iocto	y

*Fora dos Estados Unidos, o prefixo "deca" é largamente usado.
†Em geral, deve ser evitado.

tros (mm), independente de quão pequeno ou grande seja o número. As dimensões de roupas geralmente são expressas em centímetros (cm).

2. Quando os números são comparados ou listados (como em uma tabela), todos devem ser fornecidos com um único prefixo.

O uso de prefixos elimina as ambigüidades associadas com algarismos significativos. O número 1340 m pode ter três ou quatro algarismos significativos, dependendo se o último zero é meramente necessário para posicionar a vírgula decimal. Ao usar prefixos, fica claro que 1,34 km tem três algarismos significativos e 1,340 km tem quatro algarismos significativos.

Embora os prefixos expressem claramente a dimensão de um número, seu uso em cálculos pode levar a desastres. **É FORTEMENTE RECOMENDADO QUE TODOS OS NÚMEROS EM UM CÁLCULO SEJAM CONVERTIDOS À NOTAÇÃO CIENTÍFICA.** Assim, se quisermos calcular a distância d que a luz percorre em um certo tempo t (digamos, 1 milissegundo), dado que a velocidade da luz c é 299,8 Mm/s, então devemos escrever esses números na notação científica:

$$d = ct \tag{8-8}$$

$$d = \left(299,8 \times 10^6 \frac{m}{s}\right)(1 \times 10^{-3}\,s) = 299,8 \times 10^3\,m$$

Agora que temos a resposta, podemos desejar expressá-la com o prefixo apropriado. Neste caso, a distância poderia ser registrada como 299,8 km.

Os prefixos que representam 1000 elevado a uma potência são recomendados. Assim, os prefixos de *hecto*, *deca*, *deci*, e *centi* devem ser evitados. Algumas unidades são tão comumente expressas dessa forma (p. ex., centímetros), que seu uso é aceitável.

O uso de palavras como *bilhão* e *trilhão* deve ser evitado para descrever múltiplos de uma unidade, pois esses termos têm significados diferentes nos Estados Unidos e em outros países:

Número	Estados Unidos	Grã-Bretanha, Alemanha, França
10^9	bilhão	milhão
10^{12}	trilhão	bilhão
10^{15}	quatrilhão	—
10^{18}	quintilhão	trilhão

A escala Celsius de temperatura foi elaborada para descrever temperaturas no intervalo de uso corriqueiro. Portanto, é costume não acrescentar prefixos ao símbolo °C. Por exemplo, a temperatura de 5.240°C não deve ser escrita como 5,24k°C. Para temperaturas muito altas (ou baixas), é preferível usar a escala kelvin de temperatura.

TABELA 8.7
Unidades habituais reconhecidas pelo SI (Referência)

Nome	Símbolo	Valor em Unidades SI
minuto de tempo	min	1 min = 60 s
hora	h	1 h = 60 min = 3600 s
dia	d	1 d = 24 h = 86.400 s
grau	°	1° = $(\pi/180)$ rad
minuto de arco	'	1' $(1/60°)$ = $(\pi/10.800)$ rad
segundo de arco	"	1" = $(1/60')$ = $(\pi/648.000)$ rad
litro	l, L	1 L = 1 dm^3 = 10^{-3} m^3
tonelada, tonelada métrica	t	1 t = 10^3 kg

Nos Estados Unidos, é costume expressar cada múltiplo de 10^3 com o símbolo "M". (Essa notação é derivada do numeral romano para 1000.) Por exemplo, uma instalação química que produza 1.000.000 de quilos de benzeno por ano pode ser descrita como uma instalação de 1 MMkg/ano. Embora comum, o uso dessa notação deve ser evitado, por causa de evidente conflito com o SI, cujo prefixo "M" significa um múltiplo de 10^6.

8.5 UNIDADES HABITUAIS RECONHECIDAS PELO SI

A Tabela 8.7 lista algumas unidades habituais que, formalmente, não fazem parte do SI, mas que são tão comumente utilizadas que seu significado é regulado pela Conferência Geral de Pesos e Medidas. Observe que o símbolo para hora é "h", não "hr" como é freqüentemente usado. Observe também que, embora o símbolo para litro seja "l" ou "L", o uso da letra minúscula "l" deve ser evitado por ser a letra facilmente confundida com o número "1".

A Tabela 8.8 relaciona algumas unidades comumente usadas que devem ser medidas experimentalmente. A Tabela 8.9 lista algumas unidades que são largamente usadas em disciplinas específicas, mas que são apenas temporariamente reconhecidas pela Conferência Geral de Pesos e Medidas. A Conferência desencoraja sua introdução em novas disciplinas.

8.6 REGRAS PARA ESCREVER UNIDADES SI (REFERÊNCIA)

1. **Caracteres comuns (não itálicos) são usados. O *símbolo* é escrito em caixa baixa, exceto se for derivado de um nome próprio. A primeira letra de um símbolo derivado de um nome próprio é maiúscula.**

Exemplo: m *é o símbolo para* metro *e é escrito com letra minúscula.*
   N *é o símbolo para* newton *e é escrito com letra maiúscula porque se origina do nome próprio* Newton.

O símbolo para litro (L) é uma exceção, pois não é derivado de um nome próprio. É escrito com letra maiúscula para evitar confusão com o número "1".

2. **Os *nomes* das unidades são sempre escritos com letras minúsculas, mesmo que sejam derivadas de um nome próprio.**

TABELA 8.8
Unidades determinadas experimentalmente reconhecidas pelo SI (Referência)

Nome	Símbolo	Definição	Valor Medido
elétron-volt	eV	energia cinética adquirida por um elétron passando através de uma diferença de potencial de 1 volt no vácuo	$1,60217733(49) \times 10^{-19}$ J
unidade de massa atômica unificada	u	(1/12) da massa de um átomo de ^{12}C	$1,6605402(10) \times 10^{-27}$ kg

Nota: Os parênteses ( ) indicam a incerteza nos dois últimos algarismos significativos, com um desvio padrão de ± 1.

TABELA 8.9
Unidades temporariamente reconhecidas pelo SI para uso em disciplinas específicas
(Referência)

Nome	Disciplina ou Uso	Símbolo	Valores em Unidades SI
milha náutica	navegação aérea e marítima		1 milha náutica = 1852 m
nó	navegação aérea e marítima		1 nó = 1 milha náutica por hora = (1852/3600) m/s
ångström	química, física	Å	$1 \text{ Å} = 0{,}1 \text{ nm} = 10^{-10} \text{ m}$
are	agricultura	a	$1 \text{ a} = 1 \text{ dam}^2 = 10^2 \text{ m}^2$
hectare	agricultura	ha	$1 \text{ ha} = 1 \text{ hm}^2 = 10^4 \text{ m}^2$
barn	física nuclear	b	$1 \text{ b} = 100 \text{ fm}^2 = 10^{-28} \text{ m}^2$
bar	meteorologia geodésia e geofísica	bar	$1 \text{ bar} = 0{,}1 \text{ MPa} = 100 \text{ kPa} = 10^5 \text{ Pa}$
gal		Gal	$1 \text{ Gal} = 1 \text{ cm/s}^2 = 10^{-2} \text{ m/s}^2$
curie	física nuclear	Ci	$1 \text{ Ci} = 3{,}7 \times 10^{10} \text{ Bq}$
roentgen	exposição aos raios X ou y	R	$1 \text{ R} = 2{,}58 \times 10^{-4} \text{ C/kg}$
rad	dose de radiação ionizante absorvida	rad, rd	$1 \text{ rad} = 1 \text{ cGy} = 10^{-2} \text{ Gy}$
rem	dose equivalente de proteção de radiação	rem	$1 \text{ rem} = 1 \text{ cSv} = 10^{-2} \text{ Sv}$

Exemplo: metro *é o nome para a unidade de comprimento.*

newton *é o nome da unidade, enquanto* Newton *é o nome da pessoa.*

Uma exceção é quando a unidade inicia uma frase.

Exemplo: Newton é a unidade SI de força.   *Correto*

newton é a unidade SI de força.   *Incorreto*

3. *Símbolos* de unidades não são alterados no plural (*i.e.*, não são acrescidos de "s").

Exemplo: O comprimento da vara é de 3 m.   *Correto*

O comprimento da vara é de 3 ms.   *Incorreto*

(Acrescentando-se "s" ao símbolo do metro, altera-se completamente o significado para milessegundo".)

4. Plurais de *nomes* de unidades são formados usando as regras gramaticais.[8]

Exemplo: O comprimento da vara é de 3 metros.   *Correto*

O comprimento da vara é de 3 metros.   *Incorreto*

As seguintes unidades são idênticas no singular e plural:

Singular	Plural
lux	lux
hertz	hertz
siemens	siemens

---

[8]A Resolução 12/88 do Conselho Nacional de Metrologia, Normalização e Qualidade Industrial — CONMETRO — (disponível em *www.inmetro.gov.br/rtac/consulta.asp*) estabelece regras específicas para a formação do plural dos nomes das unidades SI em português. Algumas vezes, essas regras não coincidem com as regras gramaticais da língua portuguesa. (N.T.)

[9]A mesma Resolução 12/88 do CONMETRO estabelece que o espaçamento entre um número e o símbolo da unidade correspondente deve atender a conveniência de cada caso, mas que não deve haver espaçamento quando houver possibilidade de fraude. (N.T.)

5. Não invente abreviaturas.

Exemplo: s, A   *Correto*
      seg, amp   *Incorreto*

6. Um espaço é usado entre o símbolo e o número.[9]

Exemplo: 5 m   *Correto*
      5m   *Incorreto*

Exceções a essa regra são: graus Celsius (°C), grau (°), minutos ('), e segundos ("), após os quais não há espaçamento.

Exemplo: 10°C   *Correto*
      10 °C   *Incorreto*

7. Não há ponto após o símbolo, exceto se o mesmo ocorrer ao final de uma frase.

Exemplo: Foram necessários 5 s para a reação ocorrer.   *Correto*
      Foram necessários 5 s. para a reação ocorrer.   *Incorreto*
      O comprimento da vara é de 3 m.   *Correto*
      O comprimento da vara é de 3 m..   *Incorreto*

8. As medidas de tempo devem ser escritas com os símbolos corretos de hora, minuto e segundo.

Exemplo: 9h 30min 20s   *Correto*
      9h 30' 25"   *Incorreto*
      9:30h   *Incorreto*

Observe que não há espaço entre os números e os símbolos h, min e s. Os símbolos ' e " representam minuto e segundo somente em unidades de ângulo plano.

9. O produto de dois ou mais *símbolos* de unidades pode ser indicado por um ponto elevado ou por um espaço.

Exemplo: N·m *ou* N m

O ponto elevado é preferido nos Estados Unidos. Quando um ponto elevado é impossível (p. ex., em impressões de computador), um ponto comum pode ser usado. Uma exceção é o símbolo para watt hora, no qual o espaço ou o ponto elevado foi eliminado.

      Wh   *Correto*

10. O produto de dois ou mais *nomes* de unidades é indicado por um espaço (preferível) ou por um hífen.

Exemplo: newton metro *ou* newton-metro

No caso de watt hora, o espaço pode ser omitido.

      watthora   *Correto*

11. Uma barra (traço oblíquo, /), uma linha horizontal ou expoentes negativos podem ser usados para expressar uma unidade derivada de outras por divisão.

Exemplo: m/s   *ou* $\dfrac{m}{s}$ *ou*   m·s^{-1}

12. A barra não deve ser repetida na mesma linha, a menos que ambigüidade possa ser evitada por parênteses. Em casos complicados, expoentes negativos ou parênteses devem ser usados.

Exemplo: m/s² *ou*   m·s^{-2} *Correto*
      m/s/s   *Incorreto*
      m·kg/(s³·A) *ou*   m·kg·s^{-3}·A^{-1} *Correto*
      m·kg/s³/A   *Incorreto*

13. Ao usar a barra, múltiplos símbolos no denominador devem ser escritos entre parênteses.

Exemplo: m·kg/(s³·A) *ou* m·kg· s⁻³·A⁻¹   *Correto*

m·kg/s³·A   *Incorreto*

14. Para nomes de unidades do SI que contenham uma razão ou quociente, use a palavra *por* em vez da barra.

Exemplo: metros por segundo   *Correto*

metros/segundo   *Incorreto*

15. Para potências de unidades, use o modificador *ao quadrado* ou *ao cubo* <u>após</u> o nome da unidade.

Exemplo: metros por segundo ao quadrado   *Correto*

metros por quadrado de segundo   *Incorreto*

No caso de unidades que descrevem área ou volume, use o modificador *quadrado* ou *cúbico*, respectivamente.

Exemplo: quilograma por metro cúbico   *Correto*

quilograma por metro ao cubo   *Incorreto*

16. Símbolos e nomes de unidades não devem ser misturados na mesma expressão.

Exemplo: joules por quilograma *ou* J/kg *ou* J·kg⁻¹   *Correto*

joules por kg *ou* J/quilograma *ou* J·quilograma⁻¹   *Incorreto*

17. Símbolos de prefixos SI são escritos com caracteres regulares (não itálicos). Não há espaço ou hífen entre o prefixo e o símbolo da unidade.

Exemplo: 5 ms   *Correto*

5 m s   *Incorreto*

5 m-s   *Incorreto*

18. O nome completo do prefixo é acrescido ao nome da unidade. Nenhum espaço ou hífen deve separá-los.

Exemplo: 5 milissegundos   *Correto*

5 mili segundos   *Incorreto*

5 mili-segundos   *Incorreto*

A vogal final é comumente descartada do prefixo, em três casos:

megohm, quilohm, hectare   *Correto*

megaohm, quiloohm, hectoare   *Incorreto*

19. O agrupamento formado pelo símbolo do prefixo acrescido ao símbolo da unidade constitui um novo e inseparável símbolo, que pode ser elevado a uma potência positiva ou negativa e ser combinado com outros símbolos de unidades para formar símbolos de unidades compostas.

Exemplo: $1 \text{ cm}^3 = (10^{-2} \text{ m})^3 = 10^{-6} \text{ m}^3$

$1 \text{ cm}^{-1} = (10^{-2} \text{ m})^{-1} = 10^{2} \text{ m}^{-1}$

$1 \text{ } \mu\text{s}^{-1} = (10^{-6} \text{ s})^{-1} = 10^{6} \text{ s}^{-1}$

$1 \text{ V/cm} = (1 \text{ V})/(10^{-2} \text{ m}) = 10^{2} \text{ V/m}$

20. Prefixos compostos formados pela combinação de dois ou mais prefixos SI não são permitidos.

Exemplo: 1 mg   *Correto*

1 μkg   *Incorreto*

Observe que, embora o quilograma seja a unidade fundamental SI, múltiplos são formados a partir do grama.

21. Um prefixo deve acompanhar uma unidade e jamais deve ser usado isoladamente.

Exemplo: $10^6/\text{m}^3$ *Correto*

M/m^3 *Incorreto*

22. Modificadores não devem ser acrescidos às unidades.

Exemplo: MW de eletricidade   *Correto*
        MWe   *Incorreto*
        V de corrente alternada   *Correto*
        Vac   *Incorreto*
        Pa de pressão manométrica[10]   *Correto*
        Pag   *Incorreto*

Se houver limitação de espaço, o modificador pode ser colocado entre parênteses. Por exemplo, "Pa (manométrica)" pode ser usado no lugar de "Pa de pressão manométrica".

23. Use apenas um prefixo em unidades compostas. Normalmente, o modificador é acrescido ao numerador.

Exemplo: mV/m   *Correto*
        mV/mm   *Incorreto*

Uma exceção ocorre quando o quilograma aparece no denominador.

Exemplo: MJ/kg   *Correto*
        kJ/g   *Incorreto*

24. Números adimensionais não necessitam de unidades para serem registrados. Por exemplo, o índice de refração n é a razão entre as velocidades da luz no vácuo c_2 e em um outro meio, c_1.

$$n = \frac{c_2}{c_1} \tag{8-9}$$

A água tem um índice de refração igual a 1,33. Não é necessário registrar as unidades; as mesmas unidades são usadas no numerador (m/s) e no denominador (m/s), de modo que se cancelam.

Em alguns casos, é desejável registrar as unidades de números adimensionais para evitar confusão. Por exemplo, em uma mistura que contém amostras A, B, e C, a massa fracionária x_A expressa a massa da amostra A m_A relativa à massa total m_T.

$$x_A = \frac{m_A}{m_T} \tag{8-10}$$

Tanto o numerador quanto o denominador têm unidades de quilogramas, de forma que x_A é um número adimensional. No entanto, para ser absolutamente claro, é melhor registrar as amostras com a massa.

Exemplo: A massa fracionária foi de 0,1 kg benzeno/kg total.   *Preferível*
        A massa fracionária foi de 0,1.   *Evitar*

25. Unidades como "partes por mil" ou "partes por milhão" podem ser usadas. Entretanto, é absolutamente necessário explicar que "parte" é.

Exemplo: A massa fracionária de CO_2 foi de 3,1 partes por milhão.   *Correto*
        A fração de mol de CO_2 foi de 3,1 partes por milhão.   *Correto*
        A fração de CO_2 foi de 3,1 partes por milhão.   *Incorreto*

Os substantivos "massa" e "mol" são absolutamente necessários para esclarecer o significado.

26. Símbolos de unidades são preferíveis aos nomes das unidades.

Exemplo: 15 m   *Preferível*
        15 metros   *Evitar*

---

[10]*Gage (ou gauge) pressure*, em inglês, sendo comum o uso da letra "g" em subscritos ou sufixos para representar esse tipo de pressão também em português. (N.T.)

Muitas normas de escrita exigem que inteiros de um a dez sejam escritos usando palavras em vez de números. Portanto, se o número for escrito em palavras, então o nome da unidade também deve ser usado, em vez do símbolo.

Exemplo: três metros	*Correto*
três m	*Incorreto*

8.7 RESUMO

O Sistema de Unidades SI tem três tipos de unidades: suplementares, fundamentais, e derivadas. As unidades suplementares estão relacionadas à geometria e definem o radiano e o esterradiano. Há sete unidades fundamentais: metro, quilograma, segundo, ampère, kelvin, mol, e candela. Cada unidade é precisamente definida usando um padrão transportável, exceto o quilograma, que ainda usa um padrão prototípico. As unidades fundamentais podem ser combinadas em uma variedade de unidades derivadas, algumas das quais são abreviadas com nomes especiais (p. ex., Pa para N/m^2).

Como os cientistas e os engenheiros trabalham com números em uma grande faixa de magnitude, prefixos são empregados como multiplicadores para aumentar ou diminuir o tamanho das unidades. Para evitar uma comunicação errônea, deve-se ter muito cuidado ao escrever as unidades.

Nomenclatura

c velocidade da luz (m/s)
d distância (m)
k constante de proporcionalidade (atm/K)
m massa (kg)
n mol ou índice de refração (adimensional)
P pressão (atm)
R constante universal dos gases $(atm \cdot m^3/(mol \cdot K))$
T temperatura (K)
t temperatura (°C) ou tempo (s)
V volume (m^3)
x massa fracionária (adimensional)
β ângulo sólido (adimensional)
θ ângulo plano (adimensional)

Bibliografia Complementar

ASTM Standard for Metric Practice, E 380-79. Philadelphia: American Society for Testing and Materials, 1980.
The International System of Units (SI), NIST Special Publication 330. United States Department of Commerce, National Institute of Standards and Technology, 1991.

EXERCÍCIOS

8.1 Corrija as seguintes unidades para que representem unidades SI adequadas:
(a) 18,3 Newton
(b) 45,6 n
(c) 29,0 metro
(d) 56,9 metros/seg
(e) cinco m
(f) 23 m/segundo
(g) 493°K
(h) $89,6\mu$ m
(i) 68,5 Kg
(j) 98,4 m/s/s
(k) 10 m's
(l) Mm/ms

8.2 Use um prefixo apropriado para que os números fiquem entre 0,1 e 1000:
(a) $9,8 \times 10^5$ m
(b) $9,56 \times 10^{10}$ J
(c) 0,000056 s
(d) 1.984.000 m^3
(e) $35,6 \times 10^{-4}$ g
(f) $92,4 \times 10^7$ N

8.3 Um termômetro a gás de volume constante é usado para medir a temperatura termodinâmica. No ponto tríplice da água, a pressão é $1,00000 \times 10^2$ Pa. Qual é a pressão:
(a) no ponto tríplice do H_2
(b) no ponto tríplice do Ne
(c) no ponto tríplice do O_2

(d) no ponto tríplice do Ar
(e) no ponto tríplice do Hg

8.4 Dois astrônomos geodéticos, J. B. J. Delambre (1749-1822) e P. F. A. Méchain (1744-1804), foram escolhidos para determinar o comprimento do "quadrante de meridiano", isto é, a distância do pólo norte ao equador ao longo de um grande círculo passando pelos pólos. Eles trabalharam de 1792 a 1799 para completar a tarefa. Esse comprimento foi dividido em 10^7 partes, a definição original do metro. Em 1799, com base em suas medidas, foram feitas duas marcas leves em uma barra de platina separadas pela distância de um metro. Quando, posteriormente, foi descoberto que havia um pequeno erro de medida, a definição original foi abandonada em favor da barra de platina. Por muitos anos, esse protótipo foi o padrão que definia o metro.

Mais tarde, conforme as medidas foram aprimoradas, o comprimento do quadrante de meridiano foi determinado como 10.002.288,3 m. Qual é o erro fracionário e qual o erro percentual na medida feita por Delambre e Méchain? Se eles tivessem acesso a equipamentos modernos de alta precisão, a distância entre as leves marcas na barra de platina seria menor ou maior? Quão maior ou menor seria o metro (em milímetros)?

Glossário

ampère   Unidade fundamental de corrente elétrica.

ângulo plano   Em um círculo, o comprimento do arco de circunferência subtendido, dividido pelo raio.

ângulo sólido   Em uma esfera, a área subtendida na superfície da esfera, dividida pelo quadrado do raio.

barra   Traço oblíquo:/.

bushel   Uma unidade britânica para medir materiais secos; é igual a 8 galões imperiais.

calor   A energia que flui como resultado do contato entre átomos e moléculas a diferentes temperaturas.

candela   Unidade fundamental de intensidade luminosa.

côvado   Antiga unidade de medida, equivalente à distância entre o cotovelo do Faraó e a ponta de dedo mais afastada de sua mão aberta.

diagrama de fase   Um diagrama que indica a fase estável ou estado de uma substância a uma dada temperatura e pressão.

dimensão   Uma idéia abstrata descrita por unidades de medidas.

intensidade luminosa   Quantidade de fluxo de luz em um dado ângulo sólido.

kelvin   Unidade fundamental de temperatura termodinâmica.

mão   Unidade de comprimento para determinar a altura de um cavalo; igual a 4 polegadas.

metro   Unidade fundamental de comprimento.

mol   Unidade fundamental de quantidade de matéria; abreviatura de molécula-grama.

molécula-grama   Unidade fundamental de quantidade de matéria (usualmente referida como mol); número de Avogadro.

ponto tríplice   Condição onde líquido, sólido e vapor estão em equilíbrio.

quilograma   Unidade fundamental de massa.

rad   Abreviatura de radiano.

segundo   Unidade fundamental de tempo.

sistema de unidades SI   O sistema métrico.

stone   Unidade britânica de massa, igual a 14 libras.

temperatura   Uma medida do grau de movimento atômico aleatório.

unidade   Uma quantidade usada como padrão de medida.

unidades fundamentais   Unidades a partir das quais todas as outras unidades de um sistema de medidas são derivadas.

unidades fundamentais SI   A unidade de comprimento (metro), unidade de massa (quilograma), unidade de tempo (segundo), unidade de corrente elétrica (ampère), unidade de temperatura termodinâmica (kelvin), unidade de quantidade de matéria (mol), e unidade de intensidade luminosa (candela).

unidades suplementares SI   Definições matemáticas necessárias para definir tanto as unidades fundamentais quando as unidades suplementares.

zero absoluto   A temperatura é reduzida tanto quanto possível, e o movimento, embora não nulo, é mínimo.

CAPÍTULO 9

Conversão de Unidades

Os equívocos nas conversões de unidades são a mais freqüente causa de erros em cálculos de engenharia. Isso é particularmente verdadeiro nos Estados Unidos, onde sistemas de unidades habituais e científicos são utilizados. O engenheiro deve, portanto, ser bem versado em todos os sistemas e ser capaz de fazer conversões entre eles com facilidade.

9.1 O QUE SIGNIFICA "MEDIR" ALGO?

Toda vez que fazemos uma medida, esta é sempre feita em relação a um padrão. Por exemplo, suponhamos que desejássemos medir o comprimento do bastão na Figura 9.1. Poderíamos abordar esse problema emendando três réguas de um metro, uma na ponta da outra. Como o comprimento do bastão é equivalente ao das três réguas, registraríamos: "o bastão desconhecido tem comprimento de 3 metros".

Nos Estados Unidos, provavelmente seria possível medir o comprimento do bastão desconhecido usando réguas graduadas em jardas. O comprimento do bastão desconhecido é equivalente a 3 + 0,28 réguas de uma jarda. Assim, poderia ser registrado: "o comprimento do bastão desconhecido é de 3,28 jardas".

Observe que a resposta registrada tem duas partes: o número "3" e a unidade "metros" (ou "3,28" e a unidade "jardas"). Se tivesse sido registrado apenas "o comprimento do bastão é 3", o leitor não saberia se as unidades seriam metros, jardas, pés, polegadas, ou o que fosse. **É essencial registrar a unidade com o número.** Os estudantes freqüentemente efetuam cálculos elaborados e se esquecem de registrar as unidades. Mesmo que o número possa estar correto, a resposta estará completamente **errada** sem as unidades.

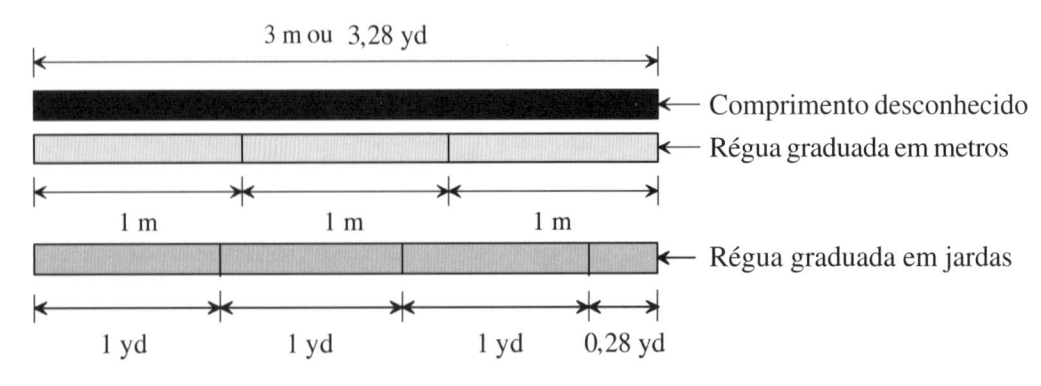

FIGURA 9.1
Medindo o comprimento desconhecido de um bastão com réguas graduadas.

O *Rood* Justo e Legal

Em seu livro de agrimensura do século XVI, o Mestre Koebel descreve como determinar comprimentos legais. Ele instrui o agrimensor a esperar à porta da igreja no domingo e "solicitar que dezesseis homens, altos e baixos, parem à medida que vão saindo". (Observe o uso de uma seleção randômica para evitar que apenas homens baixos, ou apenas homens altos participem da amostra.) Esses homens selecionados deveriam formar uma fila com "seus pés esquerdos um atrás do outro"; o comprimento total de seus pés define o "*rood* justo e legal". O "pé justo e legal" foi definido como um dezesseis avos de um *rood*.

Adaptado de: H. A. Klein, *The World of Measurements* (Nova York: Simon e Schuster, 1974), pp. 66-67.

9.2 FATORES DE CONVERSÃO

Ao passar de um sistema de unidades a outro, é necessário usar um **fator de conversão**. Você pode encontrar fatores de conversão em tabelas de manuais e no Apêndice A. Os fatores de conversão são desenvolvidos a partir de identidades que são determinadas experimentalmente ou por definição. Por exemplo,

$$1 \text{ ft} \equiv 0{,}3048 \text{ m}$$

é uma definição exata. A partir da identidade $A = B$, sabemos que $A/B = 1$.

$$\frac{1 \text{ ft}}{0{,}3048 \text{ m}} = 1 = \text{fator de conversão} = F$$

$$\frac{0{,}3048 \text{ m}}{1 \text{ ft}} = 1 = \text{fator de conversão} = F$$

Embora esses fatores de conversão não sejam numericamente idênticos a 1, eles são iguais a 1 quando as unidades são consideradas.

As regras de álgebra nos dizem que podemos multiplicar uma quantidade por 1 e a quantidade permanecerá inalterada. Por exemplo, podemos multiplicar a quantidade 5 ft por 1 e ela permanecerá inalterada.

$$5 \text{ ft} \times 1 = 5 \text{ ft}$$

$$5 \text{ ft} \times F = 5 \text{ ft} \times \frac{0{,}3048 \text{ m}}{1 \text{ ft}} = 1{,}524 \text{ m}$$

As unidades de ft se cancelam, permanecendo a unidade de m. Como meramente multiplicamos 5 ft por 1, sabemos que 1,524 m deve ser igual a 5 ft.

Alguns alunos empregam uma técnica alternativa:

$$\frac{5 \text{ ft}}{} \quad \bigg| \quad \frac{0{,}3048 \text{ m}}{1 \text{ ft}} = 1{,}524 \text{ m}$$

Esse método dá a mesma resposta que o anterior. Ele tem a vantagem de manter as unidades claramente organizadas, mas fica menos aparente que estamos simplesmente multiplicando por 1. Você pode usar o método que quiser e que achar mais conveniente.

Um erro **MUITO** comum ocorre ao converter uma dimensão que está elevada a alguma potência. Reveja cuidadosamente estes três exemplos:

$$5 \text{ ft}^2 \times \frac{(0{,}3048 \text{ m})^2}{(1 \text{ ft})^2} = 0{,}4676 \text{ m}^2 \qquad \textit{Correto}$$

$$5 \text{ ft}^2 \times \left(\frac{0{,}3048 \text{ m}}{1 \text{ ft}} \right)^2 = 0{,}4676 \text{ m}^2 \qquad \textit{Correto}$$

$$5 \text{ ft}^2 \times \frac{0{,}3048 \text{ m}^2}{1 \text{ ft}^2} = 1{,}524 \text{ m}^2 \qquad \textit{Incorreto}$$

O primeiro exemplo diz que um quadrado com lados de 1 ft pode também ser descrito como um quadrado com lados de 0,3048 m. O segundo exemplo diz que quando o fator de conversão F é elevado ao quadrado, continua igual a 1 (*i.e.*, $1^2 = 1$). O terceiro exemplo está completamente errado, pois o fator de conversão para dimensão linear foi confundido com o fator de conversão para dimensão de área.

9.3 REGRAS MATEMÁTICAS QUE GOVERNAM DIMENSÕES E UNIDADES

Em engenharia, as grandezas aparecem continuamente em fórmulas matemáticas. A seguinte regra deve ser obedecida:

Adição/Subtração: Todos os termos que são adicionados (ou subtraídos) devem possuir as mesmas dimensões. Por exemplo, se

$$D = A + B - C \tag{9-1}$$

então as dimensões de A, B, C, e D devem ser todas idênticas.

Multiplicação/Divisão: As dimensões em multiplicação/divisão são tratadas como se fossem variáveis e canceladas na forma usual. Por exemplo, se A tiver dimensões $[M/T^2]$, B tiver dimensões $[T^2/L]$, e C tiver dimensões $[M/L^2]$, então D tem dimensão $[L]$, como mostrado a seguir:

$$D = \frac{AB}{C} = \frac{[M/T^2][T^2/L]}{[M/L^2]} = [L] \tag{9-2}$$

Funções Transcendentais: A **função transcendental** é uma função que não pode ser representada por expressões algébricas consistindo somente no argumento e em constantes. Exemplos de funções transcendentais são

$$A = \operatorname{sen} x \quad\quad B = \ln x \quad\quad C = e^x$$

O argumento de uma função transcendental (x nessas equações) não pode ter qualquer dimensão. Da mesma forma, quando a função transcendental é avaliada, o resultado não tem dimensões. Nas equações anteriores, A, B e C não possuem dimensões.

É possível entender o porquê dessa regra, lembrando que funções transcendentais são geralmente representadas por séries infinitas. Por exemplo, e^x é avaliada por meio da série infinita:

$$e^x = 1 + x + \frac{x^2}{2!} + \frac{x^3}{3!} + \cdots \tag{9-3}$$

Se o argumento x tivesse dimensões, então a regra para adição/subtração seria violada. Por exemplo, se x tivesse dimensão $[L]$, deveríamos somar $[L]$, $[L]^2$, $[L]^3$, e assim por diante, o que não é permitido. Como todos os termos no lado direito devem ser adimensionais, obviamente e^x também deve ser adimensional.

Essa regra que exige que o argumento de funções transcendentais seja adimensional se aplica somente a equações científicas fundamentais. A regra pode ser violada no caso de equações empíricas. Por exemplo, um engenheiro mecânico interessado na força de arrasto sobre um automóvel consideraria construir um modelo em escala para testar no túnel de vento. Ele poderia medir a força sobre o modelo devido a diferentes velocidades de vento v. Os dados seriam correlacionados com a seguinte equação empírica

$$F = av^b \tag{9-4}$$

onde a e b são **constantes empíricas**. Essa equação pode ser manipulada calculando-se o logaritmo dos dois lados:

$$\log F = \log a + \log v^b \tag{9-5}$$

$$\log F = \log a + b \log v \tag{9-6}$$

A representação de log *F versus* log *v* resulta em uma linha reta de inclinação *b* e interseção em *y* igual a log *a*. A força tem dimensões [ML/T^2] e a velocidade tem dimensões [L/T], de modo que o argumento da função logaritmo também tem dimensões, uma violação à regra. A conseqüência dessa violação é que a constante *a* dependerá das unidades escolhidas para medir força e velocidade. Por exemplo, a constante *a* terá um valor se a força for medida em newtons e a velocidade em metros por segundo, e *a* terá outro valor se a força for medida em poundais (discutido posteriormente) e a velocidade em pés por segundo.

Homogeneidade Dimensional: Para que uma equação seja válida, deve ser **dimensionalmente homogênea**, ou seja, as dimensões nos lados esquerdo e direito devem ser as mesmas. Por exemplo, a segunda lei de Newton

$$F = ma \tag{9-7}$$

$$\left[\frac{ML}{T^2}\right] = [M]\left[\frac{L}{T^2}\right]$$

é dimensionalmente homogênea porque as dimensões nos dois lados são idênticas. Ao contrário, a seguinte equação não é homogênea,

$$P = \rho T \qquad\qquad\qquad Incorreta \tag{9-8}$$

$$\left[\frac{M}{LT^2}\right] \neq \left[\frac{M}{L^3}\right][\theta]$$

porque as dimensões nos dois lados do sinal de igualdade não são idênticas.

9.4 SISTEMAS DE UNIDADES

O Sistema de Unidades SI, que foi discutido no capítulo anterior, foi desenvolvido nos tempos modernos. Diversos outros sistemas de unidades o precederam. A Tabela 9.1 apresenta um resumo dos mais importantes desses sistemas. Observe que essa tabela divide os sistemas de unidades em duas grandes categorias: coerentes e não-coerentes. Entre os sistemas coerentes, há duas subcategorias: absolutos e gravitacionais. Os sistemas coerentes/não-coerentes e absolutos/gravitacionais serão discutidos nas duas próximas seções.

A Tabela 9.1 lista alguns conjuntos de unidades que receberam um nome; por exemplo, lb·ft/s² é chamado **poundal**. É importante que você se familiarize com os outros nomes dados aos conjuntos de unidades.

TABELA 9.1
Sistemas de Unidades

	Coerentes						Não-coerentes
	Absolutos			Gravitacionais			
Dimensões Fundamentais	MKS (SI)	CGS	FPS	MKS	CGS	USCS	AES
Comprimento [L]	m	cm	ft	m	cm	ft	ft
Tempo [T]	s	s	s	s	s	s	s
Massa [M]	kg	g	lb	—	—	—	lb
Força [F]	—	—	—	kgf	gf	lbf	lbf
Dimensões Derivadas							
Massa[FT²/L]	—	—	—	kgf·s²/m (mug)	gf·s²/cm (glug)	lbf·s²/ft (slug)	—
Força [ML/T²]	kg·m/s² (newton)	g·cm/s² (dina)	lb·ft/s² (poundal)	—	—	—	—
Energia [LF] ou [ML²/T²]	N·m (joule)	dina·cm (erg)	ft·poundal	m·kgf	cm·gf	ft·lbf	ft·lbf
Potência [LF/T] ou [ML²/T³]	J/s (watt)	erg/s	ft·poundal/s	m·kgf/s	cm·gf /s	ft·lbf/s	ft·lbf/s

9.4.1 Sistemas de Unidades Absolutos e Gravitacionais

Um **sistema absoluto** define massa [M], comprimento [L] e tempo [T]. A força [F] é uma quantidade derivada, determinada pela segunda lei de Newton:

$$\underbrace{[F]}_{\text{Derivada}} = F = ma = [M]\underbrace{\frac{[L]}{[T^2]}}_{\text{Definida}} \tag{9-9}$$

O SI é um sistema absoluto, no qual a massa (kg), o comprimento (m) e o tempo (s) são definidos, enquanto a força (N) é derivada.

Os **sistemas gravitacionais** definem força [F], comprimento [L] e tempo [T]. A massa [M] é uma quantidade derivada da segunda lei de Newton:

$$\underbrace{[M]}_{\text{Derivada}} = m = \frac{F}{a} = \underbrace{\frac{[F][T^2]}{[L]}}_{\text{Definida}} \tag{9-10}$$

Historicamente, diversos sistemas gravitacionais foram desenvolvidos.

Os sistemas gravitacionais definem suas unidades de força [F] como libra-força (lbf), quilograma-força (kgf) e grama-força (gf), que são a força exercida por uma libra-massa (lb), quilograma-massa (kg) e grama-massa (g), respectivamente, sob a influência do campo gravitacional da Terra (Figura 9.2). A força da gravidade pode ser calculada de acordo com a fórmula

$$F = mg \tag{9-11}$$

onde g é a aceleração de um objeto causada pela gravidade da Terra. O valor de g não é o mesmo em todos os pontos da Terra. Esse valor sofre uma variação da ordem de 0,5%, dependendo da altitude acima do nível do mar e da presença de rochas extremamente densas nas cercanias. Portanto, a aceleração **padrão** da gravidade g^o foi definida como

$$g^o = 9,80665 \text{ m/s}^2 = 32,1740 \text{ ft/s}^2 \tag{9-12}$$

(*Nota*: Os *sistemas absolutos* não dependem da intensidade local da força da gravidade, daí a origem do nome.)

As unidades derivadas para massa nos sistemas gravitacionais são o **slug**, o **mug**, e o **glug** (sem brincadeira), derivados de acordo com a Figura 9.3. Os valores das massas gravitacionais

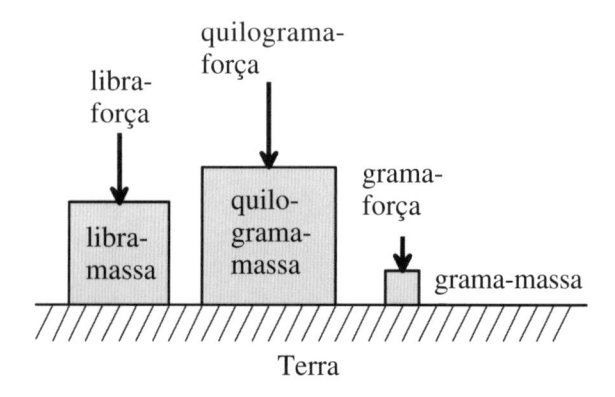

FIGURA 9.2
Sistemas gravitacionais. Definições de libra-força, quilograma-força e grama-força.

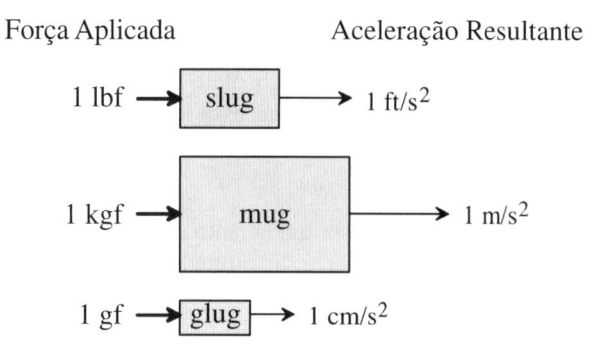

FIGURA 9.3
Sistemas gravitacionais. O slug, o mug e o glug são unidades derivadas.

são 1 slug = 32,1740 lb,* 1 mug = 9,80665 kg, e 1 glug = 980,665 g. Embora o slug seja largamente usado em engenharia, o mug e o glug raramente o são; essas unidades são apresentadas aqui apenas como informação complementar.

A Tabela 9.2 lista algumas grandezas freqüentemente encontradas e suas correspondentes dimensões nos sistemas absoluto e gravitacional. O símbolo indicado para cada grandeza (p. ex., "t" para tempo) é geralmente empregado em fórmulas na literatura de ciências e engenharia, mas pode ser alterado dependendo da decisão do autor.

TABELA 9.2
Grandezas comuns de engenharia (Referência)

Quantidade	Símbolo	Dimensões Absolutas	Dimensões Gravitacionais
Comprimento	L, l, d	[L]	[L]
Tempo	t	[T]	[T]
Massa	m	[M]	[FT^2/L]
Força	F	[ML/T^2]	[F]
Corrente elétrica	I, i	[A]	[A]
Temperatura	T	[θ]	[θ]
Quantidade de matéria	n	[N]	[N]
Intensidade luminosa	R	[I]	[I]
Área	A	[L^2]	[L^2]
Volume	V	[L^3]	[L^3]
Velocidade	v	[L/T]	[L/T]
Aceleração	a	[L/T^2]	[L/T^2]
Velocidade angular	ω	[T^{-1}]	[T^{-1}]
Aceleração angular	α	[T^{-2}]	[T^{-2}]
Freqüência	ω	[T^{-1}]	[T^{-1}]
Carga elétrica	Q, q	[AT]	[AT]
Capacidade calorífica	C_p	[$L^2/T^2\theta$]	[$L^2/T^2\theta$]
Viscosidade cinemática	ν	[L^2/T]	[L^2/T]
Quantidade de movimento	p	[ML/T]	[FT]
Pressão	P	[M/LT^2]	[F/L^2]
Tensão (mecânica)	σ	[M/LT^2]	[F/L^2]
Energia (trabalho)	W	[ML^2/T^2]	[FL]
Energia (calor)	Q, q	[ML^2/T^2]	[FL]
Torque	τ	[ML^2/T^2]	[FL]
Potência	P	[ML^2/T^3]	[FL/T]
Massa específica	ρ	[M/L^3]	[FT^2/L^4]
Viscosidade dinâmica	μ	[M/LT]	[FT/L^2]
Condutividade térmica	k	[$ML/T^3\theta$]	[$F/T\theta$]
Tensão (elétrica)	V, E	[ML^2/AT^3]	[FL/AT]
Resistência elétrica	R	[ML^2/A^2T^3]	[FL/A^2T]

*slug = 14,607 kg. (N.T.)

9.4.2 Sistemas de Unidades Coerentes e Não-coerentes

Os sistemas absoluto e gravitacional são ambos **coerentes**, no sentido de que nenhum fator de conversão é necessário se somente unidades do sistema forem usadas. Por exemplo, a equação

$$F = ma \tag{9-13}$$

pode ser usada tanto no sistema FPS (absoluto) como no sistema USCS (gravitacional), simplesmente substituindo números (com suas correspondentes unidades) na fórmula:

$$F = (1 \text{ lb})(10 \text{ ft/s}^2) = 10 \text{ lb·ft/s}^2 = 10 \text{ poundais} \qquad \text{FPS}$$

$$F = (1 \text{ slug})(10 \text{ ft/s}^2) = 10 \text{ slug·ft/s}^2 = 10 \text{ lbf} \qquad \text{USCS}$$

Em ambos os casos, as equações estão corretas; nenhum fator de conversão é necessário.

Por outro lado, o sistema de unidades AES (Sistema Americano de Engenharia — *American Engineering System*) é **não-coerente**. (Alguns diriam que é incoerente, mas isso é outra história.) Por exemplo, se substituirmos os números com suas correspondentes unidades na Equação 9-13, **não obteremos a resposta correta:**

$$F = (1 \text{ lb})(10 \text{ ft/s}^2) \neq 10 \text{ lbf} \qquad \text{AES}$$

Essa inconsistência nas unidades resulta de razões históricas. A libra é uma unidade que foi estabelecida no ano de 1340. Uma libra era uma libra; não havia distinção entre libra-massa e libra-força. Séculos se passaram até que Newton nos ensinasse a diferença entre massa, força e peso.

A *massa* é a propriedade que faz com que um corpo resista à aceleração. A *força* acelera um corpo. (As forças conhecidas são: gravitacional, eletromagnética, força forte e força fraca; as duas últimas estão relacionadas com o núcleo atômico.) O *peso* é a força exercida sobre o corpo pela gravidade local. Um objeto no espaço pode se tornar "sem peso" se não houver gravidade local. Entretanto, o corpo não perde sua massa, porque esta é uma característica do próprio objeto e não depende do ambiente local. Na linguagem diária, os termos *massa* e *peso* são usados indistintamente, o que contribui para a confusão.

Como nossos antepassados não faziam distinção entre massa e peso, o sistema não-coerente de unidades AES surgiu. Felizmente, a não-coerência pode ser contornada com o uso de um fator de conversão. Esse específico fator de conversão recebe o especial nome de g_c, **mas não deixa de ser um fator de conversão, da mesma forma que o fator F descrito anteriormente**. Esse fator de conversão permite a conversão de massa para força, e vice-versa.

A Tabela 9.3 lista valores de g_c em vários sistemas de unidades. Observe que o número é igual à unidade em todos os sistemas coerentes e é diferente da unidade no sistema não-coerente. Como esse valor é o mesmo que o da aceleração padrão devido à gravidade, os estudantes geralmente confundem g^o e g_c. **ELES NÃO SÃO A MESMA COISA.** As dimensões diferem; as dimensões de g^o são $[\text{L/T}^2]$, enquanto as dimensões de g_c são $[\text{ML/T}^2\text{F}]$. Os estudantes também confundem g_c com g, a aceleração local devida à gravidade. O fator de conversão g_c é uma constante e tem o mesmo valor em qualquer ponto do universo (pense em g_c como "g subscrito

TABELA 9.3
O fator de conversão g_c

Sistema		Definição		g_c
MKS	absoluto	$1 \text{ N} \equiv 1 \text{ kg·m/s}^2$	$\Rightarrow$	$g_c = 1 \text{ kg·m/(N·s}^2)$
CGS	absoluto	$1 \text{ dina} \equiv 1 \text{ g·cm/s}^2$	$\Rightarrow$	$g_c = 1 \text{ g·cm/(dina·s}^2)$
FPS	absoluto	$1 \text{ poundal} \equiv 1 \text{ lb·ft/s}^2$	$\Rightarrow$	$g_c = 1 \text{ lb·ft/(poundal·s}^2)$
MKS	gravitacional	$1 \text{ mug} \equiv 1 \text{ kgf·s}^2/\text{m}$	$\Rightarrow$	$g_c = 1 \text{ mug·m/(kgf·s}^2)$
CGS	gravitacional	$1 \text{ glug} \equiv 1 \text{ gf·s}^2/\text{cm}$	$\Rightarrow$	$g_c = 1 \text{ glug·cm/(gf·s}^2)$
USCS	gravitacional	$1 \text{ slug} \equiv 1 \text{ lbf·s}^2/\text{ft}$	$\Rightarrow$	$g_c = 1 \text{ slug·ft/(lbf·s}^2)$
AES		$1 \text{ lbf} \equiv 32{,}174 \text{ lb·s}^2/\text{ft}$	$\Rightarrow$	$g_c = 32{,}174 \text{ lb·ft/(lbf·s}^2)$

constante"), enquanto g varia com o ambiente local. Por exemplo, o valor de g na Lua é 1/6 do valor na Terra, mas o valor de g_c não é alterado.

EXEMPLO 9.1

Enunciado do Problema: Qual é o peso de 1 lb na Terra, onde a aceleração local devido à gravidade é 32,174 ft/s²? Expresse sua resposta em cada um dos sistemas de unidades descritos na Tabela 9.3.

Solução: O peso é a força exercida pelo objeto sob o efeito da gravidade. Essa força pode ser determinada pela equação

$$F = mg \tag{9-14}$$

Usamos as unidades originais na equação e, depois, aplicamos os fatores de conversão apropriados, listados no Apêndice A, para converter a resposta aos diversos sistemas de unidades. O fator $1/g_c$ aparece de forma destacada na conversão.

$$F = (1 \text{ lb})\left(32{,}174 \, \frac{\text{ft}}{\text{s}^2} \right)\left(0{,}4536 \, \frac{\text{kg}}{\text{lb}} \right)\left(0{,}3048 \, \frac{\text{m}}{\text{ft}} \right)\left(1 \, \frac{\text{N} \cdot \text{s}^2}{\text{kg} \cdot \text{m}} \right) = 4{,}448 \text{ N} \qquad \text{MKS-abs}$$

$$F = (1 \text{ lb})\left(32{,}174 \, \frac{\text{ft}}{\text{s}^2} \right)\left(453{,}6 \, \frac{\text{g}}{\text{lb}} \right)\left(30{,}48 \, \frac{\text{cm}}{\text{ft}} \right)\left(1 \, \frac{\text{dina} \cdot \text{s}^2}{\text{g} \cdot \text{cm}} \right) = 444.800 \text{ dina} \qquad \text{CGS-abs}$$

$$F = (1 \text{ lb})\left(32{,}174 \, \frac{\text{ft}}{\text{s}^2} \right)\left(1 \, \frac{\text{poundais} \cdot \text{s}^2}{\text{lb} \cdot \text{ft}} \right) = 32{,}174 \text{ poundais} \qquad \text{FPS-abs}$$

$$F = (1 \text{ lb})\left(32{,}174 \, \frac{\text{ft}}{\text{s}^2} \right)\left(0{,}04625 \, \frac{\text{mug}}{\text{lb}} \right)\left(0{,}3048 \, \frac{\text{m}}{\text{ft}} \right)\left(1 \, \frac{\text{kg} \cdot \text{s}^2}{\text{mug} \cdot \text{m}} \right)$$

$$= 0{,}4536 \text{ kg} \qquad \text{MKS-grav}$$

$$F = (1 \text{ lb})\left(32{,}174 \, \frac{\text{ft}}{\text{s}^2} \right)\left(0{,}4625 \, \frac{\text{glug}}{\text{lb}} \right)\left(30{,}48 \, \frac{\text{cm}}{\text{ft}} \right)\left(1 \, \frac{\text{gf} \cdot \text{s}^2}{\text{glug} \cdot \text{cm}} \right)$$

$$= 453{,}6 \text{ gf} \qquad \text{CGS-grav}$$

$$F = (1 \text{ lb})\left(32{,}174 \, \frac{\text{ft}}{\text{s}^2} \right)\left(0{,}03108 \, \frac{\text{slug}}{\text{lb}} \right)\left(1 \, \frac{\text{lbf} \cdot \text{s}^2}{\text{slug} \cdot \text{ft}} \right) = 1 \text{ lbf} \qquad \text{USCS-grav}$$

$$F = (1 \text{ lb})\left(32{,}174 \, \frac{\text{ft}}{\text{s}^2} \right)\left(\frac{\text{lbf} \cdot \text{s}^2}{32{,}174 \text{ lb} \cdot \text{ft}} \right) = 1 \text{ lbf} \qquad \text{AES}$$

Em antigos textos de engenharia, g_c é freqüentemente incorporado diretamente na equação. Por exemplo, a Equação 9-14 se tornaria

$$F = m \frac{g}{g_c} \tag{9-15}$$

Essa prática deve ser evitada, pois dá mais importância a g_c que o necessário. Afinal, nenhum dos outros fatores de conversão é incorporado às equações e todos são tão importantes quanto g_c. Um engenheiro deve sempre manter um registro das unidades e não precisa de qualquer lembrete especial a respeito desse específico fator de conversão.

Outra potencial fonte de não-coerência reside nas unidades usadas para descrever energia. Por exemplo, a equação para energia cinética de um objeto (*i.e.*, a energia associada ao movimento) é

$$E = \tfrac{1}{2}mv^2 \tag{9-16}$$

onde E é a energia cinética, m é a massa e v, a velocidade. Energia pode ser expressa como "trabalho" (ou seja, força exercida ao longo de uma distância) ou "calor" (fluxo de energia devido a diferença de temperatura). Essa equação é coerente quando a energia é expressa como "trabalho" (*i.e.*, joules), mas é não-coerente quando a energia é expressa como "calor" (*i.e.*, calorias).

$$E = \tfrac{1}{2}(1 \text{ kg})\left(2\,\frac{\text{m}}{\text{s}}\right)^2 = 2 \text{ kg·m}^2/\text{s}^2 = 2 \text{ J} \qquad \textit{Coerente}$$

$$E = \tfrac{1}{2}(1 \text{ kg})\left(2\,\frac{\text{m}}{\text{s}}\right)^2 = 2 \text{ kg·m}^2/\text{s}^2 \neq 2 \text{ cal} \qquad \textit{Não-coerente}$$

A equação não-coerente, que usa calor para medir energia, pode ser corrigida usando o "equivalente mecânico ao calor" (4,1868 J = 1 cal). Assim, introduzindo um fator de conversão, podemos corrigir a equação não-coerente:

$$E = \tfrac{1}{2}(1 \text{ kg})\left(2\,\frac{\text{m}}{\text{s}}\right)^2 = 2 \text{ kg·m}^2/\text{s}^2 = 2 \text{ J}\left(\frac{\text{cal}}{4,1868 \text{ J}}\right) = 0,4777 \text{ cal}$$

É conveniente usar esse fator de conversão de equivalência mecânica ao calor. Portanto, no SI, podemos manter a coerência expressando calor em joules, em vez de calorias.

9.5 O REFERENCIAL

O **referencial** é a referência utilizada para se realizar uma medida. Suponha que você queira determinar a diferença de altura entre o terceiro e o quinto andares de um edifício (Figura 9.4). Podemos escolher o solo como nosso *referencial*. Como o terceiro andar está a 9 m acima do solo, e o quinto andar está a 15 m acima do solo, podemos calcular a diferença de altura entre o terceiro e o quinto andares

$$\Delta h = h_5 - h_3 = 15 \text{ m} - 9 \text{ m} = 6 \text{ m}$$

Se tivéssemos escolhido o nível do mar como nosso *referencial*, ainda poderíamos calcular a diferença de altura entre o terceiro e o quinto andares

$$\Delta H = H_5 - H_3 = 45 \text{ m} - 39 \text{ m} = 6 \text{ m}$$

Desse simples exemplo podemos observar que, desde que estejamos interessados na diferença entre dois números, podemos escolher qualquer referencial que desejarmos. **A única exigência é que o referencial não seja alterado durante o cálculo.** Em ciências e engenharia, é freqüente o uso de um referencial arbitrário. Por exemplo, a **escala de temperatura Celsius** usa o ponto de congelamento da água como o referencial arbitrário.

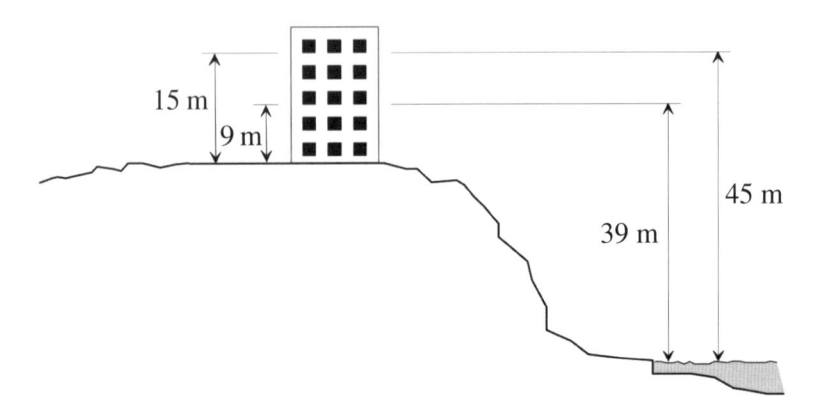

FIGURA 9.4
Ilustração de um referencial tomado como o nível do solo local e um outro referencial tomado como o nível do mar.

9.6 PRESSÃO

A **pressão** representa a força exercida sobre uma área. A **pressão gasosa** resulta do impacto das moléculas de gás nas paredes do recipiente, exercendo uma força sobre uma dada área (Figura 9.5). Se a temperatura aumenta, as moléculas se movem mais vigorosamente e impactam as paredes com mais força; portanto, a pressão aumenta. Para um gás perfeito, a equação do gás perfeito (ideal) descreve a relação entre pressão e temperatura.

A **pressão hidrostática** resulta do peso do líquido ou gás. Se você alguma vez tiver mergulhado até o fundo de uma piscina, você deve ter experimentado os efeitos da pressão hidrostática em seus ouvidos. (A cada 10,34 m de água tem-se mais uma atmosfera de pressão.) A pressão atmosférica resulta do peso do ar acima de nós.

A pressão hidrostática no fundo de um recipiente com seção reta de área A e preenchido com um líquido de massa específica ρ pode ser calculada como:

$$P = \frac{F}{A} = \frac{mg}{A} = \frac{\rho Vg}{A} = \frac{\rho(Ah)g}{A} = \rho gh \qquad (9\text{-}17)$$

Assim, a pressão hidrostática depende da massa específica do líquido, da altura h da coluna de líquido e da aceleração local da gravidade g.

Três tipos de pressão são, geralmente, citados: *absoluta, manométrica* e *diferencial*. (Um quarto tipo de pressão, a *pressão a vácuo*, é discutido mais adiante.) Podemos visualizar esses tipos de pressão considerando a Figura 9.6, onde a pressão de um gás fluente em um duto está sendo medida. À medida que o gás flui através da válvula, há perda de pressão, pois uma parcela do fluxo de energia é convertida em calor. Os três tipos de pressão dependem do *referencial*, ou seja, dependem da pressão de referência. Na Figura 9.6(a), a pressão de referência é o vácuo perfeito; a pressão medida é chamada de **pressão absoluta**. Neste caso, a altura h_a do manômetro indica uma pressão absoluta de 25 psia. (*Nota*: A letra "a" se refere a absoluta.) Na Figura 9.6(b), a pressão de referência é a atmosférica; a pressão medida é chamada de **pressão manométrica.*** Neste caso, a altura h_g do manômetro indica uma pressão absoluta de 10,3 psig. (*Nota*: A letra "g" se refere a *gage*.) Na Figura 9.6(c), uma pressão interna é usada como referência. Como o manômetro mede a diferença entre duas pressões, essa é chamada de **pressão diferencial**. Neste caso, a altura h_d do manômetro indica uma pressão de 2 psi. (*Nota*: Não há necessidade de indicar se a pressão é absoluta ou manométrica, pois a diferença entre as duas leituras não depende do referencial. Alguns autores registrariam o resultado como 2 psid, onde a letra "d" se referiria a "diferencial".) Embora seja prática comum indicar pressão absoluta ou manométrica acrescentando "a" ou "g" a "psi", **isso nunca é feito no SI.**

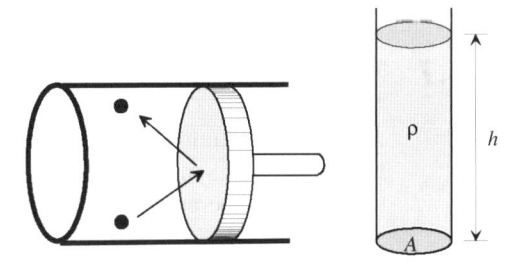

Pressão gasosa   Pressão hidrostática

FIGURA 9.5
Ilustração de pressão gasosa e pressão hidrostática.

---

*Gage (ou gauge) pressure, em inglês, sendo comum o uso da letra "g" em subscritos ou sufixos para representar esse tipo de pressão também em português. (N.T.)

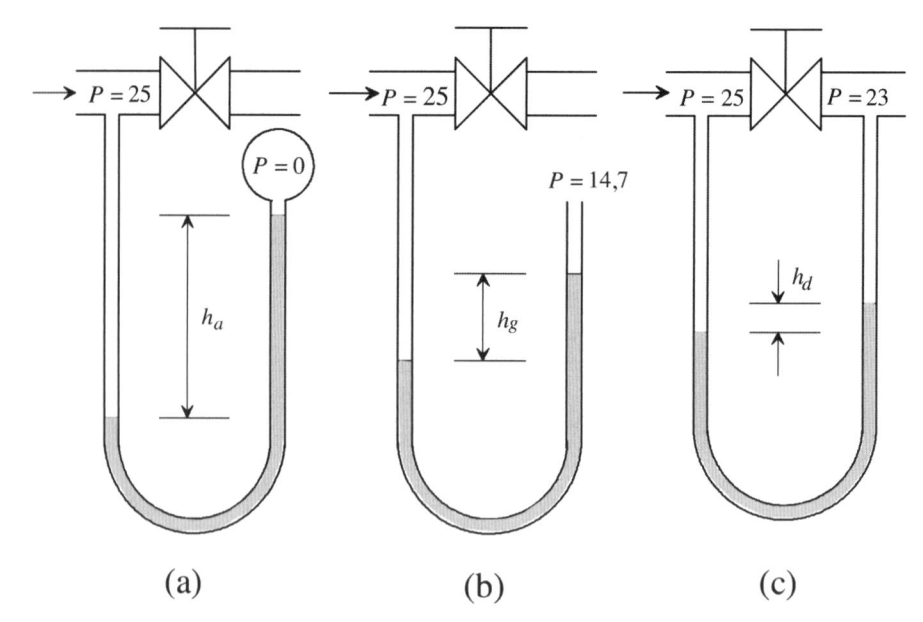

FIGURA 9.6
Manômetros indicando (a) pressão absoluta; (b) pressão manométrica; e (c) pressão diferencial. (*Nota:* As pressões indicadas são absolutas e em unidades de psia.)

A pressão absoluta P_{abs} e a pressão manométrica P_g se relacionam da seguinte forma:

$$P_{abs} = P_g + P_{atm} \tag{9-18}$$

onde P_{atm} é a pressão atmosférica no instante em que a pressão manométrica é medida. A pressão diferencial ΔP entre duas pressões P_1 e P_2 é

$$\Delta P = P_1 - P_2 \tag{9-19}$$

Além disso, algumas pressões são indicadas como *pressão a vácuo*, onde vácuos maiores recebem um valor maior. A pressão a vácuo $P_{vác}$ se relaciona à pressão absoluta da seguinte forma:

$$P_{abs} = P_{atm} - P_{vác} \tag{9-20}$$

Para assegurar que você entende as três escalas de pressão (absoluta, manométrica e a vácuo), estude atentamente a Figura 9.7. Observe o referencial de cada escala, ou seja, a pressão de referência, indicado como zero em cada escala. Observe, também, que a diferença de pressão é a mesma, independente da escala.

9.7 TEMPERATURA

A temperatura é uma medida da energia térmica de um corpo, ou seja, seu movimento molecular (atômico). A altas temperaturas, as moléculas (átomos) se movem vigorosamente, enquanto a baixas temperaturas o movimento é menos vigoroso.

A maneira mais simples de medir temperatura é com termômetros de coluna de vidro preenchida com mercúrio, que existem há centenas de anos. A altas temperaturas, o mercúrio se expande e sobe na coluna de vidro. Uma vez construído um termômetro desse tipo, as marcações no vidro são arbitrárias.

Uma **escala de temperatura** é formada escolhendo dois pontos de referência na coluna de mercúrio e subdividindo igualmente o espaço entre eles em **intervalos de temperatura**. Como os estudantes freqüentemente confundem "escalas de temperatura" com "intervalos de temperatura", vamos estabelecer uma nomenclatura para que os dois conceitos possam ser facilmente distinguidos. Uma "escala de temperatura" será indicada posicionando o símbolo de graus antes do símbolo da escala (p. ex., °C), enquanto um "intervalo de temperatura" será indicado posicionando o símbolo de graus após o da escala (p. ex., C°). (*Nota*: Essa convenção é usada

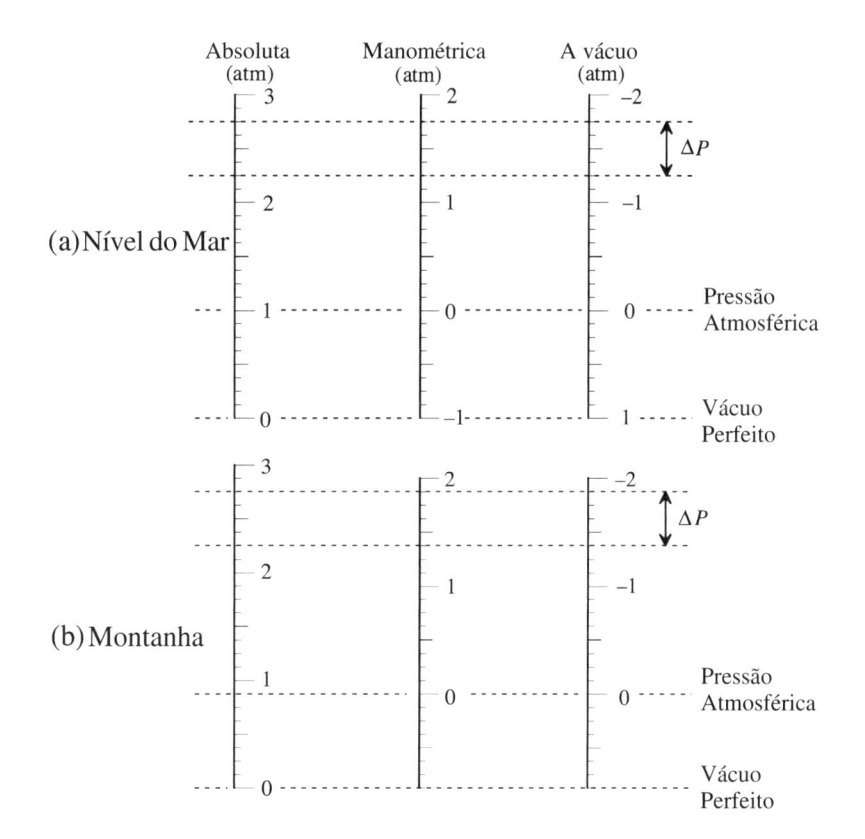

FIGURA 9.7
Três escalas de pressão (absoluta, manométrica, e a vácuo) usadas para indicar a pressão (a) ao nível do mar e (b) em uma montanha.

por Halliday e Resnick, em Física — Volume 2,[1] mas raramente é usada na literatura em geral. Na verdade, o SI removeu o símbolo de grau da escala de temperatura Kelvin em 1967, de modo que esta é simplesmente representada como "K", e não "°K". Entretanto, aqui nós manteremos o símbolo de graus e o manipularemos de acordo com nossos propósitos instrutivos.)

Por volta de 1714, G. D. Fahrenheit (1686-1736) desenvolveu a **escala de temperatura Fahrenheit**. Os dois pontos de referência foram o ponto de congelamento da água (32°F) e o ponto de ebulição da água (212°F). (A temperatura 0°F corresponde à temperatura mais baixa que pode ser obtida com água, sal e gelo.)

Em 1743, Anders Celsius (1701-1744) desenvolveu a **escala de temperatura Celsius**. Os dois pontos de referência foram o ponto de congelamento da água (0°C) e o ponto de ebulição da água (100°C). Originalmente, essa escala era conhecida como "escala centígrada" ("cem passos"), mas esse nome foi abandonado em favor do nome oficial do SI, Celsius.

A escala Fahrenheit é quase duas vezes mais precisa que a escala Celsius, há um intervalo de 180°F entre os pontos de congelamento e de ebulição da água, enquanto na escala Celsius este mesmo intervalo corresponde a 100°C. Assim, podemos estabelecer a relação entre o intervalo Fahrenheit (F°) e o intervalo Celsius (C°) como

$$100\ C° = 180\ F° \tag{9-21}$$

$$1\ C° = \frac{180}{100}\ F° = \frac{9}{5}\ F° = 1{,}8\ F° \tag{9-22}$$

Em vez de usar os pontos de referência arbitrários das escalas Celsius e Fahrenheit, as **escalas de temperaturas termodinâmicas** (também chamadas de *escalas de temperaturas absolutas*) especificam que a temperatura deve ser proporcional à energia térmica de um gás ideal.

[1]D. Halliday e R. Resnick, Física — Vol. 2, 5.ª ed. Rio de Janeiro: LTC, 2003. p. 213.

Há duas escalas de temperaturas termodinâmicas: Kelvin e Rankine. A **escala de temperatura Kelvin** tem o mesmo intervalo de temperatura que a escala Celsius:

$$1\,K° = 1\,C° \tag{9-23}$$

Com essa restrição, o ponto tríplice da água é definido como 273,16°K. A **escala de temperatura Rankine** tem o mesmo intervalo de temperatura que a escala de temperatura Fahrenheit.

$$1\,R° = 1\,F° \tag{9-24}$$

Com essa restrição, o ponto tríplice da água é definido como 491,69°R. As escalas de temperaturas termodinâmicas receberam seus nomes em homenagem a J. K. Rankine (1820-1872) e Lord Kelvin (1824-1907), que ajudaram a desenvolvê-las.

A Figura 9.8 mostra as quatro escalas de temperatura: Celsius, Kelvin, Fahrenheit e Rankine. As relações entre as diversas escalas são as seguintes:

$$[°R] = [°F] + 459,67 \tag{9-25}$$

$$[°K] = [°C] + 273,15 \tag{9-26}$$

$$[°C] = \frac{[°F] - 32}{1,8} \tag{9-27}$$

$$[°F] = 1,8\,[°C] + 32 \tag{9-28}$$

$$[°R] = 1,8\,[°K] \tag{9-29}$$

$$[°K] = \frac{[°R]}{1,8} \tag{9-30}$$

onde [°R] é uma temperatura Rankine, [°F] é uma temperatura Fahrenheit, [°K] é uma temperatura Kelvin, e [°C] é uma temperatura Celsius.

Os fatores de conversão para os intervalos de temperatura são:

$$\text{Fator de conversão} = \frac{1,8\,F°}{C°} = \frac{1,8\,R°}{K°} = \frac{1\,F°}{R°} = \frac{1\,C°}{K°} = \frac{1,8\,F°}{K°} = \frac{1,8\,R°}{C°} \tag{9-31}$$

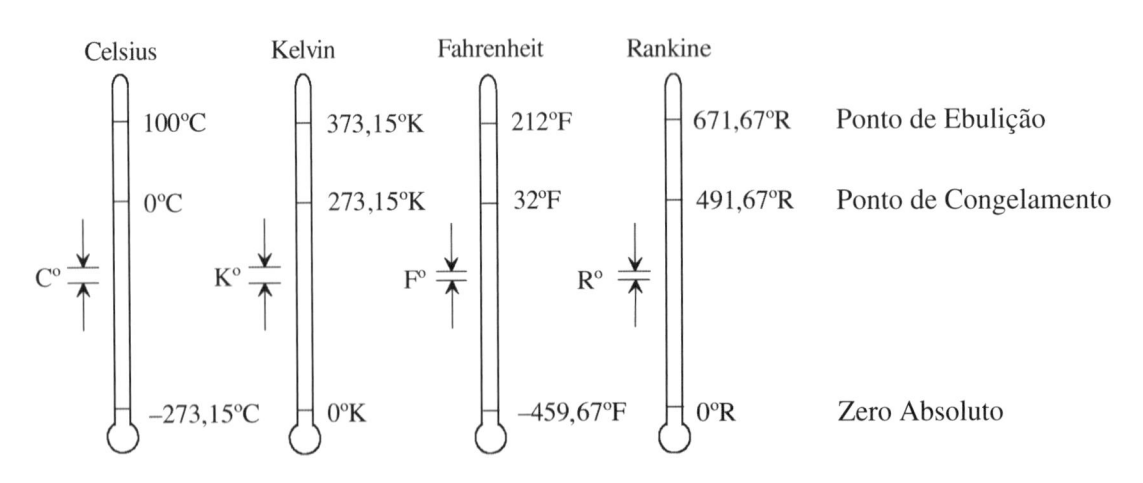

FIGURA 9.8

As quatro escalas de temperatura. (*Nota:* Escalas de temperatura são indicadas posicionando o símbolo de graus antes do símbolo da escala, enquanto intervalos de temperatura são indicados posicionando o símbolo de graus após o símbolo da escala. De acordo com convenções do SI, o símbolo de graus foi eliminado da escala Kelvin, mas este é aqui incluído para fins instrutivos.)

EXEMPLO 9.2

Enunciado do Problema: Calcule a transferência de calor Q/t através de um bloco que tem seção reta com área A de 1 ft², comprimento x de 2 ft, e condutividade térmica k de 5 Btu/(h·ft·F°). Uma superfície é mantida a 200°F, e a outra, a 150°F (Figura 9.9). Faça os cálculos nas unidades de engenharia dos Estados Unidos e em unidades SI.

Solução: A equação para transferência de calor por condução é a seguinte:

$$\frac{Q}{t} = k\frac{A\Delta T}{x} \tag{9-32}$$

A diferença de temperatura ΔT é um intervalo de temperatura calculado da seguinte forma:

$$\Delta T = 200°F - 150°F = 50\ F°$$

Podemos substituir esse resultado na Equação 9-32 e calcular a transferência de calor Q/t,

$$\frac{Q}{t} = \left(5\frac{\text{Btu}}{\text{h·ft·F°}}\right)\frac{(1\ \text{ft}^2)(50\ \text{F°})}{2\ \text{ft}} = 125\ \text{Btu/h}$$

Podemos converter toda a informação dada em unidades SI:

$$\Delta T = 50\ F°\left(\frac{K°}{1,8\ F°}\right) = 27,8\ K°$$

$$k = 5\frac{\text{Btu}}{\text{h·ft·F°}}\left(\frac{\text{h}}{3600\ \text{s}}\right)\left(\frac{\text{ft}}{0,3048\ \text{m}}\right)\left(\frac{1055\ \text{J}}{\text{Btu}}\right)\left(\frac{1,8\ \text{F°}}{\text{K°}}\right) = 8,65\frac{\text{J}}{\text{s·m·K°}}$$

$$A = 1\ \text{ft}^2\left(\frac{0,3048\ \text{m}}{\text{ft}}\right)^2 = 0,0929\ \text{m}^2$$

$$x = 2\ \text{ft}\left(\frac{0,3048\ \text{m}}{\text{ft}}\right) = 0,610\ \text{m}$$

Essas grandezas expressas no SI podem agora ser substituídas na Equação 9-32.

$$\frac{Q}{t} = \left(8,65\frac{\text{J}}{\text{s·m·K°}}\right)\frac{(0,0929\ \text{m}^2)(27,8\ \text{K°})}{(0,610\ \text{m})} = 36,6\ \text{J/s} = 36,6\ \text{W}$$

Os fatores de conversão dados no Apêndice A mostram que essas duas respostas (125 Btu/h e 36,6 W) são idênticas, como deveriam.

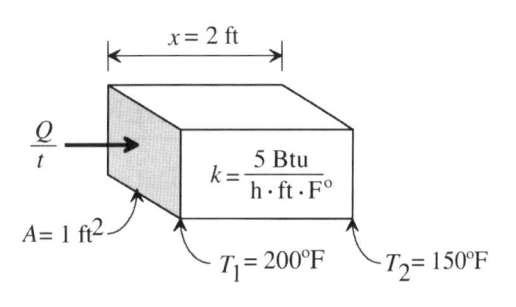

FIGURA 9.9
Transferência de calor através de um bloco.

9.8 MUDANDO O SISTEMA DE UNIDADES EM UMA EQUAÇÃO

Freqüentemente, os engenheiros devem converter equações de um sistema de unidades a outro. Por exemplo, a equação do gás perfeito

$$PV = nRT \qquad (9\text{-}33)$$

é aprendida nas aulas de química e largamente usada em engenharia. As unidades prováveis usadas em cada disciplina são listadas a seguir:

Quantidade	Química (SI)	Engenharia
P	Pa	psia
V	m^3	ft^3
n	mol	lbmol
T	K	°R
R	$Pa \cdot m^3/(mol \cdot K)$	$psia \cdot ft^3/(lbmol \cdot °R)$

A constante de gás perfeito R é medida empiricamente e contém as unidades necessárias para tornar a equação dimensionalmente homogênea (*i.e.*, fazer com que as unidades nos dois lados do sinal de igualdade sejam as mesmas).

EXEMPLO 9.3

Enunciado do Problema: Converta a equação do gás perfeito do SI

$$PV = n\left(8{,}314 \, \frac{Pa \cdot m^3}{mol \cdot K} \right) T$$

em uma equação em que as unidades de engenharia* possam ser usadas para as variáveis.

Solução: Como a constante de gás perfeito R contém as unidades necessárias para tornar a equação dimensionalmente homogênea, podemos simplesmente alterar as unidades de R para unidades de engenharia:

$$R = \left(8{,}314 \, \frac{Pa \cdot m^3}{mol \cdot K} \right)\left(\frac{psia}{6895 \, Pa} \right)\left(\frac{35{,}31 \, ft^3}{m^3} \right)\left(\frac{453{,}6 \, mol}{lbmol} \right)\left(\frac{K}{1{,}8°R} \right)$$

$$= 10{,}73 \, \frac{psia \cdot ft^3}{lbmol \cdot °R}$$

A equação do gás perfeito em unidades de engenharia fica

$$PV = n\left(10{,}73 \, \frac{psia \cdot ft^3}{lbmol \cdot °R} \right) T$$

9.9 ANÁLISE DIMENSIONAL (TÓPICO AVANÇADO)

A **análise dimensional** é largamente usada em engenharia para solucionar problemas sobre os quais há pouca informação fundamental. Simplesmente verificando as dimensões das quantidades envolvidas, podemos dizer muito sobre a forma como as quantidades se relacionam.

---

*As unidades de engenharia referidas são as usadas nos Estados Unidos. (N.T.)

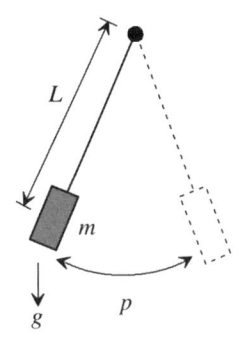

FIGURA 9.10
Pêndulo.

Como exemplo, considere o pêndulo mostrado na Figura 9.10. No projeto de um relógio de pêndulo, seria muito importante conhecer o *período*, isto é, o intervalo de tempo que o pêndulo gasta para oscilar de um lado ao outro. Antes de fazermos uma análise sofisticada do problema, podemos usar nossa intuição e experiência e simplesmente anotar as quantidades relevantes e suas dimensões.

p período [T]
m massa [M]
g aceleração da gravidade [L/T²]
L comprimento [L]

Vamos admitir que o período seja proporcional a essas quantidades, de acordo com a seguinte equação:

$$p = km^a g^b L^c \tag{9-34}$$

Usando a análise dimensional, podemos determinar os expoentes necessários para tornar a equação dimensionalmente homogênea. Vamos considerar uma dimensão de cada vez.

	[T]	=	[M]^a		[L/T²]^b		[L]^c		
[M]	0	=	a	+	0	+	0	⇒	$a = 0$
[T]	1	=	0	−	$2b$	+	0	⇒	$b = -1/2$
[L]	0	=	0	+	b	+	c	⇒	$c = +1/2$

Na primeira linha, [M] aparece somente no lado direito. Portanto, o expoente a deve ser nulo. Na segunda linha, [T] aparece elevado à primeira potência no lado esquerdo e, à potência negativa dois no lado direito. Portanto, o expoente b deve ser $-1/2$. Na terceira linha, [L] não aparece no lado esquerdo, de forma que os comprimentos no lado direito devem se cancelar. Como já determinamos que b é $-1/2$, então c deve ser $+1/2$.

Usando a análise dimensional, sabemos que p deve ser proporcional a $g^{-1/2}$ e a $L^{+1/2}$:

$$p \propto g^{-1/2} L^{+1/2} = kg^{-1/2} L^{+1/2} = k\sqrt{\frac{L}{g}} \tag{9-35}$$

Embora essa análise simples não nos dê o valor de k, aprendemos muito sobre o problema. Surpreendentemente, o período não depende da massa.

A análise dimensional pode ser aplicada à vazão de fluido em um duto (Figura 9.11). A queda de pressão ΔP (*i.e.*, $P_1 - P_2$) é necessária para a especificação da capacidade da bomba. As grandezas relevantes para esse problema são

ΔP pressão [M/LT²]
D diâmetro do duto [L]
L comprimento do duto [L]

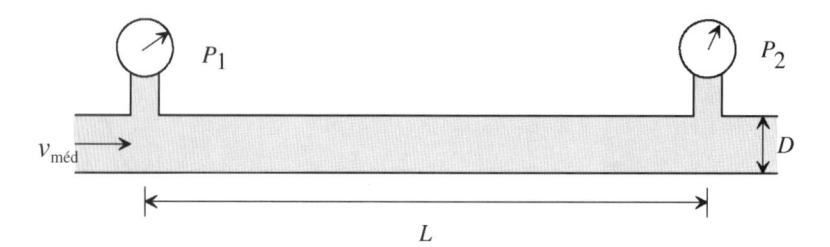

FIGURA 9.11
Queda de pressão de fluido que flui em um duto.

$v_{méd}$ velocidade média do fluido no duto [L/T]
ρ densidade do fluido [M/L³]
μ viscosidade dinâmica do fluido [M/LT]

Uma análise dimensional mostra que essas grandezas podem ser agrupadas na seguinte equação:

$$\left(\frac{\Delta PD}{2L\rho v_{méd}^2}\right) = k\left(\frac{Dv_{méd}\rho}{\mu}\right)^a \tag{9-36}$$

Os dois termos entre parênteses são adimensionais. O da esquerda é o *fator de atrito de Fanning* f, e o da direita é o *número de Reynolds* Re. Portanto, a Equação 9-36 pode ser escrita como

$$f = k(\text{Re})^a \tag{9-37}$$

Experimentos com diversos fluidos (p. ex., ar, água e óleo) mostraram que $k = 16$ e $a = -1$, desde que Re < 2300.

Freqüentemente, encontramos grupos adimensionais em engenharia, pois diversos problemas são muito complicados para serem analisados usando modelos mecanicistas. Nesses casos, anotamos as grandezas relevantes, usamos uma análise dimensional para identificar grupos adimensionais e, então, realizamos experimentos para determinar o valor da constante de proporcionalidade e o(s) expoente(s). A Tabela 9.4 lista alguns grupos adimensionais que ocorrem freqüentemente em engenharia. Muitos desses grupos adimensionais têm significância

TABELA 9.4
Alguns grupos adimensionais comuns (Referência)

Nome	Símbolo	Definição
Fator de atrito de Fanning	f	$\dfrac{\Delta PD}{2L\rho(v_{méd})^2}$
Número de Reynolds	Re	$\dfrac{Dv_{méd}\,\rho}{\mu}$
Coeficiente de arrasto	C_d	$\dfrac{2F}{\rho Av^2}$
Número de Prandtl	Pr	$\dfrac{C_p\mu}{k}$
Número de Nusselt	Nu	$\dfrac{hD}{k}$
Número Mach	Ma	$\dfrac{v}{a}$

ΔP = queda de pressão D = diâmetro L = comprimento
ρ = massa específica $v_{méd}$ = velocidade média μ = viscosidade
C_p = capacidade calorífica k = condutividade térmica h = coeficiente de transferência de calor
v = velocidade a = velocidade do som F = força
A = área projetada

fundamental. Por exemplo, o número de Reynolds representa uma relação entre a força de inércia e a força viscosa.

9.10 RESUMO

Como existem diversos sistemas de unidades em uso, os engenheiros devem estar familiarizados com uma grande variedade de conversões. Erros em conversão de unidades estão entre os mais comuns cometidos por engenheiros.

Ao registrar uma medida ou cálculo, é absolutamente essencial registrar as unidades junto com os números. As unidades indicam a referência; sem a referência, o número não tem significado.

Ao adicionar/subtrair grandezas, as dimensões de cada grandeza devem ser idênticas. (Lembre-se do antigo ditado: Você não pode somar maçãs e laranjas.) Ao multiplicar/dividir grandezas, as dimensões de cada quantidade devem ser tratadas como se fossem variáveis e cancelas da forma usual. Em equações científicas, os argumentos de funções transcendentais devem ser adimensionais. Em equações empíricas, os argumentos de funções transcendentais podem ter dimensões, mas a equação é válida somente se você usar as mesmas unidades empregadas para desenvolver a equação. Uma equação é dimensionalmente homogênea se o lado esquerdo e o lado direito tiverem dimensões idênticas.

Por que Bolas de Golfe Têm Covinhas?

Experimentos com bolas de golfe lisas e com covinhas mostram que as últimas se movem muito mais rápido e percorrem maiores distâncias. Como uma bola de golfe lisa se movimenta através do ar, vácuo é criado em seu rasto, pois o ar não é capaz de rapidamente encher o vazio

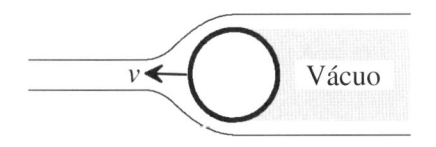

atrás da bola de golfe. O vácuo atrás da bola de golfe a desacelera e não permite que ela se mova por longas distâncias. Uma bola de golfe com covinhas também tem vácuo em seu rasto, porém, muito menos. Os vórtices de turbulência causados pelas covinhas forçam algum ar para

trás da bola de golfe, diminuindo, assim, o vácuo e permitindo que a bola de golfe se movimente mais rápido e por distâncias mais longas.

Um engenheiro que projeta uma bola de golfe está interessado na força de arrasto como uma função da velocidade. Usando grupos

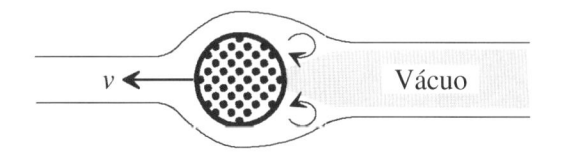

adimensionais, isso seria quantificado pela representação do coeficiente de arrasto *versus* o número de Reynolds. Na região de números de Reynolds (*i.e.*, velocidades) alcançáveis com uma bola de golfe, o coeficiente de arrasto é muito menor para uma bola com covinhas.

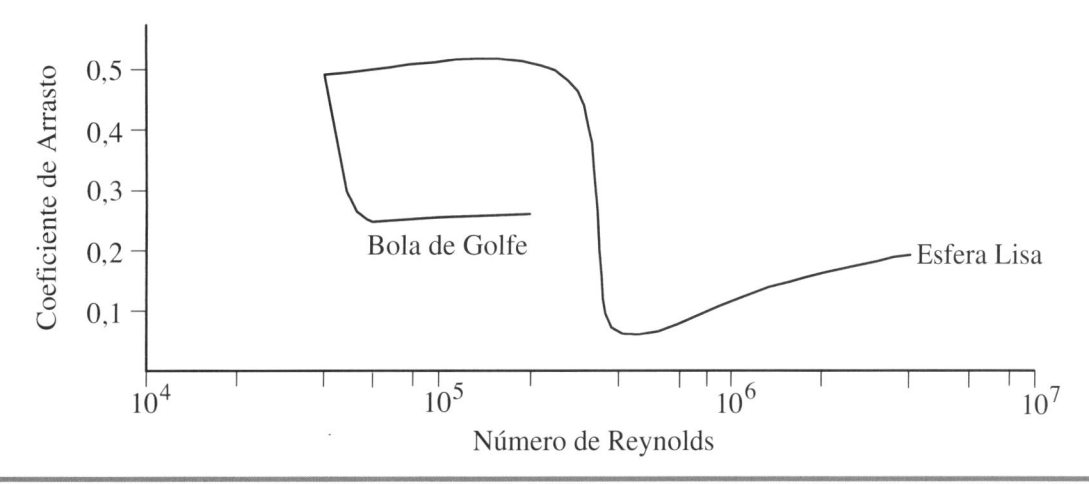

Adaptado de: P. Moin e J. Kim, "Tackling Turbulence with Supercomputers", *Scientific American* 276, n.º 1 (1997), pp. 62-68.

Em sistemas de unidades coerentes, a parte numérica de qualquer fator de conversão é 1; entretanto, em sistemas de unidades não-coerentes, a parte numérica de fatores de conversão diferem de 1. Por exemplo, em sistemas coerentes, a parte numérica de g_c é 1 [p. ex., 1 kg·m/(N·s^2)], mas em sistemas de unidades não-coerentes, a parte numérica de g_c não é 1 [p. ex., 32,174 lb·ft/(lbf·s^2)]. Há dois tipos de sistemas de unidades coerentes: gravitacional e absoluto. Os sistemas gravitacionais definem força, comprimento e tempo; massa é derivada. Os sistemas de unidades absolutos definem massa, comprimento e tempo; força é derivada. O SI é um exemplo de sistema absoluto.

Um referencial é uma referência usada em uma medida. Ao medir pressão, o referencial pode ser o vácuo perfeito (pressão absoluta), a pressão atmosférica (pressão manométrica) ou uma pressão interna (pressão diferencial). Ao medir temperatura, o referencial pode ser o zero absoluto (escalas de temperaturas Rankine e Kelvin), o ponto de congelamento da água (escala de temperatura Celsius) ou a temperatura mais baixa alcançável com água, sal e gelo (escala de temperatura Fahrenheit).

A análise dimensional é um processo para a determinação da relação funcional entre grandezas usando as dimensões de cada grandeza. É comumente usado em fenômenos complexos que desafiam a modelagem mecanicista, mas que podem ser verificados experimentalmente. Basicamente, as grandezas são arranjadas em grupos adimensionais que são correlacionados usando uma equação de potência. As constantes na equação de potência são determinadas experimentalmente.

Nomenclatura

A área (m^2)
a aceleração (m/s^2), ou constante de proporcionalidade (N·s^c/m^c), ou velocidade do som (m/s)
b expoente (adimensional)
C_p capacidade calorífica à pressão constante ([J/(kg·K)]
D diâmetro (m)
E energia (J)
F força (N)
g aceleração da gravidade (m/s^2)
k coeficiente de transferência de calor [J/(s·m·K)], ou constante de proporcionalidade
H altura (m)
h altura (m), ou coeficiente de transferência de calor [J/(s·m^2·K)]
L comprimento (m)
m massa (kg)
n mol (mol)
P pressão (Pa)
p período (s)
Q calor (J)
R constante universal dos gases [Pa·m^3/(mol·K)]
T temperatura (K)
t tempo (s)
V volume (m^3)
v velocidade (m/s)
x espaçamento (m)
μ viscosidade [kg/(m·s)]
ρ massa específica (kg/m^3)

Bibliografia Complementar

Eide, A. R.; R. D. Jenison; L. H. Mashaw; and L. L. Northup. *Engineering Fundamentals and Problem Solving*. 3rd ed. New York: McGraw-Hill, 1997.

Felder, R. M., and R. W. Rousseau. *Elementary Principles of Chemical Processes*. 2nd ed. New York: Wiley, 1986.

Jerrard, H. G., and D. B. McNeill. *A Dictionary of Scientific Units*. Englewood, NJ: Franklin Publishing, 1964.

EXERCÍCIOS

Nota: Estes exercícios são resolvidos usando as conversões de unidades listadas no Apêndice A.

9.1 Converta os seguintes números ao SI:
(a) 56,8 polegadas
(b) 1 ano
(c) 34,8 atm
(d) 8,3 Btu/min
(e) 38,96 ft/min
(f) 98,6 furlongs por quinzena
(g) 34,5 in·pdl
(h) 15,8 gal/min

9.2 Faça as seguintes conversões:
(a) 34,589 Pa para psia
(b) 34,6 m/s em mph
(c) 89,6 L para m^3
(d) 68,4 pol^3 para ft^3
(e) 964 slug para lb
(f) 569 pdl para lbf
(g) 56,8 glug para g
(h) 78,5 mug para kg
(i) 358 atm·L para Btu
(j) 1,2 esterradiano para graus quadrados

9.3 Converta as seguintes pressões em pressões absolutas. Registre as respostas nas unidades indicadas. Você pode supor que a pressão atmosférica no instante da medida era de uma atmosfera padrão.
(a) 8,56 psig
(b) 18 polegadas de mercúrio a vácuo
(c) pressão manométrica de 10 atm
(d) pressão manométrica de 15,6 polegadas de água

9.4 Converta as seguintes temperaturas à escala de temperatura Kelvin:
(a) 259,6°R
(b) 145°C
(c) 98,6°F

9.5 Converta os seguintes intervalos de temperatura em Kelvin:
(a) 58,3 C°
(b) 89,7 F°
(c) 4,5 R°

9.6 Um determinado número de objetos é levado à Lua, onde a aceleração da gravidade tem um valor de cerca de 1/6 do da Terra. Complete a seguinte tabela:

Item	Massa na Terra	Massa na Lua	Peso na Lua	Peso na Lua
Clipe de papel	1,2 g	g	gf	dina
Lata de refrigerante	0,56 lb	lb	lbf	pdl
Martelo	1,3 kg	kg	kgf	N

9.7 As equações relacionadas a seguir são dimensionalmente homogêneas? (Mostre como você obteve a resposta.)
(a) $F = PT$ F = força, P = pressão, T = temperatura
(b) $E = 0,5mv^2$ E = energia, m = massa, v = velocidade
(c) $p = mv$ p = quantidade de movimento, m = massa, v = velocidade
(d) $E = C_p/P$ E = energia, C_p = capacidade calorífica, P = pressão
(e) $V = IR$ V = tensão, I = corrente, R = resistência
(f) $P = I^2R$ P = potência, I = corrente, R = resistência

9.8 Calcule a constante de gás ideal R usando as seguintes unidades de medidas:

P = polegadas de mercúrio
V = gal
n = mol em tonelada curta
T = Rankine

9.9 Uma barragem é um obstáculo em um canal aberto, sobre o qual a água flui (Figura 9.12). Para uma barragem de forma retangular, a seguinte fórmula pode ser obtida:

$$Q = 5,35Lh^{3/2}$$

onde

Q = taxa de fluxo de água, ft^3/s
L = comprimento da barragem, ft
h = altura de líquido acima da barragem, ft

Faça o seguinte:
(a) Determine as unidades associadas à constante e necessárias para tornar a equação dimensionalmente homogênea.
(b) Determine uma nova constante que permita que as seguintes unidades sejam usadas:
Q = taxa de fluxo de água, gal/min
L = comprimento da barragem, ft
h = altura de líquido acima da barragem, in

9.10 Calcule o número de Reynolds definido na Tabela 9.4.
(a) Use a seguinte informação:
$v_{méd}$ = 0,3 ft/min
D = 2 in
ρ = 62,3 lb/ft^3
μ = 2,42 lb/(ft·h)
(b) Use as unidades equivalentes SI nos dados do item (a).
(c) Use a seguinte informação:
$v_{méd}$ = 0,3 ft/min
D = 2 in
ρ = 62,3 lb/ft^3
μ = 2,09 × 10^{-5} lbf·s/ft^2

9.11 Determine a diferença de pressão entre as duas pressões seguintes (use as unidades indicadas). Você pode supor que a pressão atmosférica era uma atmosfera padrão no instante em que a medida foi feita.
(a) P_1 = 1,5 atm (absoluta), P_2 = 1,3 atm (absoluta)
(b) P_1 = 1,5 atm (absoluta), P_2 = 0,3 atm (manométrica)
(c) P_1 = 1,24 psig, P_2 = 1,00 psig
(d) P_1 = 10,3 psig, P_2 = 16,3 psia

9.12 Decida se você usaria um manômetro de mercúrio (a 0°C) ou um manômetro de água (a 4°C) para medir as pressões seguintes.
(*Nota*: Cada manômetro usará vácuo perfeito como referência. A 0°C, o mercúrio tem uma pressão de vapor desprezível. A 4°C, a água tem uma pressão de vapor de 813 Pa.)
(a) 34 Pa (absoluta)
(b) 1,45 psig

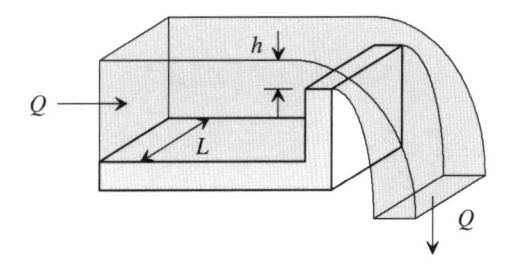

FIGURA 9.12
Água fluindo sobre uma barragem.

(c) 0,75 atm (absoluta)

(d) 1,5 milibar (absoluta)

9.13 Escreva uma planilha para converter lb em kg, ft em m, in em m, ft² em m², gal em m³ e ft³ em m³.

9.14 Usando a Equação 9-37, escreva um programa de computador que calcule a queda de pressão (em psi) de água fluindo através de uma milha de duto. Use as propriedades da água e os diâmetros de dutos dados no Exercício 9.10. Use incrementos de 0,1 ft/min em $v_{méd}$ até que o número de Reynolds exceda 2300, o limite superior em que a equação é válida.

9.15 Realize a tarefa descrita no Exercício 9.14 usando uma planilha eletrônica. Além disso, represente, em um gráfico, a queda de pressão (em psi) *versus* a velocidade média (em ft/min).

Glossário

análise dimensional Um processo para a determinação da relação funcional entre grandezas usando as dimensões de cada grandeza.

constante empírica O valor da constante é determinado experimentalmente.

escala de temperatura Formada posicionando dois pontos no termômetro de coluna de vidro preenchida com mercúrio e subdividindo igualmente o espaçamento entre eles em intervalos de temperatura.

escala de temperatura Celsius Uma escala de temperatura em que os dois pontos de referência são o ponto de fusão do gelo (0°C) e o ponto de ebulição da água (100°C).

escala de temperatura Fahrenheit Uma escala de temperatura em que os dois pontos de referência são o ponto de congelamento da água (32°F) e o ponto de ebulição da água (212°F).

escala de temperatura Kelvin Uma escala de temperatura termodinâmica em que 0 K é definido como zero absoluto, e o intervalo de temperatura é o mesmo da escala de temperatura Celsius.

escala de temperatura Rankine Uma escala de temperatura termodinâmica em que 0°R é definido como zero absoluto, e o intervalo de temperatura é o mesmo da escala de temperatura Fahrenheit.

escala de temperatura termodinâmica Escala de temperatura que é linearmente proporcional à energia térmica do gás ideal; também chamada de escala de temperatura absoluta.

fator de conversão Um fator numérico usado para multiplicar ou dividir uma quantidade ao converter um sistema de unidade em outro.

função transcendental Funções matemáticas representadas por séries infinitas.

glug Uma unidade derivada para massa no sistema gravitacional CGS; raramente usada.

homogeneidade dimensional As dimensões nos dois lados de uma equação devem ser as mesmas.

intervalo de temperatura A diferença entre duas temperaturas.

mug Uma unidade derivada para massa no sistema gravitacional MKS; raramente usada.

poundal Unidade de força no sistema absoluto FPS.

pressão Força exercida sobre uma área.

pressão absoluta Pressão em relação ao vácuo perfeito.

pressão diferencial A diferença entre duas pressões.

pressão gasosa Pressão que resulta do impacto das moléculas de gás nas paredes do recipiente.

pressão hidrostática Pressão resultante do peso do líquido ou gás.

pressão manométrica Pressão em relação ao ar atmosférico.

referencial Uma referência usada ao fazer uma medida.

sistema absoluto Um sistema coerente que define massa, comprimento e tempo; força é uma quantidade derivada.

sistema de unidade coerente Um sistema em que a parte numérica de qualquer fator de conversão é 1.

sistema de unidade não-coerente Um sistema de unidades em que a parte numérica de fatores de conversão difere de 1.

sistema gravitacional Um sistema coerente que define força, comprimento e tempo. Massa é uma quantidade derivada.

slug Uma unidade derivada para massa no sistema gravitacional USCS; largamente usada em engenharia.

APÊNDICE A

FATORES DE CONVERSÃO DE UNIDADES*

A.1 ÂNGULO PLANO

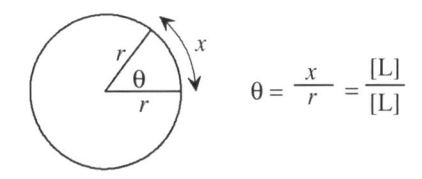

$$\theta = \frac{x}{r} = \frac{[L]}{[L]}$$

TABELA A.1
Fatores de conversão de ângulo plano (Referência)

	°	′	″	rad	rev
1 grau =	1	60	3600	$\pi/180$	1/360
1 minuto =	1/60	1	60	$\pi/10.800$	1/21.600
1 segundo =	1/3600	1/60	1	$\pi/648.000$	1/1.296.000
1 radiano =	$180/\pi$	$10.800/\pi$	$648.000/\pi$	1	$1/(2\pi)$
1 revolução =	360	21.600	1.296.000	2π	1

$90° = 100$ grados $[a] = 100^g = 100$ gon $\qquad\qquad 90° = 1000$ angular mil $[b]$

[a] Todas a subdivisões de grados são indicadas com decimais, de modo que não há unidades equivalentes de minutos ou segundos. Este sistema não é largamente usado, exceto na França.
[b] Durante a Segunda Guerra Mundial, a artilharia dos Estados Unidos dividiu um ângulo reto em 1000 partes chamadas de *angular mil*.

Um ângulo plano θ é definido por

$$\theta \equiv \frac{x}{r} \tag{A-1}$$

sendo medido em radianos. Como o perímetro de uma circunferência é $2\pi r$, uma volta completa corresponde a um ângulo.

$$\theta = \frac{2\pi r}{r} = 2\pi \left(\frac{r}{r}\right) = 2\pi \text{ rad} \tag{A-2}$$

*Muitas das unidades consideradas neste Apêndice são usadas apenas nos países de língua inglesa e não têm equivalentes no Brasil. Os nomes originais dessas unidades foram mantidos. (N.T.)

O perímetro também pode ser dividido em 360 partes igualmente espaçadas e chamadas de *graus*. Portanto,

$$2\pi \text{ rad} = 360° \tag{A-3}$$

O grau pode ser ainda subdividido em 60 partes chamadas de *minutos*, e o minuto pode ser subdividido em 60 partes chamadas de *segundos*. Este é um sistema fracionário para medir ângulos que data do tempo da Babilônia.

A.2 ÂNGULO SÓLIDO

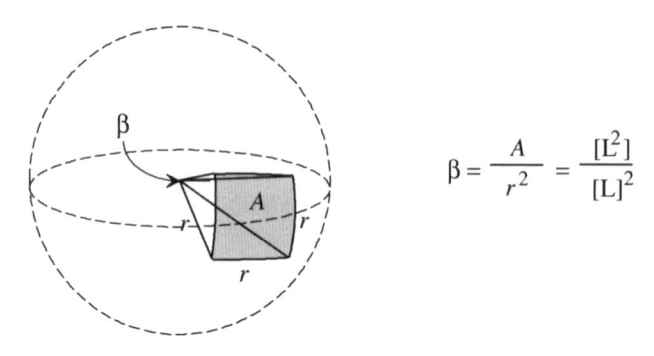

$$\beta = \frac{A}{r^2} = \frac{[L^2]}{[L]^2}$$

TABELA A.2
Fatores de conversão de ângulo sólido (Referência)

	Grau Quadrado	Minuto Quadrado	Segundo Quadrado	Esterradiano	Esfero
1 grau quadrado =	1	$(60)^2$	$(3600)^2$	$(\pi/180)^2$	$(\pi/4)(180)^{-2}$
1 minuto quadrado =	$(1/60)^2$	1	$(60)^2$	$(\pi/10.800)^2$	$(\pi/4)(10.800)^{-2}$
1 segundo quadrado =	$(1/3600)^2$	$(1/60)^2$	1	$(\pi/648.000)^2$	$(\pi/4)(648.000)^{-2}$
1 esterradiano =	$(180/\pi)^2$	$(10.800/\pi)^2$	$(648.000/\pi)^2$	1	$(4\pi)^{-1}$
1 esfero =	$(4/\pi)(180)^2$	$(4/\pi)(10.800)^2$	$(4/\pi)(648.000)^2$	4π	1

1 esfero = 2 hemisfério	1 esfero = 8 ângulo reto esférico

Um ângulo sólido β é definido como a área na superfície de uma esfera A dividida pelo quadrado do raio:

$$\beta \equiv \frac{A}{r^2} \tag{A-4}$$

A superfície pode ser definida pela projeção de quatro raios a partir do centro da esfera e conectando as pontas de raios adjacentes com segmentos de circunferências. Se o ângulo entre raios adjacentes for um radiano, na superfície da esfera será definido um quadrado cujos lados são formados por segmentos de circunferências de raio r. Esse ângulo sólido é um *esterradiano*, dado pela fórmula

$$\beta = \frac{A}{r^2} = \frac{r^2}{r^2} = 1 \text{ esterradiano} \tag{A-5}$$

Se o ângulo entre raios adjacentes for 1 grau, então o ângulo sólido será um *grau quadrado*; se o ângulo entre raios adjacentes for 1 minuto, então o ângulo sólido será um *minuto quadrado*; se o ângulo entre raios adjacentes for 1 segundo, então o ângulo sólido será um *segundo quadrado*. A Tabela A.2 mostra a relação entre essas diversas medidas de ângulo sólido.

Se uma esfera for dividida em duas partes, então o ângulo sólido será um *hemisfério*. Se um hemisfério for dividido em quatro partes iguais, o ângulo sólido formado será um *ângulo reto esférico*.

A.3 COMPRIMENTO

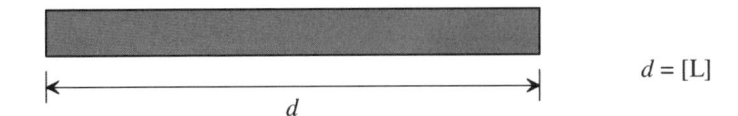

$$d = [L]$$

TABELA A.3
Fatores de conversão de comprimento* (Referência)

	cm	m	km	in	ft	mi[e]
1 centímetro =	1	0,1	1,0000 E-05	0,3937	0,03281	6,214 E-06
1 metro =	100	1	0,001	39,37	3,281	6,214 E-04
1 quilômetro =	1,00 E+05	1000	1	3,937 E+04	3281	0,6214
1 polegada [b] =	2,54000	0,02540	2,540 E-05	1	0,08333	1,578 E-05
1 pé [a] =	30,48000	0,304800	3,048 E-04	12	1	1,894 E-04
1 milha terrestre americana =	1,609 E+05	1609	1,609	6,336 E+04	5280	1

1 milha náutica (milha n.) [f] = 1852 m = 1,151 mi = 6076 ft   1 vara (*rod*) = 1 pole = 1 perch = 16,5 ft   1 fermi (fm) [j] = 1,00 E-15 m
1 ångstrom (Å) [k] = 1,00 E-10 m   1 jarda (yd) = 3 ft   1 mícron (μ) [l] = 1,00 E-06 m
1 ano-luz (al) [g] = 9,4606 E+12km   1 bobina de tecido = 120 ft   1 paica = 0,16604 in
1 parsec (pc) [h] = 3,086 E+13 km   1 mil [d] = 1 thou = 0,001 in   1 paica = 12 pontos
1 unidade astronômica [i] = 1,496 E+08 km   1 paço = 30 in   1 braça (fath) [c] = 6 ft
1 légua terrestre = 2640 braças (*fathoms*)   1 cabo [m] = 120 braças (*fathoms*)   1 côvado (ou cúbito) = 18 in
1 cadeia (ch) = 66 ft = 100 enlaces de Gunter (li)   1 palmo = 3 in   1 palmo = 9 in
1 estádio (*furlong*) (fur) = 660 ft = 1/8 mi   1 mão = 4 in   1 meada = 360 ft

[a] O *pé* tem sido usado na Inglaterra por mais de 1000 anos e é aproximadamente igual ao comprimento de um pé de homem.
[b] A *polegada* (*inch*) é derivada de "ynce", uma palavra anglo-saxônica que significa um doze avos.
[c] Uma *braça* (*fathom*) é usada para descrever a profundidade do mar. É aproximadamente a distância entre as mãos quando os braços estão esticados; seu nome deriva da palavra anglo-saxônica para "abraço".
[d]O *mil* é igual a um milésimo de uma polegada e não deve ser confundido com milímetro. É usado em tornearia mecânica.
[e]A *milha* data do tempo dos romanos e é igual a 1000 paços duplos (cerca de 5 pés).
[f]A *milha náutica* é o comprimento médio do meridiano de um minuto de latitude, uma definição que facilita a navegação.
[g]Um *ano-luz* é a distância percorrida pela luz em 1 ano.
[h]O *parsec* é a altura de um triângulo isósceles cuja base é igual ao diâmetro da órbita da Terra em torno do Sol, e o ângulo oposto à base é 1".
[i]Uma *unidade astronômica* é aproximadamente igual à distância média da Terra ao Sol.
[j]O *fermi* é usado para medir distâncias nucleares.
[k]O ångström é usado para medir distâncias atômicas (um átomo de hidrogênio é aproximadamente 1 Å).
[l]O *mícron* é o termo comum para "micrômetro" e não é SI.
[m]O *cabo* é usado para medir comprimentos no mar, e data de meados do século XVI.

A.4 ÁREA

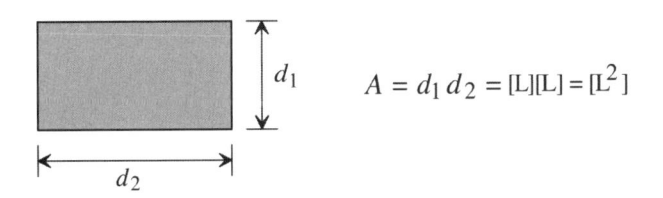

$$A = d_1 d_2 = [L][L] = [L^2]$$

TABELA A.4
Fatores de conversão de área* (Referência)

	m²	cm²	ft²	in²
1 metro quadrado =	1	1,000 E+04	10,76	1550
1 centímetro quadrado =	1,000 E-04	1	0,001076	0,1550
1 pé quadrado =	0,09290	929,0	1	144
1 polegada quadrada =	6,452 E-04	6,452	0,006944	1

1 milha quadrada = 2,788 E+07 ft² = 640 acres	1 are (a) [a] = 100 m²
1 yd² = 9 ft²	1 hectare (ha) [a] = 100 are = 1000 m² = 2,471 acres
1 vara (*rod*) quadrada = 30,25 yd² = 272,25 ft²	1 celeiro (*barn*) (b) [d] = 1,0000 E-28 m²
1 *rood* = 40 varas (*rod*) quadradas	1 mil circular (*cir mils*) [c] = (0,001 in)²π/4 = 7,854 E-07 in²
1 acre [b] = 4 *roods* = 160 *roods* quadrados = 43.560 ft²	1 U.S. township = 36 mi² = 36 seções

[a] Uma área de 10 m de lado é um *are*, e uma área de 100 m de lado é um *hectare* (*i. e.*, 100 ares). Tanto o are como o hectare são usados na agricultura internacional para medir área de terra.
[b] O *acre*, que é extensivamente usado desde cerca de 1300, é aproximadamente a área que uma parelha de bois pode arar em um dia.
[c] Um *mil circular* é a área da seção reta de um círculo com diâmetro de 1 mil (0,001 in). Foi usado pela primeira vez para medir a área da seção reta de arames (fios).
[d] O *celeiro* (*barn*) é usado para medir área efetiva de alvo de um núcleo atômico quando bombardeado por partículas. A unidade foi inventada em 1942 como código do Projeto Manhattan;** provavelmente foi derivada da expressão americana "Aposto que você não consegue acertar a parede de um celeiro."†

A.5   VOLUME

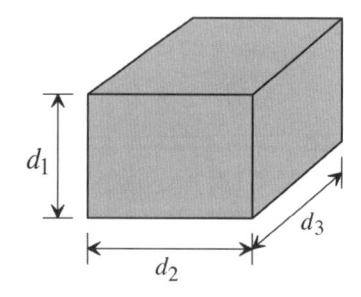

$$V = d_1 d_2 d_3 = [L][L][L] = [L^3]$$

TABELA A.5
Fatores de conversão de volume (Referência)

	m³	cm³	L	ft³	in³
1 metro cúbico =	1	1,000 E+06	1000	35,31	6,102 E+04
1 centímetro cúbico =	1,000 E-06	1	0,001	3,531 E-5	0,06102
1 litro =	0,00100	1000	1	0,03531	61,02
1 pé cúbico =	0,02832	2,832 E+04	28,32	1	1728
1 polegada cúbica =	1,639 E-05	16,39	1,639 E-02	5,787 E-04	1

1 pé-acre [d] = 43,560 ft³	1 estéreo (st) [a] = 1 m³	1 λ = 1 μL [b]
1 pé-tábua (fbm ou bd-ft) [e] = 144 in³	1 yd³ = 27 ft³	1 corda (madeira) [f] = 128 ft³
1 barril (bbl) [h] = 42 gal	1 nasanonry perci = 24,75 ft³	1 (pé-corda) [g] = 16 ft³
1 galão britânico = 1 galão imperial = 1,2009 galão americano [c]		1 ft³ = 7,4805195 galão americano (líq)

[a] O *estéreo* não é mais recomendado.
[b] 1 μL é, algumas vezes, chamado de 1 λ, mas o uso dessa unidade não é recomendado.
[c] O *galão* foi mencionado pela primeira vez em 1342 e recebeu *status* legal em 1602. O galão americano teve origem nos velhos galões ingleses de vinho dos tempos coloniais. O *galão imperial* (que é cerca de 20% maior que o galão americano) é definido em uma lei britânica de 1963 como o volume ocupado por 10 lb de água destilada, desde que a água tenha massa específica de 0,998859 g/mL e seja medida em ar com massa específica de 0,001217 g/mL e com pesos de massa específica de 8,136 g/mL.
[d] Um *pé-acre* é o volume quando um acre é coberto por água com profundidade de 1 ft. Essa unidade é comumente usada, nos Estados Unidos, em irrigação agrícola.
[e] Um *pé-tábua* corresponde ao volume ocupado por uma tábua que mede 1 ft × 1 ft × 1 in.
[f] A *corda* descreve o volume de uma pilha de madeira que mede 4 ft × 4 ft × 8 ft.
[g] Um *pé-corda* descreve o volume de uma pilha de madeira que mede 4 ft × 4 ft × 1 ft.
[h] Barril de petróleo americano.

---

*Algumas unidades de área não SI já usadas ou em uso no Brasil: 1 braça quadrada = 4,84 m²; 1 tarefa = 300 m²; 1 linha = 605 m²; braça de sesmaria = 1,45 ha; 1 alqueire paulista = 2,42 ha; 1 alqueire mineiro = 4,84 ha; 1 légua quadrada = 3.600 ha. (N.T.)
**Denominação dada pelo governo dos Estados Unidos ao projeto para construir a primeira bomba atômica. (N.T.)
†"*I bet you couldn't hit the broadside of a barn*", no original. (N.T.)

TABELA A.6
Unidades de volume habituais* (Referência)

Reino Unido (Líquidos e Sólidos)		
20 minims (min)	= 1 scruple	= 1,1838 E–06 m³
3 scruples	= 1 dracma líquida	= 3,5515 E–06 m³
8 dracmas líquidas	= 1 onça líquida (fl oz)	= 2,8413 E–05 m³
5 onças líquidas	= 1 *gill* ou *noggin*	= 1,4207 E–04 m³
4 gills	= 1 quartilho (*pint*) (pt)	= 5,6825 E–04 m³
2 quartilhos	= 1 quarto (qt)	= 1,1365 E–03 m³
2 quartos	= 1 pote (*pottle*) ou *quartern* (para sólidos)	= 2,2730 E–03 m³
2 *quartern* (para sólidos)	= 1 galão (gal)	= 4,5461 E–03 m³
2 galões	= 1 peck (pk)	= 9,0919 E–03 m³
4 pecks	= 1 bushel (bu)	= 3,6368 E–02 m³
9 gallons	= 1 firkin	= 4,0914 E–02 m³
9 pecks	= 1 kilderkins	= 8,1830 E–02 m³
3 bushels	= 1 *sack* ou *bag*	= 1,0910 E–01 m³
36 galões	= 1 barril (bbl)	= 1,6365 E–01 m³
8 bushels	= 1 quarto ou *seam*	= 2,9094 E–01 m³
640 galões	= 1 lasts	= 2,9094 m³

Estados Unidos (Líquidos)		
60 minims (min)	= 1 dracma líquida (ft dr)	= 3,6967 E–06 m³
3 colheres de chá (t ou tsp)	= 1 colher de sopa (T ou Tbsp)	= 1,4787 E–05 m³
2 colheres de sopa	= 1 onça líquida (fl oz)	= 2,9574 E–05 m³
8 dracmas líquidas	= 1 onça líquida (fl oz)	= 2,9574 E–05 m³
4 onças líquidas	= 1 gill	= 1,1829 E–04 m³
2 gills	= 1 copo	= 2,3659 E–04 m³
2 copos	= 1 quartilho (*pint*) líquido (pt)	= 4,7318 E–04 m³
2 quartilhos (*pints*) líquidos	= 1 quarto líquido (qt)	= 9,4635 E–04 m³
4 quartos líquidos	= 1 galão (gal)	= 3,7854 E–03 m³
9 galões	= 1 firkin	= 3,4068 E–02 m³
31,5 galões	= 1 barril (bbl)**	= 1,1924 E–01 m³
63 galões	= 1 hogshead (hhd)	= 2,3847 E–01 m³
84 galões	= 1 puncheon	= 3,1797 E–01 m³
126 galões	= 1 *butt* inglês	= 4,7696 E–01 m³
252 galões	= 1 tun	= 9,5392 E–01 m³

Estados Unidos (Sólidos)		
2 quartilhos (*pints*) secos	= 1 quarto seco (qt)	= 1,1012 E–03 m³
4 quartos secos	= 1 galão seco (gal)	= 4,4049 E–03 m³
2 galões secos	= 1 peck (pk)	= 8,8098 E–03 m³
4 pecks	= 1 bushel (bu)	= 3,5239 E–02 m³
105 quartos secos	= 1 barril seco (bbl)	= 1,1563 E–01 m³

*Algumas unidades de volume não SI já usadas ou em uso no Brasil: 1 medida = 2 ou 3 L; 1 canada = 2,662 L; 1 almude = 12 canadas; 1 pipa = 15 almudes; 1 tonel = 1/2 pipa; 1 quarta = 40 L; 1 alqueire = 160 L. (N.T.)
**Não confundir com barril de petróleo americano.

A.6 MASSA

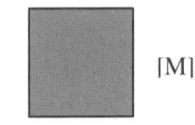 [M]

TABELA A.7
Conversões de unidades de massa (Referência)

	g	kg	lb	slug
1 grama-massa =	1	0,001	0,002205	6,852 E–05
1 quilograma-massa =	1000	1	2,205	0,06852
1 libra-massa [c] =	453,6	0,4536	1	0,03108
1 slug =	1,4594 E+04	14,594	32,174	1

1 grão [b] = 6,479891 E–05 kg
1 cem pesos curtos (*short hundred weight*) = 100 lb
1 tonelada curta = 2000 lb
1 tonelada (t) = 1 tonelada métrica = 1000 kg
1 quilate métrico [d] = 2,000 E–04 kg
1 ponto = 0,01 quilate métrico
1 γ [a] = 1 μg = 1,000 E–09 kg

1 glug = 980,665 g = 0,980665 kg
1 mug = 1 slug métrico = 1 par = 1 TME = 9,80665 kg
1 unidade unificada de massa atômica (u) [e] = 1 dalton = 1,6605402 E–27
1 unidade de massa atômica, química (amu) [e] = 1,66024 E–27 kg
1 unidade de massa atômica, física (amu) [e] = 1,65979 E–27 kg
1 eV em massa equivalente [f] = 1,7827 E–36 kg

[a] O símbolo "γ" é usado para representar 1 μg, mas seu uso é desencorajado.
[b] O *grão* data do século XVI e, aparentemente, é igual ao peso de um grão de trigo.
[c] A *libra* tem origem na Libra Romana (327 g). A Libra Imperial Padrão foi definida em 1855 como a massa de platina com certas dimensões. Em 1963, a libra foi definida como exatamente 0,45359237 kg, um número escolhido por ser divisível por sete, para facilitar a conversão de grãos a gramas.
[d] As pedras preciosas são medidas em *quilates métricos*, que correspondem a 200 mg.
[e] Originalmente, a *unidade de massa atômica* referia-se à massa de um único átomo de hidrogênio, o mais leve elemento. Em 1885, foi sugerido que mais elementos teriam sua massa atômica descrita por um número inteiro se a unidade de massa atômica fosse definida como 1/16 da massa do oxigênio. Como padrão de massa atômica, os químicos usavam oxigênio em sua ocorrência natural (2480:5:1 ¹⁶O:¹⁸O:¹⁷O), enquanto os físicos usavam o isótropo puro ¹⁶O. Dessa forma, havia uma pequena discrepância entre as escalas usadas por químicos e físicos (272 partes por milhão). Posteriormente, foi descoberto que, se a unidade de massa atômica fosse expressa como 1/12 da massa de um único átomo de carbono-12, muito mais elementos teriam sua massa descrita por números inteiros. Assim, a *unidade unificada de massa atômica* foi estabelecida, com o benefício adicional de eliminar a discrepância entre as escalas de químicos e físicos.
[f] A famosa relação de Einstein $E = mc^2$ mostrou que, quando massa é destruída, energia é produzida (e vice-versa). A quantidade de energia E é determinada multiplicando a massa destruída m pelo quadrado da velocidade da luz c. Assim, físicos e engenheiros nucleares freqüentemente expressam massa em unidades de energia, como o elétron-volt (eV).

TABELA A.8
Unidades habituais de massa* (Referência)

Unidades *Avoirdupois*		Unidades Farmacêuticas (*Apothecaries*) [b]		Unidades *Troy* [c]	
1 libra (lb avdp) [a] **= 700 grãos [d]**		**1 libra (lb ap)** **= 5760 grãos [d]**		**1 libra (lb t)** **= 5760 grãos [d]**	
16 dracmas (dr avdp)	= 1 onça (oz)	20 grãos	= 1 scruple (s ap)	24 grãos	= penny weight (dwt)
16 oncas	1 libra (lb avpd)	3 scruples	= dracma inglesa (dr ap)	20 penny weights	1 onça (oz t)
14 libras	= 1 stone	3 scruples	= 1 dracma americana (dr ap)	12 onça (oz t)	= 1 libra (lb t)
28 libras	= 1 quarto	8 dracma americana ou inglesa	= 1 onça (oz ap)		
112 libras	= 1 cem pesos longos (cwt)	12 onças (oz ap)	1 libra (lb ap)		
252 libras	= 1 wey				
2240 libras	= 1 tonelada longa				

*Unidades de massa não SI já usadas ou em uso no Brasil: 1 escrópulo = 6 quilates = 1,125 g; 1 arrátel = 459 g; 1 arroba = 32 arráteis = 14,688 kg; 1 quintal = 4 arrobas = 50,80 kg. (N.T.)
[a] A libra comum, que todos conhecem (e é indicada pelo símbolo "lb"), é a libra avoirdupois.
[b] A escala farmacêutica (*apothecary*) não é mais usada.
[c] A escala troy é usada nos Estados Unidos para pesar metais preciosos.
[d] O grão tem o mesmo valor em todas os sistemas.

A.7 MASSA ESPECÍFICA

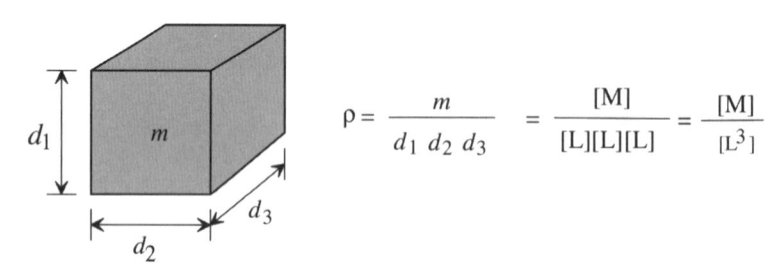

$$\rho = \frac{m}{d_1 \, d_2 \, d_3} = \frac{[M]}{[L][L][L]} = \frac{[M]}{[L^3]}$$

TABELA A.9
Fatores de conversão de massa específica (Referência)

	g/cm³	kg/m³	lb/ft³	lb/in³	slug/ft³
1 grama por centímetro cúbico =	1	1000	62,43	0,03613	1,940
1 quilograma por metro cúbico =	0,001	1	0,06243	3,613 E-05	0,001940
1 libra-massa por pé cúbico =	0,01602	16,02	1	5,787 E-04	0,03108
1 libra-massa por polegada cúbica =	27,68	2,768 E+04	1728	1	53,71
1 slug por pé cúbico =	0,5154	515,4	32,174	0,01862	1

A densidade pode ser expressa pela *gravidade específica* GE, um número adimensional formado pela divisão da massa específica de uma substância A, ρ_A, pela massa específica de uma substância de referência, ρ_R:

$$GE = \frac{\rho_A}{\rho_R} \tag{A-6}$$

Embora qualquer referência possa ser usada, a substância de referência mais comum é a água com sua massa específica máxima (4°C, 1,000 g/cm³).

A.8 TEMPO

TABELA A.10
Fatores de conversão de tempo (Referência)

	ano	d	h	min	s
1 ano [a] =	1	365,24	8,766 E+03	5,259 E+05	3,1557 E+07
1 dia [c] =	2,738 E-03	1	24	1440	8,640 E+04
1 hora [d] =	1,141 E-04	4,167 E-02	1	60	3600
1 minuto [e] =	1,901 E-06	6,944 E-04	1,667 E-02	1	60
1 segundo [e] =	3,169 E-08	1,157 E-05	2,778 E-04	1,667 E-02	1

1 ano = 365,24 dias solares [c]	1 ano = 366,24 dias siderais [b]	1 semana = 7 dias
1 dia médio solar [c] = 86.400 s	1 dia sideral [b] = 86,164 s	1 quinzena = 2 semanas

[a] Um *ano* é o tempo necessário para que a Terra retorne a uma dada posição, à medida que orbita em torno do Sol. Nosso calendário é ajustado ao *ano tropical*, o tempo que a Terra leva para orbitar o Sol entre dois sucessivos equinócios vernais (21 de março, data em que a duração do dia é igual à da noite).
[b] Um *dia sideral* é o tempo médio que a Terra leva para completar uma volta ao comparar sua posição com a de estrelas distantes.
[c] Um *dia solar* é o tempo médio necessário para que o Sol retorne a uma posição fixa (p. ex., o apogeu) no céu. Os dias solar e sideral são distintos. O dia solar é ligeiramente mais longo, pois o Sol é visto de uma posição diferente, à medida que a Terra orbita a sua volta. Na linguagem comum, nos referimos ao dia solar e não ao dia sideral. É sabido, desde o tempo dos egípcios e babilônios, que há 365 ¼ dias solares em um ano.
[d] Na Antiguidade, o dia foi dividido em 24 frações de tempo que chamamos de *horas*. Os períodos de luz e escuridão foram ambos divididos em 12 frações iguais de tempo, independente da época do ano. De acordo com a estação, a duração das horas escuras diferia da duração das horas claras. Quando os relógios mecânicos foram inventados, a duração das horas foi padronizada. Na Inglaterra, cada comunidade manteve seu próprio tempo local; cada comunidade era totalmente independente das demais. Em 1880, o tempo médio de Greenwich foi estabelecido como o tempo oficial para toda a Inglaterra. Hoje, a maioria dos países aceita o padrão do tempo médio de Greenwich.
[e] O *minuto* e o *segundo* de tempo datam dos babilônios, que usaram unidades de 60. Esforços para medir o tempo em unidades decimais foram infrutíferos.

A.9 VELOCIDADE

$$\text{Velocidade} = \frac{d}{t_2 - t_1} = \frac{[\text{L}]}{[\text{T}]} = [\text{L/T}]$$

TABELA A.11
Fatores de conversão para velocidade (Referência)

	m/s	cm/s	ft/s	km/h	mi/h (mph)	nó
1 metro por segundo =	1	100	3,281	3,6	2,237	1,944
1 centímetro por segundo =	0,01	1	0,03281	0,036	0,02237	0,01944
1 pé por segundo =	0,3048	30,48	1	1,097	0,6818	0,5925
1 quilômetro por hora =	0,2778	27,78	0,9113	1	0,6214	0,5400
1 milha por hora =	0,4470	44,70	1,467	1,609	1	0,8690
milha náutica por hora =	0,5144	51,44	1,688	1,852	1,151	1

1 nó = 1 milha náutica por hora	1 mi/min = 88,00 ft/s = 60,00 mi/h

A.10 FORÇA

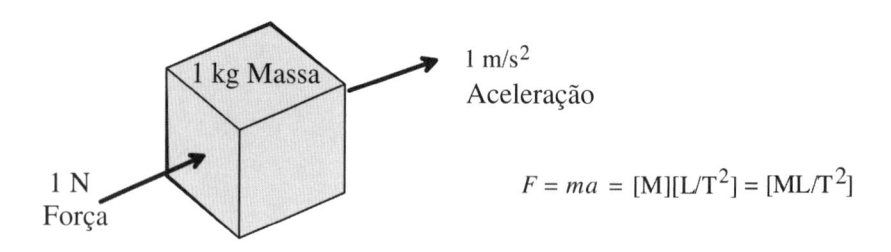

$$F = ma = [M][L/T^2] = [ML/T^2]$$

TABELA A.12

	N	dina	pdl	kgf	gf	lbf
1 newton =	1	1,00 E+05	7,233	0,1020	102,0	0,2248
1 dina =	1,00 E-05	1	7,233 E-05	1,020 E-06	0,001020	2,248 E-06
1 poundal =	0,1383	1,383 E+04	1	0,01410	14,10	0,03108
1 quilograma-força =	9,807	9,807 E+05	70,93	1	1000	2,205
1 grama-força =	0,009807	980,7	0,07093	0,001	1	0,002205
1 libra-força =	4,448	4,448 E+05	32,174	0,4536	453,6	1

1 libra-força = 16 onça-força	1 kilopond [b] kgf	1 kip [a] = 1000 lbf
1 tonelada-força = 2000 lbf	1 fors [c] = 1 gf	

[a] *kip* (*Kilo Imperial Pound*) é, às vezes, usado para descrever a carga em uma estrutura.
[b] O *kilopond* é usado na Alemanha para "quilograma-força".
[c] O termo *fors* ("força" em latim) foi proposto em 1956 como denominação alternativa para "grama-força".

A.11 PRESSÃO

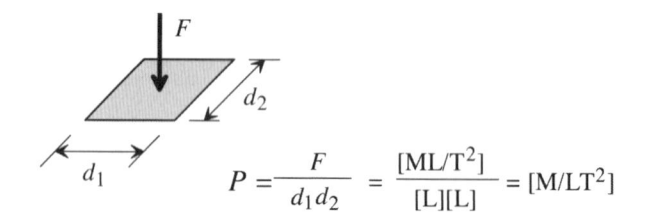

$$P = \frac{F}{d_1 d_2} = \frac{[ML/T^2]}{[L][L]} = [M/LT^2]$$

TABELA A.13
Fatores de conversão de pressão (Referência)

	Pa	dina/cm²	lbf/ft²	lbf/in² (psi)	atm	cm·Hg	in·H₂O
1 newton por metro quadrado =	1	10	0,02089	1,450 E-04	9,869 E-06	7,501 E-04	0,004015
1 dina por centímetro quadrado =	0,1	1	0,002089	1,450 E-05	9,869 E-07	7,501 E-05	4,015 E-04
1 libra-força por pé quadrado =	47,88	478,8	1	0,006944	4,725 E-04	0,03591	0,1922
1 libra-força por polegada quadrada =	6,895	6,895 E+04	144	1	0,06805	5,171	27,68
1 atmosfera padrão [c] =	1,013 E+05	1,013 E+06	2116	14,696	1	76	406,8
1 centímetro [d] de mercúrio a 0°C =	1333	1,333 E+04	27,84	0,1934	0,01316	1	5,353
1 polegada [d] de água a 4°C =	249,1	2491	5,202	0,03613	0,002458	0,1868	1

1 kgf/m² = 9,806650 Pa
1 atm = 2,493 ft·Hg = 33,90 ft·H₂O = 27,714 pé-ar (*ft-air*) (1 atm, 60°F) [d]
1 bar [a] = 1 barye = 1,00 E+06 dina/cm² = 0,1 MPa = 100 kPa≈1 atm
1 milibar (mb) = 1,00 E+03 dina/cm² = 1000 microbar (mb) [b]
1 torr [e] = (101325/760) Pa ≈ 1 μm·Hg = 0,1 cm·Hg

1 kip/in² (ksi) = 1000 lbf/in²
1 atmosfera técnica [c] = 1 kgf/cm²
1 micropressão = 1 μm-Hg [d]
1 gf/cm² = 980.665 dina/cm²

[a] A unidade *bar* é mais comumente empregada em meteorologia por ser aproximadamente igual à pressão atmosférica na Terra. Embora o *bar* não seja propriamente uma unidade SI, seu uso é temporariamente tolerado por ser tão difundido. A denominação originalmente dada a essa unidade em 1900 era *barye*, que foi encurtada para "bar".
[b] Embora não exista uma abreviação adequada para bar, as abreviações para *milibar* (mb) e *microbar* (μb) são, às vezes, usadas.
[c] Uma vez que a pressão atmosférica varia (na verdade, os meteorologistas a medem para prever alterações climáticas), uma *atmosfera padrão P°* foi definida como 101.325,0 Pa. A *atmosfera técnica* é definida como 1 kgf/cm². A menos que indicado em contrário, uma "atmosfera" é geralmente a "atmosfera padrão". A utilização de *atmosfera* em medidas de pressão é desencorajada pelo SI, mas provavelmente continuará em voga por ser facilmente visualizada.
[d] A maneira mais simples de medir pressão é com um *manômetro*, um tubo com o formato de U e preenchido com líquido. Qualquer diferença entre as pressões nas duas colunas altera o nível de líquido em cada uma. Essa alteração de nível pode ser lida facilmente usando uma régua ou escala. Em trabalhos de precisão, os fatores de escala mostrados na Tabela A.13 só podem ser usados se a temperatura do líquido for controlada [4°C para água, 0°C para mercúrio (Hg)]. (Além disso, tabelas listando a massa específica do líquido em função da temperatura podem ser usadas para corrigir a leitura, desde que a temperatura do manômetro seja conhecida.) Vale ressaltar que a aceleração da gravidade (*g*) afeta a leitura. Os valores dados na Tabela A.13 usam a aceleração padrão devido à gravidade (*g°*).
[e] O *torr* difere de um mmHg por menos de 1 parte em 7 milhões. O uso do *torr* é desencorajado pelo SI.

A.12 ENERGIA

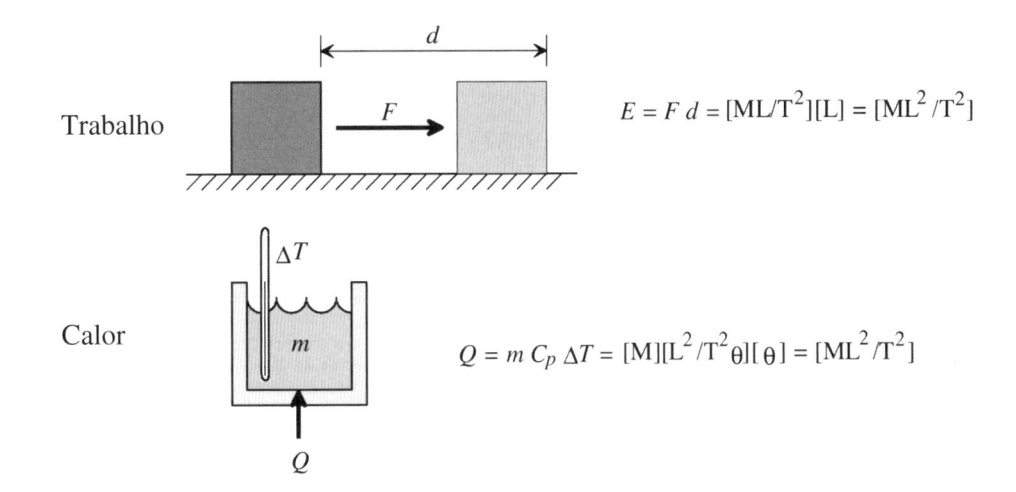

Trabalho

$$E = F\,d = [\mathrm{ML/T^2}][\mathrm{L}] = [\mathrm{ML^2/T^2}]$$

Calor

$$Q = m\,C_p\,\Delta T = [\mathrm{M}][\mathrm{L^2/T^2}\theta][\theta] = [\mathrm{ML^2/T^2}]$$

TABELA A.14
Fatores de conversão de energia (Referência)

	J	erg	ft·lbf	cal	Btu	kW·h	hp·h
1 joule =	1	1,000 E+07	0,7376	0,2390	9,485 E-04	2,778 E-07	3,725 E-07
1 erg =	1,000 E-07	1	7,376 E-08	2,390 E-08	9,485 E-11	2,778 E-14	3,725 E-14
1 pé-libra-força =	1,356	1,356 E+07	1	0,3240	0,001286	3,766 E-07	5,051 E-07
1 caloria [b] =	4,184	4,184 E+07	3,086	1	0,003968	1,162 E-06	1,559 E-06
1 unidade térmica britânica [c] =	1054	1,054 E+10	777,6	252,0	1	2,929 E-04	3,928 E-04
1 quilowatt-hora [d] =	3,600 E+06	3,600 E+13	2,655 E+06	8,606 E+05	3414	1	1,341
1 cavalo-vapor-hora [d] =	2,685 E+06	2,685 E+13	1,980 E+06	6,414 E+05	2545	0,7457	1

1 elétron-volt (eV) [f] = 1,60217733 E-19 J   1 kcal [a] 1 caloria (kg)   1 W·h = 3600 J [d]
1 kgf·m = 9,806650 J   1 gf·cm = 980,6650 erg   1 W·s = 1 J [d]
1 V·C = 1 J   1 V·A·s = 1 J   1 Pa·m³ = 1 J [e]
1 (dina/cm²)·cm³ = 1 erg [e]   1 atm·L = 101,3 J [e]   1 atm·cm³ = 0,1013 J [e]
1 atm·ft³ = 2116 ft·lbf [e]   1 psia·ft³ = 144 ft·lbf [e]   1 bar·cm³ = 0,1 J [e]
1 tonelada (equivalente nuclear TNT) = 4,184 E+09 J

[a] A *quilocaloria* representa o calor necessário para aumentar em 1 K a temperatura de 1 kg de água. Como a capacidade calorífica da água não é constante, diferentes quilocalorias são definidas. Esta é a quilocaloria *termodinâmica*, a mais comumente usada.
[b] A *caloria* é o calor necessário para aumentar em 1 K a temperatura de 1 g de água. Em livros de dieta, o conteúdo energético de alimentos é usualmente expresso em *calorias*, mas, na verdade, os valores representam *quilocalorias*. Às vezes, nutricionistas usam *calorias* para representar *quilocalorias*. Como a capacidade calorífica da água não é constante, diferentes calorias são definidas. Esta é a caloria *termodinâmica*, a mais comumente usada.
[c] A *unidade térmica britânica* (*British thermal unit*) é o calor necessário para elevar em 1 F° a temperatura de 1 lb de água. Como a capacidade de calor da água não é constante, diferentes Btus são definidas. Essa é a Btu *termodinâmica*, a mais comumente usada.
[d] Energia = potência × tempo. Essas unidades podem ser entendidas respondendo a pergunta "quanta energia é gasta se um motor de 1 kW (1 hp) operar por 1 hora?"
[e] Energia = pressão × volume.
[f] Um *elétron-volt* é a energia necessária para deslocar um único elétron no vácuo através de uma barreira de potencial de 1 volt.

A.13 POTÊNCIA

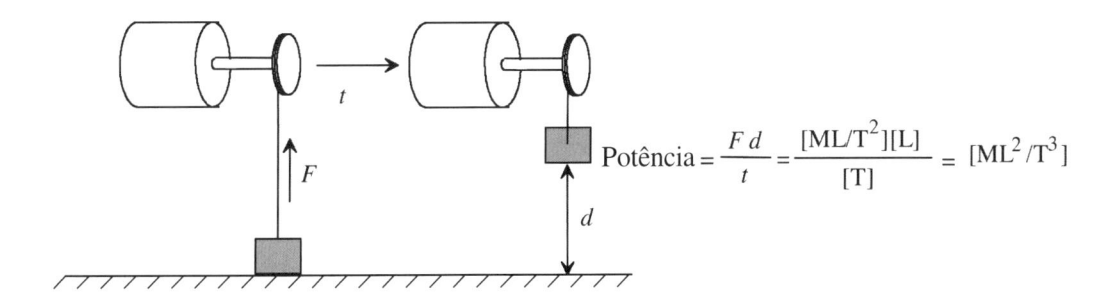

$$\text{Potência} = \frac{F\,d}{t} = \frac{[\mathrm{ML/T^2}][\mathrm{L}]}{[\mathrm{T}]} = [\mathrm{ML^2/T^3}]$$

TABELA A.15
Fatores de conversão de potência (Referência)

	W	kw	ft·lbf/s	hp	cal/s	Btu/h
1 watt [a] =	1	0,001	0,7376	0,001341	0,2390	3,414
1 quilowatt =	1000	1	737,6	1,341	239,0	3414
1 pé-libra-força por segundo =	1,356	0,001356	1	0,001818	0,3240	4,629
1 cavalo-vapor [b] =	745,7	0,7457	550	1	178,2	2546
1 caloria por segundo =	4,184	0,004184	3,086	0,005611	1	14,29
1 unidade térmica britânica por hora =	0,2929	2,929 E-04	0,2160	3,928 E-04	0,07000	1

1 w = 1,00 E+07 erg/s   1 ft·lbf/s = 60 ft·lbf/min = 3600 ft·lbf/h   1 hp = 33.000 ft·lbf/min = 550 ft·lbf/s
1 hp elétrico = 746 w   1 tonelada de refrigeração [d] = 12,000 Btu/h
1 hp = 0,0760181 hp (boiler) = 0,999598 hp (elétrico) = 1,01387 hp (métrico) = 0,999540 hp (água) [c]

[a] Um *watt* é igual a um J/s.
[b] Em 1782, James Watt (1736-1819) introduziu o *cavalo-vapor** para ajudá-lo a vender motores a vapor. Ele supôs que um cavalo poderia puxar com uma força de 180 lbf e, quando atrelado a um eixo, daria 2 ½ voltas ao redor de um círculo de 24 pés de diâmetro a cada minuto. Este era um trabalho de 32.400 ft·lbf/min, um valor que ele arredondou para 33.000 ft·lbf/min (550 ft·lbf/s). Os motores são, geralmente, classificados em *cavalo-vapor ao freio* (bhp - *brake horsepower*) ou *cavalo-vapor no eixo* (shp — *shaft horsepower*), que é a potência entregue ao eixo de uma hélice.
[c] Um *cavalo-vapor boiler* (bhp — *boiler horsepower*) é a quantidade de calor necessária para evaporar 34,5 lb/h de água a 212ºF. Um *cavalo-vapor métrico* (*metric horsepower*) é a potência necessária para elevar 75 kg a 1 metro por segundo.
[d] Uma *tonelada de refrigeração*** é um termo americano que descreve a quantidade de refrigeração necessária para congelar 1 tonelada (2000 lb) de água por dia a 32ºF.

A.14   QUANTIDADE DE MATÉRIA

O *mol* é o número de átomos em 0,012 kg (12 g) de carbono-12. A esse número é dado o nome especial de *constante de Avogadro* N_A, que é

$$N_A = 6,0221367 \times 10^{23} \text{ átomos/mol} \tag{A-7}$$

O *Coulomb* C é o número de elétrons que flui em uma corrente de 1 ampère em 1 segundo. O número de elétrons em um Coulomb N_C é

$$N_C = 6,24150636 \times 10^{18} \text{ elétrons/C} \tag{A-8}$$

A razão entre o número de Avogadro e o Coulomb é chamada de *constante de Faraday F*.

$$F = \frac{N_A}{N_C} = 96.485,309 \text{ C/mol} \tag{A-9}$$

O *mol* é, algumas vezes, chamado de *grama-mol*. O *quilograma-mol* (kmol) é o número de átomos em 12 kg de carbono-12; a *libra-mol* é o número de átomos em 12 lb de carbono-12; e a *tonelada-mol* é o número de átomos em 12 toneladas de carbono-12. O número de átomos em cada uma dessas unidades é calculado como:

$$\frac{6,022 \times 10^{23} \text{ átomos}}{\text{mol}} \times \frac{1000 \text{ mol}}{\text{kmol}} = 6,022 \times 10^{26} \frac{\text{átomos}}{\text{kmol}}$$

$$\frac{6,022 \times 10^{23} \text{ átomos}}{\text{mol}} \times \frac{453,6 \text{ mol}}{\text{lbmol}} = 2,732 \times 10^{26} \frac{\text{átomos}}{\text{lbmol}}$$

$$\frac{6,022 \times 10^{23} \text{ átomos}}{\text{mol}} \times \frac{453,6 \text{ mol}}{\text{lbmol}} \times \frac{2000 \text{ lbmol}}{\text{tmol}} = 5,463 \times 10^{29} \frac{\text{átomos}}{\text{tmol}}$$

---

*No Brasil, o termo *cavalo-vapor*, representado pela sigla cv, é derivado do termo francês *cheval-vapeur*, que corresponde à unidade alemã *Pferdestärke* (PS). 1 PS = 75 kp·m/s = 735,49875 W = 0,98632 hp. Portanto, 1 cv corresponde ao *cavalo-vapor métrico*. (N.T.)
**1 tonelada de refrigeração (TR) = 12 000 Btu/h = 3.023,9 kcal/h = 3516 kW. (N.T.)

Bibliografia Complementar

Jerrard, H. G., and D. B. McNeill. *A Dictionary of Scientific Units.* Englewood, NJ: Franklin Publishing, Inc., 1964.

Klein, H. A. *The World of Measurements.* New York: Simon and Schuster, 1974.

National Institute of Standards and Technology. *The International System of Units (SI).* NIST Special Publication 330, U.S. Department of Commerce, 1991.

Weast, R. C. *CRC Handbook of Chemistry and Physics.* 58th ed. West Palm Beach: CRC Press, 1978.

APÊNDICE B

Código de Ética Profissional do Engenheiro, do Arquiteto e do Engenheiro Agrônomo[1]

Resolução n.º 205 — de 30 de setembro de 1971

O CONSELHO FEDERAL DE ENGENHARIA, ARQUITETURA E AGRONOMIA, usando das atribuições que lhe confere a Lei n.º 5.194, de 24 de dezembro de 1966,

CONSIDERANDO ser imperativo para a disciplina profissional a adoção do Código de Ética do Engenheiro, do Arquiteto e do Engenheiro Agrônomo,

RESOLVE:

Artigo 1º — Adotar o Código de Ética Profissional do Engenheiro, do Arquiteto e do Engenheiro Agrônomo, anexo à presente Resolução, elaborado pelas entidades de classe na forma prevista na letra "n" do artigo 27 da Lei n.º 5194, de 24 de dezembro de 1966.

Artigo 2º — O Código de Ética Profissional do Engenheiro, do Arquiteto e do Engenheiro Agrônomo, para efeitos dos artigos 27, letra "n", 34, letra "d", 45, 46, letra "b", e 72, da Lei n.º 5.194/66, obriga a todos os profissionais da Engenharia, da Arquitetura e da Agronomia, e entra em vigor na data de sua publicação no Diário Oficial da União.

Artigo 3º — Revogam-se as disposições em contrário.

Código de Ética Profissional do Engenheiro, do Arquiteto e do Engenheiro Agrônomo

São deveres dos profissionais da Engenharia, da Arquitetura e da Agronomia:

1º — Interessar-se pelo bem público e com tal finalidade contribuir com seus conhecimentos, capacidade e experiência para melhor servir à humanidade.

2º — Considerar a profissão como alto título de honra e não praticar nem permitir a prática de atos que comprometem a sua dignidade.

3º — Não cometer ou contribuir para que se cometam injustiças contra colegas.

4º — Não praticar qualquer ato que, direta ou indiretamente, possa prejudicar legítimos interesses de outros profissionais.

5º — Não solicitar nem submeter propostas contendo condições que constituam competição de preços por serviços profissionais.

6º — Atuar dentro da melhor técnica e do mais elevado espírito público, devendo quando consultor limitar seus pareceres às matérias específicas que tenham sido objeto da consulta.

7º — Exercer o trabalho profissional com lealdade, dedicação e honestidade para com seus clientes e empregadores ou chefes e com espírito de justiça e eqüidade para com os contratantes e empreiteiros.

---

[1]Extraído da página http://www.contea.org.br. (N.T.)

8º — Ter sempre em vista o bem-estar e o progresso funcional dos seus empregados ou subordinados e tratá-los com retidão, justiça e humanidade.

9º — Colocar-se a par da legislação que rege o exercício profissional da Engenharia, da Arquitetura e da Agronomia, visando a cumpri-la corretamente e colaborar para sua atualização e aperfeiçoamento.

Guia do Profissional da Engenharia, da Arquitetura e da Agronomia para aplicação do Código de Ética

Artigo 1º — Interessar-se pelo bem público e com tal finalidade contribuir com seus conhecimentos, capacidade e experiência para melhor servir à humanidade.

Em conexão com o cumprimento deste Artigo, deve o profissional:

a) Cooperar para o progresso da coletividade, trazendo seu concurso intelectual e material para as obras de cultura, ilustração técnica, ciência aplicada e investigação científica.
b) Despender o máximo de seus esforços no sentido de auxiliar a coletividade na compreensão correta dos aspectos técnicos e assuntos relativos à profissão e seu exercício.
c) Não se expressar publicamente sobre assuntos técnicos sem estar devidamente capacitado para tal e, quando solicitado a emitir sua opinião, somente fazê-lo com conhecimento da finalidade da solicitação e se em benefício da coletividade.

Artigo 2º — Considerar a profissão como alto título de honra e não praticar nem permitir a prática de atos que comprometam a sua dignidade.

Em conexão com o cumprimento deste Artigo, deve o profissional:

a) Cooperar para o progresso da profissão, mediante o intercâmbio de informações sobre conhecimentos e tirocínio e contribuição de trabalho às associações de classe, escolas e órgãos de divulgação técnica e científica.
b) Prestigiar as Entidades de Classe, contribuindo, sempre que solicitado, para o sucesso de suas iniciativas em proveito da profissão, dos profissionais e da coletividade.
c) Não nomear nem contribuir para que se nomeiem pessoas que não tenham a necessária habilitação profissional para cargos rigorosamente técnicos.
d) Não se associar a qualquer empreendimento de caráter duvidoso ou que não se coadune com os princípios da ética.
e) Não aceitar tarefas para as quais não esteja preparado ou que não se ajustem às disposições vigentes ou ainda que possam prestar-se à malícia ou dolo.
f) Não subscrever, não expedir, nem contribuir para que se expeçam, títulos, diplomas, licenças ou atestados de idoneidade profissional senão a pessoas que preencham os requisitos indispensáveis para exercer a profissão.
g) Realizar de maneira digna a publicidade que efetue de sua empresa ou atividade profissional, impedindo toda e qualquer manifestação que possa comprometer o conceito de sua posição ou de colegas.
h) Não utilizar sua posição para obter vantagens pessoais, quando ocupar um cargo ou função em organização profissional.

Artigo 3º — Não cometer ou contribuir para que se cometam injustiças contra colegas.

Em conexão com o cumprimento deste Artigo, deve o profissional:

a) Não prejudicar, de maneira falsa ou maliciosa, direta ou indiretamente, a reputação, a situação ou atividades de um colega.
b) Não criticar de maneira desleal os trabalhos de outro profissional ou as determinações do que tenha atribuições superiores.
c) Não se interpor entre outros profissionais e seus clientes sem ser solicitada sua intervenção e, neste caso, evitar, na medida do possível, que se cometa injustiça.

Artigo 4º — Não praticar qualquer ato que, direta ou indiretamente, possa prejudicar legítimos interesses de outros profissionais.

Em conexão com o cumprimento deste Artigo, deve o profissional:

a) Não se aproveitar nem concorrer para que se aproveitem de idéias, planos ou projetos de autoria de outros profissionais, sem a necessária citação ou autorização expressa.
b) Não injuriar outro profissional, nem criticar de maneira desprimorosa sua atuação ou a da entidade de classe.
c) Não substituir profissional em trabalho já iniciado, sem seu conhecimento prévio.
d) Não solicitar nem pleitear cargo desempenhado por outro profissional.
e) Não procurar suplantar outro profissional depois de ter este tomado providência para a obtenção de emprego ou serviço.
f) Não tentar obter emprego ou serviço à base de menores salários ou honorários nem pelo desmerecimento da capacidade alheia.
g) Não rever ou corrigir o trabalho de outro profissional, salvo com o consentimento deste, e sempre após o término de suas funções.
h) Não intervir num projeto em detrimento de outros profissionais que já tenham atuado ativamente em sua elaboração, tendo presentes os preceitos legais vigentes.

Art. 5º — Não solicitar nem submeter propostas contendo condições que constituam competição por serviços profissionais.
Em conexão com o cumprimento deste Artigo, deve o profissional:

a) Não competir por meio de reduções de remuneração ou qualquer outra forma de concessão.
b) Não propor serviços com redução de preços, após haver conhecido propostas de outros profissionais.
c) Manter-se atualizado quanto a tabelas de honorários, salários e dados de custo recomendados pelos órgãos de Classe competentes e adotá-los como base para serviços profissionais.

Art. 6º — Atuar dentro da melhor técnica e do mais elevado espírito público, devendo, quando Consultor, limitar seus pareceres às matérias específicas que tenham sido objeto de consulta.
Em conexão com o cumprimento deste Artigo, deve o profissional:

a) Na qualidade de Consultor, perito ou árbitro independente, agir com absoluta imparcialidade e não levar em conta nenhuma consideração de ordem pessoal.
b) Quando servir em julgamento, perícia ou comissão técnica, somente expressar a sua opinião se baseada em conhecimentos adequados e convicção honesta.
c) Não atuar como consultor sem o conhecimento dos profissionais encarregados diretamente do serviço.
d) Se atuar como consultor em outro país, observar as normas nele vigentes sobre conduta profissional, ou — no caso da inexistência de normas específicas — adotar as estabelecidas pela FMOI (*Fédération Mondiale des Organisations d'Ingénieurs*).
e) Por serviços prestados em outro país, não utilizar nenhum processo de promoção, publicidade ou divulgação diverso do que for admitido pelas normas do referido país.

Art. 7º — Exercer o trabalho profissional com lealdade, dedicação e honestidade para com seus clientes e empregadores ou chefes, e com o espírito de justiça e eqüidade para com os contratantes e empreiteiros.
Em conexão com o cumprimento deste Artigo, deve o profissional:

a) Considerar como confidencial toda informação técnica, financeira ou de outra natureza, que obtenha sobre os interesses de seu cliente ou empregador.
b) Receber somente de uma única fonte honorários ou compensações pelo mesmo serviço prestado, salvo se, para proceder de modo diverso, tiver havido consentimento de todas as partes interessadas.
c) Não receber de empreiteiros, fornecedores ou de entidades relacionadas com a transação em causa, comissões, descontos, serviços ou outro favorecimento, nem apresentar qualquer proposta nesse sentido.
d) Prevenir seu empregador, colega interessado ou cliente, das conseqüências que possam advir do não-acolhimento de parecer ou projeto de sua autoria.
e) Não praticar quaisquer atos que possam comprometer a confiança que lhe é depositada pelo seu cliente ou empregador.

Art. 8º — Ter sempre em vista o bem-estar e o progresso funcional de seus empregados ou subordinados e tratá-los com retidão, justiça e humanidade.

Em conexão com o cumprimento deste Artigo, deve o profissional:

a) Facilitar e estimular a atividade funcional de seus empregados, não criando obstáculos aos seus anseios de promoção e melhoria.

b) Defender o princípio de fixar, para seus subordinados ou empregados, sem distinção, salários adequados à responsabilidade, à eficiência e ao grau de perfeição do serviço que executam.

c) Reconhecer e respeitar os direitos de seus empregados ou subordinados no que concerne às liberdades civis, individuais, políticas, de pensamento e de associação.

d) Não utilizar sua condição de empregador ou chefe para desrespeitar a dignidade de subordinado seu, nem para induzir um profissional a infringir qualquer dispositivo deste Código.

Art. 9º — Colocar-se a par da legislação que rege o exercício profissional da Engenharia, da Arquitetura e da Agronomia, visando a cumpri-la corretamente e colaborar para sua atualização e aperfeiçoamento.

Em conexão com o cumprimento deste Artigo, deve o profissional:

a) Manter-se em dia com a legislação vigente e procurar difundi-la, a fim de que seja prestigiado e defendido o legítimo exercício da profissão.

b) Procurar colaborar com os órgãos incumbidos da aplicação da Lei de regulamentação do exercício profissional e promover, pelo seu voto nas entidades de classe, a melhor composição daqueles órgãos.

c) Ter sempre presente que as infrações deste Código de Ética serão julgadas pelas Câmaras Especializadas instituídas nos Conselhos Regionais de Engenharia, Arquitetura e Agronomia — CREAs — cabendo recurso para os referidos Conselhos Regionais, e, em última instância, para o CONFEA — Conselho Federal de Engenharia, Arquitetura e Agronomia — conforme dispõe a legislação vigente.

ALGUNS FATOS RELEVANTES DE ENGENHARIA

Data	Fato
a.C.	
6000 a 3000	As pessoas construíram casas permanentes, cultivaram plantas e domesticaram animais. Sistemas de irrigação foram construídos; arados puxados por animais foram usados. Moinhos movidos a água e vento foram usados para moer o trigo. Jazidas de cobre foram transformadas em ferramentas de cobre e bronze. A matemática foi usada. As informações foram escritas em papiro, pergaminho ou tabletes de argila.
c 3050	Primeira evidência de alvenaria de pedra no Egito.
c 2930	Primeira pirâmide construída (214 pés).
c 2900	Iniciada a Grande Pirâmide em Gizeh. Com 481 pés de altura, foi a maior construção de pedra feita pelos humanos antigos.
c 2000	Os egípcios construíram represas de canais de irrigação.
c 1600	O primeiro manual de engenheiro, o Papiro Rhind, foi criado.
c 1500	O Palácio de Cnossos foi construído em Creta. Incluía o primeiro sistema adequado de esgoto sanitário.
c 1100	A engenharia militar foi introduzida pelo rei assírio Tiglath Pileser I.
c 1000	Os fenícios construíram minas.
	O Templo do Rei Salomão foi construído em Jerusalém.
691	O aqueduto assírio de Jerwan foi construído.
c 600	Os egípcios construíram um canal ligando o Nilo ao Mar Vermelho.
	Os etruscos construíram a primeira ponte com arcos.
484	A mineração era a maior fonte de impostos para a Grécia.
c 450	O grego Empédocles de Akragas drenou pântanos para evitar doenças.
	O Partenon grego foi construído.
c 300	Appius Claudius construiu a Via Ápia em Roma.
	Appius Claudius construiu o Aqueduto Ápia para fornecimento de água em Roma.
	O farol grego próximo a Alexandria foi construído. Perdurou por 16 séculos, até cair.
c 250	O grego Arquimedes projetou máquinas militares e a bomba-parafuso.
c 200	A construção da Grande Muralha da China foi concluída.
c 150	O grego Hero projetou máquinas militares, guindastes, prensas, turbina rotatória a vapor, hodômetro, e um extintor de incêndio bombeado manualmente.
142	A primeira ponte arqueada de pedra, Pons Aemilius, foi construída.
140	O sofisticado Aqueduto Marcia foi construído.
c 15	O romano Marcus Vitruvius Pollio escreveu *De Architectura*, que foi usado como um trabalho padrão de referência de engenharia até a Renascença. O livro descrevia dispositivos para nivelamento da Terra, fornecimento de água, medidas de tempo com relógios de sol e de água, guindastes, polias, bombas, órgãos a água, "máquinas de guerra" militares (p. ex., catapultas), e éticas.
d.C.	
c 45	Os romanos construíram um túnel de 3,5 milhas para drenar terras férteis para a agricultura.
79	O agrimensor romano Frontinius descreveu o sistema de aqueduto romano, de 250 milhas de comprimento, que poderia fornecer cerca de 300 milhões de galões por dia a Roma.
80	O Coliseu Romano foi construído.
c 200	O ferro fundido foi usado na China.
c 300	Os romanos construíram, em Arles, França, um moinho de trigo movido a água para substituir o escasso trabalho escravo.
c 1000	O ábaco para fazer cálculos foi introduzido na Europa, trazido do Oriente.
c 1100	Foi iniciada a construção de fortalezas medievais de pedra. Tornaram-se obsoletas por volta de 1500, com o advento da pólvora e de canhões, que poderiam destruí-las.
	Moinhos a vento foram introduzidos para moer grãos, bombear, triturar pigmentos de tintas e rapé.
c 1150	Na Espanha, a fabricação de papel, com base em tecnologia importada da China, se tornou uma indústria.
	Chaminés começaram a aparecer em construções européias.
c 1200	A pólvora foi usada na Europa.
	Represas para canais foram desenvolvidas na Itália.
c 1230	Um livro de anotações do francês Wilars de Honecourt descrevia agrimensura, corte de pedras, serras movidas a água, e uma máquina de movimento perpétuo.
c 1300	Iniciada a construção das grandes catedrais góticas na Europa.

	Rocas foram desenvolvidas para torcer fibras e fazer fios.
	O ferro fundido foi usado na Europa.
c 1400	Moinhos movidos a água eram largamente disponíveis em vilas européias.
c 1450	O alemão Johann Gutenberg publicou o primeiro livro usando uma combinação de tecnologias já conhecidas.
c 1500	O primeiro livro de engenharia, *De Re Militari*, de Valturius, foi publicado.
	Bombas movidas a água foram usadas em Paris e Londres.
	Fortificações de terra com formato de estrela foram desenvolvidas para resistir ao fogo de canhões.
c 1530	A primeira estrada de ferro puxada a cavalo foi construída.
1556	Georgius Agrícola publicou *De Re Metallica*, que descrevia métodos de mineração, distribuição de jazidas, bombas, guindastes, ventiladores para minas, lei de mineração, agrimensura de minas, processamento de jazidas, fabricação de sal, soda, alume, vitríolo, enxofre, betume, e vidro.
c 1600	Edmund Gunter desenvolveu a "escala gráfica logarítmica", precursora da régua de cálculo.
1619	Dud Dudley desenvolveu um processo para converter carvão em coque para a produção de ferro fundido. O coque substituiu o carvão vegetal, que não era mais disponível, pois as florestas haviam sido dizimadas.
1642	O jovem francês Blaise Pascal, de 19 anos, inventou uma máquina de somar que consistia em 10 rodas numeradas e conectadas por engrenagens.
1671	O alemão Gottfried von Leibnitz, de 25 anos, aprimorou a máquina de somar de Pascal.
1672	Os engenheiros foram organizados como uma unidade separada, *Corps du génie*, no exército francês.
1698	O britânico Thomas Savery desenvolveu a primeira máquina a vapor prática para bombear a água das minas.
1705	O britânico Thomas Newcomen aprimorou a máquina a vapor usada para bombear a água das minas.
1716	O departamento de estradas francês, *Corps des Ponts et Chaussées*, foi organizado.
1733	O tear de lançadeira volante foi inventado por John Kay na Inglaterra.
1740	Foi iniciada a produção de ácido sulfúrico na Inglaterra.
1742	O americano Benjamin Franklin inventou o "fogão Franklin", que usava combustível de forma mais eficiente que lareiras.
1752	Benjamin Franklin estabeleceu a semelhança entre raios e eletricidade estática em seu famoso experimento com uma pipa.
1759	John Smeaton completou o Farol de Eddystone no traiçoeiro Rochedo de Eddystone, no Canal de Mancha, a 14 milhas da costa.
1763	Cugnot construiu uma locomotiva a vapor na França.
1770	*"Spinning Jenny"*[1] foi inventado por James Hargreaves para fazer fios na Inglaterra.
1775	O francês Nicolas LeBlanc desenvolveu um processo para converter sal comum (cloreto de sódio) em soda (carbonato de sódio) para uso na fabricação de vidro e sabão. Este é considerado um fato importante no desenvolvimento da indústria química.
1776	A primeira máquina a vapor de Watt e Boulton foi instalada como bomba de minas na Inglaterra.
1779	A primeira ponte totalmente metálica, em ferro fundido, foi construída em Coalbrookdale, Inglaterra.
1783	Os irmãos franceses Montgolfier voaram em balões de ar quente.
1784	A primeira utilização, em larga escala, de vapor na indústria foi localizada em Albion Mills, na Inglaterra.
1785	O inglês Edward Cartwright inventou o tear mecânico.
1788	O inglês William Symington construiu o primeiro barco a vapor.
1792	O primeiro canal americano, com apenas 5 milhas de comprimento, foi aberto em South Hadley, Massachusetts.
1794	O americano Eli Whitney demonstrou uma técnica de fabricação baseada em partes intercambiáveis, em vez de partes específicas.
1796	Eli Whitney inventou o descaroçador de algodão para separar o algodão de sementes, cascas, etc.
c 1800	O italiano Volta desenvolveu a primeira bateria.
1801	O britânico Sir Humphry Davy desenvolveu a luz de arco elétrico.
1812	O inglês Charles Babbage, de 20 anos de idade, concebeu a "Máquina de Diferença" mecânica, uma máquina de calcular.
1817	O britânico Henry Cort desenvolveu o "processo de pudlagem" para transformar ferro fundido em ferro forjado.
1818	O Instituto Britânico de Engenheiros Civis foi fundado.
c 1820	A mecânica analítica e os testes de materiais foram usados pela primeira vez na construção de pontes.
1824	O cimento Portland, feito de cal e argila, foi patenteado por Joseph Aspdin, na Grã-Bretanha. Esse cimento aprimorava a argamassa de cal conhecida desde a Antigüidade, a mistura grega de cal e terra de Santorin, e a mistura romana de cal e pozolana (cinza vulcânica).
1825	O Canal Erie, com 363 milhas de comprimento, ligava o Rio Hudson aos Grandes Lagos.
1829	O britânico George Stephenson construiu uma locomotiva chamada de "Foguete", nome atribuído porque podia viajar à velocidade recorde de 55 quilômetros por hora.
c 1830	O britânico William Sturgeon e o americano Joseph Henry mostraram que um magneto é produzido quando corrente elétrica passa através de um fio metálico enrolado em volta de um tarugo de ferro.
1831	O britânico Michael Faraday mostrou que uma corrente elétrica é induzida em um fio quando este se move em um campo magnético.
1833	O primeiro motor prático de combustão interna foi desenvolvido na Inglaterra.
	O inglês Charles Babbage projetou a Máquina Analítica, o primeiro computador digital universal. Essa máquina foi projetada para ser programada usando cartões perfurados, e podia efetuar operações lógicas e aritméticas. Infelizmente, não foi construída.
1834	O americano Cyrus Hall McCormick patenteou a colheitadeira de grãos.
1836	O americano Colt inventou o revólver.
1837	Os britânicos William Cooke e Charles Wheatstone comunicaram-se por telégrafo elétrico.
1838	A primeira travessia do Atlântico foi realizada usando exclusivamente potência do vapor. A viagem durava de 15 a 18 dias.
1839	Charles Goodyear "vulcanizou" a borracha, aquecendo a borracha de látex com enxofre.
1840	Havia duas escolas de engenharia nos Estados Unidos.
	Sir William Groves demonstrou uma luz incandescente passando corrente elétrica através de um fio de platina, que logo se queimou.
1842	O primeiro túnel sob a água foi construído sob o Rio Tâmisa.
1843	O americano Samuel Morse comercializou o telégrafo elétrico e enviou a primeira mensagem entre Washington e Baltimore.
1845	O explosivo algodão-pólvora (*i.e.*, algodão tratado com ácidos nítrico e sulfúrico) foi inventado. É mais explosivo que a pólvora feita de salitre (nitrato de potássio), enxofre e carvão.
1846	O americano Elias Howe patenteou a máquina de costura.
	O britânico William Thompson inventou os pneus.
1847	James Young patenteou o processo de refinamento de petróleo por destilação.
c 1850	Um dos primeiros modernos sistemas de esgoto foi construído em Hamburgo, Alemanha.
1852	Henri Giffard equipou um dirigível com motor a vapor.

---

[1]Roca de fiar que fazia vários fios ao mesmo tempo. (N.T.)

1856	O britânico Henry Bessemer inventou um processo de fabricação de aço que permitia que aço fosse produzido em larga escala e, posteriormente, viesse a substituir o ferro fundido e o ferro forjado em muitas aplicações.
1859	O primeiro elevador foi desenvolvido. Usava um parafuso movido a vapor para elevar passageiros a uma altura de seis andares. Essa invenção tornou possível a construção de arranha-céus.
	O poço de petróleo de Edwin Drake, com 69 pés de profundidade, começou a produzir, estabelecendo a moderna indústria petrolífera dos Estados Unidos.
1860	O francês Jean-Joseph-Étinne Lenoir fez o primeiro motor prático de combustão interna.
1861	O francês François Coignet mostrou a viabilidade do concreto armado embutindo barras metálicas no *concreto* (cimento Portland + areia + pedra britada), aprimorando, dessa forma, uma tecnologia primeiramente empregada pelos gregos antigos.
1865	Um cabo de telégrafo foi estirado através do Oceano Atlântico, estabelecendo a comunicação instantânea entre a América e a Europa.
1866	O sueco Alfred Nobel inventou a *dinamite* (mistura de nitroglicerina e terra diatomácea), um explosivo de manipulação segura.
1868	Uma usina de refrigeração a ar comprimido foi construída em Paris.
1869	O Canal de Suez foi aberto.
1870	Setenta escolas de engenharia funcionavam nos Estados Unidos.
c 1870	O gerador elétrico foi desenvolvido usando aprimoramentos propostos em diversas partes do mundo.
1872	O americano John Hyatt abriu uma fábrica que produzia *celulóide* (algodão-pólvora tratado com cânfora e álcool), um dos primeiros plásticos.
1873	O americano Brayton demonstrou um motor que evoluiria para a turbina a jato.
	O alemão Carl von Linde desenvolveu a primeira máquina prática de refrigeração à base de amônia.
1876	O americano Alexander Graham Bell exibiu o telefone na feira do Centenário da Filadélfia.
	O alemão Nikolaus Otto aperfeiçoou o motor de combustão interna de quatro tempos.
1877	O americano Thomas Edison inventou o fonógrafo.
1878	A primeira ponte totalmente de aço foi construída nos Estados Unidos.
1879	A primeira estrada de ferro elétrica comercial foi construída em Berlim.
	A primeira usina elétrica foi instalada em São Francisco para fornecer energia para luzes de arco.
	Thomas Edison inventou a lâmpada elétrica usando um filamento carbonizado em um bulbo onde foi feito vácuo. Durou quase dois dias.
1882	Thomas Edison começou a operar o primeiro sistema de gerador elétrico/luz elétrica (750 kW) do mundo, na cidade de Nova Iorque.
	Von Schroder desenvolveu a primeira máquina de oxigenação do sangue.
1883	A construção da Ponte do Brooklyn, de John Roebling, foi concluída em Nova Iorque.
	O sueco Karl Gustaf Patrick de Laval desenvolveu a primeira turbina prática.
1884	O primeiro arranha-céu americano (10 andares) foi levantado em Chicago.
	O francês Count Hilaire de Chardonnet patenteou a seda artificial feita de algodão nitrado, um explosivo.
1885	O alemão Karl Benz construiu um triciclo motorizado.
c 1885	O americano Frederick Taylor introduziu o "gerenciamento científico" para aprimorar a eficiência industrial.
1886	O americano Charles Hall desenvolveu um processo eletrolítico para produzir alumínio.
1887	O alemão Gottlieb Daimler dirigiu o primeiro carro.
1888	O físico alemão Heinrich Hertz construiu um circuito oscilante que transmitia uma onda eletromagnética que induzia corrente em uma antena próxima.
	Alexander Gustave Eiffel construiu a Torre Eiffel em Paris.
	Nikola Tesla patenteou um motor elétrico multifásico de corrente alternada.
1891	Os primeiros automóveis foram produzidos na França e na Bélgica.
1892	O alemão Rudolph Diesel patenteou um motor usando óleo como combustível em vez de gasolina.
	8.000.000 de lâmpadas elétricas foram produzidas.
1894	O navio de turbina a vapor (2300 hp) *Turbinia* foi lançado.
1895	O primeiro projeto de potência hidráulica de larga escala dos Estados Unidos foi completado nas proximidades das Cataratas do Niágara.
1896	O americano Samuel B. Langley fez voar um modelo grande de aeroplano movido a vapor.
	O inventor italiano Guglielmo Marconi recebeu uma patente para rádio sem fio.
1898	O Conde Ferdinand von Zeppelin estudou aeronaves rígidas e mais leves que o ar.
1900	Um processo eletrolítico foi desenvolvido nas Cataratas do Niágara para fabricar soda cáustica (hidróxido de sódio) e gás de cloro a partir do sal (cloreto de sódio).
	Engenheiros americanos e britânicos se encontraram em Paris para decidir se adotavam a corrente alternada (CA) ou a corrente contínua (CC) como padrão. A CA foi selecionada por poder ser facilmente transformada a altas tensões para transmissão mais eficiente.
1901	Peter Hewitt desenvolveu a lâmpada de arco de vapor de mercúrio, que evoluiu para o tubo fluorescente cerca de 35 anos mais tarde.
1903	Os irmãos Wright demonstraram vôo motorizado. No melhor vôo daquele ano, o avião viajou 852 pés em pouco menos de 1 minuto.
	Transformadores de 60.000 volts, isolados por óleo, foram desenvolvidos para transmissão eficiente de eletricidade.
1904	O metrô de Nova Iorque foi inaugurado.
1905	Albert Einstein propôs a teoria da relatividade, e concluiu que $E = mc^2$, *i.e.*, massa e energia são intercambiáveis.
1906	Foi introduzido nas lâmpadas o filamento de tungstênio, aumentando a eficiência em 4,7 vezes e a vida em 2,7 vezes.
1907	O americano Lee De Forest criou a válvula termiônica, precursora do transistor.
1910	O plástico de baquelita se tornou um produto comercial, e substituiu madeira, vidro e borracha em diversos produtos.
c 1910	A Alemanha usou o processo de Haber para fixar nitrogênio do ar. Embora originalmente usado para produzir explosivos para a Primeira Guerra Mundial, esse processo é hoje usado para fabricar fertilizantes.
1913	Henry Ford adaptou a linha de montagem móvel para a produção de automóveis.
1914	O primeiro navio passou pelo Canal do Panamá.
	Robert Goddard iniciou seus estudos sobre foguetes.
1915	Os raios X são usados pela primeira vez para produzir imagens médicas.
1920	O espanhol Juan de Cierva adicionou uma "hélice" horizontal, não-motorizada, a um pequeno aeroplano de asas para estabilizá-lo. Essa idéia foi a precursora do helicóptero.
1922	A transmissão comercial de rádio foi iniciada nos Estados Unidos.
1923	Tensões de transmissão altamente eficientes de 220.000 V foram usadas no oeste dos Estados Unidos.

1925	Refrigeradores elétricos domésticos que usavam clorofluorocarbono ("Freon") se tornaram comercialmente disponíveis.
	Vannevar Bush construiu o "Analisador Diferencial", o primeiro computador analógico que, mecanicamente, solucionava conjuntos de equações diferenciais.
1927	A primeira televisão experimental foi demonstrada com a transmissão de imagens de Washington aos Laboratórios Bell em Nova Iorque.
1930	A construção do edifício *Empire State* (102 andares) foi concluída.
1931	A construção da ponte George Washington foi concluída.
1932	Os britânicos John Cockcroft e E. T. S. Walton confirmaram a teoria de Einstein, ao bombardear lítio com prótons de alta energia e medir as alterações resultantes de massa e energia.
1934	O químico americano Wallace Carothers inventou o "*Nylon* 66".
	O italiano Enrico Fermi bombardeou urânio com nêutrons e, aparentemente, criou um novo elemento mais pesado, chamado netúnio.
	DeBakey desenvolveu a bomba rotativa, posteriormente usada em máquinas de coração-pulmão.
1936	O francês Eugene Houdry desenvolveu o craqueamento catalítico de petróleo.
1937	A construção da ponte *Golden Gate* foi concluída.
1938	Os primeiros tubos fluorescentes comerciais foram vendidos nos Estados Unidos pela General Electric.
	Os alemães Otto Hahn e F. Strassman dividiram urânio por bombardeamento.
1944	O computador eletromecânico "Harvard Mark I", de Howard Aiken, foi construído pela IBM. Efetuava 200 adições por minuto e trabalhava com 23 algarismos significativos.
1945	Os Estados Unidos detonam a primeira explosão atômica em Alamogordo, Novo México. Esse foi o resultado de 4 anos e 2 bilhões de dólares do Projeto Manhattan.
	A construção do computador totalmente eletrônico ENIAC foi concluída na Universidade da Pensilvânia. Usava 18.000 válvulas e 6.000 chaves para efetuar 5.000 adições por segundo.
1946	Willem Kolff desenvolveu a primeira máquina de rim artificial.
1948	O primeiro transístor foi demonstrado nos Laboratórios Bell.
1952	Os Estados Unidos detonaram a primeira bomba de fusão em Eniwetok.
1953	Primeiro uso clínico da máquina de coração-pulmão.
1956	A primeira usina nuclear de grande escala foi concluída em Calder Hall, Inglaterra.
1957	A União Soviética lançou o satélite *Sputnik*.
1960	Theodore Maiman demonstrou um *laser*.
	O americano Wilson Greatbatch desenvolveu o marcapasso implantável no coração.
1961	A União Soviética colocou Yuri Gagarin em órbita.
1969	O americano Neil Armstrong caminhou na Lua.
	Denton Cooley implantou um coração artificial em um paciente.
1975	O primeiro *scanner* CAT foi desenvolvido para a produção de imagens médicas.
1981	O primeiro ônibus espacial dos Estados Unidos foi lançado.
	A IBM introduziu seu primeiro computador de uso pessoal.
1982	*Compact discs* (CD) foram usados pela primeira vez para armazenar música.
1994	O "*Chunnel*" foi concluído, unindo Inglaterra e França por um túnel sob o Canal da Mancha.
1998	Os primeiros componentes da Estação Espacial Internacional foram lançados e colocados em órbita.

Nota: "c" é uma abreviação para "cerca de", significando "por volta de".

ÍNDICE

Pré-impressão, impressão e acabamento

GRÁFICA
SANTUÁRIO

grafica@editorasantuario.com.br
www.editorasantuario.com.br

Aparecida-SP

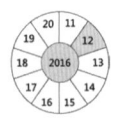